AF259447

COURS

DE

MATHÉMATIQUES,

A L'USAGE

DES ÉLEVES DU CORPS ROYAL DU GÉNIE;

Par M. l'Abbé BOSSUT, de l'Académie Royale des Sciences; Honoraire - Associé - libre de l'Académie Royale d'Architecture; de l'Institut de Bologne; de l'Académie Impériale des Sciences de Saint-Pétersbourg; de l'Académie Royale des Sciences de Turin; de la Société Provinciale des Sciences & des Arts d'Utrecht; Examinateur des Eleves du Corps Royal du Génie; Inspecteur général des Machines & Ouvrages Hydrauliques des Bâtimens du Roi, &c.

QUATRIÈME ÉDITION, REVUE ET AUGMENTÉE.

TOME TROISIÉME:

MÉCHANIQUE.

A PARIS, RUE DAUPHINE,

Chez JOMBERT, Libraire du Roi pour le Génie & l'Artillerie.

M. DCC. LXXXVI.

DISCOURS
SUR
LA MÉCHANIQUE.

L'Ouvrage qu'on va lire contient les principes généraux de l'équilibre & du mouvement des corps solides, & l'application de ces principes à des Problêmes intéressants de Méchanique spéculative ou pratique. Mon premier objet est d'instruire les Commençants ; mais en expliquant les *éléments* de la Méchanique, j'offre aux Géomètres les données nécessaires pour résoudre les différentes questions qui appartiennent à cette Science.

On sait que la Méchanique se divise généralement en deux branches ; l'une, appellée *Statique*, qui traite de l'équilibre, sur-tout dans les machines ; l'autre, qui conserve le nom de méchanique proprement dite, ou que la plupart des Modernes désignent sous le nom de *Dynamique*, & qui considère les propriétés du mouvement.

Si l'antiquité de la Méchanique datoit de

l'ufage qu'on a fait néceffairement du levier, ou de quelques autres machines fimples, auffi-tôt qu'on a voulu conftruire des cabanes, des inftruments propres au labourage, &c, elle remonteroit prefqu'à l'origine des focié-tés. Mais ces pratiques informes & groffières n'étoient pas fondées fur des principes fcien-tifiques. On voit par quelques écrits d'Arif-tote, qu'au tems où il a vécu, les Philo-fophes n'avoient encore que des notions con-fufes ou même fauffes fur la nature de l'équi-libre. Archimède doit être regardé comme le vrai inventeur de la Statique. Il trouva la propriété générale du centre de gravité, & il détermina ce point dans plufieurs figures, telles que le parallélogramme, le triangle, la parabole, &c. Il fit voir que deux poids fufpendus aux deux extrêmités d'une balance, & en équilibre, font réciproquement propor-tionnels à leurs diftances au point d'appui; d'où réfultoit toute la théorie du levier. Il étendit cette théorie à plufieurs autres ma-chines qu'il imagina. On lui doit, par exem-ple, le plan incliné, la vis ordinaire, une forte de vis qui porte fon nom, & qui fert à élever de l'eau par un mouvement continu. Tous les Hiftoriens parlent de l'étonnement où il jetta fes Compatriotes, & de la terreur qu'il répandit dans l'Armée Romaine, par les effets inouis de fes machines, au fiége de

Syracufe. Un Ingénieur Romain , nommé Appius , faifoit jouer plufieurs groffes machines pour rompre la muraille qui entouroit la ville ; mais *Archimède* * *ne fe foucioit point de tout cela , comme auffi n'étoit-ce rien auprès des engins qu'il avoit inventés : non que lui en fît autrement cas ni compte , ne qu'il les eût faits comme chefs-d'œuvre pour montrer fon efprit , car c'étoient pour la plupart jeux de Géométrie qu'il avoit faits en s'ébattant par maniere de paffe-tems , à l'inftance du Roi Hieron , lequel l'avoit prié de révoquer un petit la Géométrie de la fpéculation des chofes intellectuelles à l'action des corporelles & fenfibles , & faire que la raifon démonftrative fût un peu plus évidente & plus facile à comprendre au commun peuple , en la mettant par expérience matérielle à l'utilité de l'ufage.* Voyez dans Plutarque même l'hiftoire de la réfiftance que les machines d'Archimède oppoférent à la prife de Syracufe.

En reconnoiffant que les Modernes tiennent d'Archimède les principes de la Statique , nous devons ajouter , avec la même équité , qu'ils les ont généralifés & perfectionnés. Quant à la théorie du mouvement , il paroît qu'elle n'a pas été connue des Anciens. Je parle

---

* Plutarque , Vie de Marcellus. Je me fers de la traduction d'Amyot.

des mouvemens variés ; car le mouvement uniforme n'a aucune difficulté ; & du moment qu'on y a fait attention, ses propriétés se font présentées d'elles-mêmes. Galilée trouva, au commencement du siècle passé, la loi de l'accélération des graves. On voyoit bien qu'une pierre qui tombe, acquiert d'autant plus de vitesse qu'elle tombe de plus haut ; mais on ignoroit & Galilée détermina la proportion exacte suivant laquelle la vitesse augmente. Cette découverte le conduisit à une théorie complette du mouvement uniformément accéléré. Descartes se trompa, du moins en partie, dans les regles qu'il voulut établir pour déterminer les mouvements qui résultent de la percussion mutuelle des corps. Huguens, Wren & Wallis donnèrent les vraies loix de ces mouvements. Bientôt l'analyse infinitésimale fut inventée & devint entre les mains des Modernes, un instrument qu'ils appliquèrent à toutes les parties des Mathématiques. Je ne finirois point, si je voulois rapporter en détail les découvertes qu'ils ont faites, par ce moyen, dans la Méchanique, & sur-tout dans la théorie des mouvements produits par l'action & la réaction que les corps d'un même systême exercent les uns sur les autres. On peut consulter les Traités particuliers de Méchanique qu'ils ont écrits, & les Mémoires des plus célèbres

Académies de l'Europe. Je reviens à mon Ouvrage.

On réduit ordinairement l'objet de la Statique à la confidération de l'équilibre des machines. Ici j'envifage cette Science fous un point de vue moins borné. Je commence par établir la théorie générale de l'équilibre; puis j'en fais l'application au cas particulier des machines.

I. Statique.

Tout, dans la Nature, préfente l'image de la force. L'idée qu'on attache à ce mot paroît également claire, foit au fens propre, foit au fens figuré. Quand on peint la force d'un boulet de canon qui frappe & renverfe un mur; quand on parle de la force d'un raifonnement : il n'y a perfonne qui ne conçoive, à l'inftant, la chofe qu'on lui veut exprimer. Croira-t-on après cela que les Mathématiciens, fi jaloux d'employer toujours le mot propre dans leur langue, ayent pu être partagés fur la notion de la force! Ils l'ont été néanmoins; & c'eft Leibnits qui a fait naître, pour un tems, cette efpèce de fchifme philofophique. Avant cet homme illuftre, on eftimoit d'une commune voix, la force des corps en mouvement, par le produit de leur maffe & de leur viteffe : il prétendit qu'il falloit fubftituer dans cette mefure le quarré de la viteffe, au lieu de la

A iv

simple viteſſe. Il entraîna pluſieurs Savans dans ſon opinion ; les autres la rejettèrent. On écrivit des deux côtés. La diſpute devint d'autant plus vive, qu'elle avoit ſon origine dans la Métaphyſique, trop ſouvent ſujette à égarer l'eſprit humain ! Heureuſement le flambeau du calcul diſſipa le nuage qui ſe formoit à l'entrée de la Méchanique. Comme les deux partis, en définiſſant la force différemment, s'accordoient d'ailleurs entr'eux ſur tous les autres points, & qu'ils étoient conſéquents dans leur maniere de raiſonner, ils arrivoient aux mêmes réſultats dans la ſolution des mêmes Problêmes. Il eſt aiſé de ſentir que cela devoit être ainſi : car tout calcul eſt fondé ſur des hypothèſes ; & pourvu que dans la ſuite des opérations qu'il demande, on combine toujours de la même manière un même élément avec les autres, la concluſion aboutira toujours au même but. S'il y a quelque différence, elle ne pourra être qu'apparente, & ſimplement dans l'énoncé. Auſſi la diſpute dont nous parlons a-t-elle eu le ſort qu'elle devoit avoir ; elle eſt tombée entièrement. On eſt enfin convenu de s'entendre. La meſure des forces, que Leibnits vouloit proſcrire, a triomphé, comme la plus naturelle & la plus ſimple. J'ai donc cru devoir l'adopter, & la préſenter à mes Lecteurs.

Dans l'état d'équilibre dont il eſt ici queſtion, la force n'a pas d'exercice actuel ; elle
ne produit qu'une ſimple tendance au mouvement. L'équilibre réſulte de la deſtruction
de pluſieurs forces qui ſe combattent, & qui
anéantiſſent réciproquement l'action qu'elles
exercent les unes contre les autres. Il ne s'agit
donc plus que de ſavoir comment cette deſtruction s'opere ; & c'eſt en cela que conſiſte
précifément l'objet de la Statique.

Chaque Science eſt fondée ſur quelques
axiomes ou propoſitions dont la vérité eſt évidente par elle-même. Ainſi, dans la Statique,
on regarde comme des axiomes, qu'un point,
ſollicité au mouvement par pluſieurs forces,
ne peut prendre qu'un ſeul chemin ; que deux
forces égales & directement oppoſées ſe détruiſent ; qu'une force appliquée à un corps,
perpendiculairement à une ligne ou à un plan,
n'ayant pas plus de tendance à mouvoir le
corps dans un ſens que dans un autre, parallélement à cette ligne ou à ce plan, ne doit en-
gendrer aucun mouvement de cette eſpèce.
Tels ſont les caractères qui me ſervent à reconnoître & à établir l'équilibre dans les différentes combinaiſons de forces, qui peuvent
avoir lieu. Parcourons rapidement ces combinaiſons.

La première & la plus ſimple de toutes,
eſt celle des forces qui agiſſent ſuivant une

même ligne droite, les unes d'un côté, les autres du côté opposé. On prouve sans peine que toutes les forces dirigées d'un même côté produisent une résultante égale à leur somme. Ainsi, pour qu'il y ait équilibre dans le cas présent, il faut que la somme de toutes les forces qui tirent, par exemple, de gauche à droite, soit égale à la somme de toutes les forces qui tirent de droite à gauche.

Les forces dont les directions concourent en un même point, forment une seconde classe fort étendue. En prenant d'abord deux de ces forces, elles ont une résultante exprimée par la diagonale d'un parallélogramme construit sur leurs directions. Cette résultante, combinée avec une troisième force, produit une résultante exprimée par la diagonale d'un second parallélogramme analogue au premier. Ainsi de suite. Par ce moyen, toutes les forces proposées se réduiront à deux seulement, lesquelles, en vertu de l'équilibre, seront égales & directement opposées.

On peut rapporter à la même classe les forces dont les directions sont parallèles; car des lignes parallèles peuvent être regardées comme concourantes en un même point infiniment éloigné. Si l'on considère deux de ces forces, qui agissent d'un même côté, on trouve qu'elles produisent une résultante qui leur est parallèle, & qui est égale à leur somme, de même que fi elles agiſſoient en ligne droite. De plus, la direction de cette réſultante partage la diſtance des directions des forces compoſantes, en parties réciproquement proportionnelles aux quantités des mêmes forces. On formera pareillement une ſeconde réſultante, en combinant celle dont nous venons de parler, avec une troiſième force. Ainſi on parviendra, comme tout-à-l'heure, à deux forces finales qui feront égales & directement oppoſées, pour ſatisfaire au principe fondamental de l'équilibre. Je n'ai pas beſoin de faire obſerver qu'on pourroit regarder comme un cas particulier des forces parallèles, celui dés forces qui agiſſent ſuivant une même ligne droite.

Les forces parallèles ont un grand nombre de propriétés que je démontre en détail, & d'une manière nouvelle à quelques égards. Ces propriétés ſont curieuſes par elles-mêmes, & ſervent à abréger extrêmement pluſieurs recherches de Méchanique.

A meſure que nous avançons, les Problêmes ſe compliquent & ſe généraliſent. Après avoir déterminé l'équilibre des forces concourantes en un même point, ou parallèles entr'elles; nous voici parvenus à la conſidération des forces qui ont des directions quelconques. Figurons-nous donc qu'à différens points d'un corps ſolide, de grandeur ſenſible, parfaitement libre

d'ailleurs, font appliquées des forces qui le tirent ou le pouffent, fuivant telles directions
qu'on voudra imaginer. Il feroit difficile de
réduire immédiatement l'état de ces forces
aux loix primordiales de l'équilibre. Mais on
peut parvenir à ce but, en s'aidant des pro-
pofitions déja démontrées, & en obfervant
que chaque force en particulier peut être décompofée en trois autres, parallèles à trois lignes données de pofition. Ainfi, traçons dans
l'efpace trois lignes fixes, & qui fe croifent
perpendiculairement entr'elles en un même
point. Chaque puiffance appliquée au corps
ayant été décompofée en trois autres, parallèles à ces trois lignes; & confidérant que toutes les forces parallèles qui agiffent dans le
même fens, font réductibles à une feule force
égale à leur fomme : il eft aifé de voir que toutes les puiffances propofées, en quelque nombre qu'elles foient, & de quelque manière
qu'elles foient dirigées, pourront être réduites à fix forces parallèles à nos trois lignes.
Des deux forces parallèles à une même ligne,
l'une tire de gauche à droite, l'autre de droite
à gauche. Cela pofé, je trouve les conditions
de l'équilibre d'une manière nouvelle, & qui
ne me paroît rien laiffer à défirer du côté de
la fimplicité. J'exprime ces conditions par fix
équations générales qui font voir, 1°. que
pour chaque paire de forces qui agiffent pa-

rallèlement à la même ligne, la force qui tire
de droite à gauche, doit être égale à la force
qui tire de gauche à droite. 2°. Que la fomme
des énergies ou moments des forces qui tendent à faire tourner le corps, en un fens,
autour de chacune de nos trois lignes, doit
être égale à la fomme des moments des forces
qui tendent à le faire tourner dans le fens
contraire. Ce Problême eft le plus compofé
de toute la Statique; & il eft fufceptible d'une
infinité d'applications particulières à l'aide du
calcul & de la Géométrie. Lorfque le corps,
auquel les forces font appliquées, eft arrêté
par un point fixe autour duquel il a d'ailleurs
entière liberté de pouvoir pirouetter en toutes
fortes de fens, il n'y a plus que les trois dernières équations qui foient néceffaires pour
l'équilibre ; & elles comprennent toute la
théorie de l'équilibre du levier ordinaire, en-
vifagée fous le point de vûe le plus général.

Il y a, dans les corps foumis à l'action de
la pefanteur, un point remarquable qu'on
appelle *centre de gravité*. La détermination
de ce point & des propriétés qui lui appartiennent eft une branche de la compofition
& décompofition des forces parallèles. On
trouve, dans la plupart des Livres de Méchanique, que le centre de gravité eft un point
par lequel un corps étant fufpendu en différents fens, demeurera immobile dans toutes les

fituations poffibles. Cela fuppofe, comme on
voit, qu'en attachant le corps par différents
points à un cordon, tous les prolongements
de ce cordon fe croiferont au centre de gravité. Or, cette affertion eft-elle évidente par
elle-même, & n'avoit-elle pas befoin d'être
démontrée? Je fais voir, très-fimplement,
qu'elle eft en effet exacte, & par-là je leve
le doute légitime qu'on pouvoit avoir à ce
fujet.

L'équilibre des machines eft la partie,
finon la plus difficile, du moins la plus utile
de la Statique, par les fervices continuels
qu'elle rend à la Société. Il étoit donc effen-
tiel de la traiter avec clarté & précifion. Je
n'ai rien négligé pour remplir cet objet.

La plupart des hommes qui n'ont pas fait
une étude approfondie des loix générales de
l'équilibre, ont des idées bien peu juftes de
l'effet des machines. Il y a des gens qui né
avec de l'adreffe dans les doigts, & même
avec de l'imagination, ne voyent que con-
fufément le produit de la combinaifon de
différentes pièces qui compofent une machine, parce qu'ils font dépourvus de principes puifés dans la faine théorie. Ils ont
néanmoins, pour l'ordinaire, beaucoup d'af-
furance; ils annoncent avec emphafe les
prétendues merveilles de leurs inventions en
ce genre. S'ils rencontrent des incrédules

ils leur citeront, en exemple, la proposition que faisoit Archimède, bien digne d'inspirer la confiance, de soulever le globe de la Terre, pourvu qu'on lui donnât un point fixe pour attacher son levier. Voyons si cet exemple conclut en leur faveur ; & apprécions l'espérance qu'on peut justement concevoir d'une machine.

Le mouvement ne peut pas naître de lui-même. Il est essentiellement produit par quelqu'agent extérieur qui tire la matière de l'état de repos, ou qui accélère l'impulsion qu'elle peut avoir déja reçue. Or, la force que l'agent dépense pour cela, est nécessairement limitée. Par exemple, qu'un homme traîne une pierre sur le terrein : il perdra une certaine partie de sa force contre cette masse ; & si, à raison de son poids & du frottement, la pierre oppose une résistance que l'agent ne puisse surmonter, il n'y aura point de mouvement. Supposons que la pierre marche : nous pouvons concevoir que la force entière & absolue de l'homme est partagée en trois autres : la première, qui lui reste & en vertu de laquelle il marche lui-même ; la seconde, qui est absorbée par la résistance des frottements ; la troisieme, qui est employée à faire marcher la pierre. Cette dernière est proprement ce qu'on appelle la *force mouvante* ; elle est mesurée par le produit de la masse

qu'elle meut, & de la viteſſe qu'elle lui imprime. Il en eſt de même pour toutes les
autres eſpèces d'agents, proportion gardée :
on peut conſidérer en général toute force
mouvante, comme ayant pour éléments ou
facteurs, un poids & une viteſſe. Je n'examine point ſi, dans l'hypothèſe propoſée,
il n'y a pas, relativement à la manière dont
un animal tire ſa force du jeu de ſes muſ-
cles, une viteſſe propre à rendre la dépenſe
d'action extérieure qu'il peut faire, la plus
grande qu'il eſt poſſible. Pour écarter cette
queſtion, qui appartient à l'économie des
forces animales, ſi je puis m'exprimer ainſi,
& pour réduire le Problême à ſes plus ſimples termes, je ſuppoſe que chaque agent eſt
employé de la façon la plus avantageuſe, &
que par conſéquent il donne à la machine
toute la force qu'il peut lui donner réellement. Nous avons donc une force mouvante,
fixe & déterminée, qui ſervira à vaincre une
certaine réſiſtance, ou, ce qui revient au
même, à élever un certain fardeau. Elle demeurera toujours la même, quelques moyens
qu'on employe pour la tranſmettre au fardeau
dont il s'agit. Vainement, dans la vue de
l'augmenter, vous multiplierez les leviers &
les roues : tous ces inſtruments n'ont par eux-
mêmes aucune vertu active ; ils n'ont de force
qu'autant qu'ils en reçoivent ; ſouvent même

ils

ils abforbent en pure perte une partie de la force mouvante, foit par les points fixes & deftructeurs qu'ils lui préfentent, foit par le frottement & les autres réfiftances qu'ils occafionnent. Leur véritable deftination ne peut donc être que de modifier différemment la force mouvante, en la tranfportant au fardeau à élever. S'ils font augmenter ce fardeau, ils font diminuer fa viteffe en même rapport ; fi au contraire ils augmentent la viteffe, c'eft au dépens de la maffe. Archimède avoit raifon de dire qu'avec un levier & un point fixe, il fouleveroit le globe de la Terre. Il fuffit, pour s'en convaincre, de jetter les yeux fur une balance dont les bras font inégaux. Plus l'un des bras eft long, par rapport à l'autre, plus il favorife le poids attaché à fon extrêmité ; en forte qu'en augmentant de plus en plus cette longueur, il n'y aura pas de bornes à la diminution du poids qui lui eft appliqué. Dans les machines où il eft ainfi queftion fimplement d'établir l'équilibre, les forces, par la manière dont elles font fituées, peuvent différer extrêmement en quantités. Mais la plupart des machines ont pour objet de produire du mouvement ; & alors, la force mouvante étant toujours la même, le fardeau élevé fera plus ou moins grand, felon qu'il prendra moins ou plus de viteffe. Vous pouvez donc, par exemple, avec un poids d'une

B

livre, appliqué à l'extrêmité d'un bras de levier de dix pieds, faire équilibre à un poids
de dix livres, appliqué à l'extrêmité de l'autre
bras qui eſt d'un pied: mais ſi vous voulez
produire du mouvement, & ſi vous ſuppoſez
que la force mouvante ſoit le poids d'une
livre, animé d'une viteſſe capable de lui faire
parcourir un pied en une ſeconde; le fardeau
élevé, c'eſt-à-dire, le poids de dix livres, ne
parcourra pendant le même tems, que la
dixième partie d'un pied: car les viteſſes des
deux poids peuvent être repréſentées par les
arcs ſemblables qu'ils décrivent dans le même
tems, & ces deux arcs ſont entr'eux comme
leurs rayons ou les bras du levier. Il eſt clair
par-là que ſi Archimède avoit réellement eu
les choſes qu'il demandoit pour faire monter
le globe de la Terre, il ſe feroit paſſé un tems
aſſez conſidérable, avant que cette maſſe
énorme prît un mouvement ſenſible. Quel
eſt donc préciſément le but des machines?
La réponſe eſt aiſée, & ſuit de ce qu'on vient
de dire. Les machines ſervent à tranſmettre,
ſuivant une certaine loi, la force mouvante,
au fardeau qu'on veut élever. Elles nous
offrent la facilité d'augmenter ce fardeau ou
ſa viteſſe; & cette prérogative eſt infiniment
précieuſe. Car il arrive très-ſouvent qu'on a
beſoin d'élever un fardeau conſidérable, &
qu'on n'eſt pas preſſé par le tems; d'autres

fois on veut se procurer une grande vitesse, & non élever un grand fardeau. Vous avez le moyen de remplir l'une ou l'autre condition. Mais une machine, quelle qu'elle soit, ne vous fera jamais rien gagner d'un côté, que vous ne le perdiez de l'autre. Voilà le cercle nécessaire dont il n'est pas possible de sortir.

Mais, dira-t-on, si dans toutes les machines, le fardeau élevé & sa vitesse sont réciproquement proportionnels, elles sont donc toutes également avantageuses; & il est inutile de travailler à en imaginer de nouvelles. Ceci a besoin d'être expliqué.

On compte sept machines simples & primitives : la Machine Funiculaire, le Levier, la Poulie, le Tour, le Plan incliné, la Vis & le Coin. Toutes les autres machines faites ou à faire, ne peuvent être que des combinaisons de ces sept-là, ou de la même, répétée un certain nombre de fois. Les machines simples ont chacune leurs propriétés, leur objet particulier, & toute la perfection dont elles sont susceptibles. Elles ne peuvent se comparer ensemble que dans un sens fort impropre, puisqu'elles ont différentes destinations. Ainsi la question, s'il y a des machines plus parfaites les unes que les autres, ne doit pas les regarder; mais elle peut être proposée relativement aux machines composées.

Or, l'ufage de ces dernières eft fréquent & in-
difpenfable; car il arrive rarement qu'on puifle
produire l'effet dont on a befoin, par le moyen
d'une machine fimple. Lorfque vous êtes donc
obligé d'employer une machine compofée,
ne la compliquez du moins qu'autant qu'il eft
abfolument néceffaire; évitez, le plus que
vous pourrez, les frottements & autres réfiftances étrangères au produit effectif que vous
voulez obtenir. La machine la plus parfaite
en ce genre, eft celle où la force mouvante fe
tranfmet, avec le moins de déchet qu'il eft
poffible, au fardeau à élever. Travaillez à diminuer ce déchet : vos recherches auront un
but très-réel & très-utile; mais tenez-vous-
en-là ; ne nous promettez rien de plus. Tout
autre avantage que vous voudrez attribuer
à vos machines eft une chimère.

Ces réflexions générales deviennent fenfibles par les détails dans lefquels j'entre au
fujet des fept machines fimples. On conçoit
qu'il n'eft guère poffible de dire des chofes
nouvelles fur une matière fi rebattue. Cependant on trouve ici des démonftrations qui
ne font point ailleurs, & qui ont l'avantage
d'être fort fimples. En traitant du Levier, je
donne la théorie de l'équilibre des Ponts-
Levis, théorie qui n'eft expliquée, du moins
que je fache, dans aucun Livre de Méchanique.

Je ne me fuis pas borné à confidérer l'équilibre mathématique des machines. J'examine les réfiftances qu'elles éprouvent dans leur état phyfique & naturel, lorfqu'elles font prêtes à fe mouvoir. Le frottement & la difficulté que les cordes font à fe plier autour des cylindres qu'elles embraffent, oppofent des obftacles plus ou moins fenfibles à la génération du mouvement. Il fuffit de réfléchir un peu fur la nature de ces réfiftances, & fur l'impoffibilité abfolue de les anéantir totalement, pour reconnoître la chimère du mouvement perpétuel. On eft très-éloigné de pouvoir évaluer le frottement & la roideur des cordes, avec une précifion géométrique. Cependant cette théorie a fait des progrès, depuis qu'on a commencé à s'en occuper ; elle en peut faire de plus grands encore, avec le fecours de l'expérience. Je la développe en détail, & j'en fais l'application à des exemples dont la pratique retirera quelque fruit. Il étoit ainfi néceffaire pour completter la Statique élémentaire, que joignant la théorie phyfique de l'équilibre des machines, à celle de leur équilibre mathématique, je déterminaffe, du moins autant qu'il eft poffible, le point où l'équilibre eft prêt à fe rompre pour faire place au mouvement.

**II.
Dynamiq.**

La Dynamique, qui confidère le mouvement, offre un champ inépuifable de recherches : car les éléments du mouvement font fufceptibles d'un nombre infini de variétés & de combinaifons, qui produifent autant de propriétés particulières. Mais on peut toujours rapporter ces propriétés à différentes claffes générales. Quelle que foit la nature du mouvement ; qu'il foit uniforme, ou variable fuivant une loi quelconque ; qu'un corps fe meuve en ligne droite ; qu'il décrive une courbe donnée ou déterminable par telles conditions qu'on voudra impofer : on exprime par des équations générales toutes les relations poffibles entre les efpaces, les tems, les viteffes & les forces. Enfuite ces formules fe modifient & s'appliquenr à chaque efpèce particulière de mouvement. S'il eft queftion de déterminer les mouvements qui réfultent de l'action & de la réaction que plufieurs corps d'un même fyftême exercent les uns fur les autres, le Problême eft toujours réductible, par les loix de la Statique, aux principes de mouvement que je viens d'indiquer ; car les corps, en vertu des réfiftances qu'ils s'oppofent réciproquement, perdent ou gagnent du mouvement, de manière qu'il y a toujours équilibre entre les mouvements perdus & les mouvements gagnés ; d'où il réfulte qu'on aura les mouvements qu'ils ont

en effet, à chaque inftant, c'eft-à-dire, les expreffions des efpaces, des tems, &c, en exprimant analytiquement les conditions de cet
équilibre.

Tel eft le point de vue fous lequel j'ai en-
vifagé & j'ai traité la Dynamique. Après avoir
expofé les principes généraux du mouvement, je donne les formules du mouvement
uniforme, & j'en fais l'application à plufieurs
exemples. Delà je paffe aux mouvements variés ; j'explique dans le plus grand détail la
théorie du mouvement uniformément accéléré ou retardé ; théorie d'où je tire, comme
corollaire, tout ce qui eft relatif aux mouvements des corps qui tombent librement
par la pefanteur, ou qui gliffent fur des plans
inclinés. Le mouvement des centres de gravité a plufieurs propriétés que j'examine à
part ; je démontre d'une manière nouvelle &
avec toute la généralité poffible, la propofition fondamentale de ce mouvement ; & j'en
fais voir l'ufage pour le toifé des étendues
qu'on peut regarder comme engendrées par
le mouvement.

Les loix de la communication des mouvements occupent une place confidérable
dans cette feconde partie de la Méchanique.
Le principe auquel je les ramène eft l'équilibre des mouvements qui fe combattent &
qui fe détruifent par leurs oppofitions mu-

tuelles. Je fais d'abord l'application de ce
principe au choc des corps, soit que la percuffion fe faffe directement, soit qu'un corps
en rencontre tout-à-la-fois un nombre quelconque d'autres, difpofés comme on voudra
par rapport à fa direction. La feule limita-
tion qu'il y ait à la généralité de ces Problêmes, eft que les corps font fuppofés fphériques, ou que les forces perpendiculaires à
leurs furfaces, aux endroits des contacts,
paffent par leurs centres de gravité particuliers. Mais pour réfoudre le cas où la percuffion feroit excentrique, & en général
toutes les queftions du même genre, j'examine les mouvements d'un corps libre de
figure quelconque, qui eft frappé ou pouffé
fuivant une direction qui ne paffe pas par fon
centre de gravité. Je démontre très-fimplement que le centre de gravité du corps fe
meut de même que s'il fe trouvoit fur la direction de la force motrice, & qu'en même
tems le corps tourne, du moins au premier inftant, autour du centre de gravité,
de même que fi ce point étoit fixe. Ce Théorême général eft éclairci par quelques applications qui en montrent l'efprit & l'ufage.
Je donne enfuite plufieurs Problêmes, con-
cernant le mouvement des corps qui agiffent
les uns fur les autres par des leviers, par
des fils, ou de toute autre manière. Nos

Lecteurs pourront se proposer eux-mêmes d'autres Problêmes analogues; s'ils ont bien saisi les principes que j'ai taché d'expliquer, ils ne trouveront guère, dans ces recherches, d'autres difficultés que celles qui dépendent de la Géométrie & du calcul. Je finis par des considérations mathématiques & physiques sur les machines en mouvement.

J'ai joint quelques notes à ce Traité; la plupart ont pour but d'approfondir certaines théories qui demandent la connoissance du calcul intégral. Je donne, par exemple, les formules générales pour la détermination de toutes sortes de mouvements variés, rectilignes ou curvilignes; je les applique au mouvement des corps qui tombent suivant une loi quelconque, aux oscillations dans des arcs de cercle de grandeur arbitraire, au Problême général des forces centrales, à celui de la plus vite descente, &c. Les autres questions relatives au mouvement, se résolvent par les mêmes principes.

EXTRAIT des Regiſtres de l'Académie Royale des Sciences.

Du 30 Août 1775.

Messieurs d'Alembert, le Marquis de Condorcet & Vandermonde, qui avoient été nommés par l'Académie pour examiner un Ouvrage intitulé: *Traité élémentaire de Méchanique*, par M. l'Abbé Bossut, en ayant fait leur rapport, l'Académie a jugé cet Ouvrage digne d'être imprimé ſous ſon Privilége. En foi de quoi j'ai ſigné le préſent Certificat. A Paris, ce 30 Août 1775.

GRAND-JEAN DE FOUCHY,
Secrétaire perpétuel de l'Académie Royale des Sciences.

TRAITÉ
ÉLÉMENTAIRE
DE MÉCHANIQUE.

NOTIONS GÉNÉRALES.

1. La Méchanique, dans la signification la plus étendue du mot, eſt une Science qui a pour objet les loix de l'équilibre & du mouvement des corps. D'où l'on voit qu'elle ſe partage en deux branches. Celle qui traite de l'équilibre ſe nomme *Statique ;* celle qui conſidère le mouvement, ſe nomme *Méchanique proprement dite,* ou *Dynamique.*

2. On appelle *corps*, l'aſſemblage de pluſieurs parties de matière, regardées comme impénétrables, c'eſt-à dire, comme exiſtantes toujours chacune dans un lieu particulier, ſans pouvoir jamais être réduites à n'occuper qu'un ſeul & même eſpace indiviſible,

Cette impénétrabilité mutuelle des parties des corps eft la propriété caractériftique de la matière. La Méchanique ne confidère les corps que fous ce feul afpect ; elle fait abftraction de toutes les qualités qu'ils peuvent avoir d'ailleurs, comme la couleur, l'odeur, la figure , &c ; l'examen de ces qualités & de leurs effets appartient à d'autres parties des Mathématiques , ou à la Phyfique.

Il y a des corps qu'on oblige à occuper un moindre volume, en les comprimant. Mais cela vient de ce qu'ils ont des *pores* ou efpaces vuides , qui permettent aux parties de matière de fe rapprocher les unes des autres ; quand elles fe touchent, il ne peut plus y avoir de condenfation.

3. Lorsque les parties d'un corps font adhérentes les unes aux autres , & ne cèdent qu'avec peine à leur féparation mutuelle, le corps eft appellé *folide* ; & il a plus ou moins de folidité , felon que cette adhérence eft plus ou moins forte. Mais fi les parties font détachées les unes des autres , & ont la liberté de changer de place, le corps eft appellé *fluide* ou *liquide*. Il ne fera queftion dans cet Ouvrage que de la Méchanique des corps folides ; celle des fluides eft la matière d'un Traité à part.

Tout corps, foit folide, foit fluide , eft péfant, c'eft-à dire , tend à defcendre, ou defcend en effet fi rien ne l'en empêche, vers la furface de la terre, fuivant une ligne dirigée au centre de ce globe. Mais il ne faut pas pour cela regarder la pefanteur comme effentielle à la matière ; elle ne lui appartient qu'accidentellement , & elle a fa caufe particulière. Pourquoi, en effet, les corps tendroient-ils par eux-mêmes vers un point de l'efpace plutôt que vers un autre, & quelle vertu fondée fur leur nature pourroit leur donner une telle tendance vers le centre

de la terre ? On doit donc s'accoutumer à dépouiller, par la pensée, les corps de la pesanteur, & à n'y
voir que de la matière étendue & impénétrable.
Quand nous ne les envisagerons simplement que sous
ce point de vûe, nous les désignerons par le simple
mot *corps* ; mais quand nous les regarderons comme
soumis à l'action de la pesanteur, nous les appellerons *corps pesans* ou *poids*.

4. COMME un corps peut être plus ou moins po-
reux, ou que les parties dont il est composé peuvent
être plus ou moins voisines les unes des autres, il faut
distinguer sa *masse* d'avec son *volume*.

5. PAR la masse d'un corps, on entend la quantité de matière propre dont il est composé ; le volume
est l'espace apparent qu'il occupe, ou l'extension du
corps suivant les trois dimensions, longueur, largeur
& profondeur. La Géométrie toise les volumes, la
Méchanique ne considère que les masses. Ainsi dans
la suite de ce Traité, par le mot *corps*, on désignera
toujours la masse.

6. LE rapport de la masse au volume, c'est-à-dire,
la quantité de matière que contient un corps sous un
volume *donné*, est ce qui en forme la *densité*. On
voit assez qu'un corps n'est appellé plus ou moins
dense que par comparaison à un autre corps. Or,
pour faire une telle comparaison, il faut diviser les
masses par le nombre de mesures de leurs volumes ;
c'est-à-dire, par le nombre de toises cubes, de pieds
cubes, &c, qu'elles contiennent : les quotients qui
sont des masses comprises sous *l'unité de volume*, expriment les densités. Ainsi, si l'on a deux corps A &
B, & qu'on nomme G & γ leurs volumes ou grandeurs, D & δ leurs densités : on aura la proportion
$$D : \delta : : \frac{A}{G} : \frac{B}{\gamma} ; \text{ donc, } A : B : : GD : \gamma\delta, \text{ c'est-}$$

à-dire, que les *masses font en raison compofée des volumes & des denfités.*

7. Les Métaphyficiens ont épuifé leur fubtilité fur la nature de l'efpace & du vuide, fans pouvoir parvenir à s'accorder entr'eux fur les notions qu'ils vouloient donner de ces deux êtres. Je ferois trop long, & ce détail n'auroit d'ailleurs aucune utilité, fi je voulois rapporter ici toutes leurs difputes à ce fujet. Il nous fuffit de confidérer l'efpace ou le vuide (car je prends ces deux mots dans le même fens) comme étendu, pénétrable, capable de recevoir les corps, & de leur donner un libre paffage en toutes fortes de fens.

8. On diftingue deux fortes d'efpaces; l'efpace *abfolu* & l'efpace *relatif.*

L'efpace abfolu exifte ou peut être conçu exifter en lui-même, fans relation aux chofes externes; en forte que fi tous les corps étoient anéantis, il n'en fubfifteroit pas moins. L'efpace relatif eft determiné & tombe fous nos fens par fa relation aux corps: par exemple, une chambre, qui eft terminée par les quatre murailles, le plancher & le plafond, eft un efpace relatif.

9. Lorsqu'un corps demeure conftamment dans un même endroit de l'efpace, c'eft-à-dire lorf-qu'il conferve la même fituation par rapport à toutes les parties fixes de l'efpace, il eft en *repos*; quand il change de place, ou qu'il répond fucceffivement à différents points de l'efpace, il eft en *mouvement.* L'un ou l'autre état eft abfolu ou relatif, felon que l'efpace dans lequel on imagine que le corps fe trouve, eft abfolu ou relatif.

10. On a autant écrit, & avec le même fuccès, fur le *tems* que fur l'efpace. Nous nous contente-rons de regarder le tems comme produit par l'écou-

dement succeffif & uniforme de l'inftant qui en eft l'origine ou l'élement, de même qu'en Géométrie on regarde la ligne comme produite par le mouvement du point qui eft l'une de fes extrêmités.

11. Le tems, confidéré en lui-même, & indépendamment de toute relation aux chofes externes, s'appelle tems *abfolu* ; mais lorfqu'on le prend pour exprimer la durée fucceffive des êtres, il s'appelle tems *relatif*. On n'a befoin dans la Méchanique, que du tems relatif ; & nous l'appellerons fimplement tems.

12. Nous mefurons le tems, en le rapportant à un certain mouvement, pris pour unité, qui demeure ou qu'on imagine demeurer toujours égal & uniforme. Cette mefure n'eft pas la même chez tous les peuples. Les uns la réglent fur le cours apparent du Soleil, d'autres fur celui de la Lune ou des Etoiles. Nous adopterons le premier ufage, qui eft le plus généralement reçu. Ainfi l'intervalle de tems que nous appellons *année*, eft repréfenté par l'efpace que le Soleil parcourt dans le Ciel depuis fon point de départ d'un certain endroit, jufqu'à ce qu'il revienne au même endroit. Cet efpace peut être peint fous l'image d'une ligne droite qu'une mouche parcourroit d'une marche toujours égale. Je dis *toujours égale :* car, quoique le mouvement du Soleil ne foit pas exactement uniforme, les Aftronomes corrigent fes inégalités ; & par la diftribution qu'ils en font fur la totalité du mouvement, ils forment un mouvement *moyen*, qu'on peut regarder comme uniforme.

L'année fe divife, comme on fait, en *mois*, *jours*, *heures*, *minutes*, *fecondes*, &c. Les rapports de ces quantités font trop connus, pour que je m'arrête à les expliquer.

Du reste, quelque mouvement qu'on choisisse pour servir de mesure ou d'*échelle* au tems, tous les différents tems que l'on considérera dans la Méchanique, seront comparés formellement ou tacitement au mouvement pris pour unité. On concevra clairement ces rapports, en représentant les mouvements auxquels les tems sont proportionnels, par des lignes droites qui seroient parcourues de la même manière par un mobile.

13. Un corps se meut plus ou moins *vîte*, selon qu'il parcourt plus ou moins d'espace en un tems donné. La *vitesse* est donc le rapport de l'espace parcouru au tems employé à le parcourir, ou *le quotient qui résulte en divisant l'espace parcouru, par le nombre de mesures du tems pendant lequel il a été parcouru.*

Il est clair en effet qu'on ne peut connoître la vitesse que par la combinaison de ces deux éléments, l'espace & le tems, dont l'un tend à l'augmenter, & l'autre, à la diminuer. Car, par exemple, si on me dit que deux Voyageurs, partants de Paris, sont allés l'un à Brest, l'autre à Mezières, j'aurois tort d'affirmer, d'après ce simple exposé, que le premier Voyageur a marché plus vîte que le second, quoiqu'il ait parcouru un plus grand espace. Pour pouvoir comparer les deux marches, je dois avoir égard non-seulement aux espaces parcourus, mais encore aux tems dans lesquels ils ont été parcourus. Supposons la distance de Paris à Brest $=$ 129 lieues, celle de Paris à Mezières $=$ 51 lieues ; supposons de plus que le premier Voyageur ait marché 140 heures, le second 48 heures. Je vois que le premier Voyageur, loin d'avoir marché plus vîte, a marché plus lentement que le second ; car en 1 heure, le premier a fait seulement les $\frac{129}{140}$ d'une
lieue,

lieue, & le second a fait $\frac{51}{48}$ lieues, c'eſt à-dire 1 lieue entière, plus les $\frac{3}{48}$ d'une lieue. Les deux viteſſes ſont entr'elles comme les nombres $\frac{112}{140}$ & $\frac{51}{48}$ quotients des eſpaces parcourus, diviſés par les tems reſpectifs pendant leſquels ils ont été parcourus.

Il n'y a, dans ces diviſions, rien qui répugne à leur nature arithmétique ; car elles ſe réduiſent à diviſer des eſpaces qu'on peut regarder comme des nombres concrets, par les nombres (abſtraits) des meſures des tems ; ce qui donne pour quotients des eſpaces parcourus pendant l'unité de tems. Les eſpaces doivent être évalués en meſures de même eſpèce, comme en toiſes, pieds, pouces, lignes, &c; & ſemblablement il faut réduire les tems en meſures de même genre, comme en heures, minutes, ſecondes, tierces, &c.

Cette notion de la viteſſe s'applique également au mouvement abſolu & au mouvement relatif.

14. Le mouvement abſolu & le mouvement relatif peuvent exiſter chacun ſéparément, ou ſe combiner l'un avec l'autre. Je m'explique par un exemple.

Suppoſons que le globe de la Terre ſoit dans une immobilité parfaite. Il eſt clair qu'un oiſeau fixé dans un bateau emporté par le courant d'une rivière, eſt un mouvement par rapport aux objets ſitués ſur le rivage, puiſqu'il peut être cenſé ne faire qu'un même corps avec le bateau qui change continuellement de place par rapport à ces objets : il eſt donc en mouvement dans l'eſpace abſolu ; mais il eſt en repos dans le bateau qui eſt l'eſpace relatif. On voit de même que ſi, pendant que le bateau eſt emporté par le courant, l'oiſeau demeure ſuſpendu en l'air, il paroîtra s'éloigner du bateau avec une viteſſe égale & contraire à celle qui emporte ce dernier corps ; il répondra toujours aux mêmes points de l'espace absolu, tandis qu'il changera continuellement de distance par rapport aux points du bateau ; & par conséquent il sera en repos dans l'espace absolu, & en mouvement dans l'espace relatif.

Imaginons maintenant que le bateau ait une vitesse de 2500 toises par heure, & que, pendant ce même tems, l'oiseau s'éloigne de 1200 toises, du bateau, en allant dans le sens contraire, ou en allant dans le même sens. Dans l'un & l'autre cas, l'oiseau qui est en mouvement par rapport à l'espace relatif ou au bateau dont il s'éloigne de 1200 toises par heure, est aussi en mouvement par rapport à l'espace absolu. En effet, s'il marche en sens contraire du bateau, sa vitesse dans l'espace absolu est l'excès de la vitesse du bateau sur la vitesse avec laquelle il s'en éloigne ; ainsi il a dans l'espace absolu, & dans le sens du mouvement du bateau, une vitesse de 1300 toises par heure. Si au contraire l'oiseau marche dans le sens du bateau, sa vitesse dans l'espace absolu est la somme de la vitesse absolue du bateau & de la vitesse qu'il a par rapport au bateau ; ainsi il a dans l'espace absolu, & dans le sens du mouvement du bateau, une vitesse de 3700 toises par heure.

Il est difficile, & peut-être impossible, de décider en général si un corps donné dans l'univers est en repos ou en mouvement, si son mouvement est absolu ou relatif. Car nous jugeons communément qu'un corps est en repos, lorsqu'il conserve la même situation par rapport à différents objets supposés immobiles, par exemple, par rapport aux étoiles fixes ; & qu'au contraire un corps est en mouvement, lorsqu'il change de situation par rapport à ces mêmes objets. Or il peut se faire que les objets que nous regardons comme immobiles soient réellement en mouvement. D'où l'on voit que le repos & le mouvement font fufceptibles en eux-mêmes de plufieurs variétés qui peuvent nous échapper. Les mouvements qui font l'objet de la Méchanique ordinaire, s'exécutent fur la furface de la Terre ; ainfi ils ne font le plus fouvent, quant au fond, que des mouvements relatifs, puifque, fuivant la vraie Aftronomie, la Terre tourne dans les efpaces céleftes autour du Soleil, en même-tems qu'elle tourne fur fon axe. Mais on peut les confidérer comme abfolus, en faifant abftraction du mouvement propre de la Terre dans l'efpace abfolu ; enfuite on pourra diftinguer fur la furface de la Terre, des efpaces particuliers ou relatifs, capables de recevoir des corps en repos ou en mouvement.

Comme le mouvement abfolu & le mouvement relatif font foumis aux mêmes loix, je les comprendrai l'un & l'autre fous leur nom générique *mouvement*, fauf à les défigner, par leurs noms propres, fi les circonftances l'exigent.

15. IL eft évident que fi un corps eft en repos, il ne peut pas lui-même fe donner du mouvement; il a befoin d'être excité par un agent extérieur, qu'on appelle *puiffance* ou *force*. Ainfi la puiffance ou force, appliquée à un corps, lui imprime ou tend à lui imprimer du mouvement.

Je dis *imprime* ou *tend à imprimer :* car ces deux cas font différents, & donnent lieu de diftinguer deux fortes de forces; les *forces motrices*, qui produifent un mouvement réel & actuel; les *forces de preffion*, qui tendent feulement à imprimer du mouvement, & qui n'en produifent pas, parce que leur effet eft détruit par la réfiftance de quelqu'obftacle, ou par d'autres forces oppofées. Les viteffes qui réfultent des premières, s'appellent *viteffes réelles ;* les viteffes que les fecondes tendent à produire, s'appellent *viteffes virtuelles*. Par exemple, un corps qui, tombe librement de 15 pieds de hauteur, acquiert, en vertu des coups répétés de la pefanteur, une viteffe réelle, capable de lui faire parcourir uniformément 30 pieds en 1 feconde, comme nous l'expliquerons dans la fuite : ainfi la fomme des coups donnés par la pefanteur, pendant la chûte de 15 pieds, eft une force motrice, qui produit une viteffe réelle, uniforme, de 30 pieds par feconde. Mais fi un corps, animé par la pefanteur, eft foutenu par une table qui l'empêche de defcendre ; alors chaque coup de la pefanteur, qui eft détruit par la table, & qui eft fuivi d'un autre coup femblablement détruit, eft une force de preffion, qui tend à produire, mais qui ne produit pas une viteffe actuelle.

16. TOUTE force, quelle que foit fa nature, ne peut être mefurée que par fon effet. Or que fait la force ? Elle tranfporte ou tend à tranfporter une certaine quantité de matière, d'un endroit de l'efpace dans un autre endroit, pendant un certain tems. Il y a donc deux chofes à confidérer dans l'effet de la force : favoir, 1°. la maffe tranfportée réellement ou virtuellement ; 2°. la viteffe réelle ou virtuelle, avec laquelle cette maffe eft tranfportée. Ainfi l'effet réfultant eft la viteffe communiquée à tous les points de la maffe ; ou répétée autant de fois qu'il y a de points dans la maffe ; ou, ce qui eft encore la même chofe, *le produit de la maffe par la viteffe*. Ce produit conftitue la *quantité de mouvement*, qui eft réelle ou virtuelle, felon que la viteffe eft réelle ou virtuelle.

17. D'APRÈS ces principes, voici l'idée précife qu'il faut fe faire des forces que la Méchanique confidère. *La force de preffion eft repréfentée par le produit d'une certaine maffe, par la viteffe qu'elle tend à lui communiquer.* Toutes les fois que des produits

de cette nature feront égaux , ils indiqueront des preſſions égales. *La force motrice eſt repréſentée par le produit de la maſſe , par la viteſſe qu'elle lui com-munique réellement.*

18. ON appelle *ſyſtéme de corps* l'aſſemblage de pluſieurs corps liés enſemble par des fils , par des verges , ou de toute autre manière , & aſſujettis par-là à ne former qu'un même tout , dont aucune par-tie ne peut éprouver d'action ſans que les autres n'en éprouvent auſſi. Et ſemblablement , on appelle *ſyſtéme de forces* , l'aſſemblage de pluſieurs forces qui agiſſent à-la-fois ſur un corps ou ſur un ſyſtême de corps , ſoit en s'aidant mutuellement , ſoit en ſe combattant.

19. SI pluſieurs forces appliquées à un corps , ou à un ſyſtême de corps , ſe détruiſent , de ma-nière qu'il n'en réſulte aucun mouvement , elles ſont en *équilibre :* manière d'être qui diffère du ſimple repos , en ce que le repos eſt un état purement oiſif , qui exiſte en l'abſence de toutes forces , au lieu que l'équilibre ſuppoſe l'exercice virtuel de plu-ſieurs forces qui ſe combattent & qui s'anéantiſſent réciproquement. La détermination des rapports qu'ont entr'elles pluſieurs forces qui ſe font équi-libre , eſt l'objet de la Statique. Cette partie de la Méchanique eſt appellée par quelques Auteurs *la ſcience des forces de preſſion ;* elle conſidère ſur-tout l'équilibre dans les machines , inſtrumens deſtinés à varier les deux élémens d'une puiſſance propoſée , le poids ou la viteſſe , & à procurer la combinaiſon la plus avantageuſe relativement à un certain but , comme nous l'expliquerons ci-deſſous en détail.

Si de l'action des forces réſultent des mouve-ments , ces mouvements font l'objet de la Mécha-nique proprement dite, qu'on appelle quelquefois

C iij

en général *Dynamique :* dénomination abrégée, que nous employerons, quoique le mot de *Dynamique*, fignifie fpécialement la fcience des mouvements produits ou détruits par l'action & la réaction réciproques de plufieurs corps qui compofent un même fyftême.

Cet Ouvrage fera divifé en deux Parties. Dans la première, je donnerai les éléments de la Statique, ou la théorie générale de l'équilibre ; & je ferai l'application de cette théorie aux machines. Dans la feconde, je traiterai du mouvement ; & pour la plus grande clarté, je diviferai cette Partie en deux Livres : le premier aura pour objet les propriétés générales du mouvement, de quelque manière qu'il ait pu être produit : dans le fecond Livre, j'expoferai les loix fuivant lefquelles les corps fe communiquent le mouvement en agiffant & réagiffant les uns fur les autres d'une manière quelconque ; ce qui eft l'objet de la Dynamique proprement dite.

PREMIERE PARTIE.

ÉLÉMENTS DE STATIQUE.

CHAPITRE PREMIER.

Principes généraux de l'Equilibre.

20. **I**L y a deux chofes à confidérer dans toute force, la quantité d'action qu'elle exerce, & le fens fuivant lequel elle exerce cette action. Pour comparer enfemble plufieurs forces d'une manière exacte & complette, on doit avoir égard à ces deux circonftances. Or, nous remplirons l'un & l'autre objet, en prenant fur les directions des forces propofées des lignes droites qui leur foient proportionnelles ; car ces lignes exprimeront tout-à-la-fois les quantités d'actions des forces, & les fens fuivant lefquels ces forces agiffent. Par exemple, foient deux forces P & Q (Fig. 1), qui tirent un corps A par le moyen de deux fils ou de deux verges, dans les fens AP, AQ; & fuppofons que la puiffance P foit double de la puiffance Q. Je prendrai fur AQ, direction de la puiffance Q, la partie arbitraire AC, pour repréfenter cette puiffance, & enfuite fur AP, direction de la puiffance P, la partie AB double de AC, pour repréfenter cette puiffance. Par-là, les effets complets des deux puiffances Q & P feront expri-

Fig. 1.

més par les lignes AC, AB. Si ces mêmes puissances avoient entr'elles tout autre rapport, je prendrois les lignes AC, AB, dans ce rapport ; c'est-à-dire, que j'établirois la proportion, $Q:P::AC:AB$.

Souvent, pour abréger l'expression, on appelle les forces par les noms des lignes qui les représentent. Ainsi, si l'on veut désigner la puissance P par son effet complet, au lieu de dire *la puissance représentée par la partie* AB *de sa direction*, on dit simplement *la puissance* ou *la force* AB.

21. LES forces étant des quantités de même espèce, ou toujours réductibles à la même espèce, elles doivent être évaluées par le moyen d'une même mesure commune à laquelle on les rapportera. Or, comme nous rencontrons par-tout des corps pesants, & que nous avons une idée très-claire des pressions qu'ils produisent, rien n'est plus simple & plus naturel que de prendre un certain poids pour l'unité des forces de pression. Prenons, par exemple, la livre pour cette unité : les deux forces Q & P étant supposées être dans le rapport de 1 à 2 ; si la force Q est équivalente à un poids de 12 livres, la force P sera équivalente à un poids de 24 livres.

Je n'ai pas besoin de faire observer qu'en comparant toutes sortes de forces de pression à des poids, la comparaison ne porte que sur les quantités, & qu'une force doit toujours être censée agir suivant sa propre direction.

AXIOMES.

22. I. *Un point ne peut pas aller par plusieurs chemins à-la-fois*. Ainsi, lorsque plusieurs forces sont appliquées à un point, ou à un corps dont toute la masse peut être censée réunie en un même point ; ou ce corps ne se mouvra point du tout, ou il se

mouvra par un feul chemin, de la même manière que s'il étoit pouffé par une force unique, équivalente, quant à l'effet dans ce fens, à toutes les forces propofées.

Cette force qui produit ainfi dans un certain fens le même effet que plufieurs autres forces, en eft appellée la *réfultante*; & ces forces font appellées *forces compofantes*, par rapport à la réfultante. Trouver la réfultante quand on a les forces compofantes, eft ce qu'on appelle *la compofition des forces*, & trouver les forces compofantes, quand on a la réfultante, eft ce qu'on appelle *la décompofition des forces*.

II. *Deux forces égales & direllement oppofées fe détruifent ou fe font équilibre.* Car il n'y a pas de raifon pour que l'une l'emporte fur l'autre. *Et réciproquement, quand deux forces fe détruifent, elles font néceffairement égales & direllement oppofées.* Car il eft vifible qu'une force ne peut être détruite que par un obftacle placé fur fa direction.

Il fuit de-là 1°. qu'il y a équilibre entre plufieurs forces appliquées à un même point, ou lorfque la réfultante de toutes ces forces eft égale à zero dans tous les fens; ou, lorfque l'une quelconque des forces eft égale & direllement oppofée à la réfultante de toutes les autres; ou lorfque la réfultante de deux quelconques des forces eft égale & direllement oppofée à la réfultante des forces qui reflent; ou, lorfque la réfultante de trois quelconques des forces eft égale & direllement oppofée à la réfultante des forces qui reflent; ou, &c. Toutes ces conditions qui peuvent paroître différentes au premier coup-d'œil, aboutiffent au même but, à l'égalité de deux forces direllement oppofées; ce qui produit néceffairement l'équilibre. Dans le premier cas, où toutes

les forces ont une réfultante égale à zero dans tous
les fens, cette force peut être cenfée détruite dans
tous les fens par une force contraire qui eft auffi
zero.

2°. Réciproquement, fi plufieurs puiffances appliquées à un même point fe font équilibre ; cet équilibre
a lieu, ou parce que la réfultante de toutes ces forces
fe réduit à zero dans tous les fens ; ou, parce que
l'une quelconque des forces eft égale & directement
oppofée à la réfultante de toutes les autres ; ou, parce
que la réfultante de deux quelconques des forces
eft égale & directement oppofée à la réfultante des
forces qui reftent ; ou, &c.

III. *Si une force agit fur un corps perpendiculairement à une ligne ou à un plan, elle ne pourra
imprimer aucun mouvement au corps, parallèlement
à cette ligne ou à ce plan.* Car il n'y a pas de raifon
pour que la force excite, plutôt dans un fens que
dans un autre, de mouvement parallèle à la ligne
ou au plan propofé ; & par conféquent ce mouvement parallèle eft nul dans tous les fens.

DEMANDES.

23. I. *Qu'il foit permis de regarder une force comme appliquée à tel point qu'on voudra de fa direction.*
Cette demande ne peut pas être refufée, puifqu'en
quelqu'endroit de fa direction qu'une force foit appliquée, elle exerce toujours la même action dans
le même fens. Ainfi, quand deux puiffances P &
Q (Fig. 2) tirent un corps A, on peut fuppofer
que ces deux puiffances, au lieu d'être appliquées
en P & Q, le font au point A, leurs actions étant
toujours dirigées dans les fens AP, AQ. On peut
même fuppofer qu'elles font appliquées en P' & Q',
& qu'elles pouffent le corps A, par le moyen de

verges inflexibles $P'A$, $Q'A$. Il en est de même pour tous les autres points de leurs directions.

II. *Que les corps auxquels nous imaginerons que les forces sont appliquées, puissent être regardés comme non pesants.*

Lorsqu'il faudra avoir égard à la pesanteur d'un corps, on pourra encore le regarder comme non-pesant, en supposant que sa pesanteur est une force extérieure qui le pousse de haut en bas, & qui se combine avec les autres forces auxquelles il peut être soumis.

PROPOSITION I. THÉORÊME.

24. *Si deux puissances* P & Q *(Fig. 3) tirent un corps* A *dans le même sens* AQ, *il en résultera sur ce corps la même action que s'il étoit tiré dans le même sens par une force unique égale à la somme des deux puissances* P & Q.

Fig. 3.

Cela est évident, puisque les puissances P & Q peuvent être censées réunies toutes les deux en un même point (Dem. I.), & qu'alors la puissance appliquée à ce point est $P + Q$.

COROLLAIRE I.

25. DONC, pour faire équilibre aux deux puissances P & Q, il faut leur opposer dans la direction AS une force $S = P + Q$.

COROLLAIRE II.

26. SI un nombre quelconque de forces tire un corps suivant la même direction, il faudra pour leur faire équilibre, leur opposer dans le sens contraire une force égale à leur somme. Car en prenant d'abord deux de ces forces, elles se réduisent à une

44 **MÉCHANIQUE,**

feule, égale à leur fomme ; combinant cette force
avec une troifième, on aura encore une force égale
à leur fomme ; ainfi de fuite. Donc, &c.

PROPOSITION II. THÉORÊME.

27. *Si deux puiffanc,es* P & Q (Fig. 4) *tirent en
fens directement contraires* AP, AQ, *un corps* A, *il
en réfultera à ce corps, dans le fens de la plus forte*
P, *la même action que s'il étoit tiré dans ce fens par
une force unique, égale à la différence des deux forces*
P & Q.

Car en repréfentant par AB & par AC les deux
puiffances P & Q, & regardant la puiffance P comme partagée en deux autres forces exprimées par
AD & par DB, dont la première AD eft égale &
directement contraire à AC : il eft évident (Ax. II.)
que les deux forces AD, AC fe détruifent, & qu'il
ne refte pour mouvoir le corps A, que la feule force
DB égale à la différence des deux forces AB, AC,
c'eft-à-dire, de P & Q.

COROLLAIRE I.

28. DONC, pour faire équilibre aux deux forces
P & Q, il faut employer dans le fens AS une force
$S = P - Q$.

COROLLAIRE II.

29. SI l'on a un nombre quelconque de forces
appliquées à un corps, dont les unes tirent dans un
fens, les autres dans le fens directement oppofé, &
que la fomme des premières foit égale à la fomme
des fecondes, il y aura équilibre dans le fyftême.
Mais fi l'une des fommes furpaffe l'autre, il faudra,
pour l'équilibre, joindre à la plus petite fomme une

force égale à la différence des deux sommes proposées.

Proposition III. Lemme.

30. *Si une puissance* P *(Fig. 5) tire un corps* A *perpendiculairement à la droite* EG, *elle lui imprimera du mouvement seulement dans le sens* AP; & *(Ax. III.) elle ne lui en donnera aucun, ni dans le sens* AE, *ni dans le sens* AG. *Mais si la puissance* P *(Fig. 6) tire obliquement par rapport à* EG, *elle éloignera tout-à-la-fois le corps de la droite* EG, & *de la perpendiculaire* AZ.

Fig. 5.

Fig. 6.

Ce Lemme est évident, & n'a besoin que d'être énoncé pour qu'on en voie la vérité.

Corollaire.

31. **Représentons** la puissance *P* (Fig. 6) par la partie *AB* de sa direction; & du point *B*, menons les perpendiculaires *BE*, *BF* aux droites *AE*, *AZ*. Il est clair que la puissance *P* en tirant le corps de *A* en *B*, l'éloignera de la droite *AE*, d'une quantité exprimée par *EB* ou par *AF*; & de la droite *AZ*, d'une quantité exprimée par *FB* ou par *AE*. Ainsi, par rapport au premier éloignement, le corps est dans le même cas que s'il étoit poussé par une force représentée par *AF*; & par rapport au second éloignement, il est dans le même cas que s'il étoit poussé par une force représentée par *AE*.

Fig. 6.

Proposition IV. Théorême.

32. *Si deux puissances* P & Q *(Fig. 7 & 8) tirent un corps* A, *suivant les directions* AP, AQ, *qui forment un angle* PAQ, & *sont représentées par les*

Fig. 7 & 8.

parties AB , AC *de leurs directions ; il en résultera à ce corps la même action que s'il étoit poussé par une force unique représentée par la diagonale* AD *du parallélogramme* ABDC.

Il peut arriver deux cas : ou les deux angles PAD , QAD , formés par les directions des forces avec la diagonale font aigus ; ou l'un, par exemple QAD, est obtus, l'autre étant nécessairement aigu. Je ne fais pas de division relativement à l'angle droit, parce que cet angle peut se rapporter indifféremment à l'angle aigu ou à l'angle obtus, étant leur limite commune.

I. CAS , Fig. 7. Il est clair que les deux forces P & Q n'agissant ni dans le même sens, ni dans des sens directement contraires , doivent en partie se détruire, en partie s'ajouter. Et comme (Ax. II & 24) des forces ne peuvent se détruire ou s'ajouter, qu'en tant qu'elles agissent en sens contraires ou dans le même sens ; les deux forces proposées P & Q peuvent être considérées comme les résultantes de quatre forces, dont deux agissent en sens contraires, tandis que les deux autres agissent dans le même sens. Or le corps ne peut aller que par un seul chemin (Ax. I.) ; & le chemin qu'il prendra est évidemment celui des forces conspirantes , puisqu'elles le poussent l'une & l'autre dans le même sens, sans que rien s'oppose à ce mouvement. Donc 1°. les deux forces opposées doivent se détruire ; autrement le corps auroit du mouvement dans le sens de la plus grande , & iroit par deux chemins : ce qui est impossible. 2°. Les deux forces conspirantes doivent être perpendiculaires aux deux autres ; car si cette perpendicularité n'avoit pas lieu, le corps prendroit (30 , II. Cas), soit dans un sens, soit dans le sens contraire, un mouvement parallèle à la ligne droite fur laquelle tombent les directions des forces oppo-fées ; & ces forces ne feroient pas totalement dé-truites ; ce qui eft contraire à ce qu'on vient d'éta-blir. Telles font les deux conditions auxquelles doit fatisfaire l'expreffion de la réfultante des deux forces AB, AC.

Menez par le point A, dans le plan des deux puif-fances AB, AC, & perpendiculairement à la diago-nale AD, la droite EG; & achevez les deux rectan-gles $AEBF$, $AGCH$. En fuppofant qu'à la place de la force AB, on fubftitue les deux forces AF, AE; & à la place de la force AC, les deux forces AH, AG: les deux forces AF, AE exprimeront refpectivement (31) les quantités dont la force AB tend à éloigner le corps des droites EG, AD; & femblablement, les deux forces AH, AG, exprime-ront les quantités dont la force AC tend à éloigner le corps des mêmes droites EG, AD.

Cela pofé : je dis que par la fubftitution des quatre forces AF, AE, AH, AG, à la place des deux forces AB, AC, les deux conditions propofées fe-ront remplies. Car d'abord, les forces AF, AH, font confpirantes, & perpendiculaires aux forces oppofées AE, AG. De plus, les deux triangles rectangles ABF, DCH, qui ont les hypothénufes AB, DC égales, & tous les angles égaux chacun à chacun, font parfaitement égaux (Géom. 91). Donc $BF=CH$; mais $BF=AE$, & $CH=AG$; donc $AE=AG$. Ainfi les deux forces directement op-pofées AE, AG font égales, & par conféquent fe détruifent. Il ne refte donc des quatre forces fubfti-tuées que les deux forces AF, AH; & le corps eft mû exactement de la même manière que s'il éprouvoit fimplement l'action de ces deux forces,

Or, comme elles agissent dans le même sens, leur résultante est (24) $AF + AH = AF + FD = AD$, à cause de $FD = AH$. Donc les deux forces proposées AB, AC, peuvent se réduire à une force unique exprimée par la diagonale AD. Et comme le corps ne peut aller que par un seul chemin, que par conséquent la résultante des deux forces AB, AC, est *unique* ; il s'ensuit que cette résultante *pouvant* être exprimée par la diagonale AD, *est* réellement & uniquement exprimée par cette même diagonale.

II. Cas, Fig. 8. Menez par le point A, dans le plan des deux puissances & perpendiculairement à la diagonale AD, la droite EG; & achevez les deux rectangles $AEBF$, $AGCH$. A la place de la force AB, vous pourrez prendre (I. Cas.) les deux forces AE, AF; & à la place de la force AC, les deux forces AG, AH. Or les deux forces AE, AG, font directement opposées, & de plus font égales. Donc elles se détruisent. Il ne reste donc que les deux forces AF, AH; & comme elles agissent en sens contraires, leur résultante est égale (27) à leur différence ; elle a par conséquent pour expression $AF - AH$, ou bien (à cause de $AH = DF$), $AF - DF$, ou la diagonale AD.

On voit dans l'un & l'autre cas, que les deux côtés AB, AC, & la diagonale AD d'un parallélogramme étant dans un même plan, deux forces dont les directions concourent en un point, & leur résultante, font aussi dans un même plan.

COROLLAIRE I.

33. Il suit des deux cas que si en général deux forces font représentées par les côtés contigus à un même angle, d'un parallélogramme quelconque, on peut

peut leur fubftituer une force unique repréfentée par la diagonale correfpondante du même parallélogramme, & que réciproquement à la place d'une force exprimée par la diagonale d'un parallélogramme, on peut prendre deux forces exprimées par les côtés du même parallélogramme, adjacens à cette diagonale.

COROLLAIRE II.

34. DONC, pour trouver une puiffance qui faffe équilibre aux deux puiffances P & Q (Fig. 9), dont les directions concourent au point A, & qui font exprimées par les parties AB & AC de ces directions, il faut achever le parallélogramme $ABDC$, & ayant prolongé la diagonale DA au-delà du point A, on appliquera fuivant cette direction AK une puiffance S, exprimée par une partie AK égale à AD : cette puiffance (Ax. II.) fera équilibre aux deux autres P & Q, puifqu'elle fera égale & directement oppofée à leur réfultante R.

Fig. 9.

COROLLAIRE III.

35. LES deux puiffances P, Q, & leur réfultante R, étant exprimées par les côtés AB, AC, & la diagonale AD du parallélogramme $ABDC$, on a cette fuite de rapports égaux, $P:Q:R::AB:AC$ ou $BD:AD$. Or fi l'on forme un triangle MON dont les côtés MO, ON, MN foient parallèles ou perpendiculaires chacun à chacun des côtés AB, BD, AD du triangle ABD; ces deux triangles feront femblables (Géom. 144 & 145). On aura donc $AB:BD:AD::MO:ON:MN$. Donc auffi $P:Q:R::MO:ON:MN$. Et comme, pour l'équilibre, il faut oppofer à la réfultante R, une force S qui

D

lui foit égale , on aura auſſi $P : Q : S :: MO : ON : MN$.

C O R O L L A I R E IV.

Fig. 10.   36. Sɪ d'un point quelconque D (Fig. 10) de la direction de la réſultante R des deux puiſſances P & Q, on abaiſſe les perpendiculaires DE, DF, ſur les directions de ces puiſſances, & qu'on mène la droite EF, on aura cette ſuite de rapports égaux, $P : Q : R :: DF : DE : EF$. Car ayant achevé le parallélogramme $ABDC$, on a $P : Q : R :: AB : AC$ ou $BD : AD$. Or les angles AED, AFD étant droits, le cercle décrit ſur AD comme diamètre, paſſe par les points E & F. Donc (Géom. 69) l'angle BAD eſt égal à l'angle EFD, & l'angle CAD, ou ſon égal ADB, eſt égal à l'angle FED. Ainſi les deux triangles ABD, FDE, ſont ſemblables, & donnent $AB : BD : AD :: DF : DE : EF$. Donc auſſi $P : Q : R :: DF : DE : EF$. Mettant dans cette ſuite de proportionnelles à la place de la réſultante R, la force S qui lui eſt égale & contraire, on aura $P : Q : S :: DF : DE : EF$.

C O R O L L A I R E V.

37. Lᴀ même conſtruction ſubſiſtant, ſi on ne demandoit que le rapport de P à Q, on auroit $P : Q :: DF : DE$: D'où l'on voit que *les deux puiſſances P & Q ſont en raiſon réciproque des perpendiculaires abaiſſées d'un même point de la direction de leur réſultante ſur leurs propres directions.*

Si on veut avoir, d'une manière analogue, les rapports des puiſſances P & Q à la réſultante R, ou à la force S; d'un point quelconque F de la direction de la puiſſance Q, on abaiſſera les perpendiculaires Fa, Fb ſur les directions des puiſſances P & R; on joindra les points *a* & *b* par la droite *ab* : de même, d'un point quelconque *E* de la direction de la puiſſance *P*, on menera les perpendiculaires *Eg*, *Ef* ſur les directions des puiſſances *Q* & *R*; on tirera *gf*. Par ces conſtructions, on formera deux triangles *Fab*, *Egf* ſemblables chacun au triangle *ADB*. Cette ſimilitude ſe démontrera ſans peine, ſi l'on décrit ſucceſſivement ſur *AF* & *AE*, comme diamètre, des cercles, dont le premier paſſera néceſſairement par les points *a* & *b*, & le ſecond paſſera néceſſairement par les points *g* & *f*; qu'enſuite on mène, par les points où ces cercles rencontrent *AD*, des parallèles à *DB* & à *DC*. D'où il ſuit qu'on aura *P* : *R* ou *S* :: *Fb* : *Fa*, & *Q* : *R* ou *S* :: *Ef* : *Eg*.

Ainſi en général *deux quelconques des trois puiſſances* P, Q, S, *qui ſe font équilibre, ſont entr'elles en raiſon réciproque des perpendiculaires abaiſſées d'un même point de la direction de la troiſième ſur leurs directions.*

COROLLAIRE VI.

38. CETTE même propriété peut être préſentée ſous une autre forme. Puiſqu'on a les proportions *P* : *Q* :: *DF* : *DE*; *P* : *S* :: *Fb* : *Fa*; *Q* : *S* :: *Ef* : *Eg*; on aura les équations $P \times DE = Q \times DF$; $P \times Fa = S \times Fb$; $Q \times Eg = S \times Ef$. D'où l'on voit que *trois puiſſances* P, Q, S *étant en équilibre, les produits de deux d'entr'elles, multipliées chacune par la diſtance de ſa direction à un même point de la direction de la troiſième, ſont égaux entr'eux.*

On appelle *moments des puiſſances*, ces ſortes de produits des puiſſances par les diſtances de leurs directions à un point, à une ligne, à un plan. Les points, lignes, plans, par rapport auxquels on conſidère les moments, en général, s'appellent *centres de moments, axes de moments, plans de moments.*

COROLLAIRE VII.

39. DANS tout triangle (Géom. 389) les côtés font entr'eux comme les finus des angles qui leur font oppofés. Ainfi on aura $AB : BD : AD ::$ fin. ADB ou fin. QAR : fin. PAR : fin. ABD ou fin. PAQ, (les deux angles ABD, PAQ étant fuppléments l'un de l'autre, & ayant par conféquent le même finus). Donc puifqu'on a toujours $P : Q : R$ ou $S :: AB : BD : AD$, on aura auffi $P : Q : R$ ou $S ::$ fin. QAR : fin. PAR : fin. PAQ. D'où l'on voit *que chacune des trois puiffances* P, Q, R *ou* S, *eft repréfentée par le finus de l'angle formé par les directions des deux autres.*

PROPOSITION V. PROBLÊME.

40. DÉTERMINER *la réfultante d'un nombre quelconque de puiffances* P, Q, R, S, T (Fig. 11) *concourantes au même point* A, *& repréfentées par les parties* AB, AC, AE, AG, AK *de leurs directions ?*

En achevant le parallélogramme $ABDC$, la réfultante des deux forces AB, AC, eft exprimée par la diagonale AD. Je prens donc, à la place des deux forces AB, AC, la force AD. Sur AD & AE, comme côtés contigus au même angle A, je fais le fecond parallélogramme $ADFE$; je tire fa diagonale AF ; & la réfultante des deux forces AD, AE eft la force AF : cette même force eft donc la réfultante des trois forces AB, AC, AE. Sur AF & AG, comme côtés contigus au même angle A, je conftruis le troifième parallélogramme $AFHG$; je tire fa diagonale AH, & la réfultante des deux forces AF, AG, ou des quatre forces AB, AC, AE, AG, eſt la force AH. Continuant de même, ſur AH & AK, comme côtés contigus à l'angle A, je fais le quatrième parallélogramme $AHLK$; je tire ſa diagonale AL; & la réſultante des deux forces AH, AK, ou des cinq forces AB, AC, AE, AG, AK, eſt la force AL.

On voit qu'il eſt indifférent que les forces P, Q, R, S, T, ſoient dirigées ou non dans un même plan. Il ſuffit, pour trouver leur réſultante comme nous venons de le faire, qu'elles concourent en un même point A.

COROLLAIRE.

41. Donc, pour faire équilibre à toutes les forces AB, AC, AE, AG, AK, il faudra prolonger LA indéfiniment vers M, & appliquer dans cette direction une force M repréſentée par la partie AM égale à AL.

PROPOSITION VI. THÉORÊME.

42. *DEUX puiſſances* P, Q, *& leur reſultante* R, *(Fig. 12) concourant au point* A; *ſi l'on mène une* droite quelconque FE qui rencontre en F, E, D leurs directions AP, AQ, AR: je dis que chaque force pourra être repréſentée par le produit de la partie de ſa direction, compriſe entre le point A & la ſécante, multipliée par la partie de la ſécante, compriſe entre les directions des deux autres; c'eſt-à-dire, qu'on aura* $$P:Q:R :: AF \times DE : AE \times DF : AD \times FE.$$

Du point D ſoient menées parallèlement aux directions des puiſſances P & Q, les droites DC, DB, pour avoir le parallélogramme $ABDC$. On aura $P : Q : R :: AB$ ou $DC : AC$ ou $BD : AD$. Or les triangles femblables EAF, ECD donnent $EF:AF::$ $ED:DC=\dfrac{AF\times ED}{EF}$; & les triangles femblables. FAE, FBD donnent $FE:AE::FD:BD=\dfrac{AE\times FD}{FE}$. Ainfi on aura $P:Q:R::\dfrac{AF\times ED}{FE}:$ $\dfrac{AE\times FD}{FE}:AD$. Multipliant la fuite des confé-quents par la même quantité FE, on aura $P:Q:$ $R::AF\times ED:AE\times FD:AD\times FE$.

COROLLAIRE I.

43. Qu'on mène parallèlement à la fécante FE une autre fécante KG. On aura $AF:AE:AD::$ $KF:GE:HD$. Multipliant cette fuite par la fuite identique $DE:DF:FE::DE:DF:FE$, on aura $AF\times DE:AE\times DF:AD\times FE::KF\times DE:$ $GE\times DF:HD\times FE$. Donc $P:Q:R::KF\times DE:$ $GE\times DF:HD\times FE$.

COROLLAIRE II.

44. La même hypothèfe & la même conftruction fubfiftant toujours, il eft clair qu'à mefure que le point A s'éloigne de FE, ou que l'angle PAQ devient plus aigu, les parties KF, GE, HD ten-dent à l'égalité; en forte que quand le point A eft infiniment éloigné, la raifon dernière des lignes KF, GE, HD, eft une raifon d'égalité; & les di-rections des trois puiffances deviennent parallèles, comme dans la Figure 13. Ainfi la fuite de pro-portionnelles $P:Q:R::KF\times DE:GE\times DF:$ $HD\times FE$ devient (en divifant la fuite des confé-quents par les lignes égales KF, GE, HD), $P:Q:$ $R::DE:DF:FE$.

Fig. 13.

COROLLAIRE III.

45. IL suit de-là, 1°. que la résultante de deux puissances parallèles P & Q, qui agissent dans le même sens, leur est parallèle, comme on voit, & de plus est égale à leur somme, puisque $FE = FD + DE$.

2°. Que la direction de cette résultante passe par un point D dont la propriété est de rendre les deux puissances P & Q réciproquement proportionnelles aux distances, perpendiculaires ou obliques, du point D à leurs directions, puisqu'on a la proportion $P : Q :: DE : DF$.

COROLLAIRE IV.

46. DONC si l'on suppose que deux puissances parallèles P & Q (Fig. 14) sont appliquées aux extrémités d'une verge inflexible FE sans pesanteur, & qu'on veuille déterminer le point par lequel la verge doit être suspendue pour qu'il y ait équilibre, & l'effort que supporte le point de suspension : on n'aura qu'à diviser la droite FE au point D, de manière que l'on ait $P : Q :: ED : FD$, ou bien $P + Q : P : Q :: FE : ED : FD$, & qu'à appliquer ensuite dans la direction DS parallèle aux deux puissances P & Q, un appui ou une résistance $S = P + Q$.

Fig. 14.

COROLLAIRE V.

47. LES trois forces P, Q, S de l'article précédent, étant en équilibre, chacune d'elles indifféremment peut être regardée comme faisant équilibre aux deux autres, ou comme étant égale & directement contraire à la résultante des deux autres. Considérons, par exemple, la puissance Q sous ce point de vûe : il est clair que cette puissance est parallèle aux deux

forces compofantes P & S; qu'elle eft placée au-delà du point D, du côté de la plus grande force S; qu'elle agit dans le même fens que la plus foible P des deux forces compofantes; & qu'elle eft égale à leur différence, puifqu'on a $FD = FE - DE$. On trouvera la pofition du point E, en confidérant qu'on a la proportion $S : P :: FE : DE$, qui donne celle-ci $S - P : P :: FE - DE$ ou $FD : DE$, dans laquelle les trois premiers termes font connus.

REMARQUE I.

48. L'ÉQUILIBRE abfolu des trois forces parallèles P, Q, S, demande néceffairement qu'on ait tout-à-la-fois l'équation $S = P + Q$, & la proportion $P : Q :: DE : DF$, ou l'équation $P \times DF = Q \times DE$. En vertu de la première équation, la verge (Ax. II.) ne peut fe mouvoir parallèlement à elle-même, ni dans le fens DS, qui eft celui de la force S, ni dans le fens DR, qui eft celui de la réfultante R ou ($P + Q$), puifque les deux forces S & R font égales & directement oppofées. Mais cela n'établit que l'immobilité du point D de la verge; & il pourroit fe faire que la verge eût un mouvement de rotation autour du point D. Or ce mouvement eft impoffible, à caufe de la feconde équation $P \times DF = Q \times DE$. En effet, fuppofons pour un moment que la verge EF, pût tourner autour du point D, & qu'en un inftant elle décrivît, par fes extrêmités, les petits arcs femblables Ee, Ff. Puifqu'on a $P : Q :: DE : DF$, & que (Géom. 160), $DE : DF :: Ee : Ff$, on aura $P : Q :: Ee : Ff$. Ainfi les deux forces P & Q font réciproquement proportionnelles aux efpaces qu'elles tendent à faire parcourir dans le même tems, en vertu des deux mouvements de rotation; & par conféquent ces deux mouvements qui

se feroient en sens contraires, se détruisent mutuellement. Car, supposons, par exemple, que la partie DF de la verge soit de 2 pieds, la partie DE de 4 pieds, la force P un poids de 6 livres, & par conséquent la force Q un poids de 3 livres: les effets que produisent les rotations des points E & F sont, l'un par rapport à l'autre, comme s'il s'agissoit, d'une part, de faire parcourir 4 pieds à un poids de 3 livres, & d'autre part, de faire parcourir 2 pieds à un poids de 6 livres. Or il est visible que ces deux effets sont égaux; car nous pouvons partager le poids de 6 livres qui parcourt 2 pieds, en deux poids chacun de 3 livres qui parcourent chacun 2 pieds; ce qui revient à un seul poids de 3 livres qui parcourt 4 pieds. Donc les deux mouvements de rotation doivent s'anéantir réciproquement, ou ce qui revient au même, ils ne peuvent avoir lieu, ni l'un ni l'autre.

Ainsi, en vertu des deux équations proposées, la verge ne peut avoir ni mouvement de translation, parallèlement à elle-même, ni mouvement de rotation autour du point D. Elle ne peut pas avoir non plus de mouvement de rotation autour de quelqu'autre point, puisqu'étant empêchée tout-à-la-fois de se mouvoir parallèlement à elle-même, & de tourner autour du point D, elle est nécessairement dans une immobilité absolue.

Je n'ai pas besoin de faire observer que la verge ne peut pas se mouvoir dans le sens de sa longueur, puisqu'il n'y a aucune force qui agisse dans ce sens.

REMARQUE II.

49. Si à la place de l'une des forces, par exemple, si, à la place de la force Q, on substitue une

force parallèle q, appliquée en M, & telle que l'on ait $q : Q :: DE : DM$, ou $q \times DM = Q \times DE$: les deux forces q & Q tendront à produire le même mouvement de rotation autour du point D. Ainsi, par rapport à ce mouvement, ces deux forces sont également propres à contrebalancer la puissance P. Il n'y aura donc point de mouvement de rotation autour du point D, si l'on substitue q à Q, & qu'on ait l'équation $P \times DF = q \times DM$. Mais alors la verge aura un mouvement de translation, parallèlement à elle-même. Car, pour empêcher ce dernier mouvement, il faudroit qu'on appliquât dans la direction DS une force $= P + q = P + \dfrac{Q \times DE}{DM}$ force qui diffère de S dont la valeur est $P + Q$.

On voit par-là qu'on empêchera toujours le mouvement de rotation autour d'un point donné, en substituant les unes à la place des autres, des forces qui soient réciproquement proportionnelles aux distances de leurs directions à ce point, mais qu'alors la pression de ce même point augmente ou diminue, & que par conséquent, si l'on veut empêcher aussi le mouvement de translation, la résistance de l'appui doit être prise, dans chaque cas, suivant la loi que nous venons d'établir.

Dans le calcul des machines, on fait souvent des substitutions de forces, pour empêcher les mouvemens de rotation ; & on ne s'embarrasse pas des pressions que souffrent les appuis qui sont immobiles, & qui ont ordinairement plus de résistance qu'il ne leur en faut. Mais on se tromperoit, si l'on croyoit que les appuis seront, dans tous les cas, également chargés.

PROPOSITION VII. PROBLÊME.

50. *DÉTERMINER la résultante de plusieurs forces parallèles qui agissent dans un même sens?*

Soit un nombre quelconque de corps A, B, C, D (Fig. 15), situés ou non dans un même plan, & Fig. 15. soumis à l'action des forces parallèles P, Q, R, S, qui agissent dans le même sens. Imaginons que tous ces corps soient liés entr'eux par des verges inflexibles AB, BC, CD, DA, sans pesanteur, & ne forment qu'un même système. Cela posé, les deux forces P & Q ont pour résultante (45) une force X qui leur est parallèle, dont la quantité est $P + Q$, & dont la direction passe par le point E, qui est tel qu'on a, $P : Q :: BE : AE$. Substituons, à la place des deux forces P & Q, la force X, & menons la droite EC : les deux forces X & R auront pour résultante la force $Y = X + R = P + Q + R$, & le point G où elle coupe EC, sera tel qu'on aura, X ou $P + Q : R :: CG : EG$. Prenons à la place des deux forces X & R, ou des trois forces P, Q, R, la force Y; & ayant mené la droite GD, nous verrons que les deux forces Y & S ont pour résultante la force $Z = Y + S = P + Q + R + S$, & que le point F, par où passe la direction de la force Z, est tel qu'on aura, Y ou $P + Q + R : S :: DF : GF$. La force Z est donc la résultante de toutes les forces proposées P, Q, R, S; & on détermineroit de même successivement la force résultante, si le nombre des forces composantes étoit plus grand.

COROLLAIRE I.

51. Donc (Ax. II.), pour faire équilibre à toutes les forces P, Q, R, S, il faut appliquer dans la direction ZF une force $V = P + Q + R + S$.

COROLLAIRE II.

52. Si toutes les forces parallèles P, Q, R, S, n'agiſſoient pas dans le même ſens, on commenceroit par déterminer ſéparément chaque réſultante des forces qui agiſſent dans le même ſens. Par-là, on auroit deux réſultantes dirigées en ſens contraires, & on trouveroit la force qui peut leur faire équilibre, par le moyen de l'article 47.

REMARQUE I.

53. Au lieu de ſuppoſer, comme nous avons fait, que les forces P, Q, R, S, ſont appliquées aux points A, B, C, D, nous pouvons (23 Dem. I.) les ſuppoſer appliquées aux points quelconques a, b, c, d de leurs directions ; & alors nous trouverons que les nouvelles réſultantes X, Y, Z, qui ſont toujours parallèles aux forces compoſantes, paſſent par les points e, f, g, interſections des droites ab, ec, gd, avec les droites EX, GY, FZ premièrement déterminées. Car (45) dans le ſecond cas, le point e par où paſſe la réſultante des deux puiſſances P & Q, eſt tel que $P : Q :: be : ae$. Or à cauſe des parallèles AP, BQ, EX, on a $be : ae :: BE : AE$. Donc le point e eſt l'interſection des droites ab, EX. Même raiſonnement pour les autres réſultantes. De plus, les quantités de force des réſultantes ſont toujours les mêmes. Ainſi, la direction & la quantité de la réſultante finale Z ſont toujours les mêmes, en quelques points de leurs directions qu'on ſuppoſe que les forces compoſantes ſoient appliquées.

Cela eſt également vrai, avec les changements convenables, pour le cas où les forces n'agiroient pas dans le même ſens.

Remarque II.

54. Si les forces appliquées aux corps A, B, C, D, en demeurant toujours les mêmes en quantités, prenoient d'autres directions quelconques Ap, Bq, Cr, Ds, toujours parallèles entr'elles ; & qu'on nommât x, y, z, les résultantes analogues à X, Y, Z : les nouvelles résultantes seroient égales chacune à chacune des premières ; & de plus la résultante x passeroit par le point E ; la résultante y, par le point G ; la résultante z, par le point F. Il y a donc toujours dans la direction de la résultante finale d'un nombre quelconque de forces parallèles, agissantes ou non dans un même sens, un point F qui est tel que si les forces, sans changer de quantités, & sans cesser d'être parallèles, & d'être appliquées aux mêmes endroits d'un système de corps, changent d'ailleurs *semblablement* de directions de toutes les manières possibles, toutes les résultantes finales (qui ont la même valeur) se couperont en ce point.

Ce point remarquable, peut, à cause de sa propriété, s'appeller *centre des forces parallèles*.

Proposition VIII. Théorême.

55. *Deux puissances* P & Q, *& leur résultante* R (Fig. 16 & 17,) *concourant au point* A ; *si d'un point quelconque* E, *pris dans le plan de ces puissances, on abaisse les perpendiculaires* EF, EG, EH, *sur leurs directions* AP, AQ, AR : *on aura*

$$Q \times EG + P \times EF = R \times EH \quad \text{(Fig. 16)},$$
$$Q \times EG - P \times EF = R \times EH \quad \text{(Fig. 17)}.$$

En sorte que la somme ou la différence des moments des forces P & Q, *par rapport au point* E., *est égale au moment de la résultante* R, *par rapport au même point.*

Fig. 16 & 17.

Soit conſtruit le parallélogramme $ABCD$ ſur les directions de trois puiſſances : on aura, $P : Q : R :: AB : BD : AD$. Menez la droite AE; & ſur cette ligne, comme diamètre, décrivez le cercle $AMEG$, qui paſſera néceſſairement (Géom. 70), par les points F, G, H, puiſque les angles EFA, EGA, EHA ſont droits. Tirez les cordes FH, HG; & du point B, menez, parallèlement à AE, la droite BK, qui rencontre en K, la droite AR (Fig. 16), ou ſon prolongement AS (Fig. 17). Les deux triangles ABK, EHF ſont ſemblables: car l'angle ABK eſt égal à ſon alterne EAF (Géom. 44), & celui-ci eſt égal à l'angle EHF (Géom. 69); de plus, les deux angles BAK, HEF ſont égaux (Géom. 69 ou 71). Ces triangles ſemblables donnent la proportion, $AB : EH :: AK : EF$, & par conſéquent, $AB \times EF = EH \times AK$.

Les deux triangles DBK, EHG ſont auſſi ſemblables, par les mêmes articles cités de la Géométrie, & donnent par conſéquent, $DB : EH :: DK : EG$, ou $DB \times EG = EH \times DK$.

Ajoutant enſemble les deux égalités (Fig. 16), ou retranchant l'une de l'autre (Fig. 17), on aura,

$$DB \times EG + AB \times EF = AD \times EH \text{ (Fig. 16),}$$
$$DB \times EG - AB \times EF = AD \times EH \text{ (Fig. 17).}$$

Mettant à la place des lignes AB, DB ou AC, AD, les forces P, Q, R, que ces lignes repréſentent, & réuniſſant les deux cas à l'aide du double ſigne $\pm$ placé au-devant du ſecond terme, on aura,

$$(A) \quad Q \times EG \pm P \times EF = R \times EH.$$

REMARQUE I.

56. Sı à la réſultante R, on oppoſe directement

une force S qui lui foit égale, il y aura équilibre entre les forces P, Q, S; & l'équation (A) (en mettant S pour R), deviendra $Q \times EG \pm P \times EF = S \times EH$.

Comme de plufieurs forces en équilibre, on eft maître de prendre celle qu'on voudra pour une force égale & directement oppofée à la réfultante de toutes les autres (Ax. II.), fi nous confidérons 1°. la force Q fous ce point de vue, & que nous mettions l'équation précédente fous cette forme, $S \times EH \mp P \times EF = Q \times EG$, ou bien fous celle-ci, (en nommant Q' la réfultante des deux forces P & S, laquelle eft égale & directement oppofée à Q), $S \times EH \mp P \times EF = Q' \times EG$: nous verrons que la différence ou la fomme des moments des forces compofantes S & P eft égale au moment de leur réfultante Q'. Le premier cas a lieu (Fig. 16), parce qu'alors le point E tombe dans l'angle PAS formé par les directions des deux forces compofantes P & S; & le fecond a lieu (Fig. 17), parce qu'alors le point E tombe hors de l'angle PAS.

2°. Confidérons la force P comme égale & directement oppofée à la réfultante des deux forces Q & S, & nommons P' cette réfultante; nous trouverons, $\pm (S \times EH - Q \times EG) = P' \times EF$. Ainfi pour les deux figures, la différence des moments des forces compofantes eft égale au moment de la réfultante, parce que dans l'une & l'autre Figure, le centre de moment tombe dans l'angle $Q'AR$ oppofé par le fommet à l'angle QAS que forment les directions des forces compofantes. Mais (Fig. 16) ce centre tombe en-deçà de l'angle $P'AS$, ou de fon oppofé au fommet PAR, & la différence des moments des forces S & Q eft $S \times EH - Q \times EG$; au lieu que (Fig. 17) le point E tombe dans l'angle

Fig. 16.

PAR oppofé par le fommet à l'angle *P'AS*, ce qui donne $Q \times EG - S \times EH$ pour la différence des moments des deux forces Q & S.

REMARQUE II.

57. De la fuit en général une regle facile pour reconnoître fi le moment de la force qu'on regarde comme la réfultante des deux autres, ou comme égale & contraire à cette réfultante, eft égale à la fomme, ou à la différence des moments des forces compofantes, & dans ce dernier cas, comment il faut prendre la différence. Regardez le centre de moment, comme un point fixe, & comme le centre commun à deux cercles qui auroient pour rayons les perpendiculaires abaiffées de ce point fur les directions ou fur les prolongements des directions des forces compofantes. Cela pofé, 1°. fi les deux forces compofantes, par la manière dont elles font dirigées, tendent à faire tourner les deux cercles dans le même fens: le moment de la réfultante ou de la force égale à cette réfultante, eft égal à la fomme des moments des forces compofantes. 2°. Si les deux forces compofantes tendent à faire tourner les deux cercles en fens contraires, le moment de la réful-tante ou de la force égale à cette réfultante, eft égal à la différence des moments des forces com-pofantes; & pour avoir cette différence, il faut ob-ferver que des deux moments des forces compo-fantes, le plus grand eft celui de la force placée d'un même côté par rapport au centre de moment, & par rapport à l'angle que forme la direction de l'autre force compofante avec celle de la réfultante, ou à l'angle oppofé par le fommet à celui que nous venons d'indiquer.

Corollaire

COROLLAIRE I.

58. SUPPOSONS que le point de concours A s'éloigne de plus en plus jusqu'à l'infini, en sorte qu'à la fin les directions des trois puissances P, Q, S, deviennent parallèles (Fig. 18 & 19). Il est clair que nos équations subsisteront toujours, & que les points F, G, H seront maintenant placés sur une même ligne droite, perpendiculaire aux directions des trois forces. De plus on aura (45), $S = R = P + Q$. Donc (Fig. 18 & 19),

(B) $P \times GE \pm P \times FE = (P + Q) \times HE.$

COROLLAIRE II.

59. LES puissances P, Q, S, étant toujours parallèles, si par le point E on mène une droite quelconque EX, & des points F, G, H, les parallèles FV, GX, HT, vers cette ligne ; on aura (Fig. 18 & 19),

$$Q \times GX \pm P \times FV = (P + Q) \times HT.$$

Car, à cause des triangles semblables EFV, EGX, les lignes EF, EG, EH étant proportionnelles aux lignes FV, GX, HT, si l'on suppose $EF = n.FV$, on aura $EG = n. GX$, $HE = n. HT$. Substituant ces valeurs de EF, de EG, de HE, dans l'équation (B), & divisant tout par n, on aura $Q \times GX \pm P \times FV = (P + Q) \times HT$.

D'où l'on voit que *la somme ou la différence des moments des forces parallèles* P & Q, *par rapport à l'axe* EX, *est égale au moment de leur résultante, par rapport au même axe.*

Il est indifférent que les distances FV, GX, HT, soient perpendiculaires ou obliques à l'axe EX.

E

COROLLAIRE III.

60. De l'équation $Q \times GX \pm P \times FV = (P+Q) \times HT$, on tire $HT = \dfrac{Q \times GX \pm P \times FV}{P+Q}$.

Ainsi, connoissant la position de l'axe EX, & les distances perpendiculaires ou obliques, GX, FV, on connoîtra la distance, perpendiculaire ou oblique, du centre H des forces P & Q, à l'axe EX. On pourra donc fixer la position de ce centre, en prenant sur l'une GX des distances, une partie Xa égale à la valeur qu'on a trouvée pour HT, & menant la droite aH parallèle à XE.

COROLLAIRE IV.

61. Lorsque le point E tombe sur le centre H, (Fig. 20), la distance $H.T$ s'évanouit; & on a $Q \times GX - P \times FV = 0$, ou $Q \times GX = P \times FV$. D'où l'on voit que *les moments des deux forces* P & Q, *par rapport à tout axe qui passe par leur centre, sont égaux.*

Fig. 20.

COROLLAIRE V.

62. Qu'on mène (Fig. 21 & 22) la droite quelconque fg, qui rencontre obliquement en f, g, h, les directions de nos trois puissances parallèles P, Q, S; & des points f, g, h, soient tirées les parallèles fu, gx, ht vers l'axe Ex qui coupe au point quelconque E, la droite fg, & qui a une position quelconque. De plus, soit menée, par le point E, la droit EG perpendiculaire aux directions des trois puissances. On aura ces équations,

Fig. 21 & 22.

$$Q \times gE \pm P \times fE = (P+Q) \times hE,$$
$$Q \times gx \pm P \times fu = (P+Q) \times ht,$$
$$Q \times Gg \pm P \times Ff = (P+Q) \times Hh,$$

qui ne font autre chofe que l'équation (B), en
fubſtituant aux trois lignes EF, EG, EH, trois
autres lignes qui leur font proportionnelles, c'eſt-
à-dire, ou les trois lignes Ef, Eg, Eh, ou les trois
lignes fu, gx, ht, ou les trois lignes Ff, Gg, Hh.

En divifant chacune de ces équations par $P + Q$,
on aura les valeurs des lignes hE, ht, Hh.

Il eſt clair que lorſque le point E tombe ſur le point
h (Fig. 22), les trois lignes Eh, ht, Hh, s'évanouiſ-
fent, & qu'alors on a $Q \times gE = P \times fE$; $Q \times gx =
P \times fu$; $Q \times Gg = P \times Ff$.

COROLLAIRE VI.

63. Sı nous fuppoſons que les forces compoſantes agiffent en fens contraires; que par exemple,
nous regardions les deux forces P & S comme les
compoſantes, & par conféquent la force Q comme
égale & directement contraire à leur réſultante : les
équations (Fig. 18, 19, 21, 22),

$$Q \times GE \pm P \times EF = (P + Q) \times HE,$$
$$Q \times GX \pm P \times FV = (P + Q) \times HT,$$
$$Q \times gE \pm P \times fE = (P + Q) \times hE,$$
$$Q \times gx \pm P \times Fu = (P + Q) \times ht,$$
$$Q \times Gg \pm P \times Ff = (P + Q) \times Hh,$$

deviendront (en obſervant (47) que la réſultante
$= Q = S - P$, & chaſſant Q),

$$S \times HE \mp P \times FE = (S - P) \times GE,$$
$$S \times HT \mp P \times FV = (S - P) \times GX,$$
$$S \times hE \mp P \times fE = (S - P) \times gE,$$
$$S \times ht \mp P \times fu = (S - P) \times gx,$$
$$S \times Hh \mp P \times Ff = (S - P) \times Gg.$$

On trouveroit dés équations analogues, en regardant
P comme égale à la réſultante des forces Q & S.

Ces équations font voir encore que *la différence ou la somme des moments des forces composantes est égale au moment de la résultante.*

On aura les lignes GE, GX, gE, gx, Gg, en divisant chacun des deux membres des mêmes équations, par $S - P$.

PROPOSITION IX. THÉORÊME.

64. *Si l'on a un nombre quelconque de forces parallèles, agissantes dans le même sens, & situées d'ailleurs comme on voudra; & que l'on considère leurs moments par rapport à un même plan:*

1°. *Lorsque toutes les forces sont placées d'un même côté de ce plan, la somme de leurs moments particuliers est égale au moment de leur résultante.*

2°. *Lorsque les forces sont placées en partie d'un côté, en partie de l'autre, par rapport au plan des moments; la différence entre la somme des moments des forces placées d'un côté, & la somme des moments des forces placées de l'autre côté, est égale au moment de leur résultante.*

Fig. 23 & 24. Soient (Fig. 23 & 24) un système de corps A, B, C, D, disposés à volonté, liés entr'eux par des verges AB, BC, CD, AD, sans pesanteur, & soumis à l'action des forces parallèles P, Q, R, S, qui agissent dans le même sens. Supposons qu'après avoir déterminé (50) le centre F de toutes les forces, on mène vers un même plan YZ de position quelconque, les parallèles Aa, Bb, Cc, Dd, Ff.

Cela posé, je dis 1°. que pour la Figure 23, où toutes les forces sont placées d'un même côté par rapport au plan YZ, on aura $P \times Aa + Q \times Bb + R \times Cc + S \times Dd = (P + Q + R + S) \times Ff$. Car, suppofons que le point E foit le centre des deux forces P & Q; menons la droite Ee, parallèle aux droites Aa, Bb, &c; & obfervons que les trois points A, B, E, étant placés fur une même ligne droite, les trois points a, b, e, fitués dans le plan YZ, font auffi placés fur une même ligne droite : on aura (59, I. Cas) $P \times Aa + Q \times Bb = (P + Q) \times Ee$. Joignons les points E & C, par la droite EC; foit G le centre des trois forces P, Q, R; & foit menée la droite Gg parallèle à Aa, Bb, &c. La force $(P + Q)$ étant regardée comme appliquée en E, on aura, toujours par le même article 59, $(P + Q) \times Ee + R \times Cc = (P + Q + R) \times Gg$, ou bien (en mettant pour $(P + Q) \times Ee$ fa valeur), $P \times Aa + Q \times Bb + R \times Cc = (P + Q + R) \times Gg$.

Continuant à raifonner de même, on aura $(P + Q + R) \times Gg + S \times Dd = (P + Q + R + S) \times Ff$, Ou bien $P \times Aa + Q \times Bb + R \times Cc + S \times Dd = (P + Q + R + S) \times Ff$.

$2°$. Pour la Figure 24, où les deux forces P & Q agiffent à gauche, & les deux forces R & S à droite du plan YZ, on aura, (le centre F tombant du côté de R & de S), $R \times Cc + S \times Dd - P \times Aa - Q \times Bb = (P + Q + R + S) \times Ff$. Car, du centre H des forces R & S, & du centre E des forces P & Q, menez au plan YZ les droites Hh, Ee, parallèles aux droites Aa, Bb, &c. Par le premier cas, on aura $(R + S) \times Hh = R \times Cc + S \times Dd$, & $(P + Q) \times Ee = P \times Aa + Q \times Bb$. Or, la réfultante des deux forces $(R + S)$ & $(P + Q)$, appliquées en H & E, paffant par le point F, & par conféquent les trois points R, E, F étant placés fur une même ligne droite; les trois points h, e, f, font auffi placés fur une même ligne droite. Ainfi on aura (59. II. cas), $(R + S) \times Hh - (P + Q) \times Ee = (P + Q + R + S) \times$

Ff. Subſtituant dans le premier membre, à la place de $(R+S)\times Hh$, & de $(P+Q)\times Ee$, leurs valeurs, on aura $R\times Cc+S\times Dd-P\times Aa-Q\times Bb=(P+Q+R+S)\times Ee$.

COROLLAIRE I.

65. En comprenant les deux cas (Fig. 23 & 24), dans la même équation générale, $R\times Cc+S\times Dd\pm P\times Aa\pm Q\times Bb=(P+Q+R+S)\times Ff$, & dégageant Ff, on aura..................

$$Ff=\frac{R\times Cc+S\times Dd\pm P\times Aa\pm Q\times Bb}{P+Q+R+S}.$$ D'où

l'on voit qu'*on aura la diſtance perpendiculaire ou oblique du centre d'un nombre quelconque de forces parallèles, agiſſantes dans le même ſens, à un plan de poſition quelconque, en diviſant la ſomme des momens de toutes les forces, ou la différence entre la ſomme des momens des forces placées à un côté du plan des momens, & la ſomme des momens des forces placées de l'autre côté, par la ſomme de toutes les forces.*

COROLLAIRE II.

Fig. 25. 66. LORSQUE le plan YZ (Fig. 25) paſſe par le centre F de toutes les forces, la diſtance Ff s'évanouit ; & alors on a $R\times Cc+S\times Dd-P\times Aa-Q\times Bb=0$, ou, $R\times Cc+S\times Dd=P\times Aa+Q\times Bb$.

D'où il ſuit que *la ſomme des momens des forces qui ſont d'un même côté, par rapport à un plan qui paſſe par le centre de toutes les forces, eſt égale à la ſomme des momens des forces placées de l'autre côté.*

COROLLAIRE III.

67. REPRENONS les Figures 23 & 24 ; & ſuppoſons que les forces P, Q, R, S, toujours pa-

ralleles, n'agiffent pas dans le même fens ; que , par exemple , les forces P , Q agiffent de haut en bas , & les forces R , S de bas en haut. Soient Ee , Hh , les diftances (parallèles aux droites Aa , Bb , &c) des centres E , H , des deux claffes de forces, au plan YZ. Je nomme Z la diftance femblable du centre général de toutes les forces P , Q , R , S , au même plan , & je fuppofe que ce centre foit placé à droite du plan dont il s'agit. On aura (64. I. cas),

$$R \times Cc + S \times Dd = (R + S) \times Hh,$$
$$P \times Aa + Q \times Bb = (P + Q) \times Ee.$$

D'un autre côté, on a (63), $(R + S) \times Hh - (P + Q) \times Ee = (R + S - P - Q) \times Z$ (Fig. 23); & $(R + S) \times Hh + (P + Q) \times Ee = (R + S - P - Q) \times Z$ (Fig. 24). Ainfi, on aura (en réuniffant les deux cas , & mettant pour $(R + S) \times Hh$, $(P + Q) \times Ee$, leurs valeurs), $R \times Cc + S \times Dd \mp P \times Aa \mp Q \times Bb = (R + S - P - Q) \times Z$; c'eft-à-dire , que *la différence ou la fomme des moments des forces compofantes eft égale au moment de la réfultante.*

On aura la valeur de Z, en divifant les deux membres par $R + S - P - Q$.

Si on avoit $Z = 0$, on auroit $R \times Cc + S \times Dd = P \times Aa + Q \times Bb$.

Corollaire IV.

68. Lorsque toutes les forces P , Q , R , S , font fituées dans un même plan , & que de plus les diftances parallèles Aa , Bb , &c , font menées dans ce plan, tous les points a , b , c , &c , font placés fur une même ligne ou axe de moments; & alors on peut concevoir que le plan YZ, devenant infiniment étroit, fe réduit à cet axe. Ainfi tout ce qu'on a dit dans les quatre derniers articles , s'appliquera à ce

cas, en fubftituant fimplement, dans le difcours, le mot *axe YZ* au mot *plan YZ*.

PROPOSITION X. PROBLÊME.

69. *DÉTERMINER, par le moyen des moments, la pofition de la réfultante de plufieurs forces parallèles, agiffantes dans le même fens, fituées ou non dans un même plan, ainfi que la place du centre des forces ?*

1°. Suppofons que les forces propofées, P, Q, R, S (Fig. 26), foient dirigées dans un même plan. Qu'on mène à volonté dans ce plan, les deux axes OE, OI, l'un parallèle, l'autre perpendiculaire aux directions des forces. On pourroit donner toute autre pofition aux deux axes OE, OI, & les faire obliques entr'eux ; mais nous choififfons la pofition précédente, pour plus de fimplicité, & pour fixer les idées. Des points A, B, C, D, où les forces font cenfées appliquées, foient menées vers l'axe OE, & parallèlement à l'axe OI, les droites Aa, Bb, Cc, Dd ; de même foient menées vers l'axe OI & parallèlement à OE, les droites Aa', Bb', Cc', Dd'. Concevons que le point F foit le centre inconnu des forces, & qu'on mène parallèlement à nos deux axes les droites Ff, Ff'. On aura, d'après tout ce qui vient d'être démontré,

$$Ff = \frac{P \times Aa + Q \times Bb + R \times Cc + S \times Dd}{P + Q + R + S}.$$

Connoiffant toutes les parties du fecond membre, on connoîtra la diftance de la direction de la réfultante à l'axe OE, & par conféquent la pofition de cette réfultante.

On aura de même, relativement à l'axe OI,

$$Ff' = \frac{P \times Aa' + Q \times Bb' + R \times Cc' + S \times Dd'}{P + Q + R + S}.$$

On connoîtra donc la distance du centre des forces
à cet axe. Ainsi en prenant sur OI la partie $Of' =$
Ff, & sur $f'F$ parallèle à OE, la partie $f'F$ égale
à la valeur qu'on vient de trouver, le point F sera
le centre des forces.

On voit (68, II. cas) que si l'un des axes OE,
OI, ou tous les deux passoient entre les corps, il
y auroit dans les expressions de Ff & de Ff', des
moments négatifs. On voit de même que si les axes
passent par quelques-uns des points A, B, C, D,
où les forces sont censées appliquées, les moments
correspondants deviennent zero ; par exemple, si
l'axe OE passoit par le point A, la distance Aa
s'évanouiroit, & par conséquent le moment $P \times Aa$
deviendroit nul.

2°. Lorsque les forces P, Q, R, S (Fig. 27),
toujours censées appliquées aux points A, B, C, D,
ne sont pas dans un même plan, on imaginera trois
plans $OEXV$, $OEYI$, $OVZI$ perpendiculaires
entr'eux, & dont les deux premiers sont parallèles
aux directions des forces, tandis que le troisième leur
est perpendiculaire. Des points A, B, C, D, & du
centre F des forces, soient menées perpendiculairement aux plans $OEXV$, $OVZI$, $OEYI$, les droites
Aa, Aa', Aa'' ; Bb, Bb', Bb'' ; Cc, Cc', Cc'' ;
Dd, Dd', Dd'' ; Ff, Ff', Ff''. On aura (65), (en supposant que toutes les forces sont placées d'un même
côté par rapport à chaque plan), ces trois équations :

Fig. 27.

$$Ff = \frac{P \times Aa + Q \times Bb + R \times Cc + S \times Dd}{P + Q + R + S},$$

$$Ff' = \frac{Q \times Aa' + Q \times Bb' + R \times Cc' + S \times Dd'}{P + Q + R + S},$$

$$Ff'' = \frac{P \times Aa'' + Q \times Bb'' + R \times Cc'' + S \times Dd''}{P + Q + R + S},$$

qui feront connoître la pofition de la réfultante, &
la place du centre des forces. Car, fi l'on prend, fur
la fection commune OI des deux plans $OEYI$,
$OVZI$, la partie $Oh = Ff$; qu'on mène, parallèlement à la fection commune OV des deux plans
$OEXV$, $OVZI$, la droite $hf' = Ff''$; qu'enfin par
le point f', on mène parallèlement à la fection commune OF des deux plans $OEXV$, $OEYI$, la droite
$f'F = Ff^{\mathrm{i}}$: il eft clair que la réfultante fera dirigée
fuivant cette ligne $f'F$, & que le point F fera le
centre des forces.

Il feroit également facile (67, 68) de réfoudre
le Problême, fi toutes les forces n'agiffoient pas
dans le même fens.

C O R O L L A I R E.

70. CONNOISSANT la pofition de la réfultante
de plufieurs forces parallèles qui agiffent dans le
même fens, & fachant d'un autre côté (50) que
cette réfultante eft égale à la fomme des forces
compofantes ; on fera équilibre à toutes ces forces,
en oppofant directement à leur réfultante une force
égale à leur fomme.

R E M A R Q U E,

71. JE ferai ici une remarque, qui, toute fimple
qu'elle eft, ne doit pas être omife, parce qu'elle
peut être utile en certains cas. La direction & la
quantité de la réfultante de plufieurs forces parallèles
demeurent toujours les mêmes, quels que foient les
points des directions de ces forces, où l'on conçoit
qu'elles font appliquées. Mais la pofition du centre
des forces eft fubordonnée à celle des points dont je
Fig. 26. viens de parler. Par exemple, dans la Figure 26,
les forces P, Q, R, S, étant fuppofées appliquées

aux points A, B, C, D, leur centre est en F; mais
si on supposoit ces forces appliquées en d'autres
points de leurs directions, comme a', b', c', d', leur
centre seroit en f'. Il est entièrement indifférent,
quant à leur effet, que les forces agissent aux points
A, B, C, D, ou aux points a', b', c', d'. Mais quand
on a une fois fixé leurs points d'application, & conséquemment la place de leur centre, par rapport à
un objet particulier, il faut raisonner toujours d'après
la même supposition dans les autres usages qu'on
peut faire du centre des forces, relativement au
même objet; autrement on tomberoit dans l'erreur.

PROPOSITION XI. PROBLÊME.

72. *DÉTERMINER les conditions de l'équilibre
entre quatre forces* P, Q, S, T *(Fig. 28), situées
dans un même plan, & dirigées d'ailleurs comme on
voudra ?*

Fig. 28.

Ces forces doivent être imaginées agir les unes
contre les autres par l'interposition de quelque verge
ou de quelque corps inflexible, sans pesanteur, &
parfaitement libre.

Les quatre forces proposées étant en équilibre,
nous pouvons concevoir (Ax. II.) que cet équilibre est produit, parce que la résultante de deux
quelconques d'entr'elles est égale & directement opposée à la résultante des deux autres. Je suppose
donc, par exemple, que la résultante des deux forces P & Q soit égale & directement opposée à la résultante des deux forces S & T. Ainsi, ayant pris sur
les directions AP, AQ, des deux forces P & Q, à
compter de leur point de concours A, les parties
AB, AC, pour les représenter; & sur les directions
FS, FT des deux forces S & T, à compter de

leur point de concours F, les parties FH, FG, pour les repréfenter : j'achève les deux parallélogrammes $ABDC$, $FHKG$, dont les diagonales AD, FK, néceffairement égales & pofées en fens contraires fur une même ligne droite, exprimeront les deux réfultantes dont nous venons de parler. Nommons Z chacune de ces réfultantes ; & d'un point quelconque O, pris dans le plan de tout le fyftême, abaiffons fur les droites AP, AQ, FS, FT, DFV, prolongées, s'il eft néceffaire, lès perpendiculaires OE, OI, OL, OM, OV. On aura (57) les deux équations : $Z \times OV = P \times OE - Q \times OI$; $Z \times OV = S \times OL - T \times OM$; & par conféquent $P \times OE - Q \times OI = S \times OL - T \times OM$, ou bien $P \times OE + T \times OM = Q \times OI + S \times OL$: équation qui exprime les conditions de l'équilibre. On voit que les quatre forces P, Q, S, T, étant fuppofées appliquées à un corps, les deux forces P & T tendent à le faire tourner dans un fens autour du point O, tandis que les deux forces Q & S tendent à le faire tourner en fens contraire. Ainfi, *lorfqu'il y a équilibre entre quatre forces appliquées à un corps & fituées dans un même plan ; fi l'on confidère leurs moments par rapport à un point quelconque, pris dans ce plan, la fomme des moments des forces qui tendent à faire tourner le corps dans un fens, autour de ce point, fera égale à la fomme des moments des forces qui tendent à le faire tourner, en fens contraire, autour du même point.*

<h3 align="center">R E M A R Q U E.</h3>

73. IL eft évident qu'on doit toujours trouver le même réfultat, de quelque manière qu'on combine enfemble les quatre forces propofées. Qu'on prenne, par exemple, la réfultante des deux forces

P & S (Fig. 29), & celle des deux forces Q & T. Fig. 29.
Il faudra, pour l'équilibre, que ces deux réfultantes foient égales & directement oppofées. Joignez le point de concours a des deux puiffances P & S, & celui n des deux puiffances Q & T, par la droite an ; puis, ayant pris les lignes ab, ah, nk, ni, pour repréfenter ces quatre puiffances, achevez les deux parallélogrammes $abdh$, $nkgi$. Les diagonales ad, ng, qui expriment les réfultantes des deux forces P & S, & des deux forces Q & T, doivent tomber fur la ligne an, en fens contraires, & être égales entr'elles. Du point O, pris toujours à volonté dans le plan des quatre forces propofées, menez aux directions de ces forces, & à la droite an, les perpendiculaires OE, OL, OI, OM, Ou. On aura (57), (en nommant Z' la réfultante ad ou ng), $Z' \times Ou = P \times OE - S \times OL$; $Z' \times Ou = Q \times OI - T \times OM$; & par conféquent $P \times OE - S \times OL = Q \times OI - T \times OM$, ou bien, $P \times OE + T \times OM = Q \times OI + S \times OL$.

Il en feroit de même, fi l'on fuppofoit que l'une quelconque des quatre forces fait équilibre à la réfultante des trois autres.

C O R O L L A I R E.

74. SUPPOSONS que nos quatre forces deviennent parallèles deux à deux ; que, par exemple, S devienne parallèle à P, & Q parallèle à T (Fig. 30). Fig. 30.
En comparant enfemble les deux Figures 28 & 30, dans lefquelles les mêmes lignes font exprimées par les mêmes lettres, on voit que les deux parallélogrammes $ABDC$, $FHKG$ deviennent parfaitement égaux (Fig. 30); & que par conféquent $P = S$, $Q = T$. De plus, on a toujours l'équation $P \times OE - S \times OL = Q \times OI - T \times OM$. Mettant dans cette

équation, P pour S, Q pour T, on aura $P \times (OE - OL) = Q \times (OI - OM)$, ou $P \times LE = Q \times MI$; ce qui donne $P : Q :: MI : LE$.

Ainsi, *lorsque quatre forces en équilibre, & situées dans un même plan, font parallèles deux à deux 1°. les forces contraires font égales chacune à chacune : 2°. deux forces quelconques non-parallèles fon entr'elles en raison réciproque des distances des force parallèles.*

Dans la Figure 30, les forces parallèles P & . font perpendiculaires aux forces parallèles Q & T mais cette perpendicularité n'est pas nécessaire.

REMARQUE.

75. La même chose peut se trouver par la combinaison des forces que représente la Figure 29 Car imaginons dans le cas présent, que pour produire le parallélisme des deux puissances P & S, & celui des deux puissances Q & T, la ligne aP demeure immobile, tandis que la ligne aS tourne autour du point S, & que la ligne nQ demeure immobile, tandis que la ligne nT tourne autour du point T. Il est clair que, pendant ce double mouvement, le point a chemine jusqu'à l'infini le long de aP, & que le point n chemine pareillement jusqu'à l'infini le long de nQ. Lorsqu'enfin S est parallèle à P, & T parallèle à Q; la résultante des deux forces P & S est égale à leur différence, & la résultante des deux forces Q & T est égale à leur différence (47). Donc, en nommant R la première résultante, R' la seconde, on aura $R = P - S$, ou $R = S - P$; $R' = Q - T$, ou $R' = T - Q$. Or, il faut, pour l'équilibre, que les deux résultantes R & R' soient égales, & tombent sur la même ligne; ce qui ne peut arriver, à moins qu'elles ne deviennent cha-

Fig. 29.

tune égale à zéro. Donc on aura $P - S = 0$,
ou $P = S$; $Q - T = 0$, ou $Q = T$. L'équation
$P \times OE - S \times OL = Q \times OI - T \times OM$, trouvée (73), ſubſiſte toujours; & en y mettant P pour
S, Q pour T, elle deviendra (Fig. 30), $P \times LE =$ Fig. 30.
$Q \times MI$.

Proposition XII. Lemme.

76. *Quelle que ſoit la direction d'une force π*
(Fig. 31); *cette force peut toujours être décompoſée* Fig. 31.
en deux autres ſituées avec elle dans un même plan, &
parallèles à deux lignes données de poſition dans ce
plan.

Menez, ſuivant la direction HN de la puiſſance π,
un plan, & tracez dans ce plan deux droites OI,
OE, qui ſe coupent au point O, ſous un angle
donné. Prenez HN pour repréſenter la puiſſance π,
& ayant mené les droites HZ, HY, parallèles aux
lignes OI, OE, achevez le parallélogramme $HZNY$.
A la place de la force HN, on pourra prendre (33)
les deux forces HZ, HY, qui ſont parallèles aux
deux lignes OI, OE, données de poſition dans le
plan ſuivant lequel on imagine que la force π exerce
ſon action.

Corollaire.

77. La force π, & les angles NHZ, NHY, étant
des quantités données, il eſt clair que les deux forces HZ, HY, feront auſſi des quantités données.

Suppoſons, par exemple, que l'angle IOE ou
ZHY ſoit droit; & nommons 1 le ſinus total ou le
raïon, m l'arc qui, décrit avec ce raïon, meſure
l'angle NHZ : à cauſe du triangle rectangle HZN,
qui donne ces deux proportions (Géom. 389),
$1 : ſin. m :: HN : NZ$ ou HY, & $1 : ſin. HNZ$ ou

coſ. $m :: HN : HZ$, on aura, Force $HY = \pi$ ſin. m; Force $HZ = \pi$ coſ. m.

PROPOSITION XIII. PROBLÊME.

78. *DÉTERMINER les conditions de l'équilibre entre un nombre quelconque de forces ſituées dans un même plan, & dirigées d'ailleurs comme on voudra?*

Ces forces doivent toujours être imaginées ap‑pliquées à un corps ſans peſanteur, & parfaitement libre.

Je mène dans le plan des forces propoſées, deux lignes OI, OE (Fig. 32), qui ſe coupent au point O, ſous un angle donné. Cet angle eſt arbitraire ; mais je le ſuppoſerai droit, pour fixer les idées, & parce que d'ailleurs cette eſpèce d'angle eſt la plus commode à employer dans la pratique. Je décom‑poſe (76) chacune des forces propoſées, en deux autres, parallèles chacune à chacune des lignes OI, OE. Par ce moyen, je n'ai plus que deux ſortes de forces, les unes parallèles à OI, les autres pa‑rallèles à OE. Je réduis (50) toutes les forces qui agiſſent parallèlement à OI, dans un ſens, à la force unique P, & toutes celles qui agiſſent dans le ſens contraire, à la force unique S; de même, je réduis toutes les forces qui agiſſent parallèlement à OE, dans un ſens, à la force unique Q, & toutes celles qui agiſſent dans le ſens contraire, à la force uni‑que T. L'équilibre propoſé eſt donc ramené à celui des quatre forces P, Q, S, T, parallèles deux à deux ; & les conditions s'en expriment comme dans l'article 74. C'eſt-à-dire qu'on a $P = S$, $Q = T$, $P \times EL = Q \times IM$.

REMARQUE.

79. LES conditions de l'équilibre peuvent être
établies

Fig. 32.

établies d'une autre manière, qu'il eſt à propos d'expliquer, parce que cette nouvelle ſolution facilitera
l'intelligence des articles 84 & 86.

Ayant mené, comme tout-à-l'heure, dans le plan
des puiſſances propoſées les deux droites OI, OE,
perpendiculaires entr'elles, & ayant réduit toutes les
forces aux quatre P, Q, S, T, parallèles deux à deux
aux lignes OI, OE; j'obſerve que ces forces ſeront en équilibre, ſi le corps, auquel on imagine
qu'elles ſont appliquées, ne peut recevoir, ni dans
un ſens, ni dans un autre, de mouvements parallèles aux lignes OI, OE, & ſi de plus il ne pèut
tourner en aucun ſens autour du point O. Car il
eſt viſible que ces deux conditions étant remplies,
la maſſe entière du corps, & chacune de ſes parties
ſeront dans une immobilité abſolue.

Or, 1°. les deux forces P & S étant perpendiculaires à OE, ne peuvent (Ax. III.) imprimer au
corps aucun movement parallèle à cette ligne; &
de même, les deux forces Q & T, perpendiculaires
à OI, ne peuvent imprimer aucun mouvement parallèle à cette ligne. Ainſi les mouvements parallèles
à OI ne peuvent étre détruits que par l'égalité des
forces P & S, qui agiſſent en ſens contraires, parallèlement à cette ligne; & les mouvements parallèles
à OE, que par l'égalité des forces Q & T, qui agiſſent
en ſens contraires, parallèlement à cette ligne. Il n'y
aura, en effet, point de mouvements parallèles, en
ſuppoſant $P = S$, $Q = T$; puiſqu'il n'y a aucune
raiſon pour que des deux forces P & S, l'une l'emporte ſur l'autre, & que des deux forces Q & T,
l'une l'emporte ſur l'autre.

2°. Du point O, comme centre, avec le raïon
OE, ſoit décrit un cercle $Emrn$. Imaginons une
puiſſance s qui agiſſe dans le ſens Es directement

F

contraire au sens de P, & qui ait pour expression, $\dfrac{S \times OL}{OE}$. Cette puissance s & la puissance S tendent à produire (49) le même mouvement de rotation autour du point O; car si l'on considère EOV comme une verge inflexible, à laquelle soient appliquées l'une ou l'autre des puissances S & s, & une puissance parallèle K, toutes les autres forces étant supposées anéanties pour un moment; il n'y aura point de mouvement de rotation autour du point O, si on a l'équation $K \times OV = S \times OL$; ou $K \times OV = s \times OE$. Ainsi, par rapport au mouvement de rotation autour du point O, la puissance s peut être substituée à la puissance S. Semblablement, par rapport au même mouvement, à la place de la puissance Q, nous pouvons substituer la puissance parallèle q, appliquée en m, suivant la direction $m q$, & ayant pour expression $\dfrac{Q \times OI}{Om}$; & à la place de la puissance T, la puissance parallèle t, appliquée en m, suivant la direction $m t$, & ayant $\dfrac{T \times OM}{Om}$ pour expression. Donc en ne considérant que le mouvement de rotation, nous avons quatre forces P, s, q, t, appliquées à la circonférence du cercle $E m r n$, suivant des directions tangentes à cette circonférence; & parmi ces forces, deux, savoir P & t, tendent à faire tourner le cercle dans le sens $E m r n$, tandis que les deux autres, s & q, tendent à le faire tourner dans le sens contraire $E n r m$. Or, comme il est visible qu'une puissance, qui agit suivant une direction tangente à un cercle, produit toujours le même mouvement de rotation autour du centre, en quelqu'endroit de la circonférence, qu'on la suppose appliquée: nous pouvons concevoir encore que la puiſſance q eſt appliquée en q' & tire dans le ſens Eq', que la puiſſance t eſt appliquée en t', & tire dans le ſens Et'. Ainſi, nous aurons quatre forces P, t', s, q', qui agiſſent ſuivant la même ligne; les deux premières, dans le ſens EP, & les deux autres dans le ſens directement contraire Es. La réſultante des deux premières eſt $P + t'$, & la réſultante des deux autres eſt $s + q'$ (24). Donc, pour l'équilibre, on aura (Ax. II.) $P + t' = q' + s$. Mettons, dans cette équation, pour t' ou t ſa valeur $\dfrac{T \times OM}{OE}$, pour q' ou q ſa valeur $\dfrac{Q \times OI}{OE}$, pour s ſa valeur $\dfrac{S \times OL}{OE}$; & nous aurons $P + \dfrac{T \times OM}{OE} = \dfrac{Q \times OI}{OE} + \dfrac{S \times OL}{OE}$, ou bien (en multipliant tout par OE), $P \times OE + T \times OM = Q \times OI + S \times OL$, ou $P \times OE - S \times OL = Q \times OI - T \times OM$, ou (en mettant P pour S, & Q pour T), $P \times (OE - OL) = Q \times (OI - OM)$, ou bien, $P \times LE = Q \times MI$.

Proposition XIV. Problême.

80. *DÉTERMINER les conditions de l'équilibre entre tant de forces qu'on voudra, ſituées dans un même plan, & appliquées à une verge inflexible qui eſt aſſujettie à tourner autour d'un point fixe?*

Soient (Fig. 33) OA la verge inflexible à laquelle les puiſſances ſont appliquées; O le point fixe autour duquel la rotation tend à ſe faire dans leur plan. Je mène par le point O dans ce même plan, les deux droites OE, OI, qui faſſent entr'elles un angle donné; nous ſuppoſerons, comme ci-deſſus, que cet angle eſt droit. Je décompoſe toutes les

Fig. 33.

forces proposées, chacune en deux fortes de forces, les unes parallèles à OI, les autres parallèles à OE. Ensuite je réduis (50) toutes les forces qui agiffent, parallèlement à OI, dans un fens, à la force unique P, & toutes celles qui agiffent dans le fens contraire, à la force unique S ; pareillement, je réduis toutes les forces qui agiffent parallèlement à OE, dans un fens, à la force unique Q, & toutes celles qui agiffent dans le fens contraire, à la force unique T. La queftion eft donc de trouver la relation que les quatre forces P, S, Q, T, parallèles deux à deux, & fituées dans un même plan, doivent avoir entr'elles, pour qu'il y ait équilibre autour du point O.

Or, pour cela, j'obferve qu'il n'eft pas néceffaire maintenant, comme dans l'article 78, que la réfultante de deux forces foit égale & directement oppofée à la réfultante des deux autres ; car fi cette égalité avoit lieu, la réfiftance du point fixe O ne contribueroit en rien à l'équilibre ; & le Problême fe réduiroit au précédent. Mais il faut ici que la réfultante des quatre forces P, Q, S, T, paffe par le point fixe O, & y trouve fa deftruction. Suppofons que BA foit la direction de la réfultante des deux forces P & Q, & nommons R cette réfultante ; que FH foit la direction de la réfultante des deux forces S & T, & nommons R', cette réfultante. Du point O, foient abaiffées les perpendiculaires OB, OH fur les droites AB, FH. On aura (57), les deux équations : $R \times OB = P \times OE - Q \times OI$; $R' \times OH = S \times OL - T \times OM$. Or, puifque la réfultante des quatre forces P, Q, S, T, ou des deux forces R & R' doit paffer par le point O, on a (38) $R \times OB = R' \times OH$. Ainfi on aura : $P \times OE - Q \times OI = S \times OL - T \times OM$; ou $P \times OE +$

$T \times OM = Q \times OI + S \times OL$, qui eft l'équation requife pour qu'il y ait équilibre.

Cette équation fait voir que *la fomme des momens des forces* P & T, *qui tendent à faire tourner la verge dans un fens, autour du point fixe* O, *doit être égale à la fomme des momens des forces* Q & S, *qui tendent à la faire tourner en fens contraire autour du même point.*

COROLLAIRE.

81. Le point O fouffre, dans le fens de la force P ou S, une preffion égale à la différence de ces deux forces, & dans le fens de la force Q ou T, une preffion égale à la différence de ces deux forces. Car la réfultante des deux forces parallèles P & S eft une force parallèle qui a pour expreffion $P — S$, ou $S — P$; & la réfultante des deux forces parallèles Q & T eft une force parallèle qui a pour expreffion $Q — T$, ou $T — Q$. Or ces deux réfultantes ne peuvent être détruites que par les réfiftances contraires de l'appui; & par conféquent elles font les mefures des preffions que l'appui fouffre dans les fens de leurs directions.

PROPOSITION XV. LEMME.

82. *Quelle que foit la direction d'une force* π (Fig. 34); *cette force peut toujours être décompofée* Fig. 34. *en trois autres, parallèles chacune à chacune des trois lignes* OH, OI, OE, *qui fe croifent au point* O, *& fituées deux à deux dans des plans différents.*

Prenez AB pour repréfenter la puiffance π, & menez AD parallèle à OH; par les deux lignes AB, AD, faites paffer un plan; & par le point A, menez la droite AC, parallèle à la rencontre de ce

F iij

plan avec le plan EOI; achevez le parallélogramme $ADBC$. A la place de la force AB, on pourra prendre les deux forces AD, AC, dont la première est parallèle à OH. Par le point A, menez les droites AM, AK, parallèles respectivement aux droites OI, OE; & achevez le parallélogramme $AMCK$. A la place de la force AC, vous pourrez prendre les deux forces AM, AK, dont la première est parallèle à OI, & la seconde est parallèle à OE. Ainsi, à la place de la force supposée AB, nous avons trois forces AD, AM, AK, parallèles chacune à chacune des trois lignes OH, OI, OE.

COROLLAIRE.

83. LA force π, & les angles BAD, BAC, CAK, CAM, étant des quantités données, les trois forces AD, AM, AK, sont aussi des quantités données.

Supposons, par exemple, que les trois axes OH, OI, OE, soient perpendiculaires entr'eux ; que le plan IOE, dans lequel sont comprises les droites OI, OE, perpendiculaires entr'elles , soit celui même de la planche , auquel la droite OH est perpendiculaire ; & nommons 1 le raïon, m l'arc qui mesure l'angle BAD; n l'arc qui mesure l'angle CAM. Nous aurons (à cause des triangles rectangles BDA, CMA), $AD = AB \times$ cos. m, BD ou $AC = AB \times$ sin. m, AK ou $CM = AC \times$ sin. $n =$ $AB \times$ sin. $m \times$ sin. n, $AM = AC \times$ cos. $n =$ $AB \times$ sin. $m \times$ cos. n. Donc, Force $AD = \pi$ cos. m, Force $AK = \pi$ sin. m. sin. n, Force $AM = \pi$ sin. m. cos. n.

PROPOSITION XVI. PROBLÊME.

84. DÉTERMINER *les conditions de l'équilibre*

entre un nombre quelconque de forces, dirigées comme on voudra dans des plans différents, & appliquées à un même corps sans pesanteur, & parfaitement libre?

Imaginons (Fig. 35), par un point fixe O, choisi à volonté dans l'espace, trois axes OI, OE, OH, perpendiculaires entr'eux. Les deux premiers peuvent être considérés comme situés dans le plan de la planche, & le troisième comme perpendiculaire à ce plan.

Chacune des forces proposées peut être décomposée (82) en trois autres; la première, parallèle à OI; la seconde, parallèle à OE; & la troisième, parallèle à OH. En faisant successivement cette décomposition pour toutes les forces, nous n'aurons plus que des forces parallèles à nos trois axes. Ainsi je ne considère que ces dernières; & je réduis (50) toutes les forces qui agissent parallèlement à OI dans un sens à la force unique P, & celles qui agissent dans le sens contraire, à la force unique S; de même, je réduis à la force unique Q toutes les forces qui agissent parallèlement à OE, dans un sens, & celles qui agissent dans le sens contraire, à la force unique T; enfin je réduis toutes les forces qui agissent parallèlement à OH, dans un sens, à la force unique X, & celles qui agissent dans le sens contraire, à la force unique Y. Par ce moyen, il ne s'agit plus que de trouver les conditions de l'équilibre entre les six forces P, S, Q, T, X, Y, qui sont parallèles deux à deux, & qui peuvent être situées d'ailleurs dans des plans différents. Or il est évident que cet équilibre aura lieu, si le corps auquel on imagine que les six forces précédentes sont appliquées, ne peut recevoir, en aucun sens, de mouvements parallèles aux trois axes OI, OE, OH, &

fi de plus il ne peut tourner en aucun fens autour des mêmes axes. Refte à remplir ces deux conditions.

I.

De nos fix forces, les deux, Q & T, étant per-pendiculaires au plan IOH, dans lequel on peut imaginer que l'axe OI eft fitué, ne peuvent impri-mer (Ax. III.) aucun mouvement parallèle à ce plan, ni par conféquent aucun mouvement paral-lèle à la droite OI; & les deux, X & Y, étant perpendiculaires au plan IOE, dans lequel on peut concevoir également que l'axe OI eft fitué, ne peu-vent imprimer aucun mouvement parallèle à ce plan, ni par conféquent aucun mouvement paral-lèle à l'axe OI. Il n'y a donc que les deux forces P & S, qui tendent à mouvoir le corps, parallèle-ment à OI, l'une dans un fens, l'autre dans le fens contraire. En fuppofant $P = S$, ces deux mouve-ments parallèles ne pourront avoir lieu ni l'un ni l'autre, puifqu'il n'y a aucune raifon pour que des deux forces égales P & S, l'une l'emporte fur l'autre.

Semblablement, le corps ne prendra, ni dans un fens, ni dans le fens oppofé, de mouvement pa-rallèle à l'axe OE, fi l'on a, $Q = T$; & il ne pren-dra, ni dans un fens, ni dans le fens oppofé, de mouvement parallèle à OH, fi l'on a $X = Y$.

I I.

Il eft clair que les deux forces P & Y tendent à faire tourner le corps autour de l'axe OE, dans un fens, tandis que les deux forces S & X tendent à le faire tourner dans le fens contraire autour du même axe. Les deux forces Q & T ne contribuent en rien, ni à l'une, ni à l'autre rotation : car on peut con-cevoir que les quatre forces P, Y, S, X, agiffent dans des plans perpendiculaires à l'axe OE ; & alors les deux forces Q & T étant perpendiculaires à ces plans, ne peuvent produire (Ax. III) aucuns mouvements parallèles à ces mêmes plans, ni par conséquent aucun mouvement de rotation autour de l'axe OE. Semblablement, les deux forces Q & Y tendent à faire tourner le corps dans un fens autour de l'axe OI, & les deux forces T & X tendent à le faire tourner en fens contraire ; les deux forces P & S n'ont aucune part ni à l'une ni à l'autre rotation. Enfin les deux forces P & T tendent à faire tourner le corps autour de l'axe OH, en un fens, & les deux forces S & Q tendent à le faire tourner dans le fens contraire ; les deux forces X & Y ne contribuent en rien, ni à l'une, ni à l'autre rotation.

Des points A & F, où les deux forces P & S contraires, & parallèles à l'axe OI, rencontrent le plan HOE, foient menées parallèlement aux axes OE, OH, les droites AC, AB, FH, FE. De même, des points Δ & Z, où les forces Q & T, contraires, & parallèles à l'axe OE, rencontrent le plan HOI, foient menées parallèlement aux axes OI, OH, les droites ΔD, ΔV, Z &, ZI. Enfin des points L & N, où les deux forces X, Y, contraires & parallèles à l'axe OH, rencontrent le plan EOI, foient menées parallèlement aux axes OI, OE, les droites LK, LM, NG, NR.

Cela pofé, imaginons que OE eft l'axe d'un cylindre droit, qui a BA pour raïon de chacune des fections circulaires, faites perpendiculairement à OE ; concevons de plus, qu'on fubftitue, à la même diftance BA, à la place de la force S, une force parallèle, repréfentée par $\dfrac{S \times FE}{AB}$; à la place de la force X, une force parallèle, repréfentée par

$\dfrac{X \times LK}{AB}$; à la place de la force Y, une force parallèle, repréſentée par $\dfrac{Y \times NG}{AB}$. Il eſt clair que chaque force ſubſtituée tendant à produire (49 ou 79) la même rotation autour d'un point de l'axe OE, que la force dont elle occupe la place, il eſt clair, dis-je, que le mouvement de rotation autour de l'axe OE eſt le même en vertu des quatre forces P, $\dfrac{S \times FE}{AB}$, $\dfrac{X \times LK}{AB}$, $\dfrac{Y \times NG}{AB}$, qu'en vertu des quatre forces P, S, X, Y. Or les quatre premières agiſſant ſuivant des directions tangentes à la ſurface d'un cylindre droit qui a AB pour raïon de ſa baſe, peuvent être ſuppoſées exercer leur action dans un même plan tangent à la ſurface du cylindre ſuivant le côté qui paſſe par le point A, & perpendiculairement à ce même côté. Donc, il y aura équilibre entre ces quatre forces, ou, ce qui revient au même, le corps ne pourra tourner, ni dans un ſens, ni dans le ſens contraire, autour de l'axe OE, ſi la réſultante ou la ſomme des deux forces P & $\dfrac{Y \times NG}{AB}$, eſt égale à la réſultante ou à la ſomme des deux forces $\dfrac{S \times FE}{AB}$ & $\dfrac{X \times LK}{AB}$; c'eſt-à-dire, ſi on a l'équation $P + \dfrac{Y \times NG}{AB} = \dfrac{S \times FE}{AB} + \dfrac{X \times LK}{AB}$; car alors il n'y a aucune raiſon, pour que l'une des deux réſultantes dont nous venons de parler, l'emporte ſur l'autre. Cette équation dévient, (en multipliant tout par AB),

$$P \times AB + Y \times NG = S \times FE + X \times LK.$$

Semblablement, le corps ne prendra point de mouvements de rotation autour des axes OI, OH, si on a les équations,

$$Q \times \Delta V + Y \times NR = T \times ZI + X \times LM,$$
$$P \times AC + T \times Z\& = S \times FH + Q \times \Delta D.$$

Concluons de tout ce qui vient d'être démontré, que les conditions de l'équilibre entre les six forces P, S, Q, T, X, Y, sont exprimées en général par les six équations : $P = S$; $Q = T$; $X = Y$; $P \times AB + Y \times NG = S \times FE + X \times LK$; $Q \times \Delta V + Y \times NR = T \times ZI + X \times LM$; $P \times AC + T \times Z\& = S \times FH + Q \times \Delta D$.

Ces équations font voir, 1°. que les forces contraires font égales chacune à chacune ; 2°. que la fomme des moments des forces qui tendent à faire tourner le corps, en un fens, autour de chacun de nos trois axes, eft égale à la fomme des moments des forces qui tendent à le faire tourner dans le fens contraire, autour de chacun des mêmes axes.

R E M A R Q U E.

85. Sɪ, dans les trois dernières équations, on met P pour S, Q pour T, X pour Y, elles deviendront,

$$P \times (FE - AB) = X \times (NG - LK),$$
$$Q \times (ZI - \Delta V) = X \times (NR - LM),$$
$$P \times (FH - AC) = Q \times (Z\& - \Delta D).$$

Or, par exemple, dans la première de ces équations, $FE - AB$ exprime la diftance de deux plans paffants par les directions des forces P, S, & perpendiculaires à l'axe OH ; & $NG - LK$ exprime la diftance de deux plans paffants par les directions des forces X, Y, & perpendiculaires à l'axe OI. Ainfi, en nommant D & d ces diftances, on aura

P ou $S : X$ ou $Y :: d : D$. D'où l'on voit que parmi les quatre forces P, S, X, Y, qui font parallèles deux à deux, deux forces non-parallèles font réciproquement proportionnelles aux diftances des plans paffants par leurs directions, & perpendiculaires aux axes OI, OH, auxquels les directions des forces P & S, X & Y font parallèles. On trouvera des réfultats analogues pour les deux autres équations.

PROPOSITION XVII. PROBLÊME.

86. *DÉTERMINER les conditions de l'équilibre entre un nombre quelconque de forces appliquées à un corps, fans pefanteur, qui a fimplement la liberté de pirouetter en toutes fortes de fens autour du point fixe O ?*

Ayant mené, par le point fixe O, les trois axes OI, OE, OH, perpendiculaires entr'eux, & ayant réduit, comme ci-deffus, toutes les forces propofées aux fix forces P, S, Q, T, X, Y, parallèles à ces trois axes ; j'obferve que les mouvements parallèles aux trois axes, font empêchés en tous fens par la réfiftance du point fixe O, qui eft fuppofée s'y oppofer de tous côtés ; & que par conféquent il s'agit feulement de trouver les conditions qui doivent avoir lieu pour que le corps ne prenne, en aucun fens, des mouvements de rotation autour de nos trois axes. Or ces conditions font exprimées par les trois équations :

$$P \times AB + Y \times NG = S \times FE + X \times LK,$$
$$Q \times \triangle V + Y \times NR = T \times ZI + X \times LM,$$
$$P \times AC + T \times Z \& = S \times FH + Q \times \triangle D.$$

Par où l'on voit que *la fomme des moments des forces qui tendent à faire tourner le corps, dans un ſens, autour de chacun de nos trois axes, doit être égale à la ſomme des moments des forces qui tendent à le faire tourner, en ſens contraire, autour de chacun des trois mêmes axes.*

COROLLAIRE.

87. En nommant reſpectivement I, E, H, les preſſions que ſouffre l'appui O, ſuivant les directions des trois axes OI, OE, OH, on auroit : $I = P - S$, ou $I = S - P$; $E = Q - T$, ou $E = T - Q$; $H = X - Y$, ou $H = Y - X$. Car l'appui ſouffre, en vertu des deux forces P & S, une preſſion égale à leur réſultante; en vertu des deux forces Q & T, une preſſion égale à leur réſultante; & en vertu des deux forces X & Y, une preſſion égale à leur réſultante.

CHAPITRE II.

Du centre de gravité.

---

88. Nous avons déja remarqué (3) que tous les corps ſont peſants. Abandonnés à eux-mêmes, ils deſcendent ſuivant des directions qui tendent au centre du globe terreſtre. Les parties dont ils ſont compoſés, forment elles-mêmes de petits corps peſants. Tout poids fini & ſenſible peut donc être regardé comme l'aſſemblage ou le ſyſtême d'une infinité de petits poids liés entr'eux, de manière qu'ils ne forment qu'un même tout. Et comme le point où vont concourir les directions de ces petits

poids, c'est-à-dire, le centre de la terre, est placé à une distance très grande relativement à l'étendue que leur système occupe sur la surface de notre globe, on peut regarder, sans craindre aucune erreur sensible, toutes leurs directions comme parallèles entr'elles. En effet, on trouve que le raïon de la terre étant d'environ 1500 lieues, un espace de 16 toises, pris à sa surface, soutend un angle qui est à peine de 1″.

Il est démontré, par les phénomènes astronomiques, qu'un même corps ne pèse pas également à différentes distances du centre de la terre, & que la pesanteur d'un corps qui s'éloigne ou s'approche du centre de la terre, diminue ou augmente en même raison que le quarré de la distance à ce centre augmente ou diminue. Mais cette variation de pesanteur ne peut pas être sensible dans les corps que la Statique ordinaire considère, parce que ces corps sont toujours placés à des distances du centre de la terre, qui ne diffèrent pas sensiblement les unes des autres.

On a encore observé que la pesanteur d'un même corps augmente en allant de l'équateur aux poles ; & cela, parce que la force centrifuge, qui diminue la pesanteur naturelle, devient plus petite elle-même en allant de l'équateur aux poles. Mais les parties d'un même corps, ou d'un système de corps, occupent trop peu d'étendue sur la surface de la terre, pour que d'une partie à l'autre on doive avoir égard à la différence de pesanteur, occasionnée par la cause qu'on vient d'indiquer.

89. D'APRÈS ces remarques, nous regarderons la pesanteur de chaque molécule de matière comme une force toujours constante, & les directions des pesanteurs de toutes les parties d'un même corps ou

yſtême de corps, comme parallèles entr'elles. Ainſi la théorie que nous avons donnée, dans le Chapitre précédent, ſur la compoſition & décompoſition des forces parallèles, s'appliquera aux corps peſants, en ſuppoſant que ces forces ſoient les peſanteurs des parties des corps mêmes.

On appelle *ligne verticale*, la ligne ſuivant laquelle les corps tombent par la peſanteur; *ligne horiſontale*, une ligne perpendiculaire à la verticale; *plan vertical*, un plan qui paſſe par une ligne verticale; *plan horiſontal* ou *horiſon*, un plan auquel la direction de la peſanteur eſt perpendiculaire, ou qui contient deux lignes horiſontales qui ſe coupent.

90. CELA poſé, ſoient A, B, C, D (Fig. 15) les corps élémentaires qui compoſent un même ſyſtême; & ſuppoſons que les forces parallèles P, Q, R, S appliquées à ces corps, en ſoient les peſanteurs, qui agiſſent toutes dans le même ſens: nous voyons

1°. Que le poids total du ſyſtême eſt égal (50) à la ſomme des poids élémentaires dont il eſt compoſé, puiſque la réſultante de toutes les forces P, Q, R, S eſt égale à $P + Q + R + S$.

2°. Dans quelque poſition qu'on mette le ſyſtême, ſon poids total demeure toujours le même, puiſque chaque corps élémentaire eſt toujours également peſant, & qu'en vertu du même article 50 la réſultante de toutes les peſanteurs, qui ont des directions parallèles, eſt toujours égale à leur ſomme.

3°. Conſéquemment à l'article 54, quelques ſituations, qu'on puiſſe donner au ſyſtême, pourvu que les corps élémentaires conſervent entr'eux les mêmes diſtances; les directions du poids de tout le ſyſtême ſe couperont toutes en un même point. Ce point que nous avons appellé en général *centre des forces parallèles*, s'appellera ici *centre de gravité;* les

forces parallèles étant maintenant les pefanteurs des
parties élémentaires d'un même fyflême de corps
ou d'un corps fenfible qu'on peut regarder comme
le fyflême des molécules de matière dont il ef
compofé.

91. On voit par cette notion du centre de gravité, que fi l'on fufpend un corps par un cordon
dont la direction prolongée paffe par ce point, le
corps demeurera immobile dans toutes les fituations
poffibles. Il exifte un tel point dans tous les corps
ou fyflêmes de corps ; mais il ne falloit pas fe contenter d'affirmer la chofe , comme la plupart des
Auteurs de Méchanique l'ont fait ; elle avoit be
foin d'être démontrée ; elle l'eft par l'article 54
déja cité.

92. De là fuit une manière fort fimple de déterminer, par l'expérience, le centre de gravité d'un
corps de figure quelconque. Sufpendez ce corps
par un cordon qui le foutienne fucceffivement par
deux points différents : prolongez par la penfée les
deux directions du cordon au-dedans du corps : le
point où elles fe couperont, fera le centre de gravité cherché.

Quand le corps eft trop confidérable pour pouvoir être ainfi fufpendu, il faut en faire un autre plus
petit qui lui foit femblable, & déterminer le centre
de gravité de celui-ci, comme on vient de le dire.
Ce centre fera connoître proportionnellement la pofition de celui du grand corps.

93. Toutes les propriétés qui ont été démontrées ci-deffus pour les moments des forces parallèles
qui agiffent dans le même fens, ont lieu pour un
fyflême de corps foumis à l'action de la pefanteur.
Réfumons ici ces propriétés, en les appliquant au
fujet préfent.

94. SOIT un nombre quelconque de poids P, Q, R, S (Fig. 36 & 37), enfilés par une même verge inflexible fans pefanteur. Confidérons leurs moments, & celui de leur fyftême réuni au centre de gravité G, par rapport au point E de la verge : on aura, $R \times RE + S \times SE \pm P \times PE \pm Q \times QE = (P + Q + R + S) \times GE$.

Fig. 36 & 37.

Cela eft clair (68), en imaginant que tous les corps A, B, C, D (Fig. 15) font placés fur une même ligne ; que les forces P, Q, R, S font leurs poids ; & que l'on rapporte les moments à un point de la ligne qui les enfile.

Si (Fig. 37) le point E tombe fur le point G, on aura, $P \times GP + Q \times GQ = R \times GR + S \times GS$; c'eft-à-dire, que *par rapport au centre de gravité, la fomme des moments des corps qui font d'un côté, eft égale à la fomme des moments des corps qui font de l'autre côté.*

95. IL eft également clair que fi l'on mène l'axe quelconque Es (Fig. 36 & 37), & les parallèles Pp, Qq, &c, on aura, $R \times Rr + S \times Ss \pm P \times Pp \pm Q \times Qq = (P + Q + R + S) \times Gg$, puifqu'on a cette fuite de proportionnelles, $PE : QE : RE : SE : GE :: Pp : Qq : Rr : Ss : Gg$, & qu'on peut par conféquent, dans l'équation générale de l'article précédent, fubftituer à la place des lignes PE, QE, &c, leurs proportionnelles Pp, Qq, &c.

Lorfque l'axe Es (Fig. 37) paffe par le centre de gravité G, on a $P \times Pp + Q \times Qq = R \times Rr + S \times Ss$.

96. LES articles 58, 59, 60, 61, 62, 64, 65, 66, s'appliquent ici littéralement, en fuppofant que les forces P, Q, R, S, font les poids des corps A, B, C, D, auxquels elles font appliquées. On voit que *fi l'on confidère les moments de plufieurs poids ; &*

G

celui de leur systême réuni au centre de gravité, par rapport à un axe ou à un plan, la somme ou la différence des moments de ces poids, sera égale au moment de leur systême. Et si l'axe ou le plan des moments passe par le centre de gravité, la somme des moments des poids qui sont d'un côté, sera égale à la somme des moments des poids qui sont de l'autre côté.

Par ces propriétés, on trouve dans tous les cas la position du centre de gravité du systême, comme nous l'avons expliqué. Le Lecteur se souviendra que les distances des poids à l'axe ou au plan des moments, sont toujours censées parallèles entr'elles.

97. On fait un grand usage des centres de gravité dans la Méchanique. Il est donc essentiel de se rendre très-familières les méthodes que nous avons données pour les déterminer. Elles supposent, comme on voit, qu'un systême, ou un corps regardé comme un systême d'autres corps, est composé de parties isolées, dont chacune est regardée comme ramassée ou *concentrée* en un seul & même point qui en est le centre de gravité particulier. Mais, toujours vraies dans la théorie, ces méthodes ne sont pas toujours susceptibles de précision dans la pratique, parce que souvent les parties élémentaires du systême ayant des grosseurs sensibles, ne peuvent pas être censées réunies chacune en un même point ; & que d'un autre côté, l'irrégularité fréquente de leurs figures, ou quelquefois de leurs poids quand elles ne sont pas homogènes dans toute leur étendue, ne permet de déterminer leurs centres de gravité particuliers que par estime ou d'une manière approchée.

98. Il y a un grand nombre de cas dans lesquels on peut, à l'aide de la Géométrie, déterminer exactement & simplement le centre de gravité d'un corps.

Ces cas embraffent tous les corps homogènes dont la figure eft affujettie à une loi *connue* de continuité. Je vais donner des exemples de ces fortes de déterminations ; mais ce détail demande à être précédé de quelques remarques.

99. On fait, & nous l'avons déja obfervé (5), que la Géométrie ne confidère que les volumes ; elle ne pourroit par conféquent , toute feule, que déterminer le *centre de volume* d'un corps de figure donnée. Mais dans les corps homogènes , dont il s'agit ici, toutes les molécules élémentaires peuvent être regardées comme égales entr'elles, & comme également pefantes. Le centre de volume fera donc le même que le centre de gravité ou de maffe. Ainfi la Méchanique & la Géométrie peuvent fe prêter un fecours mutuel pour déterminer ce point.

100. Après avoir trouvé la place du centre de gravité d'un corps homogène , on pourra imaginer que toute la pefanteur du corps eft réunie à ce point ; mais pour mefurer cette force , il faut avoir égard à l'efpèce de matière dont le corps eft formé. Par exemple , deux fphères , l'une d'or, l'autre d'argent , de même diamètre , ne pèfent pas également ; leurs poids font entr'eux dans le rapport de 19 à 10 environ. Il eft clair , en général , que le poids d'un corps homogène eft d'autant plus grand que fon volume eft plus grand , & qu'il contient plus de parties pefantes , ou qu'il a plus de denfité. Par conféquent fi l'on nomme G le volume de ce corps, p fa denfité ou *pefanteur fpécifique*, c'eft-à-dire , le poids de l'une des parties égales (par exemple , d'un pouce cube) dans lefquelles le volume peut être cenfé partagé ; le poids abfolu ou total du corps fera repréfenté par le produit $G \times p$. Dans l'exemple de nos deux fphères, les volumes G font les mêmes, les

pesanteurs spécifiques *p* sont entr'elles comme les nombres 19 & 10 environ. Je suppose qu'on ne perdra pas cette observation de vue dans l'usage qu'on pourra faire des centres de gravité; mon objet actuel est simplement de déterminer ces points dans quelques-uns des cas que j'ai indiqués (98).

EXEMPLE I.

101. *TROUVER le centre de gravité d'une ligne droite, celui de l'aire ou du contour d'un parallélogramme, d'un polygone régulier, d'un cercle, d'un parallélipipéde, d'un prisme à bases régulières, d'un cylindre, d'une sphére, &c.*

On a déja observé (99) que le centre de gravité d'un corps homogène est le même que le centre de volume. Or, pour une ligne droite, supposée uniformément pesante dans toute sa longueur, ce centre commun est dans son milieu; pour l'aire ou le contour d'un parallélogramme, il est au point d'intersection de deux droites menées par les milieux des côtés opposés; pour un polygone régulier, un cercle, un parallélipipéde, &c, il est au centre même de figure. Tout cela est évident; mais si on en demande une démonstration rigoureuse, la voici pour la ligne droite & l'aire du parallélogramme. On raisonnera d'une manière analogue, pour tous les autres cas.

102. SOIT donc en premier lieu la droite *AB* (Fig. 38) chargée de petits poids égaux dans tous ses points. Si on la suspend par son milieu *C*, elle demeurera en équilibre; car chaque paire de poids pris de part & d'autre, à égales distances du point *C*, a son centre de gravité en ce point (45). D'où il suit (50) que la résultante de tous les poids qui

Fig. 38.

forment la ligne *A B* eſt dirigée ſuivant la verticale *K C.* Qu'on incline la ligne en *a b* : la réſultante de tous les poids ſera encore dirigée ſuivant la verticale *K C.* Donc (91) le milieu *C* eſt le centre de gravité de la ligne. On voit ici comment la Méchanique & la Géométrie s'aident mutuellement pour la détermination du centre de gravité ; l'une fait voir que ce centre eſt placé au milieu de la ligne , & l'autre apprend à trouver ce milieu.

103. Considérons en ſecond lieu le parallélogramme *A B D E* (Fig. 39) ; & imaginons que ſa ſurface eſt compoſée d'une infinité de filets uniformément peſants , parallèles aux côtés *A B , F D.* Il eſt clair que chaque élément ayant ſon centre de gravité dans ſon milieu , ſi l'on ſuſpend le parallélogramme par le moyen d'un cordon *K G* , qui diviſe en deux parties égales aux points *F , G,* les côtes *A B , E D,* le parallélogramme demeurera immobile. Par la même raiſon , ſi l'on imagine que la ſurface du parallélogramme eſt compoſée d'une infinité d'éléments parallèles à *A E* & à *B D,* & qu'on le ſuſpende par un cordon *O I* qui diviſe en deux parties égales les côtés *A E , B D,* il demeurera encore immobile. Donc (92) le point *C,* interſection des droites *K G , O I,* eſt le centre de gravité du parallélogramme. Cette interſection ſe trouve par la Géométrie.

Fig. 39.

E X E M P L E   I I.

104. *Trouver le centre de gravité de l'aire d'un triangle* A B C (Fig. 40) ?

Fig. 40.

Des angles *A* & *B* , ſoient menées aux milieux *D* & *E* des côtés oppoſés *B C, A C,* les droites *A D, B E,* qui ſe coupent en *G* ; ce point *G* eſt le centre

G iij

de gravité de l'aire du triangle. Car, 1°. en regardant l'aire du triangle comme composée d'une infinité d'éléments parallèles à BC, tous ces éléments auront leurs centres de gravité particuliers dans la droite AD. Donc si l'on suspend le triangle au point K, dans la direction KAD, il demeurera immobile. 2°. Par la même raison, en regardant l'aire du triangle comme composée d'une infinité d'éléments parallèles à AC, & suspendant cette figure dans la direction OBE devenue verticale, elle demeurera immobile. Donc (92) le point G, intersection des droites KAD, OBE, est son centre de gravité.

COROLLAIRE I.

105. Qu'on mène la droite DE; elle est parallèle à AB, puisque les côtés CB, CA, sont coupés proportionnellement en D & E. Donc les deux triangles CDE, CBA sont semblables, & les deux triangles DGE, AGB le sont aussi. Par conséquent, on aura cette suite de rapports égaux, $CD : CB :: DE : BA :: DG : GA$. Or $CD = \dfrac{CB}{2}$; donc $DG = \dfrac{GA}{2}$, & $DG = \dfrac{AD}{3}$, $AG = \frac{2}{3} AD$. Ainsi le *centre de gravité d'un triangle est placé au tiers de la droite menée d'un angle au milieu du côté opposé, à compter de ce côté, ou aux deux tiers, à compter du sommet.*

COROLLAIRE II.

106. Par le moyen du centre de gravité du triangle, on peut trouver celui d'un polygone quelconque. Soit, par exemple, le pentagone $ABCDE$ **Fig. 41.** (Fig. 41) dont il faille trouver le centre de gravité. Ayant tiré les diagonales AC, AD, je mène aux

milieux F, H, Q, des côtés BC, CD, DE, les droites AF, AH, AQ; je prends $AO = \frac{2}{3} AF$, $AI = \frac{2}{3} AH$, $AN = \frac{2}{3} AQ$: les points O, I, N, font les centres de gravité des triangles ABC, ACD, ADE. En joignant les points O & I par la droite OI, le centre de gravité du quadrilatère $ABCD$ fera placé fur cette ligne. Pour favoir en quel endroit K il eft placé, je fais cette proportion (50), le quadrilatère $ABCD$: au triangle $ACD :: OI : OK$. Du point K, au centre de gravité N du triangle ADE, je mène la droite KN, & je la divife en G, de manière qu'on ait la proportion, le pentagone $ABCDE$: au triangle $ADE :: KN : KG$; le point G fera le centre de gravité du pentagone.

R E M A R Q U E.

107. Quand on a une fois trouvé les centres de gravité O, I, N (Fig. 42) des triangles ABC, ACD, ADE; la pofition du centre de gravité G de tout le polygone $ABCDE$ peut être déterminée d'une manière plus expéditive que la précédente, en employant les propriétés des moments. Pour cela, menons à volonté dans le plan du polygone les deux axes SV, ST; je fuppofe que l'un foit vertical, l'autre horifontal, pour plus de fimplicité. Des points O, I, N, G, foient tirées perpendiculairement à nos deux axes les droites $Oo, Oo'; Ii$, $Ii'; Nn, Nn'; Gg, Gg'$. On aura (96) ces équations : $ABCDE \times Gg = ABC \times Oo + ACD \times Ii + ADE \times Nn$; $ABCDE \times Gg' = ABC \times Oo' + ACD \times Ii' + ADE \times Nn'$, lefquelles donnent :

$$Gg = \frac{ABC \times Oo + ACD \times Ii + ADE \times Nn}{ABCDE},$$

$$Gg' = \frac{ABC \times Oo' + ACD \times Ii' + ADE \times Nn'}{ABCDE}.$$

Fig. 42.

G iv

Or dans ces deux dernières équations toutes les parties des deux seconds membres sont connues, ou mesurables ; on connoîtra donc aussi Gg & Gg'. Prenant sur ST la partie $Sg' = Gg$, & menant par le point g' la droite $g'G$, parallèle à SV, & égale à la valeur qu'on a trouvée pour Gg' : le point G sera le centre de gravité demandé.

EXEMPLE III.

108. *TROUVER le centre de gravité du périmètre d'un polygone rectiligne ?*

Nous allons chercher le centre de gravité du périmètre du triangle ABC (Fig. 43) ; la méthode est la même pour tout autre polygone rectiligne.

Joignez les milieux M & N des côtés AB, AC, par la droite MN ; & divisez cette ligne en O, de manière que l'on ait, $AB + AC : AC :: MN : MO$; le point O sera le centre de gravité du système des deux droites AB, AC. Du point O, au point Q milieu de BC, menez la droite OQ, & divisez-la en G, de manière que l'on ait $AB + AC + BC : BC :: OQ : OG$; le point G sera le centre de gravité du système des trois droites AB, AC, BC, ou du contour du triangle ABC.

Il est clair qu'on auroit pu trouver également la position du point G par le moyen des moments, en raisonnant d'une manière analogue à celle qui a été employée dans l'article précédent.

On voit que le centre de gravité du périmètre du triangle ABC est placé hors de ce périmètre. Dans ces sortes de cas où le centre de gravité d'un corps est placé hors de ce corps, il faut concevoir que le centre est lié solidement avec le corps par le moyen de verges sans pesanteur.

Exemple IV.

109. *Trouver le centre de gravité* G *d'un arc de cercle* AOB (Fig. 44) ?

Il eſt clair d'abord que le centre de gravité cherché eſt placé ſur le raïon CO qui diviſe l'arc AOB en deux parties égales. Fixons ſa place par le moyen des moments.

Je conçois que l'arc AOB eſt partagé en une infinité de parties mn qu'on peut regarder comme de petites lignes droites ; & je confidére leurs moments par rapport au diamètre HK parallèle à la corde AB. La ſomme de tous ces moments ſera égale (96) au moment du ſyſtême, c'eſt-à-dire, à $AOB \times CG$. Soit q le milieu ou centre de gravité de mn. Des points A, B, n, m, q, ſoient abaiſſées les perpendiculaires AV, BZ, mx, ny, qz, ſur HK ; ſoit menée mr parallèle à la même ligne HK, & ſoit tiré le raïon Cq. Les deux triangles nrm, Czq, qui ont les côtés perpendiculaires chacun à chacun, ſont ſemblables & donnent , $mn : mr$ ou $xy :: Cq$ ou $CO : qz$. Donc $mn \times qz = xy \times CO$. Le même raiſonnement & la même concluſion ont lieu pour tous les autres éléments de l'arc AOB. D'où il ſuit évidemment que la ſomme de tous les moments $mn \times qz$ eſt égale au produit de la ligne ſinie VZ ou AB multipliée par CO. On a donc auſſi $AOB \times GC = AB \times CO$, & par conſéquent $GC = \dfrac{AB \times CO}{AOB}$. Ainſi, *la diſtance du centre de gravité d'un arc de cercle au centre du cercle, eſt égale au quotient du produit de la corde & du raïon, diviſé par l'arc.*

COROLLAIRE.

110. Si l'on mène un diamètre quelconque IL; qu'enfuite on lui abaiffe des points A, B, G, les perpendiculaires AD, BE, GT; & qu'on lui mène la parallèle AN: les deux triangles ANB, GTC, qui ont les côtés perpendiculaires chacun à chacun, feront femblables & donneront, $AB : CG :: AN$ ou

$$DE : GT = \frac{CG \times DE}{AB} = \frac{CO \times DE}{AOB},$$ c'eft-à-dire,

que *la diftance du centre de gravité de l'arc* AOB *au diamètre* IL *eft égale au quotient du produit du raïon & de la partie du diamètre comprife entre les perpendiculaires abaiffées des extrémités de l'arc, divifé de l'arc.*

EXEMPLE V.

111. *TROUVER le centre de gravité* G *du fecteur de cercle* $ACBO$ (Fig. 45)?

Fig. 45.

Le centre de gravité G eft placé fur le raïon CO qui divife le fecteur en deux parties égales. Refte à favoir en quel endroit.

Imaginons que le fecteur $ACBO$ eft compofé d'une infinité de triangles Cmn. Soit q le milieu de la bafe mn, & foit tiré le raïon Cq. Qu'on prenne fur ce raïon la partie $Ct = \frac{2}{3} Cq$; le point t fera le centre de gravité du triangle élémentaire Cmn. Des points A, B, m, n, q, t, foient menées les perpendiculaires AV, BZ, mx, ny, qz, tu au diamètre HK fuppofé parallèle à la corde AB; & foit tirée mr parallèle à la même corde. Le moment du triangle Cmn, par rapport à HK, fera exprimé par

$$\frac{mn \times Cq}{2} \times tu,$$ ou bien (en obfervant que $tu =$

$\frac{2}{3}q\zeta$, & mettant CO pour Cq), par $\frac{mn \times CO}{2} \times$

$\frac{2}{3}q\zeta$. Or à cause des triangles femblables nrm, $Cz q$, on a, $mn \times q\zeta = xy \times CO$. Donc le moment propofé eft $\frac{\overline{CO}^2}{2} \times \frac{2}{3}xy$. Donc la fomme des moments de tous les triangles élémentaires dont le fecteur entier $ACBO$ eft compofé, eft $\frac{\overline{CO}^2}{2} \times \frac{2}{3}VZ$ ou $\frac{\overline{CO}^2 \times AB}{3}$. Or cette fomme (96) eft égale à $ACBO \times CG$, c'eft-à-dire, à $\frac{AOB \times CO}{2} \times CG$.

On aura donc $\frac{AOB \times CO}{2} \times CG = \frac{\overline{CO}^2 \times AB}{3}$; d'où l'on tire $CG = \frac{2\,CO \times AB}{3\,AOB}$. La pofition du point G fur le raïon CO eft donc connue.

C O R O L L A I R E.

112. CONNOISSANT le centre de gravité du fecteur $ACBO$, & fachant trouver (104) celui du triangle ACB, on déterminera fans peine celui du fegment ABO, en confidérant que le moment du fegment, par rapport au centre, eft égal à la différence des moments du fecteur & du triangle. Ce calcul eft fi facile qu'il fuffit de l'indiquer.

E X E M P L E. V I.

113. *TROUVER le centre de gravité d'une pyramide triangulaire* SABC (Fig. 46)?

Des angles A & S, foient menées au milieu D

du côté BC, les droites AD, SD; & ayant fait $DE = \dfrac{DA}{3}$, $DF = \dfrac{DS}{3}$, foient menées les droites SE, AF, qui fe couperont néceffairement en G, puifqu'elles font dans le même plan ASD. Le point E eft le centre de gravité du triangle ABC, & le point F celui du triangle SBC (105). Donc fi l'on regarde la pyramide comme compofée d'une infinité de triangles parallèles à ABC, & fi l'on confidère que tous ces triangles étant femblables à ABC, la droite SE paffe néceffairement par leurs centres de gravité particuliers, on verra que la pyramide, fufpendue au point K, dans la direction KSE, demeurera immobile. Par la même raifon, en regardant la pyramide comme compofée d'élémens parallèles au triangle SBC, fi on la fufpend au point O, dans la direction OAF devenue verticale, elle demeurera encore immobile. Donc le point G eft fon centre de gravité.

COROLLAIRE I.

114. Qu'on joigne les points E & F par la droite EF; elle fera parallèle à AS, puifque les droites DA, DS font coupées proportionnellement en E & F. Donc les deux triangles DEF, DAS font femblables, de même que les deux triangles EGF, SGA. Ainfi on a cette fuite de rapports égaux, $DE : DA :: EF : AS :: EG : GS$. Mais $DE = \dfrac{DA}{3}$; donc $EG = \dfrac{SG}{3} = \dfrac{SE}{4}$, & $SG = \frac{1}{4} SE$. Par conféquent, *le centre de gravité d'une pyramide triangulaire eft placé aux trois quarts de la ligne mence de fon fommet au centre de gravité de fa bafe, à compter du fommet, ou au quart de la même ligne, à compter de la bafe.*

COROLLAIRE II.

115. SOIT la pyramide quelconque $SABCDE$ Fig. 47). Partageons sa base en triangles par les diagonales AD, AC; & concevons que ces triangles sont les bases d'autant de pyramides triangulaires. Du sommet S au centre de gravité F du triangle AED, & au centre de gravité Q de tout le polygone $ABCDE$, soient menées les droites SF, SQ. Soit divisée la droite SF, au point f, de manière que $Sf = \frac{1}{4} SF$; le point f sera le centre de gravité de la pyramide triangulaire $SEAD$; & si par ce point on fait passer le plan $abcde$, parallèle à la base $ABCDE$, ce plan divisera, proportionnellement à SF & à Sf, toutes les lignes qu'on pourra mener du sommet de la pyramide à la base; il contiendra donc les centres de gravité de toutes les pyramides triangulaires dont la pyramide polygonale est composée, & par conséquent aussi le centre de gravité de cette derniere pyramide. Or, en regardant cette même pyramide comme composée d'une infinité d'élémens parallèles à sa base $ABCDE$, & considérant que tous ces élémens sont semblables à $ABCDE$, il est évident que la droite SQ passe par leurs centres de gravité particuliers, & qu'elle contient par conséquent le centre de gravité de toute la pyramide. Donc ce centre est au point d'intersection G de la droite SQ avec le plan $abcde$. Or la droite SQ est divisée en G, de manière que $SG = \frac{1}{4} SQ$. Ainsi, *le centre de gravité de toute pyramide est aux trois quarts de la ligne menée de son sommet au centre de gravité de sa base, à compter du sommet, ou au quart de la même ligne, à compter de la base.*

Fig. 47.

COROLLAIRE III.

116. Tout cône étant une pyramide dont la base est un poligone d'une infinité de côtés, a son centre de gravité placé aux trois quarts de la ligne menée de son sommet au centre du cercle qui lui sert de base, à compter du sommet, ou au quart de la même ligne, à compter de la base.

COROLLAIRE IV.

117. Qu'il s'agisse de trouver le centre de
Fig. 48. gravité r d'un tronc $ABCDEMHIKL$ (Fig. 48), à bases parallèles, de pyramide ou de cône. On voit d'abord qu'en supposant que $SABCDE$ soit la pyramide entière dont le tronc fait partie, $SHIKLM$ la pyramide retranchée, & menant du sommet S au centre de gravité Q de la base $ABCDE$ la droite SQ qui passe nécessairement par le centre de gravité q du polygone $HIKLM$ semblable à $ABCDE$; on voit, dis-je, que le tronc, supposé suspendu suivant la direction SQ, demeurera immobile, & que par conséquent son centre de gravité r est placé sur la droite SQ. Comme il seroit embarassant de trouver, d'une manière directe, une autre suspension d'équilibre, servons-nous des propriétés des moments pour achever la solution, c'est-à-dire, pour fixer sur la droite SQ, la place r du centre de gravité cherché. Nommons S le solide de la pyramide entière, s celui de la pyramide retranchée & par conséquent $S-s$ celui du tronc. En considérant les moments des trois solides S, s, $S-s$, par rapport au sommet S, on aura (94), $S \times \frac{3}{4} SQ = s \times \frac{3}{4} Sq + (S-s) \times Sr$, ou bien, $S \times \frac{3}{4} SQ - s \frac{3}{4} Sq = (S-s) \times Sr$, &

par conséquent, $Sr = \dfrac{S \times \frac{1}{4} SQ - s \times \frac{3}{4} Sq}{S - s}$. Or toutes les quantités S, s, SQ, Sq, sont connues, ou
déterminables par la Géométrie & par ce qui précède; on connoîtra donc Sr.

CHAPITRE III.

Application des principes précédents à l'équilibre des Machines.

118. Tout agent, de quelque nature qu'il soit,
ne recèle en lui-même qu'une certaine mesure de
force qu'il n'est jamais possible d'augmenter réellement. Mais on peut employer une même force,
de manière qu'elle produise plusieurs effets, qui
ayant tous la même valeur absolue, diffèrent par
leurs éléments ou facteurs. Tel est l'objet général
des machines. La force appliquée à une machine
quelconque peut toujours être représentée par le
produit constant $P \times V$, (P étant un poids, V une
certaine vitesse); & chaque machine particulière a
une disposition, telle que si P augmente, V diminue
en même raison : & réciproquement. C'est ce qu'on
verra en détail dans la Théorie suivante. On y ap-
prendra à déterminer le véritable produit qu'on doit
attendre d'une machine, & à se prémunir contre les
belles promesses de certains Machinistes qui, igno-
rant les loix de la Méchanique, non-seulement ne
tiennent pas ce qu'ils annoncent, mais souvent même

ne favent pas donner aux pièces de leurs propres machines, la combinaifon la plus avantageufe.

119. Il y a une infinité de machines différentes, & tous les jours le nombre s'en accroît ; mais elles fe réduifent toutes dans le fond à fept efpèces, ou n'en font que des combinaifons plus ou moins fimples. Ces fept machines primordiales font la *Machine Funiculaire*, le *Levier*, la *Poulie*, le *Tour* ou *Cabeftan*, le *Plan incliné*, la *Vis* & le *Coin*. Je me propofe ici de déterminer les conditions de l'équilibre dans ces machines, & dans quelques autres qui en dérivent. Je fais abftraction du frottement ; je fuppofe que les pièces folides qui peuvent entrer dans une machine, ayent une inflexibilité abfolue qui ne leur permette pas de changer de figure ; les cordes, lorfqu'il y en a, font regardées comme des fils parfaitement flexibles, ou du moins leur action eft fuppofée s'exercer librement fuivant la direction de leur axe ; & dans ce dernier cas, quand une corde s'enveloppe autour d'une roue, le raïon de la roue doit être cenfé augmenté de celui de la corde. Nous examinerons dans la fuite les réfiftances que les machines éprouvent, lorfqu'elles font prêtes à fe mouvoir.

Lorfqu'un corps agit par fa pefanteur fur une machine, cette force doit être imaginée réunie toute entière au centre de gravité du corps, & s'exercer fuivant la verticale qui paffe par ce point.

SECTION

SECTION I.

De la Machine Funiculaire.

120. On appelle *machine funiculaire*, celle où l'on n'emploie que des cordes pour foutenir un poids, ou pour contrebalancer plufieurs puiffances.

Je négligerai le poids des cordes, lorfque je n'avertirai pas expreffément qu'il faut y avoir égard.

121. En premier lieu, foient trois puiffances P, Q, S (Fig. 49) appliquées aux trois cordons AP, AQ, AS, concourans au point A, & en équilibre entr'elles. La première fera, fi l'on veut, un poids. Puifqu'il y a équilibre, la réfultante R des deux puiffances Q & S eft néceffairement égale & directement oppofée (Ax. II.) à la puiffance P. Or les trois puiffances Q, S, R font dans un même plan (32). Donc les trois puiffances P, Q, S, y font auffi; & fi ayant pris AD fur PA prolongée, pour exprimer la puiffance P ou la réfultante R, on achève le parallélogramme $ABDC$, on aura (34) cette fuite de rapports égaux, $P : Q : S :: AD : AB : AC$ ou BD.

Il eft clair que les puiffances P, Q, S, expriment les tenfions des cordons auxquels elles font appliquées. Ainfi, par une puiffance appliquée à un cordon, ou par la tenfion de ce cordon, nous entendrons la même chofe.

122. Les trois puiffances P, Q, S, peuvent être repréfentées chacune (39) par le finus de l'angle compris entre les directions des deux autres : nous aurons donc encore, $P : Q : S :: \text{fin.} QAS : \text{fin.} SAR :$ fin. QAR.

Fig. 49.

H

123. Si les deux cordons AQ, AS, au lieu d'être tirés par les deux puissances Q & S, étoient atta-

Fig. 50. chés aux deux points fixes Q & S (Fig. 50), alors dans les suites qui précédent, Q & S exprimeroient les pressions que supportent les appuis Q & S, dans les directions QA, SA.

124. De la suite de proportionnelles, $P : Q : S ::$ sin. SAQ : sin. SAR : sin. QAR, il résulte que la

Fig. 49. corde QAS (Fig. 49) formera toujours un angle en A, quelles que soient les forces Q & S qui la tendent. Car tant que les trois puissances ont entr'elles un rapport fini, les deux angles SAR, QAR, sont finis, & il y a un coude en A. Ce coude ne peut disparoître, à moins que la puissance P ne soit infiniment petite par rapport aux deux autres ; ou, ce qui revient au même, à moins que la puissance P étant finie, les deux puissances Q & S ne soient infinies. On voit par-là que si une corde est attachée par

Fig. 51. ses extrémités à deux points fixes Q & S (Fig. 51), & que l'angle QAS soit fort obtus, une très-petite force P produira de très-grandes tensions aux deux parties AQ, AS.

Fig. 49. 125. Dans trois cordons AP, AQ, AS, (Fig. 49) ainsi assemblés à un même nœud A, & en équilibre, il y a six choses à considérer, savoir, leurs trois tensions, & les trois angles que leurs directions forment entr'elles. Si, parmi ces six choses, on en connoît trois, on déterminera les trois autres, ou par des opérations graphiques, ou par le calcul trigonométrique. Par exemple, si on donne la puissance P & les deux angles QAR, SAR, qu'elle forme avec les deux puissances Q & S, il s'agira de construire, ou de résoudre un triangle ABD, dans lequel on connoît le côté AD, l'angle BAD, & l'angle ADB égal à l'angle connu CAD. Si on donne les quantités des trois forces P, Q, S, il faudra faire, ou calculer un triangle ABD dans lequel on connoît les trois côtés. Si on ne donne que les trois angles formés par les directions des trois puissances, on ne pourra déterminer que les rapports des trois puissances ; quand ce rapport sera trouvé, il faudra se donner la quantité de l'une des puissances, pour trouver celles des deux autres, &c. On voit que tous ces Problêmes se réduisent à des recherches de pure Géométrie.

126. Il est à propos de remarquer que les *quantités* des trois forces P, Q, S, doivent être, ou se trouvent toujours par le calcul, telles que chacune soit moindre que la somme, & plus grande que la différence des deux autres. Car elles sont proportionnelles aux trois côtés du triangle ABD. Or il est clair qu'on a $AD < AB + BD$, $AD - BD < AB$, $AD - AB < BD$; $AB < AD + DB$, $AB - DB < AD$, $AB - AD < DB$; $BD < AB + AD$, $BD - AD < AB$, $BD - AB < AD$.

127. On doit remarquer encore que le nœud A étant supposé fixe, les angles QAR, SAR, peuvent être égaux ou inégaux ; mais que si le nœud A étoit *coulant*, ces deux angles seroient nécessairement égaux. Car il est évident que dans ce dernier cas le nœud doit descendre jusqu'à ce que la puissance P soit dirigée de la même manière par rapport aux deux puissances Q & S, c'est-à-dire, jusqu'à ce que la direction PAR de la puissance P divise en deux parties égales l'angle QAS : & que les deux puissances Q & S deviennent égales.

128. Il se présente à ce sujet un Problême qui peut avoir son application dans la pratique. *La corde* QAS (Fig. 52), *de longueur donnée, étant attachée aux deux points fixes* Q & S *placés comme on voudra par* Fig. 52.

H ij

rapport à l'horifon ; trouver la pofition que doit pren-
dre la lanterne ou le poids donné P attaché à l'extré-
mité du cordon A P, A étant un nœud coulant ?

Pour réfoudre ce Problême, nous menerons par
le point Q, l'horifontale QK, & par le point S la
verticale OSH; enfuite nous imaginerons que QA
prolongée rencontre OSH en H, & que AS prolongée rencontre QK en K. Cela pofé, puifque
l'angle QAR doit être égal à l'angle SAR; & que
d'un autre côté l'angle $AHS =$ l'angle QAR, l'angle $ASH =$ l'angle $KSO =$ l'angle SAR : il eft
vifible que le triangle SAH eft ifofcèle; donc
$AH = AS$. Ainfi $QH = QA + AS$, longueur
donnée de la corde. Donc, dans le triangle rectangle QOH, on connoît l'hypothénufe QH; on connoît de plus le côté QO, puifque la pofition du
point S eft donnée. On trouvera donc, par la Trigonométrie, l'angle QHO, ou chacun des angles
QAR, SAR. De plus, le poids P étant connu, on
connoîtra auffi les tenfions Q & S des cordons AQ,
AS, puifqu'on a cette fuite de rapports égaux, P :
$Q : S ::$ fin. $QAK :$ fin. $SAR :$ fin. QAR, dans laquelle tout eft connu excepté Q & S, & qui fera
par conféquent auffi connoître ces deux quantités.

La pofition du point A peut être déterminée par
une conftruction graphique fort fimple. Car, fi après
avoir mené l'horifontale QK & la verticale OSH,
on décrit du point Q, comme centre, avec un raïon
$QH = QA + AS$, un arc qui coupe OSH au point
H; qu'enfuite ayant fait l'angle $OSK =$ l'angle
QHO, on prolonge la droite KS jufqu'à ce qu'elle
rencontre QH au point A : ce point A fera celui
qu'on demande.

Fig. 49. 129. QUE le nœud A (Fig. 49) foit fixe ou coulant, on voit que P repréfentant le fardeau que les

deux puissances Q & S soutiennent, ce fardeau est moindre que la somme des deux puissances Q & S. Cela arrivera toujours, tant que les directions des cordons concourront en un même point, ou formeront entr'elles des angles finis. Mais supposons que les deux cordons QA, SB (Fig. 53) deviennent parallèles. D'abord, j'observe qu'ils seront nécessairement verticaux, ou parallèles à la direction du fardeau P, ou en général de la résistance à vaincre : car leurs tensions auront (45) une résultante qui leur sera parallèle ; & comme d'un autre côté cette résultante doit être égale & directement opposée à la pesanteur du fardeau (Ax. II.), il est clair que les trois directions QA, SB, PX, seront parallèles. Puisqu'on a donc alors $P = Q + S$, il s'ensuit que le rapport du poids à la somme des deux puissances Q & S est le plus grand qu'il est possible. Ainsi la disposition la plus avantageuse qu'on puisse donner à deux cordons pour faire équilibre à la plus grande résistance possible, est de rendre les directions de ces cordons parallèles à celle de la résistance.

Fig. 53.

130. Mais est-il question de faire monter le poids P dans la même hypothèse du parallélisme des cordons ? Alors le poids montera avec une vitesse qui ne sera que la moitié de celle de la puissance. Car, de quelque manière que le poids soit soulevé dans le cas présent, nous pouvons concevoir qu'il est appliqué à une roue ou *poulie* O (Fig. 54) mobile sur son centre, & embrassée par une corde dont les parties BS, AQ, sont parallèles, & qui est attachée par un bout au point fixe S, tandis que la puissance Q tire l'autre bout. Or, si l'on mène les horisontales AB, ab, & qu'on suppose, par exemple, que le poids ait été élevé, suivant la verticale, de la quantité Op ; il est clair qu'il faudra, pour

Fig. 54.

cela, que les cordons SB, QA, se soient accourcis des quantités Bb, Aa, égales chacune à Op. Ainsi le point S étant supposé fixe, la puissance Q aura parcouru un espace $= 2\,Op$, tandis que le poids a parcouru le simple espace Op. Donc le poids marchera deux fois moins vîte que la puissance ; ou, ce qui revient au même, le poids mettra deux fois plus de tems que la puissance à parcourir un certain espace. Si donc on gagne d'un côté, en ce que la puissance n'est que la moitié du poids ; on perd d'un autre côté, en ce que le poids marche deux fois plus lentement, ou consume deux fois plus de tems que la puissance.

On voit, par une raison contraire, qu'en regardant P comme la puissance, Q comme la résistance à vaincre, on perdroit en force ce qu'on gagneroit en tems.

Lorsque les trois cordons concourent en un même point, on gagne moins en force, mais on perd moins en tems. Et réciproquement.

131. Les mêmes principes s'appliquent à l'équilibre d'une machine funiculaire, garni d'un nombre quelconque de nœuds, dont chacun n'assembleroit que trois cordons. En effet, soit, par exemple, la corde $ABCDE$ (Fig. 55) attachée à deux points fixes A & E, & garnie de tant de nœuds fixes B, C, D, qu'on voudra. Supposons qu'à chaque nœud soient appliqués trois cordons ; & que les cordons BP, CQ, DS, soient tirés par les puissances P, Q, S, dirigées dans le plan de la corde, de manière que tout le système soit en équilibre.

1°. Il est clair que la résultante des tensions des deux cordons BA, BP, doit être égale & directement opposée à la tension du cordon BC. Ainsi ayant prolongé CB vers c, & ayant fait le parallélogramme $Bacp$, dont les côtés Ba, Bp, tombent sur BA & BP; si l'on nomme A & K les tensions des cordons BA, BC, on aura (121) cette suite de rapports égaux, $K : A : P :: Bc : Ba : Bp$ ou ac.

2°. La résultante des tensions des deux cordons CD, CQ, doit être égale & directement opposée à la tension du cordon BC. Prolongeant donc BC vers c' de la quantité $Cc' = Bc$; faisant le parallélogramme $Cdc'q$, dont les côtés Cd, Cq, tombent sur CD & sur CQ; nommant H la tension du cordon CD: on aura cette seconde suite de rapports égaux, $K : H : Q :: Cc'$ ou $Bc : Cd : Cq$ ou dc'.

3°. La résultante des tensions des deux cordons DE, DS, doit être égale & directement opposée à la tension du cordon CD. Je prolonge donc CD vers d' de la quantité $Dd' = Cd$; je forme le parallélogramme $Ded's$, dont les côtés De, Ds tombent sur les côtés DE, DS; & je nomme E la tension du cordon DE: on aura cette troisième suite de rapports égaux, $H : E : S :: Dd'$ ou $Cd : De : Ds$ ou ed'.

On continueroit de raisonner de même, s'il y avoit un plus grand nombre de nœuds à la corde.

Cela posé, on observera que dans les deux premières suites, la force K est exprimée par la même ligne Bc, & que dans la seconde & la troisième suite la force H est exprimée par la même ligne Cd. Il règne donc le même rapport dans les trois suites; & on peut par conséquent en tirer celle-ci, $A : K : H : E : P : Q : S :: Ba : Bc : Cd : De : Bp : Cq : Ds$.

132. Cette manière d'exprimer les rapports des forces A, K, H, E, P, Q, S, suppose des constructions graphiques, toujours longues & sujettes à erreur. Il est plus commode & plus exact dans la pratique d'exprimer ces rapports par le moyen de sinus

d'angles donnés immédiatement par la figure de la corde. Or il est clair, par ce qui précède, qu'on a ces suites de proportionnelles:

$$K : A : P :: \text{fin. } ABP : \text{fin. } CBP : \text{fin. } ABC,$$
$$K : H : Q :: \text{fin. } DCQ : \text{fin. } BCQ : \text{fin. } BCD,$$
$$H : E : S :: \text{fin. } EDS : \text{fin. } CDS : \text{fin. } CDE.$$

Comme d'une suite à l'autre, il y a une quantité commune, rien n'est plus facile que de comparer ensemble deux quelconques des forces proposées. Par exemple, veut-on comparer A avec H? On formera ces deux proportions,

$$A : K :: \text{fin. } CBP : \text{fin. } ABP,$$
$$K : H :: \text{fin. } DCQ : \text{fin. } BCQ,$$

lesquelles étant multipliées par ordre, nous donnent

$$A : H :: \text{fin. } CBP \times \text{fin. } DCQ : \text{fin. } ABP \times \text{fin. } BCQ.$$

Veut-on comparer A avec E? On multipliera la proportion qu'on vient de trouver par celle-ci,

$$H : E :: \text{fin. } EDS : \text{fin. } CDS,$$

& on aura, $A : E :: \text{fin. } CBP \times \text{fin. } DCQ \times \text{fin. } EDS : \text{fin. } ABP \times \text{fin. } BCQ \times \text{fin. } CDS.$

Même procédé pour toutes les autres comparaisons analogues.

133. Si les nœuds B, C, D, étant toujours fixes, il arrivoit que les directions des puissances P, Q, S, partageassent en deux parties égales chacun des angles ABC, BCD, CDE du polygone; ou bien, si les nœuds étoient coulants, & qu'en conséquence les directions des puissances partageassent *nécessairement* en deux parties égales les même angles : dans l'un & l'autre cas, toutes les parties AB, BC, CD, DE de la corde seroient également tendues. Car alors fin. $CBP =$ fin. ABP, fin. $DCQ =$ fin. BCQ,

fin. EDS = fin. CDS. Donc auffi , $A = K = Y = E$.

A l'égard des rapports des puiffances P, Q, S, à chacune de ces tenfions égales que je défigne par la lettre A, ils fe trouveroient par les proportions,

$$P : A :: \text{fin.} \, ABC : \text{fin.} \tfrac{1}{2} ABC,$$
$$Q : A :: \text{fin.} \, BCD : \text{fin.} \tfrac{1}{2} BCD,$$
$$S : A :: \text{fin.} \, CDE : \text{fin.} \tfrac{1}{2} CDE.$$

134. L'équilibre général d'une machine funiculaire dont chaque nœud affemble trois cordons, peut être déterminé d'une autre manière qu'il eft à propos d'expliquer ici, parce qu'elle eft très-commode pour trouver la figure d'une corde pefante, comme on le verra dans la fuite.

Soit donc $ABCDE$ (Fig. 56) une corde fans Fig. 56. pefanteur, attachée aux points fixes A, E, garnie de nœuds fixes B, C, D, auxquels font appliquées les puiffances P, Q, S, toutes dirigées dans un même plan qui eft celui du polygone funiculaire. Il eft évident que le cordon BC eft également tendu dans le fens CB & dans le fens BC. Donc la réfultante des tenfions des deux cordons BA, BP, eft égale & directement oppofée à la réfultante des tenfions des deux cordons CD, CQ. Ainfi les tenfions des quatre cordons BA, BP, CD, CQ, font quatre forces en équilibre. Or ces quatre forces étant en équilibre, nous pouvons les combiner autrement, & dire encore que la réfultante des tenfions des deux cordons CP, CQ, eft égale & directement oppofée à la réfultante des tenfions des deux cordons BA, CD. Mais la première de ces deux réfultantes paffe par le point de concours T des deux cordons PB, QC prolongés ; & la feconde paffe par le point de concours F des deux cordons AB, DC, auffi prolongés.

Donc ces deux réfultantes tombent fur la li
TF; l'une tire dans le fens TF, l'autre dans le f
FT. Donc, en nommant Z chacune de ces ré
tantes ; A & H, les tenfions des cordons B
CD : on aura (122) ces deux fuites de porporti
nelles ,

$$Z : A : H :: \text{fin. } AFD : \text{fin. } DFT : \text{fin. } AFT,$$
$$Z : P : Q :: \text{fin. } PTQ : \text{fin. } QTZ : \text{fin. } PTZ.$$

Subftituons à la place des deux puiffances P &
leur réfultante Z. Au lieu de la corde $ABCD$
nous en aurons une feconde $ABFDE$, aux an
F & D de laquelle , feront appliquées les deux p
fances Z & S ; & en raifonnant pour cette co
comme pour la première, nous verrons que la
fultante des tenfions des deux cordons FZ ,
doit être égale & directement oppofée à la ré
tante des tenfions des deux cordons FA , DE.
première réfultante paffe par le point de conco
V des deux cordons ZF, SD; la feconde paffe
le point de concours O des deux cordons AF, E
Ainfi elles tombent l'une & l'autre fur la ligne V
l'une tire dans le fens VO, l'autre dans le fens O
Nommons R chacune de ces réfultantes , E la t
fion du cordon DE; & confidérons que la tenf
du cordon AF eft la même que celle de AB ,
nous avons déja nommée A: on aura ces deux fu
de proportionnelles ,

$$R : A : E :: \text{fin. } AOE : \text{fin. } EOV : \text{fin. } AOV,$$
$$R : Z : S :: \text{fin. } ZVS : \text{fin. } SVR : \text{fin. } ZVR.$$

On continueroit à raifonner de même , s'il y av
un plus grand nombre de nœuds.

Quant à la tenfion du cordon BC, dont nous n
vons pas encore parlé: fi on la nomme K , il eft cl

qu'on aura, $K : A : P :: $ fin. $ABP :$ fin. $CBP :$ fin. ABC. Par le moyen de ces différentes fuites de proportionnelles, on pourra comparer enfemble, deux à deux, les différentes forces $A, K, H, E, P, Q, S, Z, R$.

135. Supposons que tout reftant d'ailleurs le même, les puiffances P, Q, S, deviennent des poids Fig. 57), & que par conféquent leurs directions foient verticales & parallèles. La réfultante R deviendra verticale, paffera par le centre de gravité du fyftême des poids P, Q, S, & fera égale à leur fomme $P + Q + S$. On aura donc, $P + Q + S : A : E :: $ fin. $AOE :$ fin. $EOV :$ fin. AOV. C'eft-à-dire que, *la fomme des poids attachés à la corde, eft à la tenfion de l'un des cordons extrêmes, comme le finus de l'angle formé par ces deux cordons, eft au finus de l'angle formé par l'autre cordon & par la verticale.*

On a auffi $Z : A : H ::$ fin. $AFD :$ fin. $CFT :$ fin. AFT. D'où il fuit qu'en regardant la corde comme attachée fixement en D, & faifant abftraction de la puiffance S & du cordon DE; cette fuite de proportionnelles donne la même conclufion que la précédente.

136. La même hypothèfe fubfiftant toujours, & confidérant qu'on a en général,

$$A : K :: \text{fin.}\ CBP : \text{fin.}\ ABP,$$
$$A : H :: \text{fin.}\ CFT : \text{fin.}\ AFT,$$
$$A : E :: \text{fin.}\ EOV : \text{fin.}\ AOV :$$

nous verrons d'abord que la tenfion A eft à chacune des autres tenfions K, H, E, comme le finus de l'angle que l'un des cordons BC, CD, DE, fait avec la verticale, eft au finus de l'angle que fait le cordon AB auffi avec la verticale.

Multipliant par ordre les deux proportions,

$$K : A :: \text{fin.} \; ABP : \text{fin.} \; CBP,$$
$$A : H :: \text{fin.} \; CFT : \text{fin.} \; AFT,$$

& obfervant que fin. $ABP = $ fin. AFT, on aura

$$K : H :: \text{fin.} \; CFT : \text{fin.} \; CBP.$$

De même, multipliant par ordre les deux proportions

$$K : A :: \text{fin.} \; ABP : \text{fin.} \; CBP,$$
$$A : E :: \text{fin.} \; EOV : \text{fin.} \; AOV;$$

& obfervant que fin. $ABP = $ fin. AOV, on aura

$$K : E :: \text{fin.} \; EOV : \text{fin.} \; CBP.$$

Enfin, multipliant par ordre les deux proportions

$$H : A :: \text{fin.} \; AFT : \text{fin.} \; CFT,$$
$$A : E :: \text{fin.} \; EOV : \text{fin.} \; AOV,$$

& obfervant que fin. $AFT = $ fin. AOV, on aura

$$H : E :: \text{fin.} \; EOV : \text{fin.} \; CFT.$$

Il réfulte de toutes ces proportions que les *ten-fions de deux côtés quelconques d'un polygone funiculaire* ABCDE *chargé de poids, font entr'elles en raifon inverfe des finus des angles que ces côtés forment avec la verticale.*

137. JE fuppofe maintenant que $ABCDE$ (Fig. 58), foit une corde pefante uniformément ou non, attachée aux deux points fixes A & E, laquelle, en vertu de fa feule pefanteur, prend une certaine courbure. Il eft clair qu'on pourra regarder cette corde comme un polygone d'une infinité de côtés, chargé de poids dans tous fes points. Par conféquent, fi l'on mène, fuivant les directions des côtés extrêmes de ce polygone, les tangentes AO

Fig. 58.

BO, qui se rencontrent en O: qu'ensuite ayant tiré
les verticales OV, AX, EY; on nomme R le poids
total de la corde; *A* & *E*, les charges des crochets
A & *E*, ou les tensions de la corde dans les sens
AO, *EO*: on aura (135), $R : A : E :: $ sin. $AOE :$
sin. $OEY :$ sin. $OAX.$

De même, si par un point quelconque *D* de la
corde on mène la tangente *DF*, & qu'on éleve la
verticale *FT*, on aura (en nommant *Z* le poids de
la partie *ABCD* de la corde, *D* la tension de cette
corde en *D*), $Z : A : D :: $ sin. $AFD :$ sin. $DFT :$
sin. $FAX.$

Si l'on mène encore une autre tangente quelconque *BM* qui rencontre *DF* en *M*, & qu'ayant élevé
la verticale *MN*, on nomme *K* le poids de la partie *BCD*, *B* la tension de la corde en *B*, on aura
$K : B : D :: $ sin. $BMD :$ sin. $DMN :$ sin. $BMN.$

La courbure de la corde est donc toujours telle
*que le poids de cette corde, ou de l'une quelconque de
ses parties, étant proportionnel au sinus de l'angle que
forment entr'elles les tangentes menées par les extrémités de la corde, ou de sa partie ; les tensions suivant les directions des tangentes sont réciproquement
proportionnelles aux sinus des angles que ces tangentes
forment avec la verticale.*

138. REPRENONS l'hypothèse de l'article 135.
La somme $P + Q + S$ (Fig. 57) de tous les poids Fig. 57.
attachés à la corde, ou leur résultante *R*, peut être
pensée agir suivant la verticale *OR* ; & on peut
considérer le point *O* comme le nœud d'une machine
funiculaire qui assemble trois cordons *OR*, *OA*,
OE, tirés par les trois puissances *R*, *A*, *E*. Tout ce
qu'on a dit dans les articles 129, 130, s'applique
donc ici. On voit que pour rendre le poids *R* le
plus grand qu'il est possible par rapport à la puis-

fance qui peut lui faire équilibre, il faut rendre
cordons OA, OE, parallèles à la direction du po
Mais si cette difposition eft la plus avantageufe
toutes pour le fimple équilibre, elle a un effet
pofé pour le mouvement, car elle fait perdre
tems ce qu'on gagne en force. On verra ci-deff
l'ufage des poulies pour rendre parallèles entr'e
& à la direction du poids, plufieurs cordons e
ployés à foutenir ce poids.

139. CONSIDÉRONS encore un cas d'une
chine funiculaire dont chaque nœud affemble t
cordons.

Fig. 59. Soit $ABCDEF$ (Fig. 59) un polygone funi
laire régulier, aux angles duquel font appliquées
puiffances P, Q, R, &c, agiffantes du centre à
circonférence, ou fuivant les raïons OA, O
OC, &c, du cercle circonfcrit, & en équilibre
tr'elles. Prenez arbitrairement Ay, fur la dir
tion de la puiffance P, & achevez le pa
lélogramme $Axyz$: la puiffance P, la tenf
du cordon AB, & celle du cordon AF, fer
proportionnelles aux trois lignes Ay, Ax, xy,
(à caufe des deux triangles ifofcèles femblab
xAy, OAB), aux trois lignes AB, OB, A
de même la puiffance Q & les tenfions des de
cordons BA, BC, font proportionnelles aux tr
lignes BC, OB, OC; la puiffance R & les tenfic
des deux cordons CB, CD, font proportionnel
aux trois lignes CD, OC, OD; &c. Et comme
regne la même raifon dans ces fuites de prop
tionnelles, puifque d'un nœud à l'autre du po
gone funiculaire, il y a un côté qui eft égalemi
tendu dans les deux fens oppofés, & dont la tenfi
eft exprimée par le raïon du cercle circonfcrit
polygone: on voit, 1°. *que toutes les puiffances*

, R , &c , *font égales entr'elles*, comme étant ex-
imées chacune par chacun des côtés égaux du
olygone. 2°. Que *tous les côtés du polygone font
également tendus*, la tenfion de chacun d'eux étant
exprimée par le raïon du cercle. 3°. Que *la fomme
de toutes les puiffances eft à la tenfion de l'un des
côtés du polygone , comme le contour du polygone
eft au raïon du cercle circonfcrit.*

Lorfque le nombre des côtés du polygone augmente à l'infini , fon contour fe confond avec la circonférence du cercle circonfcrit ; & la tenfion de l'un
de fes côtés eft alors la tenfion de la circonférence
à un point quelconque , fuivant la direction de la
tangente en ce point. Ainfi, *fi à tous les points d'une
circonférence de cercle flexible font appliquées des
puiffances agiffantes du centre à la circonférence, &
en équilibre ; toutes ces puiffances font égales ; la
circonférence eft également tendue dans tous fes points ;
& la fomme de toutes les puiffances eft à chacune de
ces tenfions, comme la circonférence eft au raïon.*

Ces principes s'appliquent à l'Hydroftatique, pour
trouver la preffion d'un fluide contre les parois d'un
vafe cylindrique flexible , dont la bafe eft horizontale.

140. VOILA à-peu-près tout ce qui regarde
l'équilibre des machines funiculaires dont chaque
nœud n'affemble pas plus de trois cordons. Il n'eft
guère plus difficile de déterminer celui des machines funiculaires dont les nœuds, ou du moins quelques-uns , affemblent plus de trois cordons. La
queftion fe réduit, pour chaque nœud, à trouver
les quantités & les directions de plufieurs forces qui
concourent en un même point. La tenfion du cordon qui fait la communication d'un nœud à l'autre,
doit toujours être égale & directement oppofée à

chaque réfultante des tenfions de tous les autres cordons iffus de chacun de ces deux nœuds. Par exemple (Fig. 60), la tenfion du cordon BC eft égale & directement oppofée à la réfultante des tenfions des cordons BA, BP, BZ, BV; elle l'eft àuffi à la réfultante des tenfions des cordons CO, CQ, CF. Ainfi de fuite pour les autres nœuds.

Fig. 60.

Fig. 61.

141. LORSQU'UN nœud fixe B (Fig. 61.) affemble quatre cordons dirigés dans un même plan, & tirés par quatre puiffances P, Q, S, Z, il ne fuffit pas de connoître les pofitions de ces cordons pour trouver les rapports de leurs tenfions, ni réciproquement les rapports des tenfions, pour trouver la pofition des cordons. Car en vertu de l'équilibre, l'une des puiffances, par exemple Z, doit être égale & directement oppofée à la réfultante des trois autres P, Q, S. Ayant donc pris, fur ZB prolongée, le point O à volonté, menons à volonté la droite OC qui rencontre en C la direction de la puiffance S, & achevons le parallélogramme $OCBM$; par le point M, menons parallélement aux directions des deux puiffances P & Q les droites MK, MG, pour avoir le parallélogramme $BGMK$. Il eft clair (40) que la puiffance Z étant exprimée par $BE = BO$, les puiffances P, Q, S, font exprimées par BG, BK, BC. Or comme le point O demeurant le même, la droite OC a été menée arbitrairement; il eft clair que fi l'on prend un autre point C, les puiffances P, Q, S, feront exprimées par d'autres parties de leurs directions. Il ne fuffit donc pas de connoître les directions des quatre forces P, Q, S, Z, pour trouver les rapports de leurs quantités. Il n'eft pas moins évident que les quantités ne fuffifent pas pour faire trouver les directions; car avec les lignes données BO, BC, on peut faire plufieurs

parallélogrammes

parallélogrammes $BCOM$, tels que les côtés BM foient les diagonales de différents parallélogrammes. $BGMK$, dont les côtés BG, BK, font donnés.

142. Mais ſi les quatre puiſſances P, Q, S, Z, (Fig. 62) ne font pas dans un même plan, l'indé- Fig. 62. termination du premier cas ceſſe ; celle du fecond fubſiſte. En effet, menons par les directions des deux puiſſances $P \& Q$, le plan $BGMK$; par les directions des deux puiſſances $P \& S$ le plan $BGNC$; par les directions des deux puiſſances $Q \& S$, le plan $BKVC$; & par un point quelconque O de ZB prolongée, les trois plans $ONCV$, $OMKV$, $ONGM$, parallèles chacun à chacun des trois précédents. On formera par-là un parallélépipéde dans lequel le point O étant donné, les points C, G, K, ne font plus arbitraires ; en forte que la puiſſance Z étant exprimée par $BE = BO$, les puiſſances P, Q, S, font exprimées par les lignes fixes & déterminées BG, BK, BC. Les directions des puiſſances fuffifent donc alors pour faire trouver les rapports de leurs quantités. Mais la propoſition inverfe n'eſt pas vraie ; car il eſt évident qu'avec les lignes données BO, BC, on peut faire pluſieurs parallélogrammes $BCOM$, tels que les côtés BM foient les diagonales d'autres parallélogrammes $BGMK$, dont les côtés BG, BK, font donnés, & lefquels fervent de bafes à autant de parallélépipèdes fuivant les arrêtes & les diagonales defquels les puiſſances feront dirigées.

143. On voit par les deux articles précédents qu'on peut aſſembler quatre cordons à un même nœud, de pluſieurs manières telles qu'il y ait équilibre. Les conditions de chaque Problème déterminent la combinaifon particulière qui doit avoir lieu. En voici un exemple qui mérite d'être examiné, parce qu'il a fon application dans l'Hydroſtatique,

I

pour trouver la figure d'un vafe flexible, pefant &
chargé de liqueur.

Fig. 63.   **144.** Soit une corde $ABCDE$ (Fig. 63) attachée à deux point fixes A & E, & à chacun des
angles ou nœuds fixes B, C, D, de laquelle font appliquées deux puiffances P, S; Q, T; R, V; toutes
dirigées dans un même plan, mais dont les unes
S, T, V, font verticales, & les autres P, Q, R,
divifent en deux parties égales chacun des angles de
la corde. Je décompofe la force S, repréfentée par
la partie BF de fa direction, en deux autres BG,
BH, l'une dirigée fuivant BP, l'autre fuivant AB.
Il eft clair (122) qu'on aura; Force $BG = S \times$
$$\frac{\text{fin. } HBS}{\text{fin. } HBP} = S \times \frac{\text{fin. } ABs}{\text{fin. } ABp}; \quad \text{Force } BH = S \times$$
$$\frac{\text{fin. } PBS}{\text{fin. } HBP} = S \times \frac{\text{fin. } sBp}{\text{fin. } ABp}.$$

Il n'eft pas moins évident que l'équilibre du nœud
B eft le même que fi retranchant de la tenfion a du
cordon AB, la force $S \times \dfrac{\text{fin. } sBp}{\text{fin. } ABp}$, & ajoutant à la

tenfion P du cordon BP, la force $S \times \dfrac{\text{fin. } ABs}{\text{fin. } ABp}$: ce
nœud affembloit fimplement trois cordons BA, BP,
BC, dont le premier fût tiré, dans le fens BA,
par la force $a - S \times \dfrac{\text{fin. } sBp}{\text{fin. } ABp}$; le fecond, dans le

fens BP, par la force $P + S \times \dfrac{\text{fin. } ABs}{\text{fin. } ABp}$; le troifième, dans le fens BC, par la force b qui en ex-
prime la tenfion. Comparons la première force avec
la feconde; nous aurons (122), $a - S \times \dfrac{\text{fin. } sBp}{\text{fin. } ABp}$:

$$P + S \times \frac{\text{fin. } ABs}{\text{fin. } ABp} :: \text{fin. } PBC : \text{fin. } ABC :: \text{fin.}$$

CBp, ou fin. ABp : fin. $2ABp$; & par conféquent

$$a = \frac{P \times fin.\ ABp}{fin.\ 2ABp} + S \times \left(\frac{fin.\ sBp}{fin.\ ABp} + \frac{fin.\ ABs}{fin.\ 2ABp} \right).$$

Le multiplicateur de S peut être fimplifié, ou écrit fous une autre forme. Car $\dfrac{fin.\ sBp}{fin.\ ABP} + \dfrac{fin.\ ABs}{fin.\ 2ABp} =$

$$\frac{fin.\ (CBs - ABp).fin.\ 2ABp + fin.\ (2ABp - CBs)fin.\ ABp}{fin.\ ABp \times fin.\ 2ABp}.$$

Or fi, pour abréger, on nomme x & y les arcs qui, décrits avec le raïon 1, mefureroient refpectivement les angles CBs, ABp; cette expreffion deviendra

$$\frac{fin.\ (x - y)\ fin.\ 2y + fin.\ (2y - x)\ fin.\ y}{fin.\ y\ fin.\ 2y},$$

ou bien, $\dfrac{fin.\ x\ cof.\ y\ fin.\ 2y - cof.\ 2y\ fin.\ y\ fin.\ x}{fin.\ y\ fin.\ 2y}$, en

mettant (Géom. 379) pour fin. $(x - y)$ fa valeur fin. x cof. y — cof. $x.$ fin. y, pour fin $(2y - x)$, fa valeur fin. $2y$ cof. x — fin. x cof. $2y$, & effaçant les termes qui fe détruifent. La même expreffion devient encore

$$\frac{fin.\ x\ (fin.\ 2y\ cof.\ y - cof.\ 2y\ fin.\ y)}{fin.\ y\ fin.\ 2y},$$

ou bien, $\dfrac{fin.\ x}{fin.\ 2y}$, en mettant pour fin. $2y$ cof. y — cof. $2y$ fin. y, fa valeur fin. $(2y - y) =$ fin. y, & divifant le numérateur & le dénominateur par fin. y. Ainfi on aura, $a = \dfrac{P \times fin.\ ABp + S \times fin.\ CBs}{fin.\ 2ABp}.$

Comparons la force $P + S \times \dfrac{fin.\ ABs}{fin.\ ABp}$ avec la force b; nous aurons (122), $P + S \times \dfrac{fin.\ ABs}{fin.\ ABp} : b ::$ fin. ABC ou fin. $2ABp$: fin. ABP ou fin. ABp;

& par conséquent $b = \dfrac{P \times \text{fin}. \, ABp + S \times \text{fin}. \, ABs}{\text{fin}. \, 2\,ABp}$.

Comme le cordon BC eſt également tendu dans le ſens BC, & dans le ſens CB, on trouvera encore, en raiſonnant pour le nœud C, comme on a fait pour le nœud B, $b = \dfrac{Q \times \text{fin}. \, BCq + T \times \text{fin}. \, DCt}{\text{fin}. \, 2\,BCq}$.

Egalant entr'elles les deux valeurs de b, on aura,

$$\frac{P.\text{fin}.\,ABp + S.\text{fin}.\,ABs}{\text{fin}.\,2\,ABp} = \frac{Q.\text{fin}.\,BCq + T.\text{fin}.\,DCt}{\text{fin}.\,2\,BCq}$$

On trouve, toujours de même, que la tenſion c du cordon CD eſt donnée par chacune des équations, $c = \dfrac{Q \times \text{fin}.\,BCq + T \times \text{fin}.\,BCt}{\text{fin}.\,2\,BCq}$; $c = \dfrac{R \times \text{fin}.\,CDr + V \times \text{fin}.\,EDu}{\text{fin}.\,2\,CDr}$. Egalant les deux valeurs de c, on aura $\dfrac{Q.\text{fin}.\,BCq + T.\text{fin}.\,BCt}{\text{fin}.\,2\,BCq} = \dfrac{R.\text{fin}.\,CDr + V.\text{fin}.\,EDu}{\text{fin}.\,2\,CDr}$.

Enfin la tenſion d du cordon DE eſt donnée par l'équation $d = \dfrac{R \times \text{fin}.\,CDr + V \times \text{fin}.\,CDu}{\text{fin}.\,2\,CDr}$.

On continueroit à procéder de même, ſi la corde avoit un plus grand nombre d'angles.

Ces différentes équations contiennent les relations que doivent avoir entr'elles les forces P, Q, R, S, T, V, & les tenſions a, b, c, d, des parties de la corde, pour qu'il y ait équilibre. Lorſque le nombre des angles B, C, D, &c, augmente à l'infini, la corde devient une courbe dont on trouvera facilement l'équation, quand on connoîtra la loi des forces P, Q, R, S, T, V, &c, appliquées à ces angles.

145. Si un nœud d'une machine funiculaire affembloit plus de quatre cordons, le nombre des
combinaisons d'équilibre augmenteroit encore. Le
Problême ne feroit donc déterminé que quand il
contiendroit affez de *données* pour mener à la connoiffance des tenfions & des directions des cordons. Cela fe réduit dans tous les cas à une fimple
recherche de Géométrie. Ainfi je ne m'y arrêterai
pas davantage.

SECTION II.

*Du Levier, & de quelques autres Machines
qui s'y rapportent.*

146. Le *levier* eft une verge inflexible, droite
ou courbe, qui fert à élever des poids, ou en général à mettre des puiffances en équilibre, au moyen
d'un appui fixe fur lequel il eft mobile circulairement. Voyez les Figures 64, 65, 66, 67.

147. Comme l'ufage le plus ordinaire du levier eft de foutenir un poids, à l'aide d'une puiffance
& d'un appui, les différentes fituations que le poids
& la puiffance peuvent avoir par rapport à l'appui,
ont fait imaginer trois efpèces différentes de levier.

148. On appelle *levier de la première efpèce*,
celui où l'appui R (Fig. 64, 65) eft placé entre
le poids & la puiffance Q. Le poids & la puiffance
tirent dans le même fens; & l'appui eft placé au-
deffous du levier.

149. Le *levier de la feconde efpèce* eft celui où
le poids P (Fig. 66) eft placé entre l'appui R &
la puiffance Q. Le poids & la puiffance tirent en

Fig. 64,
65, 66, 67.

fens contraires ; & l'appui eſt encore placé au-deſſous du levier.

150. ENFIN, dans le *levier de la troiſième eſpèce* la puiſſance Q (Fig. 67) eſt placée entre le poids & l'appui. La puiſſance & le poids tirent en ſens contraires ; & l'appui eſt placé au-deſſus du levier.

151. EN regardant la réſiſtance de l'appui comme une force appliquée au levier, on voit que la recherche des loix de l'équilibre dans cette machine conſiſte à trouver les rapports de pluſieurs puiſſances qui, en agiſſant ſur une verge inflexible, ſe contre-balancent mutuellement. On comptera, parmi ces puiſſances, la peſanteur même du levier, lorſqu'elle ſera aſſez grande pour qu'on ne puiſſe pas la négliger ſans craindre d'erreur ſenſible.

Fig. 68, 69, 70.

152. SOIENT d'abord, dans les Figures 68, 69, 70, qui ſont relatives aux trois eſpèces de levier, les trois puiſſances P, Q, S, en équilibre. Nous négligeons la peſanteur du levier. Il ne peut y avoir équilibre entre trois puiſſances, qu'autant que deux d'entr'elles ſe réduiſent à une ſeule force égale & directement oppoſée (Ax. II) à la troiſième. Or (32) deux forces & leur réſultante ſont toujours dans un même plan, & de plus concourent en un même point, ou bien ſont parallèles. Donc les trois forces propoſées P, Q, S, ſont dans un même plan, & concourent en un même point, ou bien ſont parallèles.

153. SUPPOSONS que les directions des trois puiſſances concourent au point O. D'un point R pris arbitrairement ſur la direction de la puiſſance S, ſoient menées parallèlement aux directions des puiſſances P & Q les droites $R N$, $R M$, pour avoir le parallélogramme $O M R N$; & ſoit tirée la diagonale $O R$. On aura (34), $P : Q : S :: O M : O N$ ou $M R :$

OR, ou bien encore (39), $P : Q : S : : $ fin. RON : fin. ROM : fin. MON.

On connoîtra donc les rapports des trois puiſſances P, Q, S, lorſque leurs directions feront données.

154. En conſidérant le point O, comme le nœud d'une machine funiculaire, qui aſſemble trois cordons OP, OQ, OS, tirés par les trois puiſſances P, Q, S, il eſt clair qu'on peut propoſer & réſoudre, au ſujet de ces puiſſances, les mêmes Problêmes dont il a été parlé (125).

155. Du point R, toujours arbitraire, ſoient abaiſſées les perpendiculaires RE, RF, ſur les directions des deux puiſſances P & Q. On aura (37 & 38), $P : Q : : RF : RE$; & $P \times RE = Q \times RF$.

156. Donc, en ſuppoſant que le point R ſoit un appui qui fait maintenant la fonction de la puiſſance S, nous pouvons conclure que *deux puiſſances* P & Q, *appliquées dans un même plan à un levier, & en équilibre, ſont entr'elles en raiſon réciproque des perpendiculaires abaiſſées du point d'appui ſur leurs directions ; & ce qui en eſt la ſuite, que ces deux puiſ-ſances ont des moments égaux, par rapport au point d'appui.*

157. La même propriété a également lieu (44) pour le cas où les deux forces P & Q ſeroient pa-rallèles (Fig. 71, 72, 73). Car le point d'appui eſt néceſſairement placé dans tous les cas ſur la direc-tion de leur réſultante ; & on a ici (46, 47), $P : Q : : RF : RE$, & par conſéquent $P \times RE = Q \times RF$.

158. Lorsque les puiſſances étant parallèles, les points A, B, R, ſont placés en ligne droite, on a auſſi par les mêmes articles 46, 47, $P : Q : : RB : RA$. Cela eſt d'ailleurs évident, puiſque les trian-gles ſemblables RFB, REA donnent $RF : RE : :$

Fig 71, 72, 73.

RB : *RA*. On voit par-là que *dans le levier droit deux puiffances parallèles, & en équilibre, font entr'elles en raifon inverfe des bras de ce levier.*

Cette proportion donne, $P \times RA = Q \times RB$; c'eft-à-dire *que les produits des puiffances, multipliées chacune par fon bras de levier, font égaux entr'eux.*

159. IL eft à propos de remarquer que le point d'appui dans le levier étant deftiné dans tous les cas à faire l'office d'une puiffance égale & directement oppofée à la réfultante des deux puiffances *P* & *Q* appliquées au levier, il doit réfifter dans le fens de cette force ; autrement il n'y auroit pas équilibre, quand même les deux forces *P* & *Q* feroient entr'elles en raifon réciproque des perpendiculaires abaiffées de l'appui fur leurs directions. En effet, foit, par exemple, le levier *AB* (Fig. 74) droit & incliné, pofé fur un appui courbe *R*, qui lui permet de gliffer dans le fens de fa longueur ; & qu'à ce levier foient appliqués deux poids *P* & *Q*, tels que l'on ait $P : Q :: RF : RE :: RB : RA$; il n'y aura pas pour cela équilibre. Car la réfultante des deux poids *P* & *Q*, qui paffe par le point *R* (45), & qui agit fuivant la verticale *Rr*, fe décompofe en deux autres forces, dont l'une dirigée fuivant *Rf* perpendiculaire à la courbure de l'appui, eft détruite, l'autre, dirigée fuivant *Rg* tangente à l'appui, tend à faire gliffer, & fera gliffer effectivement le levier, puifque rien ne s'oppofe à fon action. Il n'en fera pas ainfi, fi, tout reftant d'ailleurs le même, le levier eft traverfé par un axe ou boulon *R* (Fig. 75), & qu'il foit fufpendu par un cordon *MR* ; il demeurera en équilibre dans toutes les inclinaifons poffibles, parce que dans tous les cas le boulon porte fur un point du levier, qui eft placé dans

la verticale MR, & que par conséquent la résultante des deux poids P & Q, qui passe par le point R, est nécessairement détruite par la résistance du cordon MR.

160. Nous ferons encore une remarque à ce sujet. Si la direction de l'une des puissances n'étoit pas située dans le plan suivant lequel le levier tend à tourner pour contrebalancer l'autre puissance, il faudroit décomposer la première force en deux autres, l'une perpendiculaire au plan de rotation, l'autre dirigée suivant ce plan, & n'avoir égard qu'à cette dernière. Soit, par exemple, ARB (Fig. 76) un levier situé avec le poids P appliqué à l'une de ses extrémités, dans un plan vertical $PARB$; & qu'au point B soit appliquée une puissance Q, qui tire suivant la direction BI oblique à ce plan. Que le levier soit traversé par un boulon R horisontal & librement mobile sur ses extrémités, de manière que le levier ait simplement liberté toute entière de tourner circulairement dans le plan $PARB$. Par le point B, j'éleve perpendiculairement à ce plan, la droite BG, & je fais passer, suivant BI & BG, un plan qui rencontre le précédent suivant BH. Ayant pris BI, pour représenter la puissance Q, j'achève le parallélogramme $BGIH$, afin de pouvoir substituer, à la place de la force Q ou BI, les deux forces BG, BH. La première de ces deux forces est détruite par la résistance du levier auquel le boulon R ne permet aucun mouvement horisontal. La seconde BH est la seule qui tende à faire tourner le levier circulairement dans le plan $PARB$, & à soulever le poids P. Donc, si du point d'appui R, on abaisse les perpendiculaires RE, RK, sur les directions du poids P & de la force BH, il faudra, pour l'équilibre, qu'on ait l'équation $P \times RE =$

Force $BH \times RK$. Si cette équation n'a pas lieu, le levier tournera autour de l'axe R, foit dans un fens, foit dans un autre ; & il n'y aura pas équilibre.

161. Les trois efpèces de levier ont des propriétés différentes, par rapport aux quantités de la puiffance & du poids. Dans les deux premières efpèces, la puiffance peut faire équilibre à un poids plus grand qu'elle, tandis qu'au contraire dans le levier de la troifième efpèce, le poids eft moindre que la puiffance. Mais fi l'on fait paffer le levier du repos au mouvement, dans les deux premiers cas la puiffance ira plus vîte que le poids, précifément dans le même rapport qu'elle eft moindre que lui; & dans le troifième, la puiffance ira moins vîte que le poids, dans le même rapport qu'elle eft plus grande que lui. Car dans tous les cas les viteffes de la puiffance & du poids font proportionnelles aux arcs femblables décrits dans le même tems, ou, aux diftances du point d'appui aux directions de la puiffance & du poids. Ainfi dans les deux premières efpèces de levier, on perd en tems ce qu'on gagne en force ; & dans la troifième, on perd en force ce qu'on gagne en tems. Les circonftances particulières où l'on fe trouve, déterminent le choix de l'éfpece de levier dont on a befoin, relativement à l'effet qu'on veut produire.

162. Nous n'avons confidéré jufqu'ici dans le levier que deux puiffances & la réfiftance de l'appúi. Suppofons maintenant un levier, mobile circulairement autour d'un boulon, & auquel foient appliquées un nombre quelconque de puiffances. Si toutes ces puiffances n'étoient pas fituées dans le plan de la rotation, que je fuppofe fixe, il faudroit décompofer chaque puiffance oblique à ce plan, en deux autres, l'une qui y fût perpendiculaire, l'autre

qui y fût dirigée, & n'avoir égard qu'à cette dernière. Je suppose, dans le cas présent, que ARB
(Fig. 77), représente le levier proposé, lequel est mobile circulairement autour du boulon R, & soumis à l'action d'un nombre quelconque de forces P, Q, S, T, V, toutes dirigées dans le plan de la rotation, mais dont les unes, Q, S, V, tendent à faire tourner le levier dans un sens, tandis que les autres P, T, tendent à le faire tourner en sens contraire. Il s'agit de déterminer les conditions de l'équilibre entre toutes ces forces. Ce Problême a déja été résolu (80). Mais nous allons en présenter ici la solution sous un point de vue un peu différent.

163. IMAGINONS que les deux forces Q, S, soient réduites à une force unique que je suppose dirigée suivant KX, & que je nomme K; que les deux forces K & T soient réduites à une force unique que je suppose dirigée suivant YG, & que je nomme G. De même, réduisons les deux forces P & V à une force unique que je suppose dirigée suivant DZ, & que je nomme D. Par-là, nous n'aurons plus que deux forces G & D, qui se font équilibre autour du point d'appui R. Menons de ce point sur les directions des forces Q, S, K, G, T, P, V, D, les perpendiculaires $RF, RM, RX, RY, RL, RE, RI, RZ$. Cela posé, les deux résultantes finales G & D ayant pour résultante une force qui passe nécessairement par le point R, puisqu'elles sont en équilibre autour de ce point; on a (38 ou 156), $G \times RY = D \times RZ$. Or (57),

1°. G étant la résultante des deux forces K & T, on a $G \times RY = K \times RX - T \times RL$; & K étant la résultante des deux forces Q & S, on a $K \times RX = Q \times RF + S \times RM$. Ainsi on aura $G \times RY = Q \times RF + S \times RM - T \times RL$.

2°. D étant la résultante des deux puissances P & V, on a $D \times RZ = P \times RE - V \times RI$.

Par conséquent à la place de l'équation $G \times RY = D \times RZ$, on aura, $Q \times RF + S \times RM - T \times RL = P \times RE - V \times RI$, ou bien, $Q \times RF + S \times RM + V \times RI = P \times RE + T \times RL$.

D'où l'on doit conclure en général *que la somme des moments des forces qui tendent à faire tourner le levier dans un sens, autour du point d'appui, est égale à la somme des moments des forces qui tendent à le faire tourner en sens contraire, autour du même point.*

Le moment de chaque force est, comme on voit, le produit de cette force par la perpendiculaire abaissée du point d'appui sur sa direction.

164. Lorsqu'un levier est pesant, & que sa pesanteur est assez considérable pour entrer en comparaison avec les autres forces, il faut la regarder comme une puissance appliquée au centre de gravité du levier, & dirigée verticalement. Par exemple, dans l'article précédent, la force S, peut être le poids du levier, censé réuni à son centre de gravité H.

165. Nous ferons au sujet des leviers pesants, une remarque qui mérite attention. Qu'on ait un levier pesant, auquel soient appliqués un poids P & une puissance Q (Fig. 64, 66, 67). Dans le levier de la première espèce (Fig. 64), la pesanteur du levier contrariera, ou favorisera la puissance Q, selon que le centre de gravité du levier tombera entre les points A & R, ou entre les points R & B. Dans le levier de la seconde espèce (Fig. 66), le poids de ce levier contrarie toujours la puissance Q : si, pour augmenter le moment de cette puissance, on éloigne le point B du point R, ou qu'on augmente la

Fig. 64, 66, 67.

longueur du levier, on augmentera aussi le poids du levier ; & il pourra arriver qu'on perde par la seconde augmentation, ce qu'on gagne, ou même plus qu'on ne gagne, par la première. Il y a donc dans le levier une longueur propre à rendre le moment de la puissance, le plus grand qu'il est possible, par rapport au moment de la résistance totale qu'elle est obligée de vaincre. Cette longueur se trouve par les méthodes ordinaires *de maximis & minimis*. Passé ce terme, on ne peut que perdre à augmenter la longueur du levier. Enfin dans le levier de la troisième espèce (Fig. 67), le poids du levier contrarie encore la puissance ; mais on voit qu'en supposant que la longueur $R\,A$, & la grosseur du levier demeurent les mêmes, on ne peut que faire augmenter le moment de la puissance, en approchant le point B où elle est appliquée, du point d'application A du poids P.

166. Il y a des cas où le levier n'est pas assujetti à tourner circulairement autour d'un point fixe, comme nous l'avons supposé dans tout ce qui précède. Supposons maintenant qu'on ait un levier auquel soient appliquées un nombre quelconque de forces, suivant des directions quelconques, & qui ait la liberté de pirouetter en tous sens autour d'un noyau sphérique : alors il faut décomposer les puissances en d'autres parallèles à trois lignes données de position ; & les conditions de l'équilibre se déterminent par le moyen des articles 86 & 87.

167. Le levier est d'usage dans la plupart des machines. Il peut être de bois, ou de fer, ou de toute autre matière, selon l'objet auquel il est destiné. Il doit avoir dans chaque cas une grosseur & une résistance proportionnées à sa longueur, à la matière dont il est fait, & aux efforts qu'il est obligé de

fupporter. La détermination de cette groffeur eft
une queftion qui donne peu de prife à la théorie
& fur laquelle on doit fur-tout confulter l'expérience.

Equilibre des Ponts-levis.

168. PARMI les machines où il entre des leviers, les *Ponts-levis* méritent d'autant plus d'être
examinés ici avec quelque détail, que les Ingénieurs
font fouvent obligés d'en faire conftruire dans les
Places de Guerre, & que la théorie de leur équilibre ne fe trouve dans aucun Livre de Méchanique,
du moins dans aucun de ceux qui font venus à ma
connoiffance.

Fig. 78.   169. ON voit dans la Figure 78 le profil d'un
pont-levis, coupé par un plan vertical qui paffe par
fon milieu, & qui le divife en deux parties parfaitement égales & femblables. Cette machine eft
compofée d'un *tablier* exprimé par la droite AE,
lequel eft mobile autour de deux tourillons A, placés à fes extrémités : de deux longues piéces de bois,
marquées au profil par la même ligne GM, lefquelles tournent autour de deux tourillons K; &
dont les parties antérieures KG fe nomment *fléches*, les parties poftérieures KM fe nomment *bafcules*. Il y a des traverfes de bois qui lient enfemble
les deux bafcules; & tout l'affemblage eft cenfé ne
faire qu'un feul & même corps. Deux *chaînes* repréfentées par $GN'E$ joignent les fléches avec le
tablier; elles le font monter quand la bafcule s'abaiffe; & réciproquement, quand le tablier s'abaiffe,
la bafcule monte.

170. IMAGINONS que le pont-levis foit parvenu en montant, dans une pofition quelconque :
que T exprime le poids du tablier; C, celui du fyf-

tême des deux chaînes ; F, celui du fystême des deux fléches ; & enfin B, celui du fystême des deux bafcules & de leur affemblage. Tous ces poids T, C, F, B, doivent être cenfés agir fuivant les verticales qui paffent par leurs centres de gravité. Confidérons les deux chaînes, comme réunies en une feule $GN'E$; & de plus, regardons d'abord cette chaîne comme une corde parfaitement flexible. Qu'on mène par fes extrémités les tangentes GN, EN; elles fe rencontreront en un point N placé (137) fur la direction de la verticale CNP qui paffe par le centre de gravité de la chaîne $GN'E$. Nommons f & φ les tenfions de la chaîne en G & E, fuivant les directions des tangentes GN, EN; & des points d'appuis A & K, foient menées les perpendiculaires At, Ab, Kd, Kg, Ke, fur les directions des forces T, φ, f, F, B, refpectivement.

171. Cela pofé, il eft clair que AE peut être confidéré comme un levier ifolé, auquel font appliquées les deux puiffances T, φ, en équilibre, & que par conféquent on aura (156) l'équation $T \times At = \varphi \times Ab$.

De même, on peut confidérer GKM comme un levier ifolé auquel font appliquées les trois forces f, F, B, en équilibre. Ainfi on aura (163), $f \times Kd + F \times Kg = B \times Ke$, ou $B \times Ke - F \times Kg = f \times Kd$.

Les tenfions φ & f peuvent être chaffées de ces équations, en confidérant qu'on a (137), $\varphi = \dfrac{C \times \text{fin.} \, GNP}{\text{fin} \, ENG}$, $f = \dfrac{C \times \text{fin.} \, ENP}{\text{fin.} \, ENG}$. Nous aurons

donc $T \times At = \dfrac{C \times \text{fin.} \, GNP}{\text{fin.} \, ENG} \times Ab$; $B \times Ke - F \times Kg = \dfrac{C \times \text{fin.} \, ENP}{\text{fin.} \, ENG} \times Kd$.

Voyons l'ufage de ces équations pour la pratique.

172. Comme la courbure des chaînes eſt ordinairement peu ſenſible, nous allons la négliger, & ſuppoſer qu'elles ſe confondent, au moins ſenſiblement, avec la droite GE. Alors les deux angles GNP, ENP, pourront être regardés comme ſuppléments l'un de l'autre, & comme ayant par conſéquent le même ſinus. On aura donc $\varphi = f$, ſenſiblement. Donc, à cauſe de $\varphi = \dfrac{T \times At}{Ab}$, & de $f = \dfrac{B \times Ke - F \times Kg}{Kd}$, on aura ſenſiblement

$$\frac{T \times At}{Ab} = \frac{B \times Ke - F \times Kg}{Kd}.$$

Nommons 1 le ſinus total, & conſidérons que $At = AH \times \text{ſin.} AHT$; $Ab = AE \times \text{ſin.} AEG$, ſenſiblement; $Kd = KG \times \text{ſin.} KGE$, ſenſiblement; $Kg = KI \times \text{ſin.} KIF$; $Ke = KL \times \text{ſin} KLB$; notre équation deviendra,

$$\frac{T \times AH \times \text{ſin.} AHT}{AE \times \text{ſin.} AEG} = \frac{B \times KL \times \text{ſin.} KLB - F \times KI \times \text{ſin.} KIF}{KG \times \text{ſin.} KGE}.$$

173. On voit par cette équation que les ſinus des angles, qu'elle renferme, variant d'une poſition du pont-levis à l'autre, ſuivant une loi qui dépend de l'eſpèce particulière du quadrilatère $AEGK$; cette eſpèce ne peut pas être arbitraire, ſi l'on veut que les poids T, F, B, demeurant les mêmes, comme ils demeurent en effet, l'équilibre ait lieu dans toutes les poſitions poſſibles du pont-levis. Mais en ſuppoſant que les côtés oppoſés du quadrilatère ſoient égaux deux à deux, c'eſt-à-dire qu'on ait $AE = KG$, $AK = EG$, & que par conſéquent le quadrilatère conſerve la figure parallélogrammique dans toutes les ſituations poſſibles, l'équilibre en queſtion aura lieu.

lieu. Car alors les deux angles AEG, KGE, qui font suppléments l'un de l'autre, ont des sinus égaux; les trois angles AHT, KLB, KIF, ont aussi des sinus égaux. D'où il suit que l'équation précédente deviendra, $T \times AH = B \times KL - F \times KI$, ou $B \times KL = T \times AH + F \times KI$, qui ne renferme que des quantités constantes & indépendantes de la position du pont-levis. Ainsi, pourvu que le quadrilatère $AEGK$ soit un parallélogramme, le pont-levis demeurera en équilibre par lui-même, & sans le secours d'aucune puissance étrangère, dans toutes les situations qu'on pourra lui donner : avantage particulier de la figure parallélogrammique, indépendamment des facilités que cette figure offre pour la construction & la manœuvre.

174. L'ÉQUATION $B \times KL = T \times AH + F \times KI$ ne renferme en aucune manière le poids des chaînes; & les conditions de l'équilibre sont exprimées par la même formule que si les chaînes n'avoient absolument aucune pesanteur. Cela est une suite nécessaire de l'hypothèse, que le pont-levis conserve la figure parallélogrammique, dans toutes les situations possibles. Si les chaînes ont une pesanteur sensible & comparable aux poids T, F, B, il sera impossible que cette figure subsiste à la rigueur, en regardant toujours les chaînes comme parfaitement flexibles. Quoique la théorie précédente ne laisse là-dessus aucun doute, en voici néanmoins une démonstration particulière, appliquée à un cas où il semble que le parallélisme des côtés du quadrilatère $AEGK$ devroit le plus se conserver.

175. SUPPOSONS que le quadrilatère $AEGK$ (Fig. 79) soit un parallélogramme ; que les deux points A & K soient placés dans une même ligne verticale, ainsi que les deux points E & G ; & que

Fig. 79.

K

les chaînes n'ayent aucune pesanteur, ou soient regardées comme de simples fils inextensibles & non pesants ; que tout le systême soit en équilibre. Il est clair que le fil GE est également tendu dans le sens EG & dans le sens GE, & qu'en nommant φ cette tension, on a rigoureusement, $T \times AH = \varphi \times AE$, $B \times KL - F \times KI = \varphi \times KG = \varphi \times AE$; ce qui donne $T \times AH = B \times KL - F \times KI$. Cette équation aura lieu à la rigueur, dans toutes les positions possibles du pont-levis ; & la figure parallélogrammique du quadrilatère $AEGK$ subsistera toujours, tant que le fil GE n'aura aucune pesanteur. Maintenant, qu'on attache un poids à ce fil, ou que les chaînes deviennent pesantes : l'équilibre précédent ne peut plus subsister ; les points G & E se rapprochent nécessairement l'un de l'autre ; les chaînes prennent la courbure $\gamma G \epsilon$; & le parallélogramme $AEGK$ se change en la figure $A \epsilon G \gamma K$. D'où l'on doit conclure en général, par la raison inverse, que si le quadrilatère $AEGK$ conserve la figure parallélogrammique, dans toutes les positions possibles, le poids des chaînes doit être regardé comme nul en comparaison de la tension des chaînes, occasionnée par les forces T, F, B. Ce poids ne doit donc pas se trouver dans l'équation de l'équilibre.

176. Les chaînes ont été regardées jusqu'ici comme parfaitement flexibles ; mais elles ne font pas telles à beaucoup près. Elles font composées d'anneaux oblongs de fer qui ne peuvent pas se plier dans toute l'étendue de leur longueur particulière ; de plus ces mêmes anneaux, en s'entrelaçant les uns dans les autres, éprouvent un frottement qui s'oppose encore à la flexibilité de la chaîne. Tout cela détruit en grande partie la courbure de cette même chaîne. J'abandonne donc l'hypothèse proposée, & j'en

prends une toute contraire ; je confidère les chaînes comme dépourvues de toute flexibilité, & comme des barres GE, attachées par leurs extrémités au tablier & aux flèches, par le moyen d'anneaux, ou de crochets qui leur donnent en ces endroits toute liberté de tourner circulairement dans le plan du pont-levis, à mesure qu'il monte ou qu'il s'abaisse.

177. Que $AEGK$ (Fig. 80) soit un quadrila- Fig. 80. tère quelconque, composé d'un tel assemblage, & parvenu dans une position quelconque. Des points d'appui A & K, soient abaissées, comme ci-dessus, les perpendiculaires At, Kg, Ke, sur les directions des poids T, F, B ; & soient menées les perpendiculaires Ab, Kd, à la barre EG. Nommons C le poids de cette barre, réuni à son centre de gravité, ou milieu O ; & décomposons ce poids en deux forces verticales qui passent par les points E & G, & qui en font par conséquent chacune la moitié (45) ; menons les perpendiculaires Am, Kn, sur leurs directions. Il est évident que la barre EG est également tirée suivant sa longueur, dans le sens EG, & dans le sens GE. Donc, en nommant X cette force de tension ; le levier AE, aux points H, E, duquel font appliquées trois forces, deux verticales, savoir T & $\dfrac{C}{2}$, la troisième X dirigée suivant EG, donnera (163) pour condition d'équilibre, l'équation

$$T \times At + \frac{C}{2} \times Am = X \times Ab.$$ De même le levier GKM, aux points G, I, L, duquel font appliquées quatre forces, trois, $\dfrac{C}{2}$, F, B, verticales, & la quatrième X dirigée suivant GE, donnera,

pour condition d'équilibre, l'équation $\dfrac{C}{2} \times K\,n +$ $X \times K\,d + F \times K\,g = B \times K\,e$; ou bien $B \times K\,e - \dfrac{C}{2} \times K\,n - F \times K\,g = X \times K\,d$. Tirant de chaque équation la valeur de X, on formera celle-ci,

$$\frac{T \times A\,t + \dfrac{C}{2} \times A\,m}{A\,b} = \frac{B \times K\,e - \dfrac{C}{2} \times K\,n - F \times K\,g}{K\,d}$$

Et comme, en nommant toujours 1 le sinus total, on a $A\,t = A\,h \times \text{sin.}\ AHT$, $A\,m = AE \times \text{sin.}\ AEm$, $A\,b = AE \times \text{sin.}\ AEG$, $K\,e = KL \times \text{sin.}\ KLB$, $K\,n = KG \times \text{sin.}\ KGn$, $K\,g = KI \times \text{sin.}\ KIF$, $K\,d = KG \times \text{sin.}\ KGE$: notre équation deviendra,

$$\frac{T \times AH \times \text{sin.}\ AHT + \dfrac{C}{2} \times AE \times \text{sin.}\ AEm}{AE \times \text{sin.}\ AEG} =$$

$$\frac{B.KL\ \text{sin.}\ KLB - \dfrac{C}{2}.KG.\text{sin.}\ KGn - F.KI.\text{sin.}\ KIF}{KG.\text{sin.}\ KGE},$$

qui exprime les conditions de l'équilibre, mais qui variera à mesure que le quadrilatère changera de position, lorsque ce quadrilatère ne fera pas un parallélogramme.

178. Supposons que le quadrilatère en question foit un parallélogramme : on aura $AE = KG$, $\text{sin.}\ AEG = \text{sin.}\ KGE$, $\text{sin.}\ AHT = \text{sin.}\ AEm = \text{sin.}\ KGn = \text{sin.}\ KIF = \text{sin.}\ KLB$. Par conséquent notre équation deviendra, $T \times AH + \dfrac{C}{2} \times AE = B \times KL - \dfrac{C}{2} \times AE - F \times KI$; ou bien, $B \times KL = T \times AH + C \times AE + F \times KI$, qui diffère de celle de l'article 173, en ce qu'elle contient de plus que

telle-ci, le terme $C \times AE$, relatif au poids des chaînes.

179. VOILA donc deux hypothèses très-différentes qui donnent, pour les conditions de l'équilibre du pont-levis, des équations qui ne diffèrent que par un seul terme qui est ordinairement le plus petit de tous. La seconde formule, $B \times KL = T \times AH + F \times KI + C \times AE$, paroît devoir être préférée dans la pratique.

Quand on aura réglé, de l'une ou de l'autre manière, les dimensions du pont-levis, eu égard au bois & aux ferrures qui y entrent, on sera assuré qu'il demeurera par lui-même en équilibre dans toutes les situations possibles, & que par conséquent l'agent destiné à le mouvoir n'aura simplement à vaincre, à chaque instant, que la résistance du frottement.

De la Balance.

180. LA balance (Fig. 81), machine destinée à peser des marchandises, est composée d'un levier droit AB, nommé *fléau*, aux extrémités duquel sont suspendus, avec des cordons, deux *bassins C & D*, qui reçoivent les marchandises qu'on veut peser. Le fléau porte dans son milieu un axe xy, qui lui est perpendiculaire, & dont les extrémités entrent & tournent librement dans des *yeux* pratiqués aux deux branches montantes d'une *chasse E M*, qui soutient la machine. Ces extrémités de l'axe n'ont pas la forme cylindrique; elles sont taillées en couteaux plus ou moins émoussés, suivant que la balance est destinée à peser des marchandises plus ou moins pesantes; le fléau s'appuie par les tranchants de ces couteaux dans les yeux de la chasse, avec une entière liberté de s'incliner de part ou d'autre; il porte une *aiguille*

Fig. 81.

fg qui eſt dans la chaſſe quand il y a équilibre, & que le fléau eſt horiſontal ; & qui, en s'écartant à droite ou à gauche de la chaſſe, par ſa partie ſupérieure, fait connoître non-ſeulement en quel ſens le fléau s'eſt incliné, mais encore les plus petites inclinaiſons dont il peut être affecté.

181. Il eſt clair que la balance eſt un levier de la première eſpèce. On doit commencer par la mettre en équilibre, indépendamment des poids qu'on veut peſer les uns contre les autres. Quand cette première opération ſera faite, & qu'en conſéquence le fléau ſe tiendra dans la poſition horiſontale, la balance ſera dans le même cas que ſi ſes parties n'avoient aucune peſanteur ; & on ne devra plus s'occuper que des poids qu'on met dans les baſſins. Ceux qui ſont placés d'un côté étant ſuppoſés connus, feront connoître auſſi les autres.

182. La balance demande à être faite avec précaution, ſi l'on veut qu'elle ſoit parfaitement juſte. Il eſt d'abord eſſentiel que les deux bras EA, EB ſoient exactement égaux. Si cette condition étant remplie, & les deux bras étant garnis de leurs baſſins, un des côtés l'emporte ſur l'autre, on mettra du côté le plus foible, de petits poids en quantité ſuffiſante pour établir l'équilibre, & maintenir le fléau dans la poſition horiſontale. Ces petits poids doivent être regardés comme faiſant partie de la balance même, & comme étrangers à ceux qu'on veut contrepeſer.

183. Si les deux bras AE, BE, n'étoient pas égaux, le plus long favoriſeroit le poids placé de ſon côté ; car ſuppoſons que le fléau AB étant en équilibre & dans la poſition horiſontale, on mette dans le baſſin C un poids P, & dans le baſſin D une marchandiſe Q, de manière qu'il y ait équilibre. Ces

deux poids se faisant équilibre, on aura (158), $P:Q::BE:AE$. Donc, si par exemple, $BE>AE$, on aura $P>Q$. Les deux poids étant donc supposés égaux, l'un d'eux cependant l'emportera sur l'autre, & paroîtra plus pesant. On appelle ces sortes de balances, *balances fausses*. Elles peuvent servir néanmoins à déterminer exactement le poids d'une marchandise. Voici comment.

184. SANS vous embarrasser quel est le plus long bras d'une balance que vous soupçonnez être fausse, mettez 1°. dans l'un des bassins, par exemple, dans le bassin D, la marchandise Q que vous voulez peser; & observez le poids P qui lui fait équilibre. 2°. Transposez la marchandise Q, mettez-la dans l'autre bassin C, & observez encore le poids P' qui lui fait équilibre. Cela posé, multipliez P par P', & tirez la racine quarrée du produit; elle sera la valeur exacte de Q. Car, le premier équilibre donne (158) l'équation, $P\times AE=Q\times BE$, & le second donne de même, $Q\times AE=P'\times BE$. Divisant la première équation par la seconde, on aura $\dfrac{P}{Q}=\dfrac{Q}{P'}$, & par conséquent $Q^2=P\times P'$; donc $Q=\sqrt{(P\times P')}$.

185. UNE chose à laquelle on doit faire la plus grande attention, est de mettre, autant qu'il est possible, dans une même ligne horisontale, le tranchant du couteau qui sert d'axe, & les deux points A & B d'où pendent les bassins. Car si le point d'appui E (Fig. 82 & 83) est au-dessous, ou au-dessus de l'horisontale AB; pour peu que cette ligne soit inclinée à l'horison, elle sera divisée en deux parties inégales par la verticale EM menée par l'appui; & conséquemment les poids qui se feront équilibre, ne feront pas égaux. Dans le premier cas (Fig. 82), la balance est trop mobile sur le point E, & elle

Fig. 82 & 83.

est nommée *folle* ; dans le second (Fig. 83), elle trébuche trop difficilement , & elle est appellée *sourde*. Cette seconde disposition a moins d'inconvénients que la première, & l'aiguille sert à faire connoître le plus léger trébuchement d'un côté, ou d'autre.

Je n'entre pas dans les détails qui concernent la construction même de la balance, & le choix des matières dont elle doit être faite.

Du Peson ou de la Romaine.

186. LE peson ou la romaine sert à peser des marchandises de différentes pesanteurs, par le moyen d'un seul & même poids qu'on éloigne plus ou moins du point d'appui. Cette machine (Fig. 84) est composée d'un fléau AB, suspendu par une anse EK qui le divise en deux bras EA, EB, fort inégaux. Le bras le plus court porte un bassin C, ou un crochet destiné à soutenir les marchandises qu'on veut peser ; & on fait couler, au moyen d'un anneau, le long du bras EB, le poids constant P, qui doit leur faire équilibre. Voici comment on détermine les points de division du bras EB, auxquels doit répondre le poids donné P, pour faire équilibre à différents poids Q placés en C.

187. SOIENT G le poids du bras EB réuni à son centre de gravité N ; F le poids du bras EA réuni à son centre de gravité H ; C le poids du bassin ou du crochet, lequel est censé agir suivant la verticale AC. Qu'on mette successivement en C, différents poids Q, Q', Q'', Q''', &c ; & supposons que pour faire prendre au fléau la position horizontale, & établir l'équilibre, il faille appliquer successivement le poids constant P, aux points a, b,

b, d, &c. Les différentes équations d'équilibre feront (163),

$$Q \times EA + F \times EH + C \times EA = P \times Ea + G \times EN,$$
$$Q' \times EA + F \times EH + C \times EA = P \times Eb + G \times EN,$$
$$Q'' \times EA + F \times EH + C \times EA = P \times Ec + G \times EN,$$
$$Q''' \times EA + F \times EH + C \times EA = P \times Ed + G \times EN,$$

&c.

Retranchant successivement la première équation de la seconde, la seconde de la troisième, la troisième de la quatrième, &c : on aura,

$$(Q' - Q) \times EA = P \times ab, \text{ ou } ab = \frac{(Q' - Q) \times EA}{P},$$
$$(Q'' - Q') \times EA = P \times bc, \text{ ou } bc = \frac{(Q'' - Q') \times EA}{P},$$
$$(Q''' - Q'') \times EA = P \times cd, \text{ ou } cd = \frac{(Q''' - Q'') \times EA}{P},$$

&c.

188. Il suit de-là, 1°. que si les poids Q, Q', Q'', Q''', &c, croissent en progression arithmétique, en forte qu'on ait $Q' - Q = Q'' - Q' = Q''' - Q'' = $&c; toutes les divisions ab, bc, cd, &c, feront égales entr'elles. 2°. Qu'en faisant chacune de ces parties ab, bc, &c, égale au plus petit bras EA de la balance, on aura $\frac{Q' - Q}{P} = 1$, ou $P = Q' - Q$, $\frac{Q'' - Q'}{P} = 1$, ou $P = Q'' - Q'$, &c; c'est-à-dire que le contrepoids P fera égal à la différence de la progression arithmétique des marchandises Q, Q', Q'', &c.

189. Si on fe donne P, le premier terme Q de la progression arithmétique n'est point arbitraire : il doit être tel qu'on ait $Q \times EA + F \times EH + C \times EA = P \times Ea + G \times EN$.

Dans la pratique, il convient de mettre d'abord

la balance en équilibre par elle-même, indépendamment des poids P & Q. C'eſt à quoi on parvient, ou en mettant dans le baſſin C un petit poids, ou en attachant un petit poids au bras EB, ſelon qu'un côté l'emporte ſur l'autre. Suppoſons le premier cas, & comprenons le petit poids additionnel dans celui C du baſſin : nous aurons alors $F \times EH + C \times EA = G \times EN$. Donc $Q \times EA = P \times Ea$; donc en faiſant $Ea = EA$, on aura (à cauſe de $P = Q' - Q$), $Q = Q' - Q$, ou $Q' = 2Q$. Ainſi le premier terme de la progreſſion arithmétique ſera Q, & la raiſon ſera auſſi Q. D'où l'on voit qu'alors, en prenant ſur le plus long bras EB, des parties égales au plus court EA, on pourra, avec un poids donné P, appliqué aux différentes diviſions, faire équilibre à une ſuite de poids $P, 2P, 3P, 4P, 5P$, &c.

190. Les parties égales ab, bc, cd, &c, peuvent elle-mêmes être ſous-diviſées pour contrepeſer, toujours avec le même poids P, les poids intermédiaires à ceux de la ſuite $P, 2P, 3P, 4P$, &c. Soit une marchandiſe $= P + \dfrac{m}{n} P$, m & n étant des nombres poſitifs, dont le ſecond eſt plus grand que le premier. Mettons ce poids en C, & nommons x la diſtance du contrepoids P au point a. Il eſt clair, par l'équation $ab = \dfrac{(Q - Q) \times EA}{P}$, qu'on aura ici,

$$x = \frac{\dfrac{m}{n} P \times EA}{P} = \frac{m}{n} EA = \frac{m}{n} \, ab.$$

Ainſi aux fractions du poids répondent des fractions analogues de la partie ab. Il en eſt de même pour les parties ſuivantes bc, cd, &c.

191. Cette balance a cela d'avantageux, qu'avec un ſeul & même poids, on peut contrepeſer

d'autres poids très-confidérables. De plus elle fatigue moins les yeux de la chaffe, que la balance ordinaire : car fi, par exemple, on veut contrepefer avec celle-ci un poids $4P$, les deux baffins portent chacun un poids pareil ; & la preffion fur les yeux de la chaffe eft (45) $4P + 4P$, ou $8P$, au lieu que dans la romaine, où le poids P appliqué à la quatrième divifion du bras EB, contrepèfe le poids $4P$ mis dans le baffin C, la preffion fur les yeux de la chaffe eft fimplement (45) $4P + P$, ou $5P$. Mais d'un autre côté, le bras EB de la romaine eft expofé à fe plier, quand il eft un peu long ; ce qui eft un inconvénient auquel la balance ordinaire eft moins fujette ; de plus les deux bras de celle-ci fe plient également, du moins à peu près.

192. Il eft évident qu'au lieu de fuppofer que le poids appliqué au plus long bras EB eft conftant, & l'autre variable, on pourroit faire une balance où ce dernier poids feroit conftant, & le premier variable. Cette balance eft l'inverfe de la précédente. Il eft trop facile de la divifer, d'après ce qui précède, pour qu'il foit néceffaire d'entrer ici dans ce détail.

Du Pefon Suédois ou Danois.

193. La balance qu'on a ainfi nommée, à caufe du grand ufage qu'on en fait en Suède & en Danemarck, eft une longue pièce AB (Fig. 85) de fer ou de bois, portant à l'une de fes extrémités une lourde maffe A, & à l'autre un baffin, ou un crochet C, pour foutenir les marchandifes qu'on veut pefer ; elle eft traverfée par un anneau E, qui la foutient, & qu'on fait gliffer fuivant fa longueur, jufqu'à ce qu'il y ait équilibre de part & d'autre du point. E.

194. Considérons le fyftême de la maffe A,

Fig. 85.

de la verge AB & du baffin ou crochet C, comme ne faifant qu'un même poids P réuni à fon centre de gravité H. Nommons Q le poids de la marchandife qu'on veut pefer. On aura, en vertu de l'équilibre, $P \times EH = Q \times BE$, ou bien, $P \times (BH - BE) = Q \times BE$; ce qui donne $BE = \dfrac{P \times BH}{P + Q}$. D'où l'on voit que connoiffant P & BH, il fera facile de graduer la verge BH, relativement aux différents poids Q qu'on veut pefer.

SECTION III.

Des Poulies, fimples ou compofées.

Fig. 86.

195. L A poulie (Fig. 86) eft un cercle, ou plutôt un cylindre peu épais, creufé extérieurement à fa furface en forme de gorge pour recevoir une corde tirée de part & d'autre par deux puiffances Q & S. Elle eft traverfée, perpendiculairement à fon centre O, par un boulon dont les extrémités tournent librement dans les branches d'une anfe ou *chappe* OK.

196. I L peut arriver que la poulie foit *mobile*, ou *immobile*, felon qu'elle s'élève ou non avec le poids, ou en général, felon qu'elle change ou non de place, pour vaincre la réfiftance.

197. O N appelle *moufles*, & en termes de Marine, *palans*, *caliornes*, des affemblages de plufieurs poulies, les unes fixes, les autres mobiles, toutes embraffées par une même corde. Les poulies fixes font portées par une même chappe, & les poulies mobiles par une autre chappe. Elles peuvent avoir différentes difpofitions, comme on le voit dans les Figures 94, 95, 96, 97, 98.

198. Soit *FGHM* (Fig. 86) une poulie sans pesanteur, embrassée dans sa partie *FGH*, par une corde tirée par les deux puissances *Q* & *S*, qui se font équilibre. Il est visible que ces deux puissances sont nécessairement égales, ou que la corde est également tendue des deux côtés ; autrement cette corde glisseroit, ou feroit tourner la poulie vers le côté où seroit la plus grande puissance. L'égalité en question auroit encore lieu, quand même la poulie n'auroit pas la forme circulaire ; mais on préfère la forme circulaire, comme la plus simple & la plus commode de toutes dans la pratique, relativement aux différents usages qu'on y fait de la poulie. Prolongeons les directions des deux puissances *Q* & *S*, jusqu'à ce qu'elles se rencontrent en *A* ; & ayant pris les parties égales *AB*, *AC*, pour représenter les quantités de ces puissances, achevons le parallélogramme lozange *ABDC*. La diagonale *AD*, qui est évidemment dirigée au centre *O* du cercle, représentera la résultante des deux puissances *Q* & *S*. Donc, si la poulie est fixe, le point d'appui devra résister dans le sens *OA*, & supportera un effort représenté par *AD* ; & si la poulie est mobile, la force appliquée à la chappe dans le sens *OA*, sera représentée par une partie de sa direction, égale à *AD*. Ainsi, en nommant, pour l'un & l'autre cas, *P* la résistance qui détruit la force *AD*, on aura (34), $P : Q : S :: AD : AB : AC$ ou *BD*, ou bien (39), $P : Q : S :: \sin. QAS : \sin. OAS : \sin. OAQ$, ou, à cause que les deux angles *OAQ*, *OAS*, font chacun la moitié de l'angle *QAS*, $P : Q$ ou $S :: \sin. QAS : \sin. \frac{1}{2} QAS$.

199. Menons du centre *O*, les raïons *OF*, *OH*, aux points d'attouchements des cordons avec la poulie ; & tirons la soutendante *FH* de l'arc *FGH* enve-

loppé par la corde. Les deux triangles ABD, OFH, qui ont les côtés perpendiculaires chacun à chacun, font femblables, & donnent, $AD:AB:BD::FH:OF:OH$. Ainfi, puifqu'on a $P:Q:S::AD:AB:BD$, on aura auffi, $P:Q:S::FH:OF:OH$; c'eft-à-dire que *les deux puiffances* Q & S, & *la réfiftance* P, *font proportionnelles aux raïons, & à la foutendante de l'arc embraffé par la corde.*

200. Il fuit de-là que *fi les deux cordons* FQ, HS, (Fig. 87) *font parallèles, chacune des deux puiffances* Q & S, *ne fera que la moitie de la réfif-tance* P. Ainfi, en attachant l'une des extrémités de la corde au point fixe S (Fig. 53), on foutiendra le poids P par le moyen d'une puiffance Q qui n'en eft que la moitié; mais auffi, dans le cas du mouvement, le poids ira deux fois moins vîte que la puiffance, comme nous l'avons déja remarqué (130).

201. Lorsque la poulie $FGHM$ (Fig. 88 & 89), à laquelle les deux puiffances Q & S, font appliquées, eft pefante; il faut prolonger les directions des deux puiffances Q & S, qui font toujours égales, jufqu'à ce qu'elles fe rencontrent en A; & ayant conftruit le lozange $ABDC$, dont la diagonale AD paffe par le centre, on prendra, fur le prolongement de AD, la partie $OI = AD$; on fuppofera que le poids de la poulie foit exprimé par la verticale OL; & on fera le fecond parallélogramme $OINL$, dont la diagonale ON exprimera la réfultante des deux puiffances Q, S, & du poids de la poulie. Ainfi la réfiftance appliquée à la chappe devra être dirigée dans le fens NOK; & fi l'on nomme P cette réfiftance, p le poids de la poulie; on aura cette fuite de rapports égaux, $P:p:Q:S::ON:OL:AB:AC$.

202. Si non-feulement la poulie étoit pefante,

ais qu'elle fût encore chargée d'un poids X, la
onftruction précédente & le réfultat qui s'enfuit,
fifteroit toujours , en comprenant le poids X
ans le poids p.

203. Il eft évident par tout cela que fi les puif-
nces Q & S (Fig. 90) tirent de bas en haut, &
ue la poulie, pefante ou non, & chargée d'un poids
, demeure en équilibre fans le fecours d'aucun ap-
ui , ou d'aucune autre puiffance, la réfultante des
eux puiffances Q & S fera néceffairement verticale,
uifqu'elle fera égale & contraire (Ax. II.) à l'action
u poids appliqué au centre O de la poulie. Les deux
uiffances Q & S feront donc alors des angles égaux
vec la verticale.

204. Soit (Fig. 91) un fyftême de poulies non
efantes & mobiles, C, G, M. La première, qui fou-
ent un poids P , eft embraffée par une corde dont
ne extrémité eft arrêtée fixément en D , l'autre eft
ppliquée à la chappe de la feconde poulie ; celle-
eft embraffée par une corde arrêtée d'un côté fixé-
ent en E , & attachée de l'autre à la chappe de la
roifième poulie qui eft elle-même embraffée par
ne corde attachée fixément en O par un bout, &
rée de l'autre côté par la puiffance Q. Ainfi de
ite , s'il y avoit un plus grand nombre de pou-
es. Suppofons que tout le fyftême foit en équibre ; & menons les raïons & les foutendantes des
oulies, comme on le voit dans la Figure. En con-
dérant , ce qui eft permis, l'équilibre de la poulie
, comme fi cette poulie exiftoit feule , & nom-
ant F la tenfion du cordon AF : on aura (199),
: F :: AB : AC. Par la même raifon, en nom-
ant K la tenfion du cordon IK , on aura , F : K ::
H : IG. La troifième poulie M donnera de même,
: Q :: NR : NM.

Fig. 90.

Fig. 91.

Mettons ces proportions les unes fous les autres & multiplions-les par ordre, nous trouverons, P : Q :: $AB \times IH \times NR : AC \times IG \times NM$; c'est-à-dire que *le poids, ou en général, la réfiftance* P, *eft à la puiffance* Q, *comme le produit des foutendantes eft au produit des raïons.*

205. On doit remarquer que pour fe ménager la liberté de donner à la puiffance Q telle direction qu'on veut, on fait paffer fouvent la corde NQ fur une poulie fixe X, qu'on appelle *poulie de renvoi* & qu'alors on applique la puiffance en Q'; mais il eft clair (199) que cette puiffance eft toujour la même dans l'un & l'autre cas. On emploie les poulies de renvoi dans plufieurs autres occafions.

Fig. 92. 206. Lorsque les cordons DB, AF, EH, &c (Fig. 92), font parallèles, les foutendantes deviennent des diamètres; & on a, $P : Q :: 2 \times 2 \times 2 : 1 \times 1 \times 1$. D'où l'on voit qu'alors, *le poids, ou la refiftance, eft à la puiffance, comme le nombre* 2 *élevé à une puiffance marquée par le nombre des poulies mobiles eft à l'unité.*

Il eft clair que la poulie de renvoi X n'entre jamais dans ces rapports.

207. On voit par-là qu'en augmentant convenablement le nombre des poulies mobiles, on peut avec une force médiocre, faire équilibre à des poids très-confidérables. Par exemple, dans notre Figure où il y a trois poulies mobiles, la puiffance n'eft que la huitième partie du poids. Mais qu'on faffe paffer la machine du repos au mouvement; la puiffance ira huit fois plus vîte que le poids : on perd donc en tems ce qu'on gagne en force.

Fig. 93. 208. Soit (Fig. 93) un nombre quelconque de poulies fixes A, B, C, D, & de poulies E, F, G mobiles, & chargées des poids P, R, T; toutes embraffées

embraſſées par une même corde qui eſt tirée à ſes extrémités par deux puiſſances Q & S. Tout le ſyſtême
étant ſuppoſé en équilibre, il eſt évident que la corde
eſt également tendue dans toutes ſes parties ; car les
deux cordons qui tirent ſur chaque poulie fixe, ou
mobile, conſidérés en particulier, ſont également
tendus : d'où l'on voit, en allant de proche en proche, que la corde entière eſt par-tout également
tendue, & que par conſéquent les deux puiſſances Q & S ſont égales entr'elles. Quand l'équilibre eſt établi, on peut, à la place de l'une S des
puiſſances, ſubſtituer un point fixe auquel la corde
ſoit attachée ; la puiſſance Q demeure toujours la
même.

209. PROLONGEONS les cordons appliqués aux
poulies mobiles juſqu'à ce qu'ils ſe rencontrent aux
points a, g, n ; & ayant pris ſur leurs directions les
parties égales ab, af, gh, gm, no, ns, pour repréſenter les tenſions égales des mêmes cordons,
dont chacune peut être exprimée par la puiſſance Q,
décompoſons ces tenſions en deux ſortes de forces,
les unes horiſontales, & les autres verticales, en faiſant les parallélogrammes rectangles que la Figure
repréſente. Les poulies E, F, G, étant indépendantes les unes des autres, & ayant la liberté de ſe
mouvoir en tout ſens, il faut néceſſairement, pour
qu'il y ait équilibre, que les forces appliquées à
chacune d'elles en particulier, ſe détruiſent par elles-
mêmes, & indépendamment de celles qui agiſſent
ſur les autres poulies. Ainſi, pour la poulie E, les
deux forces horiſontales ac, ae, ſont égales & ſe
détruiſent ; & la ſomme $ad + ad$, ou $bc + fe$ des
deux forces verticales ad eſt égale au poids P : en
ſorte qu'on a, Force $ac =$ Force ae, $P =$ Force bc
$+$ Force fe.

L

De même, pour la poulie F, on a, Force $gi =$ Force gl, $R =$ Force $hi +$ Force ml.

Et pour la poulie G, on a, Force $np =$ Force nr, $T =$ Force $op +$ Force sr.

Or, tous les triangles rectangles acb, aef, gih, &c, ayant des hypothénufes égales, les côtés bc, fe, hi, &c, peuvent être regardés comme les finus des angles que les cordons font avec l'horifon. Donc, en nommant r le raïon ou finus total, on aura $P =$

$$\frac{Q\times(\text{fin.}\,bac + \text{fin.}\,fae)}{r} ; R = \frac{Q\times(\text{fin.}\,hgi + \text{fin.}\,mgl)}{r} ;$$

$$T = \frac{Q\times(\text{fin.}\,onp + \text{fin.}\,snr)}{r} ; P + R + T =$$

$$\frac{Q(\text{fin.}\,bac + \text{fin.}\,fae + \text{fin.}\,hgi + \text{fin.}\,mgl + \text{fin.}\,onp + \text{fin.}\,snr)}{r}.$$

Ces équations donnent les proportions,

$P : Q :: \text{fin.}\,bac + \text{fin.}\,fae : r$,
$R : Q :: \text{fin.}\,hgi + \text{fin.}\,mgl : r$,
$T : Q :: \text{fin.}\,onp + \text{fin.}\,snr : r$,
$P : R :: \text{fin.}\,bac + \text{fin.}\,fae : \text{fin.}\,hgi + \text{fin.}\,mgl$,
$P : T :: \text{fin.}\,bac + \text{fin.}\,fae : \text{fin.}\,omp + \text{fin.}\,snr$,
$R : T :: \text{fin.}\,hgi + \text{fin.}\,mgl : \text{fin.}\,onp + \text{fin.}\,snr$,
$P + R + T : Q :: \text{fin.}\,bac + \text{fin.}\,fae + \text{fin.}\,hgi + \text{fin.}\,mgl + \text{fin.}\,onp + \text{fin.}\,snr : r$.

D'où l'on voit 1°. *que chaque poids, appliqué à l'une des poulies mobiles, eft à la puiffance, comme la fomme des finus des angles que les deux cordons tangents à cette poulie font avec l'horifon, eft au finus total.*

2°. *Que les poids font entr'eux comme les fommes des finus des angles que forment avec l'horifon les cordons tangents aux poulies mobiles qui les foutiennent.*

3°. *Que la fomme de tous les poids eft à la puiff*

fance, comme la somme des sinus des angles que les cordons tangents aux poulies mobiles, font avec l'horison, est au sinus total.

210. Le système proposé étant abandonné à lui-même, & étant parvenu à la situation d'équilibre après quelques mouvements d'oscillation dont il ne s'agit pas ici, aura toujours une disposition telle que les conditions mentionnées seront remplies. Mais si connoissant les poids P, R, T, & la puissance Q ou S, on veut déterminer cette disposition *à priori*, cela sera aisé. Il faudra, pour cela, que dans la poulie E, les deux angles bac, fae, soient égaux, pour avoir des forces horisontales ac, ae, égales entr'elles. De plus ces angles doivent être tels que la somme des deux forces verticales bc, fe, ou le double de l'une bc d'elles soit égal au poids P; ce qui est facile à obtenir, puisqu'il s'agit simplement de résoudre un triangle rectangle bac, dans lequel on connoît l'hypothénuse ab, expression de la puissance *donnée* Q, & le côté bc, expression de la moitié du poids P aussi *donnée*. On raisonnera de même pour les poulies F & G.

211. Supposons maintenant (Fig. 94 & 95) que les poulies supérieures A, B, C, &c, soient assemblées dans une même chappe fixe AK, & que les inférieures E, F, G, soient assemblées dans une même chappe mobile EF chargée d'un poids P. Ce poids doit être regardé comme formé du poids particulier de la moufle inférieure & de ses poulies, & du poids étranger que cette moufle soulève. Que toutes les poulies soient embrassées par une même corde dont une extrémité est tirée par la puissance Q, l'autre est arrêtée fixément en S à la chappe supérieure ou inférieure; & que tout le système soit en équilibre. Il est clair, comme dans l'article 208, que toutes les

parties de la corde font également tendues , & que chaque tenfion peut être repréfentée par la puif-fance Q.

212. JE décompofe chacune des tenfions égales des cordons qui foutiennent la moufle inférieure, en deux fortes de forces, les unes horifontales, les autres verticales, comme on le voit dans les deux Figures. Il n'y a plus équilibre maintenant entre les forces particulières qui agiffent fur chacune des poulies inférieures, parce que ces poulies étant con-tenues dans une même chappe, à des diftances fixes les unes des autres, doivent être regardées comme ne formant qu'un même tout, affujetti à fuivre le mouvement de la chappe qui les affemble. Mais il y aura équilibre dans le fyftéme, fi l'on fuppofe,

1°. Que la réfultante de toutes les forces horifon-tales qui tirent dans un fens, foit égale & directement oppofée à la réfultante de toutes les forces horifon-tales qui tirent dans le fens oppofé : c'eft-à-dire, qu'en nommant F & F' ces deux réfultantes, qui font chacune (50) la fomme de leurs forces com-pofantes, on ait $F = F'$; & que de plus ces forces F & F' agiffent fuivant une même ligne horifon-tale, l'une de gauche à droite, l'autre de droite à gauche.

2°. Que la réfultante des forces verticales qui pro-viennent des tenfions des cordons propofés, foit égale & directement oppofée au poids P, en forte que nommant G cette réfultante, on ait $G = P$; & que la force G agiffe dans la direction de la ver-ticale PI.

Cela pofé, on voit à l'infpection de nos deux Figures que les tenfions égales des cordons qui ti-rent la moufle inférieure, étant repréfentées par des parties égales de leurs directions, la fomme des forces verticales qui en proviennent, ou (50) la force G, est représentée par la somme des sinus des angles que ces cordons forment avec l'horisontale, tandis que l'une des tensions, ou la puissance Q, est exprimée par le sinus total. Donc, à cause de $P = G$, il s'ensuit que *le poids P, est à la puissance Q, comme la somme des sinus des angles que forment avec l'horison les cordons qui soutiennent la moufle inférieure, est au sinus total.*

213. LA moufle inférieure, chargée du poids P, étant abandonnée à elle-même, finira par prendre la position d'équilibre; & alors la proportion qu'on vient de trouver, aura toujours lieu. Cela suffit pour la pratique. Le problême inverse, ou la détermination générale & *à priori* de la position que la moufle inférieure doit prendre pour qu'il y ait équilibre, mène à des calculs qui, sans être difficiles, sont longs & de peu d'usage. Je les supprime, par cette raison.

214. QUE le système étant toujours en équilibre, les cordons qui agissent sur la moufle inférieure, deviennent parallèles : ils feront nécessairement verticaux. Car, si étant parallèles, ils n'étoient pas verticaux, ils seroient tous inclinés dans le même sens; d'où il suit que les forces horisontales agissant toutes dans le même sens, ne pourroient pas se détruire, & que par conséquent il n'y auroit pas équilibre: De plus, le sinus de l'angle formé par chacun de ces cordons avec l'horison devient le sinus total. Donc alors (209), *le poids est à la puissance, comme le nombre des cordons qui tirent la moufle inférieure, est à l'unité.*

215. IL suit de-là que le poids est à la puissance dans le plus grand rapport possible, lorsque les cordons qui tendent à soulever la moufle mobile, sont parallèles, & par conséquent verticaux. Cette dispo-

fition eft donc la plus avantageufe de toutes, pour faire équilibre, avec une force donnée, au plus grand poids poffible. Mais, dans le cas du mouvement, la viteffe du poids eft à celle de la puiffance, comme l'unité eft au nombre des cordons qui tirent la moufle inférieure. Ainfi on perd en tems ce qu'on gagne en force.

216. Le principal ufage des moufles dans la pratique étant de faire gagner de la force, on s'attache, autant qu'il eft poffible, à rendre les cordons parallèles. On voit des exemples de ce parallélifme dans les Figures 96, 97, 98. La corde peut être arrêtée à la moufle fupérieure ou à l'inférieure.

Fig. 96, 97, 98.

Dans la Figure 96, les centres des poulies de chaque chappe font dans une même ligne droite; & les diamètres de ces poulies croiffent, en allant fuivant l'ordre de la corde, à partir du point où elle eft attachée à l'une des moufles, croiffent, dis-je, comme une progreffion arithmétique dont la différence eft le diamètre de la plus petite poulie. Cet affemblage a l'inconvénient d'être un peu volumineux.

Dans la Figure 97, toutes les poulies des deux moufles ont des diamètres égaux, & celles de chaque moufle font traverfées par un goujon commun. Ces fortes de moufles font fort en ufage. Les cordons n'y font pas exactement parallèles; mais ce défaut eft peu confidérable.

Dans la Figure 98, les poulies de chaque moufle forment une efpèce de cone tronqué ou de *fufée*. Les diamètres des poulies vont en progreffion arithmétique, fuivant la même loi que dans la Figure 96. Cette troifième efpèce de moufles eft peu en ufage.

217. La moufle fupérieure eft portée ordinaire-

ment par un appui qu'on peut regarder comme in-
vincible. Si on vouloit déterminer la preſſion qui
réſulte contre l'appui, en vertu du poids P & de
la puiſſance Q, cela feroit aiſé. Par exemple, dans
la moufle de la Figure 94, on prolongera les di-   Fig. 94.
rections du poids P & de la puiſſance Q, juſqu'à ce
qu'elles ſe rencontrent en O; & prenant les parties
$O M$, $O N$, pour repréſenter ces deux forces, on
achevera le parallélogramme $O M H N$. La preſſion
réſultante de-là contre l'appui, ſera repréſentée par
la diagonale $O H$.

218. IL n'eſt pas néceſſaire de faire obſerver que
ſi la moufle inférieure, au lieu de porter un poids,
ſoutenoit une réſiſtance dont la direction ne fût pas
verticale ; tout ce qu'on a dit pour le premier cas
s'appliqueroit à celui-ci, en prenant pour la verticale la direction de la réſiſtance, & pour l'horiſontale la perpendiculaire à cette direction.

SECTION IV.

Du Tour, & de quelques autres Machines qui s'y rapportent.

219. LE *Tour*, *Treuil*, ou *Cabeſtan*, eſt une machine compoſée d'un cylindre & d'une roue qui
ont le même axe; ou du moins, ſon effet peut toujours être regardé comme réſultant d'un tel aſſemblage. Une puiſſance Q (Fig. 99) appliquée à la   Fig. 99.
roue, ou à ce qui en tient lieu, oblige la corde
qui ſoutient le poids P, à s'envelopper autour du
cylindre, & par conſéquent le poids à s'élever. Le
cylindre eſt garni à ſes extrémités de tourillons qui
portent ſur des appuis.

L iv

220. Cette machine a différentes dénominations, felon fa pofition & les ufages auxquels elle fert. Quand le cylindre eft horifontal, & par conféquent la roue verticale, elle s'appelle *Tour*, *Treuil*, quelquefois fimplement *Roue*, du nom de la principale pièce. On l'emploie beaucoup pour tirer des pierres du fond des carrières, & en général pour foulever des fardeaux très-pefants.

Dans ces fortes de cas, on garnit les jantes de la roue, de chevilles auxquelles des hommes s'appliquent par leurs mains ; ce qui leur donne le moyen de s'aider d'une partie de leurs poids pour faire tourner la machine.

Souvent, au lieu de fe fervir d'une roue garnie de chevilles, on fe contente fimplement de ficher perpendiculairement au cylindre (Fig. 100) des barres, aux extrémités defquelles des hommes agiffent par leurs bras & par une partie de leurs poids. On peut rapporter à cette efpèce de tour, celui dont on fe fert quelquefois (Fig. 101) pour tirer de l'eau d'un puits profond, & qu'on fait mouvoir par le moyen de *manivelles*, M, M.

Il y a des occafions où l'on emploie, pour roue, un grand tambour creux, dans lequel des hommes, en marchant, font tourner la machine par leurs poids. Voyez les Figures 111, 112.

221. Quand le cylindre eft vertical (Fig. 102), la machine fe nomme *cabeftan*. Alors on n'y emploie prefque jamais une roue ; elle eft fuppléée par des barres horifontales qui traverfent le cylindre, & que des hommes tirent ou pouffent par leurs extrémités. Le cabeftan eft d'un grand ufage dans la Marine, pour lancer l'ancre à la mer, ou pour l'en retirer. Il fert auffi à terre en plufieurs occafions, comme pour tirer des pierres, ou des tonneaux

pleins, d'un bateau qui eſt ſur la rivière, ou pour mouvoir d'autres fardeaux très-peſants, & les faire approcher d'un certain but.

222. Il eſt évident que les effets de toutes les différentes eſpèces de tours reviennent, dans le fond, à celui du tour repréſenté par la Figure 99. Ainſi, je ſuppoſe qu'à la roue ABD (Fig. 103), & à la ſection MNK du cylindre, faite en un endroit quelconque, perpendiculairement à l'axe EF, on applique, ſuivant des directions tangentielles & ſituées reſpectivement dans les plans des cercles parallèles ABD, MNK, une puiſſance Q & un poids P, qui ſe contrebalancent, & qui tendent à faire tourner la machine, en ſens contraires, autour de l'axe EF. Il s'agit de *déterminer*, 1°. *la relation que ces deux forces ont entr'elles, dans l'état d'équilibre ;* 2°. *les preſſions qu'elles produiſent ſur les appuis* E & F, *qui portent la machine.*

Fig. 103.

223. Pour réſoudre le premier de ces deux problêmes, nommons R le raïon CA de la roue, r le raïon ON du cylindre ; & imaginons qu'ayant prolongé le raïon horiſontal ON du cylindre, tellement qu'on ait une ligne égale à R, on applique à l'extrémité de cette ligne un poids repréſenté par $\frac{P \times r}{R}$. Ce nouveau poids tendra à produire (49) le même mouvement de rotation autour du point O, que le poids P. Ainſi, par rapport à ce mouvement, nous pouvons concevoir qu'à la place du poids P, on a ſubſtitué, à la diſtance R de l'axe, le poids $\frac{P \times r}{R}$. Alors, nous aurons deux forces, Q & $\frac{P \times r}{R}$, appliquées, ſuivant des directions tangentielles, à deux cercles égaux, qu'elles tendent à faire

tourner en fens contraires, autour de l'axe EF. Donc, il n'y aura pas de raifon pour que la machine tourne dans un fens plutôt que dans l'autre, fi ces deux forces font égales, c'eft-à-dire, fi on a l'équation $Q = \dfrac{P \times r}{R}$. Cette équation donne la proportion, $P : Q :: R : r$. D'où l'on voit que *dans le tour, le poids* P *& la puiffance* Q *étant fuppofés en équilibre, le poids eft à la puiffance, comme le raïon de la roue, eft à celui du cylindre.*

Il peut arriver que les deux forces P & Q foient dans un même plan. La proportion précédente a toujours également lieu.

224. Il eft clair, en général, que relativement à la manière dont le poids & la puiffance font difpofés & fe contrebalancent mutuellement, l'effet du tour revient à celui d'un levier de la première efpèce. Ainfi, la remarque que nous avons faite (161), au fujet de ce levier, s'applique également au tour. Je veux dire, que fi, dans l'état d'équilibre, la puiffance eft moindre que le poids, & cela, dans le rapport du raïon du cylindre à celui de la roue, auffi, dans l'état de mouvement, la puiffance marche plus vîte que le poids, & cela, dans le rapport du raïon de la roue à celui du cylindre.

225. Pour déterminer les preffions des appuis E & F, ce qui eft le fecond des deux problêmes que nous nous fommes propofés ci-deffus, nous obferverons que les appuis foutenant la machine entière, les forces qui proviennent du poids P & de la puiffance Q, doivent y paffer, & y trouver leur deftruction. Imaginons, par chacun des points E & F, deux fections concentriques, & de plus parallèles & égales chacune à chacun des deux cercles ABD, MNK ; ces fections font abd, mnk, pour le

point E; & $a'b'd'$, $m'n'k'$ pour le point F. Menons par les points A & N, les droites aAa', nNn', parallèles à l'axe EF; & dont la première rencontre les circonférences abd, $a'b'd'$, aux points a, a'; & la seconde rencontre les circonférences mnk, $n'n'k'$, aux points n, n'. Par les points a & a', menons les droites aq, $a'q'$, parallèles à AQ; & par les points n & n', les droites np, $n'p'$, parallèles à NP. Enfin, tirons les raïons CA, Ea, Fa'; ON, En, Fn'. Cette construction faite, je décompose le poids P en deux autres p, p', dirigés suivant np, $n'p'$; & la puissance Q en deux autres q, q' dirigées suivant aq, $a'q'$. Ainsi, à la place des deux forces P & Q, nous avons les quatre forces p, p', q, q'.

Maintenant, il est clair qu'en vertu des deux forces p, q, l'appui E souffre une pression égale à leur résultante; & que pareillement, en vertu des deux forces p', q', l'appui F souffre une pression égale à leur résultante. Donc, si, après avoir mené les verticales Ez, Fs, & les droites Eh, Fm, parallèles à AQ, on représente p par Eg, q par Eh, p' par Fi, q' par Fm; qu'ensuite on achève les deux parallélogrammes $Ehtg$, $Fmli$: les diagonales Et, Fl, représenteront respectivement les pressions des deux appuis E & F. Or, les deux forces p, p', & leur résultante P, étant parallèles; & de même les deux forces q, q', & leur résultante Q, étant parallèles: on a (45) $p = \dfrac{P \times Nn'}{nn'} = \dfrac{P \times OF}{EF}$, $p' = \dfrac{P \times Nn}{nn'} = \dfrac{P \times OE}{EF}$, $q = \dfrac{Q \times Aa'}{aa'} = \dfrac{Q \times CF}{EF}$, $q' = \dfrac{Q \times Aa}{aa'} = \dfrac{Q \times CE}{EF}$. Ainsi, les forces p, p', q, q', seront connues, puisque les quantités P, Q, EF, OE, OF,

CE, *CF*, font toutes données. De plus, on connoît les angles *Egι*, *Fil*, qui font égaux chacun à l'un des angles (donnés), que fait la direction de la puiffance *Q* avec la verticale. Par conféquent, on a toutes les données néceffaires, pour réfoudre, fuivant les règles de la Géométrie, chacun des triangles *Egι*, *Fil*, & déterminer les preffions cherchées *Eι*, *Fl*.

226. Nous pouvons repréfenter les mêmes preffions par des formules générales très-commodes, & qu'on appliquera fans peine à chaque cas particulier. Pour cela, décompofons les forces exprimées par *Eh*, *Fm*, chacune en deux autres *Ex*, *Eu*; *Fy*, *Fr*; l'une horifontale, l'autre verticale. De plus, menons les horifontales *ιz*, *ls*. Il eft évident que l'appui *E* fupporte une preffion horifontale repréfentée par *Ex*, une preffion verticale repréfentée par *Ez*; & l'appui *F*, une preffion horifontale repréfentée par *Fy*, une preffion verticale repréfentée par *Fs*. Suppofons

le finus total. . . . . $= 1$,

le finus de l'angle *hEx*, ou *mFy* que fait la
   direction de la puiffance *Q* avec l'horifon. $= \lambda$,

le cofinus de cet angle. . . . . $= \pi$,

la preffion *Eι* de l'appui *E*. . . . . $= E$,

fa preffion horifontale *Ex*. . . . . $= e$,

fa preffion verticale *Ez*. . . . . $= e'$,

la preffion *Fl* de l'appui *F*. . . . . $= F$,

fa preffion horifontale *Fy*. . . . . $= f$,

fa preffion verticale *Fs*. . . . . $= f'$.

Cela pofé, puifque $Eh = q$, $Eg = p$, $Fm = q'$, $Fi = p'$; & que d'un autre côté, Ex ou $zι = Eh \times \dfrac{\pi}{1}$, xh ou $gz = Eh \times \dfrac{\lambda}{1}$, Fy ou $sl = Fm \times$

Fr ou $is = Fm \times \dfrac{\lambda}{1}$, $Et = V[(\iota z)^2 +$

$z)^2]$; $Fl = V[(ls)^2 + (Fs)^2]$: on aura, $e =$

; $e' = p + q\lambda$; $E = V[q^2 \pi^2 + (p + q\lambda)^2]$.

$f = q'\pi$; $f' = p' + q'\lambda$; $F = V[q'^2 \pi^2 + (p' +$

$)^2]$.

227. On a déja observé que $p = \dfrac{P \times OF}{EF}$,

$= \dfrac{E \times OP}{EF}$, $q = \dfrac{Q \times CF}{EF}$, $q' = \dfrac{Q \times CE}{EF}$. Subs-

uant ces valeurs dans les équations précédentes,

aura, $e = \dfrac{\pi Q \times CF}{EF}$; $e' = \dfrac{P \times OF + \lambda Q \times CF}{EF}$;

$= \dfrac{V[(\pi Q \times CF)^2 + (P \times OF \lambda Q \times CF)^2]}{EF}$.

$f = \dfrac{\pi Q \times CE}{EF}$; $f' = \dfrac{P \times OE + \lambda Q \times CE}{EF}$; $F =$

$\dfrac{V[(\pi Q \times CE)^2 + (P \times OE + Q\lambda \times CE)^2]}{EF}$.

Examinons avec quelque détail les conséquences
ui résultent de ces formules.

228. La puissance Q étant supposée conserver
oujours la même direction, les pressions horison-
ales e & f des appuis demeurent toujours les mê-
hes, en quelqu'endroit du cylindre que le poids soit
ppliqué, parce que toutes les quantités π, Q,
F, CE, EF, qui entrent dans les valeurs de
es pressions, sont constantes. De plus, à cause de

$+ f = \dfrac{\pi Q \times (CF + CE)}{EF} = \pi Q$; il s'ensuit que

a somme des deux pressions horisontales des appuis,
st égale au produit de la puissance par le cosinus de
angle qu'elle fait avec l'horison. Cette expression

eſt cenſée diviſée par le ſinus total qui eſt pris pour l'unité.

229. Les preſſions verticales demeureroient auſſi toujours les mêmes, ſi le poids répondoit toujours au même point O de l'axe. Mais comme la corde a un certain diametre, & que les rangs de corde ſe placent les uns à côté des autres ſur le cylindre, il eſt clair qu'à meſure que le poids monte, le point O change de place. D'où il ſuit que les valeurs des deux preſſions e' & f' changent auſſi. Mais leur ſomme eſt toujours une quantité conſtante. Car $e' + f' =$

$$\frac{P \times (OF + OE) + \lambda Q \times (CF + CE)}{EF} = P + \lambda Q$$

Ainſi, *la ſomme des deux preſſions verticales des appuis eſt égale à la ſomme du poids, & du produit de la puiſſance par le ſinus de l'angle qu'elle fait avec l'horiſon, diviſé par 1 qui eſt le ſinus total.*

230. Quant aux preſſions réſultantes E, F, elles ne ſont pas les mêmes en général, comme on le voit par leurs valeurs données ci-deſſus.

De plus, il eſt évident que ces mêmes forces E, F ne ſeront dirigées dans un même plan, que quand les deux triangles $E\zeta t$, Fsl, ſeront ſemblables, & que par conſéquent on aura la proportion, $E\zeta$: ζt :: Fs : sl. Suppoſons que cette proportion ait lieu en effet, ou, ce qui revient au même, qu'on ait

$$\frac{P \times OF + \lambda Q \times CF}{EF} : \frac{\pi Q \times CF}{EF} :: \frac{P \times OE + \lambda Q \times CE}{EF}$$

$\frac{\pi Q \times CE}{EF}$; nous tirerons de-là l'équation, $\pi \times OF \times CE = \pi \times OE \times CF$; ou $\pi \times OF \times CE - \pi \times OE \times CF = 0$, qui donne, ou $\pi = 0$, ou $OF \times CE - OE \times CF = 0$.

Dans le premier cas, c'eſt-à-dire, lorſque $\pi = 0$, la direction de la puiſſance eſt verticale; les preſſions horifontales des appuis s'évanouiffent ; il ne refte plus que les deux preffions verticales, qui font dans le plan vertical, paffant par l'axe EF.

Dans le fecond cas, où π étant une quantité finie on auroit $OF \times CE - OE \times CF = 0$, ou $(EF - OE) \times CE - OE \times (EF - CE) = 0$, ou $OE = CE$, on voit que la direction de la puiffance Q n'étant pas verticale, les deux preffions réfultantes contre les appuis, ne font dans un même plan que quand le poids & la puiffance font dans un même plan perpendiculaire à l'axe EF.

Ainfi, *les preffions réfultantes contre les appuis, ne font dans un même plan que quand le poids & la puiffance ont des directions, ou parallèles, ou fituées dans un même plan vertical, perpendiculaire à l'axe.* Ce qui comprend auffi le cas où l'on auroit tout-à-la-fois $\pi = 0$, $OE = CE$.

231. Lorsque la direction de la puiffance Q eft verticale, & que par conféquent $\pi = 0$, $\lambda = 1$: on a,

$$e = 0 \; ; \; e' = E = \frac{P \times OF + Q \times CF}{EF} \; ;$$

$$f = 0 \; ; \; f' = F = \frac{P \times OE + Q \times CE}{EF} .$$

Ainfi il n'y a plus de preffions horifontales, comme nous l'avons déja remarqué ; & *on aura la preffion verticale d'un appui, en multipliant le poids & la puiffance, chacun par la partie de l'axe qui lui répond, & fituée du côté de l'autre appui ; ajoutant enfemble les deux produits, & divifant la fomme par l'axe.*

232. Supposons que la puiffance Q tire horifontalement, on aura $\lambda = 0$, $\pi = 1$. Par conféquent, $e = \dfrac{Q \times CF}{EF} \; ; \; e' = \dfrac{P \times OF}{EF} \; ; \; E =$

$$\frac{\sqrt{[(Q \times CF)^2 + (P \times OF)^2]}}{EF} \; ;$$

$$f = \frac{Q \times CE}{EF} \; ; \; f' = \frac{P \times OE}{EF} \; ; \; F = \dots\dots\dots\dots$$

$$\frac{\sqrt{[(Q \times CE)^2 + (P \times OE)^2]}}{EF}.$$

Il est facile de traduire ces expressions en langage ordinaire. Je ne les traduis point, pour éviter la prolixité.

Le Lecteur fera aisément d'autres applications de ces formules.

233. Nous n'avons fait entrer dans les valeurs des pressions des appuis, que le poids P & la puissance Q. Si on y veut faire entrer aussi le poids du cylindre & de la roue, cela sera facile. Car, imaginant ce poids réuni à son centre de gravité ; il ne s'agira que de le décomposer en deux forces qui passent par les appuis, & qui s'ajoutent aux forces p, p' ; ensuite on emploiera ces deux sommes, comme on a employé ci-dessus p, p'.

234. Il peut arriver que plusieurs puissances & plusieurs poids agissent à-la-fois sur un tour. Supposons, pour envisager la question encore plus généralement, une machine composée de plusieurs roues & de plusieurs cylindres, qui ayant un axe commun, ont d'ailleurs des rayons quelconques. Qu'aux extrémités des raïons R, R', R'', R''', &c. des roues, agissent les puissances Q, Q', Q'', Q''', &c ; & aux extrémités des raïons r, r', r'', r''', &c, des cylindres, les poids P, P', P'', P''', &c. On aura, dans le cas d'équilibre, $Q \times R + Q' \times R' + Q'' \times R'' + Q''' \times R''' + $ &c $= P \times r + P' \times r' + P'' \times r'' + P''' \times r''' + $ &c.

Car il faut que la somme des moments des forces Q, Q', Q'', &c, qui tendent à faire tourner la machine dans un sens autour de l'axe, soit égale à la somme des moments des forces P, P', P'', &c,

qui

qui tendent à la faire tourner dans le sens contraire, autour du même axe.

A l'égard des pressions des appuis, elles se détermineront ainsi. Commencez par décomposer chacune des forces P, P', P'', &c, & chacune des forces Q, Q', Q'', &c, comme on a décomposé ci-dessus les deux forces P & Q; réduisez toutes les forces qui proviennent à chaque appui, en deux sortes de forces, les unes horisontales, les autres verticales; prenez les sommes ou les résultantes de ces forces horisontales & verticales; & cherchez la résultante de ces deux résultantes; elle exprimera la pression de l'appui que vous considérez.

Du Cric.

235. Le cric simple (Fig. 104) est composé d'une barre AB, garnie à l'une de ses faces de dents de fer, & mobile dans une chasse CE. Les dents de la barre AB engrènent avec celles d'une petite roue ou *pignon* DD qu'on fait tourner sur son axe, au moyen de la manivelle NM. Les dents du pignon soulèvent la barre, & font par conséquent monter un poids placé sur sa tête A.

En considérant l'effort que chaque dent du pignon fait en D pour soulever la barre, comme un poids à élever, il est clair (223) que la puissance appliquée à la manivelle, est à ce poids, comme le raïon du pignon, est au bras NM de la manivelle. D'où l'on voit qu'en faisant le raïon du pignon très-petit par rapport à celui de la manivelle, on peut, avec une force médiocre, élever un poids très-considérable.

Quelquefois, pour soulever un plus grand poids, avec la même force appliquée à la manivelle, on emploie dans le cric plus d'un pignon. Alors l'effet du

Fig. 104.

M

cric eſt le même que celui des roues dentées, que nous allons expliquer.

Des Roues dentées.

236. Tout le monde connoît la figure des roues dentées. On ſait que les dents ſont des parties ſaillantes par leſquelles les roues engrènent les unes avec les autres, & ſe tranſmettent l'action de la force motrice. Ces roues ſont d'un grand uſage dans les moulins, & en général dans toutes les machines mues par le courant d'un fluide, & dans celles où le principe moteur ne peut pas être appliqué immédiatement à la place même où il doit opérer ſon effet. Ordinairement on aſſemble ſur un même arbre, & dans des plans différents, une grande roue, & une petite autrement nommée *pignon*, dont les dents ou *aîles* engrènent avec les dents d'une autre roue. Dans les grandes machines, on ſubſtitue ſou-

Fig. 105. vent aux pignons, des *lanternes* (Fig. 105) qui ne ſont autre choſe que des cylindres aſſemblés parallèlement entr'eux dans des plateaux M, N; alors les dents de la roue engrènent avec les fuſeaux de la lanterne, comme elles feroient avec les aîles d'un pignon. Le méchaniſme revient abſolument au même dans les deux cas. Contentons-nous donc d'examiner l'engrènage des roues & des pignons.

Fig. 106. 237. Soient trois roues A, B, C (Fig. 106), & leurs pignons correſpondants a, b, c. Le pignon, ou plutôt le cylindre a, ſoutient un poids P; la roue A, qui a le même arbre que lui, engrène avec le pignon b; la roue B, qui a même arbre que le pignon b, engrène avec le pignon c; la roue C qui a même arbre que ce pignon, eſt tirée à ſa circonférence par la puiſſance Q, & tout le ſyſtême eſt en équilibre. Nommons R, R', R'', les raïons des roues ; r, r', r'', ceux des pignons ; E l'effort de la la roue A contre le pignon b ; E' l'effort de la roue B contre le pignon c. En regardant l'effort reçu par chaque pignon, comme un poids qui lui est appliqué, il est évident (223) qu'on aura ces trois proportions :

$$P : E :: R : r,$$
$$E : E' :: R' : r',$$
$$E' : Q :: R'' : r'';$$

lefquelles étant multipliées par ordre, donnent

$$P : Q :: R \times R' \times R'' :: r \times r' \times r''.$$

D'où il fuit que *le poids P eft à la puiffance Q, comme le produit des raïons des roues, eft au produit des raïons des pignons.*

Il en feroit de même, s'il y avoit un plus grand nombre de roues & de pignons.

On voit par-là que ces fortes de machines peuvent donner un très grand avantage à la puiffance fur le poids, relativement à la force ; mais cet avantage eft acquis aux dépens du tems, lorfque la machine paffe du repos au mouvement.

238. On a fouvent befoin, fur-tout dans l'Horlogerie, que les nombres des révolutions des roues & des pignons ayent entr'eux un certain rapport. C'eft ce qu'on obtient, en donnant aux roues & aux pignons les nombres convenables de dents & d'ailes. Entrons dans quelque détail à ce fujet.

239. Soient les roues A, B, C, D (Fig. 107). Fig. 107. dont la première engrène avec le pignon b fixé à la feconde ; celle-ci engrène avec le pignon c fixé à la troifième ; ainfi de fuite. Défignons par A, B, C, D les nombres des dents des roues, & par b, c,

d, e, les nombres des aîles des pignons. De plus, nommons N, N', N'', N''', les nombres de tours que les quatre roues font dans le même tems ; ceux des trois pignons b, c, d, qui ne font chacun qu'un même corps avec chacune des trois roues B, C, D, seront répréfentés par N', N'', N''', refpectivement ; nous défignerons par N^{iv} le nombre de tours du dernier pignon e. Cela pofé, il eft clair que le nombre des dents de la roue A, engrènées pendant chaque tour, étant exprimé par A, le nombre de dents qu'elle engrènera, pendant le nombre N de tours, fera exprimé par $A \times N$. De même, le nombre d'aîles engrènéës par le pignon b, avec la roue A, pendant le nombre N' de révolutions, fera repréfenté par $b \times N'$. Or, pendant le même tems, il s'engrène autant de dents de la roue A que d'aîles du pignon b. Ainfi, on a l'équation $A \times N = b \times N'$. On a, par la même raifon, les équations $B \times N' = c \times N''$, $C \times N'' = d \times N'''$, $D \times N''' = e \times N^{\text{iv}}$. Ces différentes équations donnent les proportions :

$$N : N' :: b : A,$$
$$N' : N'' :: c : B,$$
$$N'' : N''' :: d : C,$$
$$N''' : N^{\text{iv}} :: e : D,$$

lefquelles étant multipliées par ordre donnent,

$$N : N^{\text{iv}} :: b \times c \times d \times e : A \times B \times C \times D ;$$

C'eft-à-dire que *le nombre des tours de la première roue* A, *eft au nombre des tours du dernier pignon* e, *comme le produit des aîles des pignons, eft au produit des dents des roues.*

240. Cette proportion donne l'équation $\dfrac{N}{N^{\text{iv}}} =$

$$\frac{b \times c \times d \times e}{A \times B \times C \times D}$$, par laquelle on voit que N & N^{IV} étant donnés, rien ne détermine les nombres d'aîles & de dents que chaque pignon & chaque roue doivent avoir en particulier. Il suffit que le rapport du produit de toutes les aîles, au produit de toutes les dents, soit le même que celui de N à N^{IV}. Supposons, par exemple, que la roue A faisant un tour, pendant un certain tems, le pignon e en fasse deux; c'est-à-dire $\dfrac{N}{N^{\text{IV}}} = \frac{1}{2}$. On aura $\frac{1}{2} = $

$$\frac{b \times c \times d \times e}{A \times B \times C \times D}, \text{ ou } A \times B \times C \times D = 2 \times b \times c \times d \times e.$$

Donc, si l'on donne arbitrairement 6 aîles au premier pignon, 8 au second, 10 au troisième, 12 au quatrième, on aura, $A \times B \times C \times D = 2 \times 6 \times 8 \times 10 \times 12 = 11520$, nombre qu'il faudra décomposer en quatre facteurs qui seront les nombres des dents des quatre roues A, B, C, D. On peut prendre, pour ces quatre facteurs, ou les quatre nombres 12, 8, 10, 12, ou les quatre nombres 6, 16, 5, 24, ou &c. L'arrangement des roues & des pignons est indifférent. Si on avoit commencé par se donner les nombres des dents des roues, on auroit trouvé d'une manière semblable les nombres des aîles de pignons.

241. Souvent le nombre que l'on a pour le produit total des dents des roues, ou des aîles des pignons, ne peut pas se décomposer en facteurs qui puissent être les nombres des dents ou des aîles, des roues ou des pignous, en particulier. Alors le problême n'est pas susceptible d'une solution rigoureuse; mais il faut se contenter d'une solution approchée.

Supposons, par exemple, q'on ait (Fig. 108)　Fig. ❡

les trois roues, A, B, C, & les trois pignons b, c, d; que la première roue A fasse un tour en un an, & le dernier pignon d, un tour en 12 heures. On aura d'abord (239) l'équation générale; $\dfrac{N}{N'''} = \dfrac{b \times c \times d}{A \times B \times C}$.

L'année commune étant de 365 jours 5 heures 49 minutes, ou de 525949', & 12 heures valant 720'; considérant d'un autre côté que pendant un tour de la roue A, le nombre N''' de tours du dernier pignon est le quatrième terme de cette proportion, $720 : 525949 :: 1 : N'''$, qui donne $N''' = \dfrac{525949}{720}$: il est clair qu'on aura $N : N''' :: 1 : \dfrac{525949}{720}$ $:: 720 : 525949$, ou bien $\dfrac{N}{N'''} = \dfrac{720}{525949}$. Donc, $A \times B \times C \times 720 = b \times c \times d \times 525949$; ou $A \times B \times C = \dfrac{b \times c \times d \times 525949}{720}$.

Comme le nombre des aîles de chaque pignon, & celui des dents de chaque roue, doivent être des nombres entiers, il faut que le produit $b \times c \times d$ soit un nombre entier, & que la fraction $\dfrac{b \times c \times d \times 525949}{720}$ en soit aussi un, ou que son numérateur soit divisible par son dénominateur. Il faut de plus que le quotient provenant de cette division, soit décomposable en trois facteurs qui puissent être les nombres des dents des trois roues. En faisant $b \times c \times d = 720$, ce nombre est décomposable en trois facteurs 8, 9, 10, qu'on peut prendre pour b, c, d; mais alors on auroit $A \times B \times C = 525949$, nombre qui n'est pas décomposable en facteurs qu'on puisse prendre pour

A, *B*, *C*. La même difficulté subsiste, en prenant pour le produit $b \times c \times d$ un multiple quelconque de 720. Le problême n'est donc pas soluble à la rigueur ; mais voici comment on peut le résoudre d'une manière approchée, en suivant l'esprit de la méthode que nous avons donnée dans le Traité d'Algébre (n°. 136).

242. L E numérateur de la fraction $\dfrac{b \times c \times d \times 525949}{720}$,

étant très-grand par rapport à son dénominateur, cette fraction ne changera pas sensiblement de valeur si sans toucher à son dénominateur, l'on augmente ou l'on diminue son numérateur d'un petit nombre d'unités. Prenons donc, à sa place, la fraction $\dfrac{b \times c \times d \times 525949 + m}{720}$, m étant un nombre entier très-petit, positif ou négatif : nous aurons sensiblement, $A \times B \times C = \dfrac{b \times c \times d \times 525949 + m}{720}$; ou

$A \times B \times C = b \times c \times d \times 730 + \dfrac{b \times c \times d \times 349 + m}{720}$. Or la première partie est un nombre entier ; la seconde $\dfrac{b \times c \times d \times 349 + m}{720}$ en sera donc aussi un, que je nomme n. On aura ainsi, $\dfrac{b \times c \times d \times 349 + m}{720} = n$; ou $b \times c \times d = 2n + \dfrac{22n - m}{349}$, dont la première partie étant un nombre entier, la seconde en sera aussi un, que je nomme p. Par-là on aura $\dfrac{22n - m}{349} = p$, ou $n = 15p + \dfrac{19p + m}{22}$, nombre entier. Soit

$$\frac{19\,p + m}{22} = q,$$ nombre entier ; on aura $p = q +$

$$\frac{3\,q - m}{19},$$ nombre entier. Soit $\dfrac{3\,q - m}{19} = r$, nom-

bre entier ; on aura $q = 6r + \dfrac{r + m}{3}$, nombre en-

tier. Soit $\dfrac{r + m}{3} = s$, nombre entier ; on aura

$r = 3s - m$.

Maintenant il faut rétrograder, & par le moyen de cette dernière équation, déterminer les valeurs des lettres r, q, p, n. Or comme l'équation $r = 3s - m$ renferme trois indéterminées, on peut en prendre deux à volonté, en observant seulement qu'elles soient des nombres entiers, & que m soit un petit nombre. Toutes les suppositions qui donneront pour $b \times c \times d$ un nombre décomposable en trois facteurs qui puissent être les nombres des aîles des pignons, & pour $A \times B \times C$ un nombre décomposable en trois facteurs qui puissent être les nombres des dents des roues ; toutes ces suppositions, dis-je, seront admissibles.

Soient, par exemple, $m = -1$, $s = 0$. On aura $r = 1$, $q = 6$, $p = 7$, $n = 111$. Donc $b \times c \times d = 229$, nombre qui n'est pas décomposable en facteurs qu'on puisse prendre pour b, c, d. La supposition proposée n'est donc pas convenable. Plusieurs autres, comme celles de $m = -2$, $s = 0$, $m = 1$, $s = 0$, &c, ne le font pas davantage. Mais celle de $m = -4$, $s = -1$, peut être employée. Car alors on a $r = 1$, $q = 5$, $p = 6$, $n = 95$. Donc $b \times c \times d = 196$, nombre qu'on peut décomposer en ces trois facteurs, 4, 7, 7, qui peuvent être les nombres des aîles des trois pignons. Mettons pour m, & $b \times c \times d$, leurs valeurs, dans l'équation $A \times B \times C = \dfrac{b \times c \times d \times 525949 + m}{720}$;

elle deviendra $A \times B \times C = 143175$, nombre décompofable en ces trois facteurs, 25, 69, 83, qui peuvent être les nombres des dents des trois roues. Ainfi , en donnant 4 aîles à un pignon, 7 aîles à un autre, 7 aîles au troifième ; 25 dents à une roue, 69 à une autre, 83 à la troifième : le problême fera réfolu, & il s'en faudra très-peu de chofe que le dernier pignon faifant un tour en 12 heures , la première roue faffe un tour en un an.

Si on veut connoître combien il s'en faudra que la première roue faffe un tour en un an, cela eft aifé ; car en nommant x le temps de la révolution de cette roue, il eft clair qu'on a $\dfrac{720'}{x} =$

$\dfrac{4 \times 7 \times 7}{25 \times 69 \times 83}$, ou $x = 525948' \frac{48}{49} = 365^{j} \; 5^{h} \; 48' \frac{48}{49}$.

243. Il eft à propos de faire à ce fujet une obfervation qui abrégera le calcul en plufieurs cas.

Comme dans l'équation approchée $A \times B \times C = \dfrac{b \times c \times d \times 525949 + m}{720}$, le dénominateur 720 eft un nombre compofé de plufieurs facteurs qu'on peut prendre pour un, ou pour deux des trois nombres b, c, d, le problême peut fe fimplifier & fe réfoudre comme il fuit.

Soit, par exemple, $b = 8$, qui eft un facteur de 720, & prenons $c = 7$: la queftion fera de fatisfaire à l'équation $A \times B \times C = \dfrac{7 \times 525949 \times d + m}{90}$, ou

$A \times B \times C = \dfrac{3681643 \times d + m}{90}$; & on voit qu'il fuffit de trouver pour l'inconnue d un nombre entier convenable, & tel que la quantité $\dfrac{3681643 \times d + m}{90}$ soit

aussi un nombre entier, décomposable en trois facteurs qu'on puisse prendre pour A, B, C.

Soient $b = 8$, $c = 9$ (ces deux nombres sont des facteurs de 720); la question sera de satisfaire à l'équation $A \times B \times C = \dfrac{525949 \times d + m}{10}$, de manière que d soit un nombre entier convenable, & que la quantité $\dfrac{525949 \times d + m}{10}$ soit aussi un nombre entier, décomposable en trois facteurs qu'on puisse prendre pour A, B, C.

Soient $b = 6$, $c = 8$ (nombres qui sont encore des facteurs de 720): il s'agira de satisfaire à l'équation $A \times B \times C = \dfrac{525949 \times d + m}{15}$, toujours suivant la condition énoncée.

Il en est de même pour d'autres suppositions. Tous ces problêmes se résolvent facilement par la méthode proposée.

Méchanisme des Fusées de Montres.

244. Il y a des machines qui se meuvent par un méchanisme semblable à celui du tour, mais dans lesquelles l'action de la force motrice est variable. Alors, la résistance à vaincre étant supposée constante, on applique la force motrice à des bras de levier variables, & qui deviennent plus ou moins longs, selon que cette force diminue ou augmente. Tel est le méchanisme des horloges à *ressort*, ou des *montres* ordinaires. Le principe moteur de ces machines est une lame élastique d'acier, pliée spira-

lement fur elle-même, & enfermée dans un *barillet* *AB* (Fig. 109) qui eft traverfé par un arbre im- Fig. 109. mobile OV, autour duquel il a la liberté de tourner. Cette lame eft fixée par l'un de fes bouts à l'arbre OV, & par l'autre à la furface concave du barillet. Une chaîne CDE eft arrêtée par un bout au barillet, & par l'autre à la *fufée* $MKLI$ de forme conique; l'arbre FG de cette fufée la traverfe quarrément, & peut être cenfé ne faire avec elle qu'un même corps. Pour *monter* la montre, c'eft-à-dire pour la mettre en activité, on fait tourner la fufée dans un certain fens (par exemple ici de gauche à droite), au moyen d'une *clef* qu'on applique à la tête F de fon arbre; en même-tems la chaîne fait tourner le barillet autour de fon axe OV qu'une roue d'arrêt empêche de tourner; la lame fpirale fe plie autour de ce même axe, & par-là la force élaftique augmente, de forte que le reffort eft dans fa plus grande tenfion, lorfque la chaîne répond au plus petit diamètre MI de la fufée. Quand la montre eft entièrement montée, ou quand toute la fufée eft couverte par la chaîne, on retire la clef; alors le barillet tourne en fens contraire en vertu du reffort fpiral; il fait tourner dans ce nouveau fens la fufée; & la roue KL, fixée à cette fufée, tranfmet le mouvement à tout le rouage dónt la montre eft compofée. A mefure que le reffort fe déploye, & que par conféquent fa force élaftique diminue, la chaîne eft appliquée à de plus grands raïons de la fufée, & agit par ce moyen à l'extrêmité de plus grands bras de levier; ce qui produit une compenfation, & fait que le moment de la force motrice, par rapport à l'axe FG de la fufée, eft toujours le même, du moins fenfiblement.

245. La figure de la fusée est, à-peu-près, celle d'un cone tronqué, à bases parallèles. Si l'on connoissoit exactement la loi suivant laquelle la force du ressort varie, il seroit facile de déterminer la figure précise que la fusée devroit avoir, pour que le moment de la force motrice, par rapport à l'axe FG, fût constamment le même, & que par conséquent le mouvement de rotation de la fusée demeurât toujours uniforme. Supposons, par exemple, que les différentes forces du ressort, à mesure qu'il se déploye, soient représentées par les ordonnées FS, TV, GQ, &c. (Fig. 110) du triangle rectangle RFS; que FG soit la hauteur donnée de la fusée; FO, sa première ordonnée qui est aussi connue; TX, une ordonnée indéterminée de la courbe OXP dont on cherche la nature. Nommons

Fig. 110.

$$FO\ldots\ldots\ldots\ldots\ldots\ldots\ldots\ldots a,$$
$$FG\ldots\ldots\ldots\ldots\ldots\ldots\ldots\ldots b,$$
$$FT\ldots\ldots\ldots\ldots\ldots\ldots\ldots\ldots x,$$
$$TX\ldots\ldots\ldots\ldots\ldots\ldots\ldots\ldots y,$$
$$FR\ldots\ldots\ldots\ldots\ldots\ldots\ldots\ldots m,$$
$$\text{la force du ressort en } F\ldots\ldots\ldots\ldots\ldots P.$$

Il est évident que la force du ressort en T sera représentée par $P \times \dfrac{RT}{RF}$, c'est-à-dire, par $\dfrac{P(m-x)}{m}$, & que son moment, relativement à l'axe FG, sera exprimé par $\dfrac{P(m-x)}{m} xy$. Or, puisque ce moment doit toujours être constant, il sera le même que celui qui répond au point F. On aura donc $\dfrac{P(m-x)y}{m} = Pa$, ou bien $my - xy = ma$, qui est l'équation d'une hyperbole équilatère, qui a pour centre le point R, & pour asymptotes les droites RF, RZ, perpendiculaires entr'elles.

En faisant $x = b$, on a y ou $GP = \dfrac{m\,a}{m - b}$, expression de la dernière ordonnée de la fusée.

Quant à la hauteur m du triangle RFS, elle se détermine par la connoissance des forces du ressort en deux points différents. Ainsi, ayant nommé P la force de ressort en F, si l'on nomme P' la force du ressort en G; on aura $P : P' :: m : m - b$. D'où l'on tire $m = \dfrac{b\,P}{P - P'}$. Substituons cette valeur de m dans l'équation $my - xy = ma$, nous aurons,

$$\frac{b\,P\,y}{P - P'} - xy = \frac{b\,P\,a}{P - P'}.$$

On détermineroit d'une manière analogue la figure de la fusée, dans toute autre hypothèse sur la variation des forces du ressort. Le problême n'a jamais d'autres difficultés que celles qui peuvent tenir à l'imperfection de l'analyse, & à l'ignorance où nous sommes de la loi précise, suivant laquelle le ressort déploye son action.

246. M. Camus a imité le méchanisme des fusées de montre dans une machine qu'il propose * pour tirer de l'eau d'un puits profond, ou des pierres du fond des carrières & des mines. Elle est composée des deux bobines coniques & égales $ACBH$, $KEBH$ (Fig. 111), qui ont le même axe horisontal FD, Fig. 111. & qui sont adossées par leurs plus grandes bases. Deux cordes qui se roulent en sens contraires sur ces bobines, soutiennent deux seaux, dont l'un

---

* Mém. de l'Acad. année 1739, Cours de Mathématiques, tom. IV, pag. 163.

monte pendant que l'autre defcend. Chaque feau, lorfqu'il eft prêt à fe vuider, ou qu'il vient immédiatement d'être vuidé, eft appliqué au plus grand raïon de fa bobine; l'autre feau qui eft alo s au fond du puits, & qui eft vuide, ou plein, eft a pliqué au plus petit raïon de fa bobine. La machine eft mue par un homme qui marche dans la roue M, & qui changeant alternativement la direction de fon mouvement, fe trouve toujours placé du côté du feau qui defcend.

247. ON voit que les poids des cordes étant néceffairement affez confidérables, doivent entrer en ligne de compte dans le calcul de la machine; & que la figure rigoureufe de chaque bobine devroit être telle que dans une pofition indéterminée des deux feaux, il y eût équilibre, fans que le poids de l'homme ceffât d'agir exactement fuivant la même ligne verticale. Il s'en faut très-peu de chofe que cette condition foit remplie, lo.fque les deux bobines ont la forme de cônes tronqués. Ainfi cette figure, qui eft d'ailleurs la plus commode à exécuter, peut être employée dans la pratique, fans craindre d'erreur fenfible. Nous allons chercher, en conféquence, les raïons extrêmes que les bobines doivent avoir, pour que le moment du poids de l'homme foit le même, quand un feau eft prêt à fe vuider, l'autre étant au fond du puits, & prêt à s'emplir; & quand le premier feau venant d'être vuidé, l'homme a changé de place pour faire monter le fecond feau qui s'eft empli pendant que le premier fe vuidoit. L'équilibre établi pour ces deux cas extrêmes, aura auffi lieu, du moins fenfiblement, dans les cas intermédiaires.

248. NOMMONS en général, ...

le poids de chaque feau vuide............S,
le poids de l'eau que chaque feau peut contenir, E,
le poids de la corde qui foutient un feau, quand
    elle eft entièrement développée........C,
le plus grand raïon OB de chaque bobine....R,
le plus petit raïon DC ou FE............r,
le poids de l'homme................H,
fon bras de levier, c'eft à-dire, la diftance de
    fa direction à la verticale zu.........a.

Cela pofé, imaginons que l'un Q des feaux foit plein & au haut du puits, l'autre P étant encore vuide, & au fond du puits ; il eft clair qu'alors l'homme eft du côté du feau P, & qu'on a l'équation,

$$(S+E)\times R=(S+C)\times r+H\times a$$

Que le feau Q étant vuidé, l'homme change de place pour faire monter le feau P qui s'eft rempli : on aura cette équation, $S\times R+H\times a=(S+C+E)\times r$.

Dégageant les deux inconnues R & r, on trouvera

$$R=\frac{2HaS+HaE+2HaC}{2E.S+E^2+E.C};$$

$$r=\frac{2HaS+HaE}{2E.S+E^2+E.C}.$$

249. Il ne fuffit pas de connoître les raïons R & r, pour être en état de conftruire le deux cônes tronqués $ACBH$, $KEBH$; il faut de plus connoître, ou leur hauteur, ou le côté BC ou BE. Or fi l'on nomme L la longueur entière de chaque corde, D fon diamètre, N le nombre de tours de corde qui couvrent chaque bobine, $\frac{\pi}{1}$ le rapport de la circonférence au diamètre ; & fi l'on confidère que les longueurs de corde, néceffaires pour faire les différents tours, croiffent en progreffion arithmé-

tique, depuis la première longueur qui est $2r \times \pi$, jusqu'à la dernière qui est $2R \times \pi$; il est clair qu'on aura $L = N \times (R + r) \times \pi$, ou $N = \dfrac{L}{(R+r)\pi}$. Mais d'un autre côté, on a évidemment BC ou $BE = N \times D$. On aura donc, BC ou $BE = \dfrac{L \times D}{(R+r)\pi}$.

Par le moyen de R, r, BC, on connoîtra la hauteur OD; car il est clair qu'on a, $OD = \sqrt{\left[\left(\dfrac{D \times L}{(R+r)\pi}\right)^2 - (R - r)^2\right]}$. Ainsi, on est en état de construire chaque bobine.

250. Il nous reste à observer, au sujet de l'homme qui fait tourner la roue M, que pour pouvoir marcher commodément & sans trop se fatiguer, il doit s'éloigner médiocrement du raïon vertical zu. L'expérience fait voir que si par le point où la direction du poids de cet homme rencontre la circonférence, on mène la tangente fh, & qu'ensuite on tire l'horisontale hn; la rampe hf ne sera pas trop roide, pourvu que sa hauteur fn n'excède pas la sixième partie de sa longueur fh. Supposons donc $fn = \dfrac{fh}{6}$; menons le raïon zf, & l'horisontale zg. Les deux triangles fnh, zgf, qui ont les côtés perpendiculaires chacun à chacun, & qui sont par conséquent semblables, donnent $fn : fh :: zg : zf$. Donc, à cause de $fn = \dfrac{fh}{6}$, on aura aussi $zg = \dfrac{zf}{6}$. Ainsi, le bras de levier zg du poids de l'homme, est la sixième partie du raïon de la roue. De plus nous observerons que la hauteur

teur d'un homme pouvant être d'environ $5\frac{1}{2}$ pieds,
on doit donner au moins 6 pieds de raïon à la roue,
pour que l'homme, en marchànt, ne se heurte pas
la tête contre l'arbre de la roue, qui peut avoir environ 1 pied de diamètre.

Je laisse au Lecteur le soin d'appliquer cette théorie générale à des exemples particuliers; & je me
contente d'avertir que le poids d'un homme ordinaire est d'environ 150 livres ; qu'un pied cube
d'eau douce pèse 70 livres à très-peu près ; qu'une
corde de chanvre de 1 pouce de diamètre, pèse environ 2 livres sur 6 pieds de longueur.

251. Dans le calcul de cette machine, l'on suppose que le seau qui est au fond du puits, ou dans
l'eau, agit de tout son poids sur la bobine à laquelle sa corde est attachée, & que l'eau contenue
dans ce même seau agit aussi alors par son poids
sur la corde. Or le poids du seau n'agit réellement
que par son excès sur le poids du volume d'eau
dont il occupe la place; & l'eau contenue dans ce
seau, ne tire point du tout sur la corde, tant que
le seau est plongé dans l'eau du puits. Mais comme
le seau ne demeure que très-peu de tems dans l'eau,
l'inexactitude de ces deux suppositions altère peu
les résultats précédents ; & d'ailleurs on peut y ob-
vier, en imaginant que l'homme, placé du côté de
l'autre seau, se rapproche un peu de la verticale
ζu, pendant que le seau dont il s'agit, sort de l'eau.

252. Cette même machine a l'inconvénient
d'occuper une place assez considérable. Il est clair
que pour pouvoir l'employer, le diamètre du puits
doit être plus grand que le double de la longueur
d'une bobine, plus le diamètre d'un seau garni de
son armature. Or il arrive très-souvent que cela
n'a pas lieu. Alors, au lieu de deux bobines coni-

N

ques, on peut employer deux bobines cylindriques (Fig. 112), fur lefquelles les cordes font plufieurs tours concentriques les uns fur les autres. Connoiffant le raïon de chaque bobine à nu, & le raïon qu'on veut qu'elle ait quand fa corde eft entièrement enveloppée, on déterminera, par des procédés analogues à ceux de l'article 249, la longueur de la bobine; ou bien connoiffant toujours le raïon à nu de chaque bobine, & la longueur qu'on peut donner à l'une & à l'autre, on trouvera les raïons qu'elles ont lorfque les cordes font entièrement roulées. Il eft évident que ces bobines cylindriques occupent moins de largeur que les bobines coniques, puifqu'on eft maître de ne donner aux premières que la longueur fimplement requife pour que les feaux ne fe rencontrent point, & ne fe gênent pas dans leurs mouvements.

SECTION V.

Du Plan incliné.

253. On appelle en général *plan incliné*, tout plan qui fait un angle avec l'horifon. Cet angle peut être infiniment petit, & alors le plan incliné fe confond avec l'horifon; ou bien être droit, & alors le plan devient vertical. Entre ces deux cas extrêmes font comprifes toutes les autres efpèces d'inclinaifons.

254. Le plan incliné fert dans la Méchanique à foutenir une partie de la pefanteur des corps, ou à s'aider d'une partie de cette force, foit pour diriger les mouvements vers un certain but, foit pour les modérer à volonté. Commençons l'examen des loix

de l'équilibre dans cette machine, par les cas les plus simples.

255. Qu'un corps P (Fig. 113), tenu en équi- Fig. 113. libre sur le plan incliné & fixe MN, au moyen d'une force Q dirigée suivant QP, s'appuie par un seul point A sur ce plan. Il est clair, 1°. que la direction de la force Q passera nécessairement par le point A, afin que cette force puisse être détruite. 2°. Qu'elle sera perpendiculaire au plan MN ; autrement la force se décomposeroit en deux autres, l'une perpendiculaire au plan, qui seroit détruite, l'autre parallèle au plan, qui imprimeroit du mouvement au corps. Ces deux conditions sont essentielles à-la-fois pour l'équilibre.

256. La force Q peut être la résultante de plusieurs autres forces particulières appliquées au corps. Ainsi concluons en général que si un corps soumis à l'action de tant de forces qu'on voudra, demeure en équilibre sur un plan qu'il ne touche que par un seul point, la résultante de toutes ces forces passera nécessairement par le point d'appui, & y sera perpendiculaire au plan.

257. Il suit de-là que si un corps soumis à la seule action de sa pesanteur demeure en équilibre sur un plan, en s'y appuyant par un seul point, ce plan est nécessairement horifontal ; & que de plus le point d'appui est placé dans la verticale abaissée par le centre de gravité du corps.

258. Que le corps P (Fig. 114), soumis à Fig. 114. l'action de la force Q, simple ou résultante de plusieurs autres forces, demeure en équilibre sur le plan MN, en s'y appuyant par les deux points O & K. Il n'est pas nécessaire que la direction de la force Q passe par l'un des appuis ; il suffit que cette force puisse se décomposer en deux autres qui pas-

fent par les appuis *O* & *K*, & qui y foient perpen-diculaires au plan. Or en général, une force & fes deux compofantes font dans un même plan. Donc la direction de la force *Q* rencontre néceffairement la droite *OK*; & de plus, elle eft perpendiculaire au plan *MN*, puifque les deux forces dans lefquelles cette force fe décompofe, font perpendiculaires à ce même plan.

On voit donc qu'un corps appuyé par deux points fur un plan, ne peut demeurer immobile, à moins que la force qui pouffe ce corps, ne foit dirigée perpendiculairement au plan, & qu'elle ne rencontre la droite qui joint les deux points d'appuis, laiffant l'un de ces points à gauche, l'autre à droite.

259. IL en eft de même de l'équilibre d'un corps appuyé par plus de deux points fur un plan incliné. Ce corps ne demeurera immobile que quand la force à laquelle il fera foumis, fera perpendiculaire au plan, & qu'elle pourra fe décompofer en forces qui paffent par les points d'appuis, & qui y foient perpendiculaires au plan. Les forces compofantes feront placées en partie d'un côté, en partie de l'autre, par rapport à la force dont elles proviennent.

On voit par-là que fi un corps fe foutient par fa pefanteur fur des appuis placés hors de la verticale abaiffée de fon centre de gravité, ces appuis font néceffairement placés de différents côtés par rapport à cette ligne, & détruifent ainfi les forces dans lefquelles la pefanteur du corps fe décompofe.

Fig. 115.　　260. SOIT un corps *P* (Fig. 115), péfant & retenu en équilibre fur un plan incliné *MN*, par le moyen de la puiffance *Q*. Ce corps touche le plan au point *A*. L'équilibre demande que la réfultante du poids & de la puiffance foit perpendiculaire au point *A* du plan incliné. D'où il fuit que les directions *B P*, *B Q*, du poids & de la puissance, fe rencontrent néceffairement au point *B*, par où paffe la perpendiculaire *A B* élevée fur le plan incliné ; en forte que ces deux directions font, avec la droite *A B*, dans un même plan *P B Q*, qui eft tout-à-lafois vertical ou perpendiculaire au plan horifontal *M K*, & perpendiculaire au plan incliné *M N*. Ainfi les droites *G I*, *H G*, où le plan *P B Q* rencontre les plans *M K*, *M N*, font perpendiculaires au même point *G* de l'horifontale *M O*; & l'angle *H G I* mefure l'inclinaifon du plan *M N* fur le plan *M K*.

En abaiffant du point *H*, la verticale *H I*, qui rencontre *G I* au point *I*; on formera un triangle rectangle *H I G*, dont l'hypothénufe *H G*, & les côtés *H I*, *I G*, s'appellent refpectivement la *longueur*, la *hauteur* & la *bafe* du plan incliné. Toutes les chofes que l'on a befoin de confidérer pour l'équilibre, dans le cas préfent, fe trouvent dans le plan de ce triangle ; nous pouvons donc le prendre feul pour repréfenter ce qui eft relatif au plan incliné, en fupprimant les parties fuperflues de là Figure.

261. Cela pofé, fur la direction *B A* (Fig. 116) de la charge ou preffion du plan incliné *H G*, je prends la partie arbitraire *B D*, pour répréfenter cette preffion ; & j'achève le parallélogramme *B C D E*, dont les côtés *B C*, *B E*, font pris fur les directions du poids & de la puiffance. En nommant *P*, *Q*, *A*, le poids, la puiffance, la preffion du plan incliné, qui eft égale à la réfultante des deux forces *P* & *Q*, on aura (33), *P* : *Q* : *A* :: *B C* : *B E* ou *C D* : *B D*.

262. Par le fommet *H* du plan incliné, foit menée la droite *V H S*, perpendiculaire à la direction de

la puiffance Q. Il eft évident que les deux triangles BCD, GVH, ont les côtésperpendiculaires chacun à chacun, & font par conféquent femblables ; d'où il fuit qu'on a, $BC : CD : BD :: GV : VH : GH$; donc (à caufe de la proportion, $P : Q : A :: BC : CD : BD$), on aura, $P : Q : A :: GV : VH : GH$; ce qui eft une manière affez commode d'exprimer les rapports des trois forces P, Q, A.

263. Exprimons encore autrement ces rapports, en y faifant entrer des finus, ou cofinus d'angles faciles à déterminer. Pour cela, je confidère d'abord qu'on a (Géom. 389), $GV : VH : GH ::$ fin. GHV : fin. VGH ou fin. IGH : fin. GVH. Or, en prolongeant la bafe GI du plan incliné, jufqu'à ce qu'elle rencontre en X la direction de la puiffance Q, & prolongeant de même, lorfqu'il eft néceffaire, la longueur GH, & la hauteur IH, jufqu'à la direction de la même puiffance, il eft clair qu'à caufe de VHS, perpendiculaire à TX, on a fin. GHV ou fin. $SHZ =$ cof. GZB ; fin. GVH ou fin. $SVX =$ cof. IXQ. On aura donc, $GV : VH : GH ::$ cof. GZB : fin. IGH : cof. IXQ. Et par conféquent, $P : Q : A ::$ cof. GZB : fin. IGH : cof. IXQ. C'eft-à-dire, que *le poids, la puiffance, & la charge du plan incliné, font trois forces proportionnelles, au cofinus de l'angle que la. direction de la puiffance fait avec la longueur du plan incliné, au finus de l'angle d'inclinaifon du plan, & au cofinus de l'angle que la direction de la puiffance fait avec la bafe du plan incliné.*

Faifons quelques applications de cette propofition générale.

264. Puisque les deux angles IGH, IHG, font compléments l'un de l'autre, & que par conféquent fin. $IGH =$ cof. IHG ; il eft clair que le

poids sera égal à la puissance, lorsque l'angle que la direction de la puissance fait avec la longueur du plan incliné, sera égal à l'angle que la verticale fait avec la même longueur. Or ces deux angles peuvent devenir égaux de deux manières ; ou, en supposant que la direction de la puissance soit verticale ; ou, en supposant que le triangle HTZ soit isocèle, & que T soit l'angle du sommet.

Dans le premier cas, la puissance est dirigée suivant la verticale PBQ' ; & elle soutient tout le poids ; la charge du plan incliné devient nulle ; ce qui est évident par soi-même, & ce qui suit de la proposition générale, puisqu'alors l'angle que la direction de la puissance fait avec la base du plan incliné est droit, & que le cosinus d'un angle droit, est égal à zero.

Dans le second cas, où le triangle HTZ est isocèle, & où la puissance Q est dirigée suivant TZ ; la charge du plan incliné a un rapport fini avec le poids ou la puissance ; & on a, P ou $Q : A :: $ cos. GZB ou cos. IHG ou sin. $IGH :$ cos. IXQ.

265. Supposons que la direction de la puissance soit parallèle à la base du plan incliné (Fig. 117). L'angle que cette direction fait avec la longueur du plan incliné, est égal à l'angle HGI ; & l'angle qu'elle fait avec la base étant nul, son cosinus est le sinus total. On a donc alors, $P : Q : A :: $ cos. HGI ou sin. $GHI :$ sin. $IGH :$ sin. tot.

Fig. 117.

266. La même hypothèse subsistant, si l'on veut exprimer le rapport des forces P, Q, A, par le moyen des côtés du triangle rectangle GIH, on considérera que sin. $GHI :$ sin. $IGH :$ sin. tot. $:: GI : HI : HG$; & que par conséquent, $P : Q : A :: GI : HI : HG$.

Ainsi, *la puissance étant parallèle à la base du plan*

incliné, elle eſt au poids, comme la hauteur du plan incliné, eſt à ſa baſe.

267. Lorsque la direction de la puiſſance Q (Fig. 118) eſt parallèle à la longueur du plan incliné, l'angle que cette direction fait avec là longueur du plan incliné, eſt nul; ſon coſinus eſt le ſinus total; & l'angle que la même direction fait avec la baſe du plan incliné, eſt égal à l'angle HGI. On a donc, $P : Q : A :: $ ſin. tot. : ſin. HGI : coſ. HGI ou ſin. GHI.

268. Si dans ce même cas, on veut exprimer les rapports des forces P, Q, A, par le moyen des côtés du triangle rectangle HIG; il eſt clair, qu'à cauſe de la proportion, ſin. tot. : ſin. HGI : ſin. GHI :: $HG : HI : IG$, on aura, $P : Q : A :: HG : HI : IG$. D'où l'on voit que *la puiſſance étant parallèle à la longueur du plan incliné, elle eſt au poids, comme la hauteur du plan incliné, eſt à ſa longueur.*

269. Le poids étant repréſenté en général (263) par le coſinus de l'angle que la direction de la puiſſance fait avec la longueur du plan incliné, tandis que la puiſſance eſt conſtamment repréſentée par le ſinus de l'angle d'inclinaiſon du plan; il eſt clair que pour une même inclinaiſon, le rapport du poids à la puiſſance eſt le plus grand qu'il eſt poſſible, lorſque le coſinus dont on vient de parler, eſt le plus grand qu'il eſt poſſible. Or ce coſinus devient le plus grand qu'il eſt poſſible, ou le ſinus total, lorſque la direction de la puiſſance eſt parallèle à la longueur du plan incliné. Ainſi, quand on ſe propoſe de faire équilibre au plus grand poids poſſible, avec une puiſſance donnée, il faut diſpoſer cette puiſſance parallèlement à la longueur du plan incliné ſur lequel le poids eſt appuyé. Mais quand on fera paſſer la machine du repos au mouvement, cette diſpoſition fera perdre en tems ce qu'on gagne en

force; car, tandis que la puiſſance parcourt la lon-gueur du plan incliné, le poids ne s'élève vertica-lement que d'une quantité égale à ſa hauteur de ce plan.

270. Tout ce qu'on vient de dire pour l'équi-libre d'une ſeule puiſſance avec un poids poſé ſur un plan incliné, s'applique facilement au cas où il y auroit un nombre quelconque de puiſſances agiſ-ſantes ſur le corps. Car, pour qu'il y ait équilibre, ces puiſſances doivent compoſer avec le poids, une réſultante perpendiculaire au plan incliné, & paſſant par le point d'appui (256); elles ſont donc réducti-bles à une ſeule force à laquelle on appliquera ce qu'on a dit de la force Q.

271. Considérons maintenant l'équilibre d'un corps ſoutenu entre pluſieurs plans inclinés. Soit un corps P (Fig. 119), ſoumis à la ſeule action de ſa Fig. 119. peſanteur, & en équilibre entre les deux plans in-clinés MN, MK, qui ſe rencontrent ſuivant la droite MO. La peſanteur du corps, dirigée ſuivant la verticale PD, qui paſſe par ſon centre de gra-vité, doit néceſſairement ſe décompoſer en deux forces qui paſſent par les points A & B d'appuis du corps, & qui y ſoient perpendiculaires chacune à chacun des deux plans inclinés MN, MK. Ces trois forces concourent donc en un même point, & ſont placées dans un même plàn, qui eſt tout-à-la-fois vertical, & perpendiculaire à chacun des deux plans inclinés, puiſqu'il contient la verticale PD, & les deux perpendiculaires PA, $P·B$, aux deux plans inclinés. D'où il ſuit que la droite MO eſt néceſſairement horiſontale; car elle eſt la ſection commune de deux plans MN, MK, auxquels le plan vertical APB eſt perpendiculaire, & qui lui ſont auſſi réciproquement perpendiculaires. On voit

donc que le corps P, animé par sa seule pesanteur, ne peut pas demeurer en équilibre entre deux plans inclinés, à moins que ces deux plans ne se coupent suivant une ligne horisontale, & que la pesanteur ne se décompose en forces qui soient perpendiculaires aux points d'appuis.

272. Il est évident que les deux plans inclinés peuvent être représentés par les droites HG, FG (Fig. 120), menées dans ces plans, perpendiculairement au même point G de leur section commune. Abaissons les verticales HI, FE, qui rencontrent l'horisontale IE aux points I, E. Les trois lignes HG, HI, IG, seront la longueur, la hauteur, & la base du premier plan incliné; & les trois lignes FG, FE, GE, seront la longueur, la hauteur, & la base du second. Par le point H, menons l'horisontale HZ qui rencontre FG en Z. Cela posé, le poids du corps, & les deux pressions qui en résultent perpendiculairement aux deux plans inclinés aux points A & B, étant perpendiculaires aux trois côtés du triangle HZG; si l'on nomme respectivement P, A, B, ces trois forces, on aura (35), $P : A : B :: HZ : HG : ZG$.

273. A cause de la proportion, $HZ : HG : ZG ::$ fin. HGF : fin. HZG ou fin. FGE : fin. ZHG ou fin. HGI, on aura aussi, $P : A : B ::$ fin. HGF : fin. FGE : fin. HGI. D'où l'on voit que *le poids est représenté par le sinus de l'angle que font entr'eux les deux plans inclinés, tandis que les pressions de ces plans sont réciproquement proportionnelles aux sinus des angles qu'ils forment avec l'horison.*

274. Nous observerons, en passant, que ce principe sert à déterminer les rapports qui doivent exister entre les poids des *voussoirs*, dont une voute cylindrique, ou en berceau, est composée, pour que

ces voussoirs soient en équilibre, & que par conséquent leur assemblage forme un *tout* immobile.

La poussée de la voute contre les *pieds droits*, qui
la soutiennent, se détermine de la même manière.
Suivant l'expérience, la plupart des voutes qui s'é-
croulent, se fendent vers les reins, à la hauteur
d'environ 45 degrés au-dessus de l'horison. La partie du milieu peut donc être considérée comme un
corps soutenu entre deux plans inclinés formés par
les lignes de rupture; & il faut donner aux pieds
droits une épaisseur, telle qu'ils opposent une résistance suffisante aux forces qui tendent à les ren-
verser. Je reviens à mon sujet général.

275. Lorsque l'angle HGF est droit, la pression contre l'un des plans, est au poids, comme le
sinus de l'angle d'inclinaison de l'autre plan est au
sinus total, ou comme la hauteur du même plan,
est à sa longueur. Cela doit être en effet (267, 268);
car il est évident qu'alors la pression contre le premier plan incliné, fait, par rapport au second,
l'office d'une puissance qui retiendroit le corps sur
celui-ci, en agissant parallèlement à sa longueur.

276. Que l'un GF des deux plans (Fig. 121)
soit horisontal; il supportera tout le poids du corps;
le point d'appui B du corps sur ce plan sera placé
dans la verticale abaissée de son centre de gravité;
& la pression de l'autre plan HG s'évanouira. Tout
cela est évident; car alors le poids P & la pression
du plan GF sont exprimés par les sinus égaux des
angles HGF, HGI, qui sont suppléments l'un de
l'autre, tandis que la pression du plan HG est exprimée par le sinus de l'angle que le plan GF fait
avec l'horison, qui est égal à zero.

277. Que le plan GF (Fig. 122) soit vertical: on
aura, $P : A : B :: $ sin. HGF ou sin. $GHI :$ sin. FGE

Fig. 121.

Fig. 122.

ou fin. tot.: fin. *H G I.* La preſſion contre le plan *F G* fait, par rapport au plan *H G*, l’office d’une puiſſance qui retiendroit le corps ſur ce plan, en agiſſant parallèlement à ſa baſe *G I.*

On déterminera de même les rapports particuliers du poids & des preſſions des plans inclinés, dans les autres hypothèſes particulières.

278. Si un corps, ſoutenu en équilibre entre deux plans, au lieu d’être ſimplement ſoumis à l’action de ſa peſanteur, étoit pouſſé par des forces qui, combinées avec la peſanteur, produiſiſſent une réſultante dont la direction ne fût pas verticale, on appliqueroit à ce cas la théorie générale de l’article 271, en y prenant la direction de la réſultante propoſée, pour la verticale, & la perpendiculaire à cette direction, pour l’horiſontale.

279. Lorsqu’un corps s’appuie à-la-fois ſur plus de deux plans inclinés, les interſections de ces plans ne ſont plus des lignes déterminées; elles peuvent avoir des poſitions différentes par rapport à l’horiſon. Mais, pour l’équilibre, il faut que la peſanteur du corps, ou en général la force qui le pouſſe, ſe décompoſe en forces qui ſoient perpendiculaires aux plans inclinés, & qui paſſent par les points d’appuis du corps. Il y a donc toujours alors dans la direction de cette force un point duquel on peut abaiſſer des perpendiculaires aux plans, aux endroits où le corps s’appuie. Ce point doit être regardé comme celui où concourent les directions de pluſieurs forces en équilibre. Ainſi il s’agit alors de décompoſer la force appliquée au corps, en pluſieurs autres forces dirigées perpendiculairement aux plans inclinés, & ces forces exprimeront les preſſions des mêmes plans: mais une telle décompoſition peut être un problême indéterminé, ſi l’on

s'en tient strictement aux principes ordinaires de la Méchanique ; c'est ce qu'il est à propos d'expliquer.

280. Supposons, pour ramener la question à une autre plus simple, & de même nature, qu'un corps uniquement soumis à l'action de sa pesanteur, s'appuye par plusieurs points sur un plan horisontal, & qu'il soit en équilibre. Il est d'abord évident que s'il n'y a que deux appuis, la détermination des pressions qu'ils supportent, est un problême déterminé : car il faut pour l'équilibre que la direction de la pesanteur du corps, réunie à son centre de gravité, & les pressions verticales des deux appuis soient dans un même plan vertical ; d'un autre côté, la pression d'un appui est à la pesanteur du corps, comme la ligne horisontale comprise entre l'autre appui & la direction de la pesanteur, est à la distance des deux appuis.

281. Le problême est encore déterminé, quand il y a trois appuis, & que ces appuis ne sont pas en ligne droite. En effet, soient (Fig. 138) A, B, C, les trois appuis proposés que je joins par les droites AB, AC, BC ; imaginons que du centre de gravité du corps tombe une ligne verticale qui rencontre au point P le plan horisontal ABC ; & menons les droites APD, PB, PC. Je nomme P le poids du corps, & a, b, c, les pressions inconnues des trois appuis A, B, C. Cela posé, je décompose d'abord la force P en deux autres forces verticales qui passent par les points A & D ; la première a pour valeur $\dfrac{P \times DP}{AD}$, & représente la pression de l'appui A, de sorte que $a = \dfrac{P \times DP}{AD}$: la seconde a pour valeur $\dfrac{P \times AP}{AD}$; je la décom-

Fig. 138.

poſe elle-même en deux autres forces qui paſſent par les appuis B & C, & qui expriment les preſ-ſions de ces appuis ; ce qui donne $b = \dfrac{P \times AP}{AD} \times \dfrac{DC}{BC}$, $c = \dfrac{P \times AP}{AD} \times \dfrac{DB}{BC}$. Par conſéquent on aura cette ſuite de proportionnelles, $P : a : b : c :: P : \dfrac{P \times DP}{AD} : \dfrac{P \times AP}{AD} \times \dfrac{DC}{BC} : \dfrac{P \times AP}{AD} \times \dfrac{DB}{BC}$; ou $P : a : b : c :: BC \times AD : BC \times DP : AP \times DC : AP \times DB$. Or il eſt aiſé de voir que les quatre produits qui forment la ſuite des conſéquents, ſont entr'eux comme les quatre triangles ABC, PBC, PAC, PAB. Car d'abord les deux triangles ABC, PBC, qui ont même baſe BC, ont des hauteurs qui ſont entr'elles comme les lignes AD, PD : ainſi $ABC : PBC :: BC \times AD : BC \times PD$. D'un autre côté, on a, $PBC : PDC :: BC : DC$; & $PDC : PAC :: PD : AP$; donc en écrivant ces deux proportions l'une au-deſſous de l'autre, & les multipliant par ordre, on aura, $PBC : PAC :: BC \times PD : DC \times AP$. Semblablement, on a, $PBC : PAB :: BC \times PD : AP \times DB$. Donc enfin, $P : a : b : c :: ABC : PBC : PAC : PAB$.

Ce Théorême élégant eſt de M. Euler, qui l'a donné ſans démonſtration dans un très-beau Mémoire intitulé : *De preſſione ponderis in planum cui incumbit* (Acad. de Peterſbourg, tom. XVIII, ann. 1763).

Lorſque les trois appuis A, B, C, ſont en ligne droite, les triangles ABC, PBC, PAC, PAB s'évanouiſſent ; & le rapport des forces P, a, b, c eſt indéterminé. Voyez les réflexions de M. d'Alembert ſur ce cas (*Opuſcules Mathém. tome VIII*, pag. 36).

282. Sɪ le corps s'appuie par plus de trois points,

e problême, confidéré toujours fuivant les loix ordinaires de la Méchanique, eft indéterminé, quel que
foit l'arrangement refpectif des appuis. M. Euler,
pour le rendre déterminé en général, regarde le
plan fur lequel portent les appuis, comme formé de
terre glaife, & fuppofe que les preffions des appuis
font proportionnelles aux quantités dont les pieds
du corps s'enfoncent dans la glaife. Voyez le dé-
veloppement de cette nouvelle théorie dans le Mémoire cité. Reprenons notre fujet.

283. Considérons l'équilibre de deux poids
P & Q (Fig. 123), attachés aux extrémités d'une
corde PHQ, & appuyés fur deux plans inclinés
MN, MK, qui fe rencontrent fuivant la droite MO.
Il eft clair que fi rien n'empêche la corde de gliffer
fur l'arrête MO, il faut, pour que la corde ne gliffe
pas effectivement, que cette arrête foit horifontale.
Alors, en regardant la tenfion de la corde PHQ,
qui eft égale de part & d'autre, comme une force
qui retient chacun des deux corps en équilibre fur
fon plan incliné, on trouvera généralement (261,
262, 263) les rapports qui exiftent entre cette force,
les poids des deux corps, & les preffions qui réfultent perpendiculairement fur les deux plans inclinés.

Par exemple, que HG, HF (Fig. 124), foient
les longueurs de nos deux plans inclinés, & HI leur
hauteur commune. Que la corde, qui joint les deux
corps, paffe dans des fentes pratiquées fuivant les
longueurs HG, HF; de manière qu'elle aille en
ligne droite d'un corps à l'autre. Soient Hmn, Hnm,
les angles que cette corde fait avec les longueurs
des deux plans inclinés; GVP, l'angle qu'elle fait
avec leurs bafes. En nommant T la tenfion de la
corde, A & B les preffions perpendiculaires des

Fig. 123.

Fig. 124.

deux plans inclinés HG, HF, on aura (263) ces deux fuites de proportionnelles :

$$P : T : A :: \text{cof. } Hmn : \text{fin. } HGI : \text{cof. } GVP,$$
$$Q : T : B :: \text{cof. } Hnm : \text{fin. } HFI : \text{cof. } GVP.$$

Comme la même force T fe trouve dans ces deux fuites, on pourra comparer enfemble deux quelconques des cinq forces P, T, A, Q, B. Ainfi, pour comparer P avec Q, on formera ces deux proportions, $P : T :: \text{cof. } Hmn : \text{fin. } HGI$; $T : Q :: \text{fin. } HFI : \text{cof. } Hnm$; lefquelles étant écrites l'une au-deffous de l'autre, & multipliées par ordre, donnent, $P : Q :: \text{cof. } Hmn \times \text{fin. } HFI : \text{fin. } HGI \times \text{cof. } Hnm$.

On opérera d'une manière femblable pour les autres comparaifons.

Je laiffe au Lecteur le foin de développer toutes les conféquences particulières qui réfultent de ces proportions générales.

Fig. 123. 284. S'IL y avoit fur l'arrête MO (Fig. 123), fection commune des deux plans inclinés fur lefquels les deux poids P & Q s'appuyent, un obftacle, comme un clou, une poulie, qui, fans gêner d'ailleurs l'action de la corde, empêchât feulement cette corde de gliffer, il ne feroit plus néceffaire que l'arrête MO fût horifontale. Mais en fuppofant même que les deux parties HP, HQ, de la corde, ne foient pas dans un même plan ; pourvu que la corde ait toute liberté de gliffer fuivant fa longueur, elle eft toujours également tendue dans les deux fens, & on peut regarder cette tenfion comme une force qui retient chacun des deux corps en équilibre fur fon plan incliné.

285. L'ÉQUILIBRE des corps foutenus entre des furfaces courbes, ou fur des furfaces courbes, fe rapporte à celui des plans inclinés. Car les furfaces

faces courbes pouvant être regardées comme des aſſemblages d'une infinité de petits plans différemment inclinés, ſi l'on imagine par les points d'appuis des corps, des plans tangents aux ſurfaces courbes, on pourra conſidérer les corps, comme ſoutenus entre ces plans, ou ſur ces plans.

S E C T I O N   VI.

De la Vis.

286. La *vis* (Fig. 125, 126) eſt un cylindre droit autour duquel s'enveloppe ou s'entortille ſpiralement un ſolide qui a, ſuivant ſa groſſeur, la forme d'un priſme parallélogrammique ou triangulaire. L'une des faces parallélogrammiques de ce ſolide s'applique ſur la ſurface convexe du cylindre; & ſi l'on conçoit que ce même ſolide eſt compoſé, dans le ſens de ſa longueur, d'une infinité de filets parallèles entr'eux, tous ces filets, en s'entortillant autour du cylindre, à différentes diſtances de l'axe CK, forment des angles aigus & égaux entr'eux, avec des droites qui les rencontreroient, & qui ſeroient parallèles à l'axe CK.

Le relief ſpiral, formé ainſi ſur la ſurface du cylindre, s'appelle *filet de la vis*. Nous nous ſervirons du mot *ſpire*, pour déſigner la partie d'un filet élémentaire du priſme, laquelle correſpond à un tour ſur le cylindre. La diſtance AB qu'il y a parallèlement à l'axe CK, entre deux ſpires correſpondantes, ſe nomme *hauteur du pas de la vis*, ou ſimplement, *pas de la vis*. Il eſt clair que tous les pas de la vis ſont égaux entr'eux.

287. La vis entre dans une pièce MN qu'on

nomme *écrou*. Cette pièce doit donc être creusée intérieurement d'une quantité égale & semblable au filet de la vis, en sorte que l'écrou peut être regardé comme le moule du filet de la vis.

288. On employe la vis & son écrou pour comprimer les corps, quelquefois aussi pour élever des poids. L'effet revient au même dans les deux cas. La puissance Q qui meut la machine, est appliquée ordinairement à une barre qui traverse la vis, ou l'écrou ; & l'une de ces deux pièces est mobile, tandis que l'autre est immobile. Comme la puissance agit toujours de la même manière, soit que la vis soit fixe & l'écrou mobile, ou la vis mobile & l'écrou fixe, il suffit ici de considérer l'un de ces deux cas.

289. Je suppose que la vis soit fixe & l'écrou mobile ; & pour établir clairement l'état de la question, je regarde la vis comme verticale, & l'écrou comme chargé d'un poids P qu'il faut élever, à l'aide de la puissance Q, qui agit perpendiculairement à l'extrémité de la barre CQ, & dans un plan perpendiculaire à l'axe de la vis. Il s'agit de trouver le rapport de la puissance Q au poids P. On peut comprendre dans ce poids celui de l'écrou.

290. Le poids P étant soutenu par les filets de la vis, nous pouvons le décomposer en une infinité de petits poids distribués sur les différents points des filets de la vis, aux endroits où ces filets sont touchés par les points correspondants des filets de l'écrou. Représentons-nous la courbe spirale que forme chaque filet élémentaire du prisme générateur, comme partagée en une infinité d'éléments par des plans horisontaux. Il est clair que ces éléments pourront être regardés comme de petites lignes droites, ou de petits plans inclinés dont l'angle d'inclinaison constante avec l'horison est le complément de celui

que chaque filet élémentaire du prisme forme avec une ligne droite parallèle à l'axe du cylindre. Soit p l'un des poids élémentaires dans lesquels le poids P a été décomposé ; & concevons d'abord que ce petit poids p est retenu en équilibre sur l'un des petits plans inclinés dont nous venons de parler, au moyen d'une puissance r, parallèle à la base, ou tangente en p à la circonférence qui a Cp pour raïon. En nommant b la base du plan incliné, h sa hauteur, on aura (266), $p:r::b:h$. Or, il est évident qu'à un pas de la vis répond une infinité de plans inclinés, & que la somme de leurs bases est égale à * $circ. Cp$, tandis que la somme de leurs hauteurs est le pas même AB de la vis. Donc, puisque tous ces plans sont également inclinés, on aura, $b:h::circ.Cp:AB$, & par conséquent aussi, $p:r::circ.Cp:AB$.

Maintenant, au lieu de supposer que le poids p est soutenu par la puissance r, imaginons que la puissance Q ayant été décomposée en une infinité de puissances q, qui lui sont parallèles, & qui sont appliquées en Q, l'une de ces puissances élémentaires q retient le corps p, au moyen d'un levier CpQ qui empêche le corps de glisser. Les deux puissances r & q, dont chacune en particulier fait équilibre au poids p, peuvent être regardées comme appliquées aux points p, Q, du levier CpQ, dont le point d'appui est dans l'axe de la vis, autour duquel la rotation tend à se faire. Ainsi, puisque ces puissances se contrebalanceroient mutuellement, si elles agissoient en sens contraires, on aura (156), $r:q::CQ:Cp$; ou bien, $r:q::circ.CQ:circ.Cp$. Multipliant cette proportion par la précédente, $p:$

---

* Cette expression abrégée $circ.$ mise au-devant d'une ligne, désigne la circonférence qui a cette ligne pour raïon.

$r :: circ.\ Cp : AB$, on trouvera, $p : q :: circ.\ CQ : AB$; c'eſt-à-dire que chaque poids élémentaire du poids P, eſt à chaque puiſſance élémentaire correſpondante de la puiſſance Q, dans le rapport conſtant de la circonférence qui a pour raïon la diſtance du point d'application de la puiſſance à l'axe de la vis, à la hauteur du pas de la vis. Donc (Arith. 211), *le poids* P *eſt la puiſſance* Q *, comme la circonférence du cercle qui a pour raïon la diſtance du point d'application de la puiſſance à l'axe de la vis , eſt à la hauteur du pas de la vis.*

291. On voit par-là que dans le ſimple état d'équilibre, le poids eſt plus grand que la puiſſance, dans le rapport de *circ.* CQ à AB. Mais lorſque la machine paſſe du repos au mouvement, il eſt clair que le poids ne s'élève que de la quantité AB, tandis que la puiſſance parcourt horiſontalement un eſpace égal à *circ.* CQ ; on perd donc alors en tems ce qu'on gagne en force.

292. La même proportion $P : Q :: circ.\ CQ : AB$, fait voir que la hauteur du pas de la vis diminuant, la puiſſance doit diminuer auſſi, tout reſtant d'ailleurs le même. Ainſi, une même vis comprime avec d'autant plus d'effort, ou élève un poids d'autant plus grand, que la hauteur de ſon pas eſt plus petite.

293. Si la vis, toujours fixe, étoit inclinée, il faudroit décompoſer le poids à élever, en deux forces, l'une perpendiculaire à l'axe de la vis, l'autre dirigée ſuivant cet axe. La première ſeroit détruite par l'appui qui ſoutient la vis, & devroit être négligée ; la ſeconde ſeroit la ſeule qui fût contrebalancée par la puiſſance que je ſuppoſe toujours agir dans un plan perpendiculaire à l'axe, & devroit lui être comparée de la même manière que le poids P a été comparé à la puiſſance Q (290). Comme on connoît

le rapport de la partie du poids, qui agit fuivant l'axe, à ce poids, l'angle que fait l'axe de la vis avec l'horifon étant donné ; il s'enfuit qu'on connoîtra auffi le rapport du poids à élever, à la puiffance.

294. Il arrive quelquefois que la puiffance tire obliquement par rapport à un plan perpendiculaire à l'axe de la vis. Alors elle fe décompofe en deux autres forces, l'une parallèle à l'axe, l'autre dirigée dans un plan perpendiculaire à cet axe. Ces deux forces feront connues, puifqu'on eft cenfé connoître la quantité & la direction de la puiffance. La première force s'ajoute à l'effort que la vis doit foutenir dans le fens de fon axe, ou bien s'en retrancher, felon que la puiffance tire de haut en bas, ou de bas en haut ; & la feconde fait équilibre à l'effort réfultant fuivant l'axe, de la même manière que la puiffance Q fait équilibre au poids P, dans l'article 290. En établiffant la proportion que cet équilibre demande, & faifant le produit des extrêmes & celui des moyens, on parviendra à une équation du premier degré ; d'où l'on tirera le rapport du poids, à la puiffance primitive. Je ne développe pas ce calcul en détail, parce qu'il eft facile, & que d'ailleurs il n'eft pas d'un grand ufage dans la pratique.

295. L'action de la vis ne fe tranfmet pas toujours immédiatement au poids qu'il faut élever, ou en général à la réfiftance qu'il faut vaincre. Par exemple, la Figure 127 repréfente une machine Fig. 127. dans laquelle le filet d'une vis engrène avec une roue dentée garnie d'un tambour T, autour duquel s'enveloppe une corde qui foutient le poids P. Une puiffance Q appliquée à la manivelle M empêche le poids de defcendre. Le tambour T pourroit porter lui-même une feconde vis dont le filet engrenât avec une feconde roue dentée, garnie d'un fecond tam-

bout qui soutînt un poids, ou qui portât une troisième vis ; ainsi de suite. Quand on saura trouver le rapport du poids P à la puissance Q, pour la Figure 127, on appliquera sans peine les mêmes raisonnements aux autres cas.

On appelle ces sortes de vis qui engrènent avec des roues dentées, *vis sans fin*, parce que l'engrenage n'a pas de fin, & demeure toujours le même, tant que la machine tourne.

296. CHERCHONS le rapport du poids P à la puissance Q (Fig. 127). Tout le système étant supposé en équilibre, il est évident que le poids est contrebalancé immédiatement par la résistance que le filet de la vis oppose en h à la dent de la roue, suivant la direction hg perpendiculaire au raïon Ch, ou parallèle à l'axe de la vis. Ainsi, en nommant h cette résistance, & la regardant comme une force appliquée à la roue d'un tour, & en équilibre avec le poids P, on aura (223), $P : h :: Ch : Cd$.

De même que le filet de la vis pousse la dent de la roue suivant la direction gh, ce filet est repoussé à son tour suivant la direction contraire hi, & avec la même force, par la dent de la roue. Cette dernière force peut être regardée comme un poids qui agit parallèlement à l'axe de la vis, & qui est en équilibre avec la puissance Q. Par conséquent, hz étant la hauteur du pas de la vis, on aura (290), $h : Q :: circ. EM : hz$.

Multipliant ces deux proportions par ordre, il viendra, $P : Q :: Ch \times circ. EM : Cd \times hz$. Ainsi *le poids est à la puissance, comme le produit du raïon de la roue, par la circonférence que décrit la manivelle, est au produit du raïon du cylindre, par la hauteur du pas de la vis.*

297. EN employant plusieurs roues dentées &

pluſieurs vis ſans fin pour ſoutenir un poids donné, la force appliquée à la manivelle peut être très-petite, par rapport au poids. Mais auſſi, dans le cas du mouvement, la puiſſance eſt obligée d'aller plus vîte que le poids, préciſément dans la même raiſon qu'elle eſt moindre que lui. On perd donc toujours en tems ce qu'on gagne en force.

SECTION VII.

Du Coin.

298. Le *coin* eſt un priſme triangulaire *ABCDEF* (Fig. 128), qu'on introduit dans une fente pour écarter ou ſéparer les deux parties d'un corps. Quelquefois auſſi on s'en ſert pour ſoulever des poids, ou pour comprimer des corps.

Fig. 128.

Les couteaux, les raſoirs, les ciſeaux, & en général tous les inſtruments tranchants, ou pénétrants, ſe rapportent au coin.

On appelle *tête du coin* la face parallélogrammique *ABCD* qui reçoit le coup, ou l'impreſſion de la force motrice ; l'arrête *EF*, par laquelle le coin commence à s'enfoncer, en eſt le *tranchant* ; & les faces parallélogrammiques *ABFE*, *DCFE*, par leſquelles il preſſe les corps contigus, en ſont les *côtés*.

Nous repréſenterons cet inſtrument par ſon ſimple profil *DAE* (Fig. 129), c'eſt-à-dire par le triangle qui, en ſe mouvant parallèlement à lui-même, engendre le coin.

Fig. 129.

299. Supposons un corps appuyé par ſa baſe *ZF* (Fig. 130) ſur un plan immobile. Que pour écarter les deux parties *M* & *N* de ce corps, on introduiſe entr'elles un coin *DEA* frappé ou pouſſé

Fig. 130.

perpendiculairement à ſa téte par une force Q. Il eſt clair que cette force étant détruite uniquement par les réſiſtances que les parties du corps à fendre oppoſent à l'action du coin, doit néceſſairement ſe décompoſer en deux forces dirigées vers les appuis I & K, perpendiculairement aux côtés AE, DE du coin, qu'on peut regarder comme des plans tangents aux appuis I & K. Ainſi (32) la force Q & les deux preſſions qu'elle produit aux points I & K, ſont dans un même plan, & concourent au même point O. Nommons Q, I, K, ces trois forces; & conſidérons que leurs directions QO, OI, OK, étant perpendiculaires chacune à chacun des trois côtés AD, AE, DE, du triangle AED, on a (35), $Q:I:K::AD:AE:DE$; & par conſéquent auſſi, $Q:I+K::AD:AE+DE$.

300. A cause de l'équilibre, les deux preſſions I & K ſont détruites par deux réſiſtances contraires & égales chacune à chacune, que les parties du corps à fendre leur oppoſent. Ainſi, *la force imprimée perpendiculairement à la tête du coin, eſt à la ſomme des réſiſtances que les parties du corps à fendre oppoſent immédiatement à ſon action, comme la tête du coin, eſt à la ſomme de ſes côtés.*

On voit que plus le coin deviendra tranchant, plus la même puiſſance acquerra d'avantage ſur la ſomme des réſiſtances à vaincre, & plus, par conſéquent, le coin trouvera de facilité à s'enfoncer.

301. Lorsque le coin eſt iſofcèle, c'eſt-à-dire, lorſque les côtés AE, DE, ſont égaux, les deux forces I & K ſont égales; & on a, $Q:I+K::AD: 2AE::\dfrac{AD}{2}:AE$. Donc alors, *la force imprimée perpendiculairement à la tête du coin, eſt à la ſomme des réſiſtances que les parties du corps à fendre lui op-*

poſent, comme la demi-tête du coin, eſt à l'un des côtés.

302. Prenons en général ſur les directions des deux forces I, K, les parties IV, KH, égales reſpectivement aux côtés AE, DE du coin, pour repréſenter ces forces ; & décompoſons chacune des mêmes forces en deux autres, l'une perpendiculaire, l'autre parallèle à la baſe ZF, en conſtruiſant les deux parallélogrammes rectangles $IRVT$, $KSHG$, qui ſatisfaſſent à cette condition. Il eſt évident que les deux forces IR, KS, étant perpendiculaires au plan ſur lequel le corps s'appuie, ne peuvent imprimer aucune ſorte de mouvement à ce corps. Mais la force IT tend à mouvoir la partie M parallèlement à ZF ; & la force KG tend à mouvoir la partie N parallèlement à FZ. Nommons T & G les deux forces IT, KG. Cela poſé,

1°. On aura, $I:T::IV$ ou $AE:IT$; & comme on a (299), $Q:I::AD:AE$, ſi l'on multiplie ces deux proportions par ordre, on aura, $Q:T::AD:IT$.

2°. On trouvera ſemblablement, $Q:G::AD:KG$.

Ces deux proportions donnent la ſuite de proportionnelles, $Q:T:G::AD:IT:KG$; & par conſéquent auſſi, $Q:T+G::AD:IT+KG$.

303. Supposons que la tête DA du coin ſoit parallèle à la baſe ZF ; & menons, du tranchant E, la perpendiculaire EB ſur la tête. Les deux triangles rectangles IVT, EAB, qui ont des hypothénuſes égales, par conſtruction, & qui ayant tous les côtés perpendiculaires chacun à chacun, ſont équiangles, ſont parfaitement égaux. On aura donc $IT = EB$. On démontrera de même que $KG = EB$. Ainſi les deux forces T & G ſont égales ; & la ſuite précédente donne, $Q:T+G::AD:2EB::\dfrac{AD}{2}:EB$.

Il fuit de-là que *lorfque la tête du coin eſt pa*
rallèle au plan ſur lequel le corps s'appuie, la for
imprimée perpendiculairement à la tête du coin, eſt
la ſomme des réſiſtances que les deux parties du corp
à fendre lui oppoſent parallèlement à la tête du coin
comme la demi-tête du coin, eſt à ſa hauteur.

Cette propriété peut être appliquée au cas où l'o
ſe ſert du coin pour comprimer; car alors la ré
ſiſtance s'exerce parallèlement à la tête du coin.

304. TELLE eſt, à-peu-près, toute la théorie ma
thématique du coin. Nous ne devons pas diſſimu
ler que l'application de cette théorie à la pratiqu
n'eſt pas ſuſceptible d'une grande préciſion, parc
que les différents corps ſont compoſés de partie
plus ou moins adhérentes entr'elles, ou de fibre
plus ou moins flexibles; d'où il réſulte que la mêm
force appliquée au même coin, ne produira pas le
mêmes enfoncements dans deux matières différentes
& que chaque enfoncement particulier ne peut guèr
être déterminé exactement que par la voie d'un
expérience immédiate.

CHAPITRE IV.

Des réſiſtances que les Machine
éprouvent, lorſqu'elles ſont prête
à ſe mouvoir.

305. SI les matières dont les machines ſont com
poſées, étoient parfaitement dures, parfaitemen
polies; & ſi les cordages qu'on eſt ſouvent oblig

'employer pour tranfmettre l'action de la force
motrice, d'une partie de la machine à l'autre, avoient
une entière flexibilité; la théorie de l'équilibre, que
nous avons établie dans le Chapitre précédent, fuffi-
roit pour déterminer, dans chaque cas, la force requife pour contrebalancer un poids donné; & cette
force une fois trouvée, on feroit affuré qu'en l'augmentant de la plus légère quantité, l'équilibre fe
romproit, & que le poids feroit élevé. Mais, dans
l'état phyfique & naturel des machines, il s'en faut
beaucoup que les chofes foient ainfi. Il peut fe
faire qu'on augmente fenfiblement le poids, ou la
puiffance, fans que pour cela il réfulte aucun mouvement dans la machine. Le frottement des furfaces les unes contre les autres, & la difficulté que les
cordes font à fe plier autour des cylindres ou tam-
bours qu'elles embraffent, s'oppofent à la génération
du mouvement. L'eftimation de ces réfiftances appartient à la Statique, puifque l'équilibre fubfifte jufqu'à ce qu'elles foient furmontées. On ne doit pas
attendre une théorie rigoureufe fur cette matière,
qui eft mêlée d'un fi grand nombre d'accidents & de
difficultés phyfiques, qu'on ne parviendra peut-être
jamais à l'éclaircir complettement.

SECTION I.

Du Frottement.

306. Tous les corps, quelque polis qu'on les
fuppofe, font couverts d'éminences & de cavités;
de manière que quand on frotte deux corps l'un
contre l'autre, les pointes du premier s'engagent
dans les cavités du fecond, & que de-là réfulte une

difficulté à les féparer, en traînant feulement l't
fur l'autre.

307. Il y a deux efpèces principales de frott
ment ; le frottement des corps qui ne font fimpl
ment que *gliffer* les uns fur les autres, & celui d
corps qui *tournent*. Le frottement de la premiè
efpèce eft beaucoup plus fenfible que celui de la fe
conde, parce que dans le premier cas on ne pe
faire gliffer le corps, ou qu'en le foulevant un pe
verticalement pour dégager les pointes des cavité
ou qu'en brifant les pointes, par un mouveme
qui leur foit perpendiculaire ; au lieu que, dans
fecond cas, le mouvement de rotation tend par lu
même à dégager les pointes des cavités, & fait gli
fer le corps comme fur un plan incliné. Une rou
de charrette, ou de carroffe, qui tourne fur le te
rein, y éprouve un frottement de la feconde efpèc
Auffi marche-t-elle beaucoup plus vîte qu'elle n
feroit, fi elle gliffoit fimplement, fans tourner. C'e
pour cela que dans les defcentes un peu roides, c
enraye les roues de voitures, c'eft-à-dire, on les en
pêche de tourner, afin d'augmenter le frottement
& de rallentir par-là le mouvement que la pefante
imprime à la voiture le long du plan incliné.

308. Quelquefois les deux fortes de frott
ment fe combinent enfemble ; & il en réfulte u
frottement *mixte*, lequel a lieu, lorfqu'il y a tou
à-la-fois *gliffement* & *rotation*, dans les corps q
frottent enfemble. Tel eft le frottement de l'*effie*
d'une roue contre le *moyeu*. En effet, qu'une rou
Fig. 131.   *a x y* (Fig. 131), tourne fur le terrein horifont
AB, en allant de *A* vers *B* ; & fuppofons que parv
nue en *B*, elle ait fait une révolution, en for
que tous les points de la circonférence s'étant ap
pliqués fur la droite *A B*, ces deux lignes foient ég

entr'elles. Il est clair qu'il n'y aura sur le terrein
'un simple frottement de la seconde espèce. Il
:st pas moins évident que tous les points *c*, *e*, de
Tieu *e f i*, qui n'a qu'un simple mouvement pro-
:ffif, & point de rotation, décrivent des droites
, *e p*, égales & parallèles à *AB*, avec des vitesses
iles à celle de rotation du point *a* de la circonfé-
ice *a x y*. Et comme le point *m* du moyeu *m g h*
irne avec une vitesse qui est moindre que celle
point *a*, dans le rapport de *c m* à *c a*, il est visi-
: que le point *e* de l'essieu glisse continuellement
le point correspondant du moyeu. D'où il suit
'en cet endroit il y a deux mouvements, l'un de
:ation, l'autre de glissement, ou un seul mouve-
:nt composé des deux premiers; il y a donc aussi
ux frottements, l'un de *rotation*, l'autre de *glif-*
ment, ou un seul frottement composé des deux
tres.

309. Des Machinistes, habiles à d'autres égards,
t regardé le frottement de la seconde espèce
mme nul, & ont cru qu'une machine dont les
:ces n'auroient aucun mouvement de *glissement*
: unes sur les autres, devroit être censée exempte
frottement. Mais cela est une erreur manifeste.
ir il est clair que dans le frottement de la seconde
pèce, les pointes ne peuvent se dégager des cavi-
:, sans que le corps ne rampe à chaque instant le
ng d'un petit plan incliné, & sans que par consé-
ient il ne soit soulevé d'une quantité égale à la
uteur de ce plan incliné, quelque petite qu'elle
iisse être d'ailleurs par rapport à la longueur de
rampe. D'où il suit que cette espèce de frottement
it absorber une certaine partie de la force motrice.
n voit par-là que si un cercle *a x y z* (Fig. 132),
fé sur un plan incliné & abandonné à l'action de

Fig. 132.

la pefanteur, defcend en tournant, il perd une p
tie de la viteffe que la pefanteur tend naturellem
à lui imprimer. Car, repréfentons fa pefanteur
la verticale cp, & décompofons cette force en d
autres cr, cq, l'une perpendiculaire, l'autre par
lèle à la longueur du plan incliné HGI; la p
mière eft détruite ; la feconde eft la feule
faffe defcendre le corps ; & comme la direĉti
de cette force partage le cercle en deux par
$xa\zeta$, $xy\zeta$, parfaitement égales, il eft évid
que ce cercle, en defcendant, décriroit fimp
ment la droite hg égale & parallèle à $H\cdot G$,
ne tourneroit point, s'il n'éprouvoit aucun frot
ment en a. Mais dans l'état phyfique des chof
quelque polies que puiffent être les deux furfac
il y a continuellement en a un engrenage des poin
dans les cavités; d'où réfulte un frottement qu'
doit regarder comme une force dirigée dans le f
$G\cdot H$, & qui étant par conféquent contraire à l'aĉti
de la force cq, détruit néceffairement une certai
partie de cette force.

310. QUOIQUE les deux efpèces de frottem
différent en *quantités*, on fent néanmoins qu'el
doivent fuivre à-peu-près les mêmes loix. Car
réfiftance dans les deux cas peut être comparée
celle d'un corps qu'il faut foulever d'une certai
quantité fort petite, & qui eft plus grande dans
premier que dans le fecond. Il eft donc clair,
l'expérience le prouve, qu'on diminuera l'un & l'a
tre frottement, foit en poliffant les furfaces frotta
tes, foit en les enduifant de quelque matière gra
& onĉtueufe qui en comble les cavités. L'exp
rience fait voir encore que (toutes chofes d'ailleu
égales) le frottement des matières de même efpè
eft plus grand que celui des matières de différent

pèces; c'eſt-à-dire, par exemple, que le frottement
cuivre contre le cuivre, eſt plus grand que celui
cuivre contre le fer. Cet effet s'explique, en con-
lérant que dans les matières de même genre, les
rfaces étant ſemblablement hériſſées de pointes &
cavités, le contact eſt plus immédiat, les pointes
ngagent plus avant dans les cavités, que cela n'ar-
e, lorſque les matières ſont de différentes eſpèces.

311. Il y a une autre circonſtance, d'un genre
rticulier, qui produit des variétés ſenſibles dans le
ottement. Cette circonſtance eſt la durée de l'ap-
ication des ſurfaces les unes contre les autres. On
ſerve qu'en faiſant ſéjourner deux ſurfaces l'une
r l'autre pendant quelque tems, leur frottement
vient plus grand qu'il ne l'eſt dans les premiers
ſans; ſoit, parce qu'une preſſion plus continuée
gage plus avant les pointes dans les cavités, ſoit
rce qu'en général quelque cauſe phyſique colle,
ur ainſi dire, plus intimement enſemble les deux
rfaces. Mais on ne connoît rien de précis ſur la
i que ſuit cette augmentation de frottement, ni
r le tems de ſa durée.

312. On a long-tems agité la queſtion (& elle
eſt pas encore abſolument décidée), ſi, tout le
ſte étant d'ailleurs le même, l'étendue plus ou
oins grande des ſurfaces par leſquelles deux corps
touchent, contribue à en augmenter le frotte-
ent. M. Amontons eſt le premier qui ait donné à
tte matière toute l'attention qu'elle mérite. Il
étend * que le frottement eſt ſimplement propor-
onnel à la preſſion, c'eſt-à dire, à la force qui ap-
ique les deux ſurfaces l'une contre l'autre, & ne
pend point de leurs grandeurs. Il confirme ce

---

* Mém. de l'Acad. ann. 1699.

fentiment par des expériences. M. Mufchenbroek
ne penfe pas de même *. Il foutient que les frottements ne fuivent pas la raifon des preffions. Mais les
expériences qu'il rapporte à ce fujet, font trop peu
nombreufes, & ont été faites trop en petit, pour
pouvoir décider la queftion. Plufieurs autres Auteurs n'ont pas mieux réuffi. Moi-même, j'ai un
peu travaillé fur la même matière, par la voie de
l'expérience; je me fuis rencontré, à-peu-près, avec
M. Amontons. Par exemple, j'ai trouvé que pour
faire glifler fur une table horifontale un parallèlé-
pipède rectangle, de bois, pefant environ 51 livres,
& que je chargeois encore de différent poids; pour
le faire glifler, dis-je, par deux de fes faces, dont
l'une étoit environ cinq fois plus grande que l'autre, il falloit employer, à-peu-près, la même force
dans les deux cas. Mais j'avoue que les réfultats de
tout ce travail ne font ni affez précis, ni affez multipliés, ni affez conftants, pour que j'ofe en faire
la bafe d'aucun fyftême particulier. Ils me font feulement beaucoup incliner pour celui de M. Amontons, avec quelques reftrictions dont je parlerai,
lorfque j'aurai expofé les raifons fur lefquelles cet
Auteur fe fonde.

313. LES pointes dont les corps font hériffés,
peuvent être regardées, felon lui, ou comme de
petits corps durs, incapables de fe plier, ou comme
de petits refforts qui fe courbent fous les poids
qui les preffent. Or, 1°. fi vous regardez les pointes
comme des corps durs; il eft évident que, pour dégager les deux furfaces, il faut élever l'une, & que
ce qui s'oppofe à cette action, eft fimplement le

---

* Cours de Phyfique expérimentale, tom. I,

poids,

poids, & non pas la grandeur de la surface. Il est vrai que dans une grande surface, il y a plus de pointes engagées que dans une petite : mais elles le font moins profondément dans celle-ci, précisément suivant le même rapport; puisque la pression qui produit l'engrenage, étant toujours la même, l'engrenage total doit toujours être aussi le même. 2°. Si l'on considère les pointes comme de petits ressorts à plier, le frottement sera encore proportionnel à la pression. Car plus la pression est grande, plus elle plie les ressorts, & plus par conséquent ils lui opposent de résistance. Lorsqu'on augmente la surface, la pression demeurant toujours la même, les ressorts font d'autant moins pliés qu'ils font en plus grand nombre ; & la force consumée dans les deux cas, contre les ressorts, doit être la même, & toujours proportionnelle à la pression.

314. Quoique ces raisonnements paroissent plausibles, au premier coups d'œil, on ne peut pas néanmoins les regarder comme démonstratifs ; & l'expérience y est contraire en certains points. Car, 1°. le frottement ne suit pas exactement le rapport des pressions, toutes choses étant égales d'ailleurs. On observe constamment que dans les grosses masses le frottement est une moindre partie de la pression, qu'il ne l'est dans les petites. En voici un exemple bien sensible. Les Constructeurs de vaisseaux ne donnent que 10 à 12 lignes de pente, par pied, aux plans sur lesquels doivent glisser les vaisseaux qu'on veut lancer à la mer. Or cette pente, qui est suffisante pour mettre ces grosses masses en mouvement, malgré la résistance du frottement, est trop petite pour des poids d'une grosseur médiocre. Si donc on veut supposer que les frottemens qu'éprouvent deux poids, font proportionnels à ces poids, il

P

faut qu'il n'y ait pas une très-grande différence entre leurs pesanteurs.

2°. La conclusion de M. Amontons pourroit être admissible, si les surfaces frottantes étoient composées de parties parfaitement dures, ou parfaitement élastiques. Mais ces deux cas n'ont lieu, ni l'un, ni l'autre. Les pointes des surfaces se brisent en frottant les unes contre les autres. Et comme le nombre de ces pointes est proportionnel à l'étendue de la surface, il est évident que la grandeur de la surface doit entrer pour quelque chose dans l'intensité du frottement. Il est cependant à propos d'observer que même alors la pression plus ou moins grande est la cause qui fait briser plus ou moins les pointes des surfaces, & que par conséquent elle concourt au frottement, d'une manière beaucoup plus efficace, que n'y concourt l'étendue des surfaces. Tout ce qu'on doit donc conclure dans ces sortes de cas, c'est que la pression est le principal, mais non le seul élément du frottement.

3°. Il y a encore un autre cas qui ne peut pas être soumis à l'hypothèse de M. Amontons : c'est celui d'un corps pointu, ou tranchant, qui se meut sur un plan ; car alors la pointe, ou le tranchant sillone ou laboure le plan, & y éprouve une résistance qui n'est pas exactement de la même nature que le frottement ordinaire.

315. MON objet étant seulement ici de considérer le frottement des corps qui sont prêts à se mouvoir, je ne dirai qu'un mot du frottement des corps qui se meuvent actuellement. Il paroît au premier coup-d'œil que la vitesse doit augmenter le frottement ; car plus un corps se meut vîte, plus il y a de pointes à dégager, ou de ressorts à plier. M. Desaguliers a fait plusieurs expérien-

ces * dans lesquelles le frottement de corps en mouvement s'est trouvé en effet proportionnel à leur vitesse. Cependant il peut arriver que la vitesse n'augmente pas sensiblement le frottement ; car si d'un
côté, à mesure que la vitesse augmente, il y a plus
de pointes à dégager, ou de ressorts à plier, il peut
se faire d'un autre côté que cette même vitesse ne
donne pas à la pression le tems d'engager les pointes
dans les cavités, si profondément que le permettroit
une moindre vitesse. Or une diminution d'engrenage
semble devoir produire une diminution de frottement. La théorie & l'expérience n'ont encore rien
prononcé de parfaitement satisfaisant sur ces objets.

316. Je viens à la manière d'estimer le frottement dans les machines prêtes à se mouvoir. Je supposerai, avec M. Amontons, que le frottement est
proportionnel à la simple pression. Cette hypothèse
est admissible pour les machines ordinaires, & sur-
tout pour les machines en grand. Car ordinairement
les pièces dont elles sont composées, ont une certaine dureté ; & on a soin d'éviter qu'elles ne frottent les unes contre les autres, ni par des pointes,
ni par des tranchants. D'un autre côté, il n'y a jamais
une extrême différence entre les pressions qu'éprouvent les différentes pièces d'une machine ; & d'ailleurs, si cette différence étoit assez grande, pour que
les rapports des frottements aux pressions fussent
sensiblement différents, on prendroit pour exprimer
chacun de ces rapports, des nombres convenables.
On ne doit pas oublier que les résultats de tous ces
calculs ne peuvent jamais être vrais qu'à-peu-près.

317. Il est inutile d'avertir qu'en supposant le
frottement proportionnel à la pression, on ne doit

---

* Cours de Physique expérimentale.

pas entendre que le rapport de ces deux forces soit toujours le même. Il varie suivant que les surfaces frottantes sont plus ou moins polies. Dans les corps qui glissent sans tourner, le frottement peut être le tiers, ou le quart, ou toute autre partie de la pression; cela n'a rien de fixe, & dépend du degré de polissure des surfaces. Dans les corps qui tournent, le frottement est beaucoup moindre, comme nous l'avons déja dit; il peut être la sixième, ou la huitième, ou, &c, partie de la pression, selon que les surfaces sont plus ou moins dures & unies. Ainsi cette expression, *le frottement est proportionnel à la pression*, signifie que la résistance du frottement est égale à une certaine partie de la force qui presse les deux surfaces frottantes l'une contre l'autre, & ne dépend que de cette force combinée avec le degré de polissure des surfaces, & nullement de leur étendue.

Du Frottement dans le Levier.

318. LE levier est peu sujet au frottement, & on peut se dispenser d'y avoir égard, dans la plupart des usages qu'on fait de cette machine. Mais le frottement n'est pas à négliger dans les balances, sur-tout lorsqu'elles sont destinées à peser des poids un peu considérables. Voici la manière d'évaluer cette résistance.

Fig. 133. 319. QUE le levier *A B* (Fig. 133) représente le fléau d'une balance, traversé perpendiculairement par l'essieu horifontal *f h i* qui tourne sur des appuis fixes. Supposons que les deux bras *c A*, *c B*, soient parfaitement égaux & également pesants. Dans le simple état d'équilibre mathématique, les deux poids *P*, *Q*, suspendus aux extrémités du fléau, devroient être égaux. Mais à cause du frottement, il pourra fe faire qu'on augmente l'un des poids, fans que pour cela l'équilibre fe rompe. Je fuppofe qu'on ajoute au poids P un petit poids p, tel que l'équilibre commence à fe rompre, & que la balance tende à s'incliner du côté de A. La réfultante des deux poids $(P + p)$, & Q, paffe entre les points A & c. Ainfi, s'il étoit queftion de détruire cette réfultante pour établir l'équilibre, il faudroit lui oppofer un appui dans fa direction. Mais ici la rotation fe fait néceffairement autour du centre c; d'où il fuit que ce point eft toujours le centre d'équilibre, & qu'en conféquence le frottement de l'effieu fur fon moyeu, peut être regardé comme une force qui eft dirigée fuivant la tangente fg, & qui fait équilibre féparément au poids p, tandis que les deux poids égaux P & Q fe font équilibre auffi féparément. Cela pofé, nommons :

le raïon de l'effieu . . . . a,

le bras cA ou cB de la balance . . . . b,

le rapport du frottement à la preffion, c'eft-à-

dire, $\dfrac{\text{frottement}}{\text{preffion}}$ . . . . $\dfrac{n}{1}$ ou n.

Il eft clair que la preffion des appuis, après l'addition du poids p, eft $2P + p$, & que par conféquent le frottement eft $n(2P + p)$. Or le bras de levier de ce frottement eft a, & celui du poids p qui lui fait équilibre eft b. On aura donc (156),

$$n(2P + p) \times a = p \times b; \text{ d'où l'on tire } p = \frac{2naP}{b - na}.$$

Ainfi on connoît le poids p deftiné à vaincre le frottement.

✦ Exemple.

Suppofons que chacun des poids P & Q foit de 200 livres; que le raïon de l'effieu foit la centième partie du bras de la balance, & que le frottement soit $\dfrac{1}{5}$ de la preſſion: c'eſt-à-dire, $P = 200\text{℔}$; $\dfrac{a}{b} = \dfrac{1}{100}$; $n = \dfrac{1}{5}$. On trouvera $p = \dfrac{400\text{℔}}{499}$. Ainſi, pour vaincre le frottement en ce cas, il faut ajouter environ les $\frac{4}{5}$ d'une livre.

Du Frottement dans les Poulies.

320. Le frottement, dans la poulie ſimple & fixe & chargée de deux poids, ſe détermine comme pour la balance. Cela eſt évident, en imaginant que du centre c, on a décrit, avec le raïon cA, ou cB, un cercle qui repréſente la poulie. La formule $p = \dfrac{2naP}{b - na}$ s'appliquera donc ici, ſi, tout reſtant d'ailleurs le même, on entend par b le raïon de la poulie, & par a celui de ſon eſſieu.

Si les directions des forces appliquées à la poulie n'étoient pas parallèles, le frottement ſe détermineroit, comme nous le verrons ci-deſſous pour le tour.

321. Pour montrer la manière dont le frottement doit être évalué dans les poulies mobiles, reprenons la Figure 92, où tous les cordons BD, AF, HE, IK, RO, NQ, ſont parallèles, & verticaux. Je ſuppoſe que toutes les poulies C, G, M, ſont égales entr'elles, & ont des eſſieux égaux. Dans le ſimple état d'équilibre, & abſtraction faite du frottement, les cordons DB, FA, ſont tendus chacun avec une force qui eſt la moitié du poids P; les cordons EH, IK, ſont tendus chacun avec une force qui eſt la moitié de la tenſion de chacun des deux premiers, & par conſéquent le quart du poids P, &c: en ſorte que la tenſion du cordon QN,

Fig. 92.

ou la puiſſance Q, eſt la huitième partie du poids P. Mais, lorſqu'on a égard au frottement, les tenſions des cordons augmentent néceſſairement. Nommons:

le raïon de chaque eſſieu..............a,
celui de chaque poulie........ ....b,
le rapport du frottement à la preſſion.......n,
les tenſions reſpectives des cordons $FA, KI,$
 $QN,$....................$X, Y, Z,$
les parties de ces tenſions, deſtinées à vaincre les frottements dans les trois poulies $C,$
 $G, M.$....................$x, y, z.$

Cela poſé, 1°. dans la poulie C, la preſſion ſur l'eſſieu eſt P, & par conſéquent le frottement eſt nP. Nous ne faiſons pas entrer dans cette valeur du frottement la force x, parce que la poulie étant mobile, la force x tend à la ſoulever, & ne paroît pas devoir contribuer, du moins d'une manière ſenſible, au frottement contre l'eſſieu. On aura donc,

$$x \times b = nP \times a, \text{ ou } x = \frac{nPa}{b}; \text{ \& par conſé-}$$

quent $$X = \frac{P}{2} + x = P \times \left(\frac{b + 2na}{2b} \right).$$

2°. Par les mêmes raiſons, la preſſion dans la poulie G, eſt X, & le frottement $= nX$. Ainſi on aura $$y \times b = nX \times a, \text{ ou } y = \frac{nXa}{b}; \text{ \& par con-}$$

ſéquent $$Y = \frac{X}{2} + y = X \times \left(\frac{b + 2na}{2b} \right).$$

3°. On a de même, dans la poulie M, $$z \times b = nY \times a, \text{ ou } z = \frac{nYa}{b}; \text{ \& par conſéquent } Z =$$

$$\frac{Y}{2} + z = Y \times \left(\frac{b + 2na}{2b} \right).$$

Prenons, pour abréger, le coefficient conftant $\dfrac{b + 2na}{2b} = m$: il eft clair qu'on aura $X = P \times m$, $Y = P \times m^2$, $Z = P \times m^3$; ainfi de fuite, s'il y avoit un plus grand nombre de poulies. On voit que les coefficients m, m^2, m^3, vont en progreffion géométrique.

Si le dernier cordon NQ paffoit fur une poulie fixe de renvoi, on feroit entrer le frottement de cette poulie dans le calcul, par l'article précédent. Ici il n'en eft pas queftion.

E X E M P L E.

Soient $P = 800 \text{lb}$, $\dfrac{a}{b} = \dfrac{1}{6}$; $n = \dfrac{1}{5}$; & par conféquent $\dfrac{b + 2na}{2b} = \dfrac{8}{15}$. On trouvera à peu de chofe près, $X = 426,67 \text{lb}$, $Y = 227,55 \text{lb}$, $Z = 121, 36 \text{lb}$. Ainfi la tenfion Z, ou la puiffance Q, fera d'un peu plus de 121lb; au lieu que fans le frottement, elle n'auroit été que de 100lb.

Si on avoit cru devoir faire entrer les forces x, y, z, dans les valeurs des frottements, on auroit trouvé des réfultats peu différents des précédents, parce que les forces x, y, z, font fort petites par rapport aux forces P, X, Y, Z.

On appliquera facilement les mêmes méthodes aux autres cas des poulies.

Du Frottement dans le Tour.

322. SOIENT le poids P & la puiffance Q (Fig. 134), appliqués refpectivement au cylindre TMC, & à la roue DRB, d'un tour dont l'effieu eft repréfenté par le petit cercle x. Je fuppofe qu'ils

agiſſent, ou qu'ils puiſſent être cenſés agir dans un même plan.

323. Imaginons qu'à la place des deux appuis, qui portent l'eſſieu par ſes extrémités, on ſubſtitue un appui unique, ſitué dans le plan du poids & de la puiſſance. Il eſt clair d'abord que le poids P produit ſur cet appui, une preſſion verticale, égale à lui-même; je la repréſente par la verticale AO. Soit Q la force ſimplement requiſe pour faire équilibre au poids P; & que q ſoit la petite force qu'il faut ajouter à Q, pour vaincre le frottement. Repréſentons la force $Q + q$ par DE; & décompoſons-la en deux autres DK, DH, l'une verticale, l'autre horiſontale. La force verticale DK produit ſur l'appui une preſſion égale à elle-même; en ſorte que ſi l'on prolonge AO de la quantité $ON = DK$, la preſſion totale de l'appui, ſuivant la verticale, ſera repréſentée par AN. De même, la force horiſontale DH produit ſur l'appui une preſſion horiſontale, égale à elle-même; je la repréſente par AL, perpendiculaire à AN. Par conſéquent, ſi l'on achève le parallélogramme rectangle $ALFN$; & qu'on tire la diagonale AF, elle exprimera la preſſion réſultante contre le point y, où la ſurface de l'eſſieu touche l'appui ou le moyeu fixe. Cette preſſion occaſionne le frottement qu'on doit regarder comme une force qui touche en y le cercle x. Nommons :

le raïon Ay de l'eſſieu . . . . a,

le raïon AM du cylindre . . . . b,

le raïon AD de la roue . . . . c,

le rapport du frottement à la preſſion . . . . n,

le ſinus total 1,

le ſinus de l'angle donné HDE . . . . f,

ſon coſinus . . . . g.

Il eſt clair qu'on aura, Force DK ou $ON =$

$(Q+q)f$; Force DH ou $AL=(Q+q)$
Force $AN=P+(Q+q)f$; Force AF
$\sqrt{[(Q+q)^2 g^2+(P+(Q+q)f)^2]}$; Frott
ment $=n\sqrt{[(Q+q)^2 g^2+(P+(Q+q)f)^2}$
Donc, puisque le moment de la force Q doit êt
égal au moment du frottement, on aura :

(A) $cq=an\sqrt{[(Q+q)^2 g^2+(P+(Q+q)f)}$
ou bien (en élevant tout au quarré, & considéra
que $ff+gg=1$), $c^2 q^2=a^2 n^2[(Q+q)^2+P^2$
$2Pf(Q+q)]$; d'où l'on tire facilement :

(B) $q=\dfrac{a^2 n^2(Q+fP)}{c^2-a^2 n^2} \pm \dfrac{an}{c^2-a^2 n^2}\times\sqrt{[(Q^2}$
$P^2+2fPQ)(c^2-a^2 n^2)+a^2 n^2(Q+fP)^2]$.

324. CETTE formule générale est un peu co
pliquée. Mais nous observerons que dans la plupa
des cas qui ont réellement lieu dans la pratique,
raïon de l'essieu étant très-petit par rapport à ce
du cylindre & de la roue, la force requise po
vaincre le frottement, doit aussi être très-petite p
rapport à P & à Q. D'où il suit que dans le radic
de l'équation (A), on peut, sans craindre beaucou
d'erreur, négliger les termes qui contiennent q. Alo
cette équation devient $cq=an\sqrt{[Q^2 g^2}$
$(P+fQ)^2]$, ou bien, $q=\dfrac{an}{c}\sqrt{[Q^2+P^2}$
$2fPQ]$: ou bien encore (en mettant pour Q
valeur $\dfrac{Pb}{c}$), $q=\dfrac{aaP}{c^2}\sqrt{[b^2+c^2+2fbc}$
formule d'un usage assez commode.

E X E M P L E.

Soient $P=900$ ℔; $a=1$; $b=10$; $c=6$
$n=\frac{1}{5}$; l'angle $HDE=450$, ou $f=\dfrac{1}{\sqrt{2}}$. C
trouvera $q=3,372$ ℔ environ. Il faut donc ajou

la puiffance environ $3\,℔$ & $\frac{171}{1200}$, pour vaincre le frottement; ainfi cette puiffance qui, fans le frottement, n'auroit été que de 150 livres, fera de $53,372\,℔$, en ayant égard au frottement.

325. Lorsque la direction de la puiffance Q eft verticale, on a $g = 0$, $f = 1$; & l'équation (B) donne, en prenant le figne fupérieur du radical,

$$q = \frac{an(P+Q)}{c-an}, \text{ ou } q = \frac{anP(c+b)}{c(c-an)}.$$

Exemple.

Soient, comme dans l'exemple précédent, $P = 100\,℔$; $a = 1$; $b = 10$; $c = 60$; $n = \frac{1}{5}$. On trouera $q = 3,51\,℔$, à-peu-près.

326. Le problême ne fera pas plus difficile à réfoudre en général, fi le poids & la puiffance ne font pas dans un même plan. Alors il faudra chercher les preffions réfultantes contre chaque appui (Fig. 103), comme il a été expliqué (227), en obfervant que fi l'on nomme ici r la petite puiffance qu'il faut ajouter à Q pour vaincre la réfiftance totale qui provient des frottements contre les deux appuis, on doit mettre $Q+r$ pour Q dans les valeurs qui ont été trouvées pour les preffions E & F, dans l'article cité. Ainfi, on aura maintenant,

Fig. 103.

$$E = \frac{\sqrt{[(\pi(Q+r)\times CF)^2 + (P\times OF + \lambda(Q+r)\times CF)^2]}}{EF},$$

$$F = \frac{\sqrt{[(\pi(Q+r)\times CE)^2 + (P\times OE + \lambda(Q+r)\times CE)^2]}}{EF}.$$

Ces deux preffions produifent deux frottements, qui ont pour valeurs refpectives nE & nF, (n étant toujours le rapport du frottement à la preffion), & pour bras de levier le raïon de l'effieu, tandis que la puiffance r, deftinée à les vaincre, a pour bras de

levier le raïon de la roue. Et comme il faut, pou
l'équilibre, que le moment de la puiſſance r ſo
égal à la ſomme des moments des deux réſiſtance
nE, nF; il s'enſuit que ſi l'on nomme, comm
ci-deſſus, a le raïon de l'eſſieu, c celui de la roue
on aura, $rc = anE + anF$, équation d'où l'on tire
la valeur de l'inconnue r, après y avoir ſubſtitué pou
E & F leurs valeurs données ci-deſſus.

Si dans les valeurs de E & de F, on néglige le
termes qui contiennent r, comme très-petits par rap
port aux autres, & qu'on ſubſtitue ces valeurs ain
ſimplifiées, dans l'équation précédente; on trouver

$$r = \frac{an}{c} \times \left\{ \frac{\sqrt{[(\pi(Q \times CF)^2 + (P \times OF + \lambda Q \times CF)^2}}{EF} \right.$$
$$\left. + \frac{\sqrt{[(\pi Q \times CE)^2 + (P \times OE + \lambda Q \times CE)^2]}}{EF} \right). \text{Fa}$$

ſons une application de cette formule.

EXEMPLE.

Soient, comme dans les deux exemples préc
dents, $P = 900\,℔$; $n = \frac{1}{5}$; $a = 1$; $c = 60$;
raïon du cylindre $= 10$, & par conſéquent $Q = \frac{P}{6}$
l'angle que la direction de la puiſſance fait avec l'ho
ſon $= 45$ degrés, & par conſéquent $\pi = \lambda = \frac{1}{\sqrt{2}}$
Suppoſons de plus $CE = \frac{EF}{4}$, $OE = \frac{3EF}{4}$,
par conſéquent $CF = \frac{3EF}{4}$, $GF = \frac{EF}{4}$. O
trouvera $r = 3, 146\,℔$.

Du Frottement ſur le Plan incliné.

Fig. 135. 327. SOIT un poids P (Fig 135), poſé ſur u

lan incliné dont HG eſt la longueur, HI, la hauteur, & IG, la baſe. Repréſentons ce poids par la verticale PD; & décompoſons cette force en deux autres PC, PA, l'une parallèle, l'autre perpendiulaire à la longueur du plan incliné. Il eſt clair qu'on aura, Force $PC = P \times \dfrac{HI}{GH}$; Force $PA = P \times \dfrac{IG}{GH}$. La première de ces deux forces, qu'on appelle la *peſanteur relative* du corps, tend à le faire gliſſer: la ſeconde produit la preſſion ſur le plan incliné, & y occaſionne un frottement de la première eſpèce; de ſorte qu'en nommant n le rapport du frottement à la preſſion, on aura, Frottement $= n P \times \dfrac{IG}{GH}$. Donc, ſi le poids eſt abandonné uniquement à lui-même, il ne deſcendra pas, à moins que ſa peſanteur relative PC ne ſoit plus grande que le frottement, c'eſt-à-dire, à moins qu'on n'ait

$$\frac{P \times IH}{GH} > n P \times \frac{IG}{GH}, \text{ ou } IH > n \times IG.$$

Il ſuit de-là qu'*un corps poſé ſur un plan incliné & abandonné à l'action de la peſanteur, ne deſcend que quand la hauteur du plan incliné eſt plus grande que le produit de la baſe multiplié par le rapport du frottement à la preſſion.*

328. Suppoſons que le corps ſoit prêt à deſcendre, ou que ſa peſanteur relative ſoit égale à la réſiſtance du frottement. On aura $IH = n \times IG$, ou bien $n = \dfrac{IH}{IG}$. Ainſi, lorſque l'inclinaiſon du plan incliné eſt telle que le corps commence à deſcendre par ſa ſeule peſanteur relative, le rapport du frottement à la preſſion eſt le même que celui de la hauteur du plan incliné à ſa baſe. Connoiſſant

donc le premier rapport, on connoîtra le second
ou bien réciproquement, connoiffant le fecond, c
connoîtra le premier.

Par exemple, fuppofons que le frottement foit
tiers de la preffion. On aura $\frac{IH}{IG} = \frac{1}{3}$. Or, p

la Trigonométrie, le rapport $\frac{IH}{IG}$ peut être regar
comme celui de la tangente de l'angle IGH d'i
clinaifon du plan, au finus total; & on trouve da
les Tables trigonométriques, que ce dernier rapp
étant $\frac{1}{3}$, l'angle HGI eft d'environ 18° 27'. Ain
le frottement étant fuppofé le tiers de la preffio
l'angle d'inclinaifon du plan doit être d'environ 1
27', pour que le corps, par fa feule pefanteur
lative, foit au moment de defcendre.

Si au contraire l'angle d'inclinaifon du plan ét
donné, on trouveroit le rapport $\frac{IH}{IG}$ par les T

bles; & on auroit enfuite n par l'équation $n = \frac{II}{I}$

De-là fuit une manière bien fimple & bien co
mode de déterminer le frottemer.t de la premi
efpèce, par la voie de l'expérience. Il ne faut p
cela que mettre un corps fur un plan d'abord tr
peu incliné à l'horifon; augmenter peu-à-peu l'
clinaifon, jufqu'à ce que le corps commence à d
cendre; & obferver alors le rapport de la haut
du plan incliné à la bafe; ce rapport eft celui
frottement à la preffion.

329. CONSIDÉRONS maintenant un corps qu'
puiffance eft prête à faire monter le long d'un p
incliné quelconque, en combattant la pefanteur
lative & le frottement. La valeur de cette puiffa
eft aifée à trouver en général; mais nous nous c

nterons de réfoudre le problême pour les deux cas
s plus ordinaires; c'eft-à-dire, lorfque la direction
e la puiffance eft parallèle à la longueur, ou à la
afe du plan incliné. On imitera facilement la même
éthode dans les autres cas.

330. Je fuppofe donc en premier lieu que la
uiffance Q (Fig. 136), foit parallèle à la longueur Fig. 136.
u plan incliné. Pour que le corps commence à
iffer dans le fens GH, il faut que la force Q foit
gale à la fomme de la pefanteur relative du corps,
 du frottement. Or, en conftruifant, comme ci-
effus, le parallélogramme rectangle $PADC$, &
ommant toujours n le rapport du frottement à la
reffion, on a, Force $PC = P \times \dfrac{HI}{HG}$; Force

$A = P \times \dfrac{IG}{HG}$; Frottement $= nP \times \dfrac{IG}{HG}$. Nous

rrons donc, $Q = P \times \dfrac{HI}{HG} + nP \times \dfrac{IG}{HG}$, for-

ule où l'on voit la quantité pour laquelle le frotte-
ent entre dans l'expreffion de la puiffance Q.

EXEMPLE.

Soient le poids $P = 8000\,\text{tb}$; l'angle d'inclinaifon
GI du plan, de 30°, ou $\dfrac{HI}{HG} = \frac{1}{2}$; $\dfrac{IG}{HG} =$

$\dfrac{\sqrt{3}}{2} = 0,866$, à-peu-près; $n = \frac{1}{3}$. On aura $Q =$

ɔɔɔ tb $+ 2309,333$ tb. La puiffance Q fera donc
'un peu plus de 6309 livres, tandis qu'abftrac-
on faite du frottement, elle n'auroit été que de
ɔɔɔ tb.

331. En fecond lieu, que la puiffance Q (Fig. 137) Fig. 137.
it parallèle à la bafe du plan incliné. Ayant dé-

composé, comme ci-deſſus, le poids du corps
deux forces PC, PA, l'une parallèle, l'autre pe
pendiculaire au plan incliné, je décompoſe pareil
ment la puiſſance Q, exprimée par la partie PO
ſa direction, en deux autres forces PN, PM, l'u
parallèle, l'autre perpendiculaire à la longueur
plan incliné. On aura, Force $PC = P \times \dfrac{HI}{HG}$; Fo

$$PA = P \times \frac{IG}{HG} ; \text{ Force } PN = Q \times \frac{IG}{HG} ; \text{ Fo}$$

$$PM = Q \times \frac{IH}{HG}.$$ La preſſion totale du plan incl

étant égale à la ſomme des deux forces PA, P
ſi l'on nomme toujours n le rapport du frottemer
la preſſion, il eſt clair qu'on aura, Frottement

$$n \times \left(P \times \frac{IG}{HG} + Q \times \frac{IH}{HG} \right).$$ Cela poſé, pour

le corps commencé à gliſſer dans le ſens GH, il f
que la force PN ſoit égale à la ſomme de la fo
PC, & du frottement ; on aura donc alors,

$$\frac{Q \times IG}{GH} = \frac{P \times HI}{HG} + n \left(P \times \frac{IG}{HG} + Q \times \frac{HI}{HG} \right)$$

d'où l'on tire $Q = \dfrac{P \times (HI + n \times IG)}{IG - n \times IH}.$

S'il n'y avoit point de frottement, la valeur d
puiſſance ſeroit $\dfrac{P \times HI}{IG}$. Ainſi, $\dfrac{P \times (HI + n \times IG)}{IG - n \times IH}$

$$\frac{P \times HI}{IG}, \text{ où } \frac{n P \times \overline{HG}^2}{\overline{IG}^2 - n \times IG \times IH}$$ eſt la quantité p

laquelle le frottement concourt à augmenter
puiſſance.

EXEMP

Exemple.

Soient $P = 8000$ ℔; l'angle $HGI = 30°$, ou
$$\frac{HI}{HG} = \tfrac{1}{2}, \quad \frac{IG}{HG} = \frac{\sqrt{3}}{2} = 0,866; \quad n = \tfrac{1}{3}.$$ On
trouvera $Q = 9022$ ℔, environ. Sans le frottement,
la puissance ne seroit que d'environ 4619℔.

Du Frottement dans la Vis.

332. Reprenons ici la construction & la démonstration de l'article 290. La petite puissance r
(Fig. 125 & 126), qui fait équilibre au petit poids
p, en agissant suivant une direction tangente à la
circonférence dont CP est le raïon, a pour valeur
$p \times \dfrac{AB}{\text{circ.}\,Cp}$, abstraction faite du frottement. Soit r'
la petite puissance qui agissant de la même manière,
fait équilibre au même poids, en ayant égard de plus
au frottement. Il est clair, par l'article précédent
combiné avec l'article 290, qu'on aura,

$$r' = \frac{p \times (AB + n \times \text{circ.}\,Cp)}{\text{circ.}\,Cp - n \times AB}.$$

Maintenant, à la place de la puissance r', substituons-en une autre q' qui agisse en Q, suivant une
direction perpendiculaire à CQ, & dans un plan
perpendiculaire à l'axe de la vis. On aura, $r' : q' ::$
$CQ : Cp$, ou bien $q' = r' \times \dfrac{Cp}{CQ}$. Donc, en mettant pour r' sa valeur,

$$q' = p \times \frac{Cp \times (AB + n \times \text{circ.}\,Cp)}{CQ \times (\text{circ.}\,Cp - n \times AB)}.$$

Dans cette expression de q', la ligne Cp est inconnue & variable. Mais comme le poids total P est
distribué sur tout le filet de la vis, nous pouvons

Q

fuppofer, fans craindre d'erreur fenfible dans la pratique, que ce même poids eft placé fur la circonférence d'un cercle qui a pour raïon la moyenne arithmétique entre le raïon du cylindre à nu, & le même raïon augmenté de l'épaiffeur formée par le relief du filet de la vis. Suppofons que Cp foit cette moyenne arithmétique, qui eft une quantité conftante & donnée; & nommons Q' la fomme de toutes les puiffances q' qui font équilibre à la fomme de tous les poids p, & au frottement; nous aurons fenfiblement,

$$Q' = P \times \frac{Cp \times (AB + n \times \mathrm{circ.}\, Cp)}{CQ \times (\mathrm{circ.}\, Cp - n \times AB)},$$

valeur que doit avoir la puiffance Q', appliquée en Q, pour que l'écrou foit au moment de tourner, & le poids de s'élever le long des filets de la vis, malgré fa pefanteur & la réfiftance du frottement.

Du Frottement dans le Coin.

333. L'ESSAI de calcul que je vais donner pour déterminer le frottement dans le coin, ne doit être regardé que comme un problême de Géométrie, qui eft fimplement relatif à la matière en queftion, & qui vraifemblablement n'aura jamais d'application dans la pratique; car la théorie mathématique de l'équilibre de cette machine étant encore imparfaite, comme nous l'avons remarqué, on fent que celle de fon frottement doit l'être bien davantage. Quoi qu'il en foit, voici comment on pourroit évaluer le frottement dans le coin, fi cet inftrument & les parties du corps à fendre étoient d'une dureté & d'une infenfibilité parfaites.

334. SOIT un coin ifofcèle AED (Fig. 139), introduit dans la fente d'un corps MN, & chargé au milieu de fa tête horifontale AD, d'un poids P qui

féroit en équilibre avec les réfiſtances du corps à fendre, s'il n'y avoit point de frottement. Suppoſons
que pour vaincre le frottement, ou pour faire gliſ-
fer les faces du coin le long de celles de la fente,
il faille ajouter au poids P un autre poids p. Repré-
féntons le poids réfultant $P + p$, par la partie BF
de ſa direction ; & décompoſons-le en deux autres
forces BC, BK, perpendiculaires aux points d'attouchements des faces du coin avec celle de la fente.
Chacune de ces deux forces égales ſera exprimée par
$(P + p) \times \dfrac{AE}{AD}$; & elles produiront chacune un frottement qui ſera exprimé par $n(P + p) \times \dfrac{AE}{AD}$,
n étant toujours le rapport du frottement à la pref-
ſion. De ces deux frottements égaux que je repréſente par les côtés Eg, Eh, du parallélogramme lozange $Egfh$, réſulte, dans le ſens vertical EO, une
réſiſtance exprimée par la diagonale Ef, réſiſtance
qui, à cauſe de Ef double de Et, & des triangles
ſemblables Egt, EAO, a évidemment pour valeur
$2n(P + p) \times \dfrac{AE}{AD} \times \dfrac{EO}{EA}$, ou $2n(P + p) \times \dfrac{EO}{AD}$.
Et comme cette même réſiſtance doit être égale au
poids p deſtiné à lui faire équilibre, on aura $p =$
$2n(P + p) \times \dfrac{EO}{AD}$; d'où l'on tire, $p = \ldots \ldots$
$$\dfrac{2nP \times EO}{AD - 2n \times EO}.$$

SECTION II.

De la Roideur des cordes.

335. Il est constant par l'expérience qu'une corde donnée est d'autant plus roide, ou fait d'autant plus de difficulté à se plier, 1°. qu'elle est tendue avec plus de force, ou qu'elle est chargée d'un plus grand poids ; 2°. qu'elle est plus grosse ; 3°. qu'elle s'enveloppe autour d'un plus petit rouleau. Mais on ne connoît pas bien précisément la loi suivant laquelle ces trois éléments concourent à produire la roideur de la corde.

336. La plupart des Auteurs, qui ont écrit sur cette matière, prennent pour hypothèse que *la roideur d'une corde est en raison composée du poids qui tend la corde, du raïon de la corde, & de l'inverse du raïon du rouleau autour duquel elle s'enveloppe.* Cette règle, que j'adopte, comme assez conforme à l'expérience, suppose que les différentes cordes dont on veut comparer les roideurs, sont de même espèce, c'est-à-dire, également neuves, également torses, &c.

La vitesse avec laquelle une corde se plie, influe aussi sur sa roideur ; mais nous n'aurons pas égard à cette circonstance, parce qu'il ne s'agit ici que de mouvements prêts à naître.

337. De tous les moyens qu'on a proposés pour éprouver la roideur des cordes, voici celui qui me paroît le plus simple & le plus exact.

Fig. 140 & 141. Soient (Fig. 140 & 141) deux poulies OCM, VDN, parfaitement mobiles par leurs essieux sur des appuis fixes, & chargées, à l'aide de cordes de différens diamètres, la première, des deux poids égaux P & Q; la feconde , des deux poids auffi égaux R & S. Je fuppofe que pour troubler l'équilibre, ou pour vaincre les frottements & les roideurs des cordes , il faille ajouter au poids P un petit poids connu p, & au poids R un petit poids connu r. Il s'agit de trouver directement les parties pour lefquelles les frottements & les roideurs des cordes entrent dans les poids additionnels p & r. Nommons,

le raïon de l'effieu de la poulie OCM .... a,
le raïon de cette même poulie .... b,
le raïon de la corde PCQ .... c,
le raïon de l'effieu de la poulie VDN ...... l,
le raïon de cette même poulie .... m,
le raïon de la corde RDS .... h,
la partie du poids p , deftinée à vaincre le frottement .... x,
la partie du même poids p , deftinée à vaincre la roideur de la corde PCQ .... y,
la partie du poids r , deftinée à vaincre le frottement .... z,
la partie du même poids r , deftinée à vaincre la roideur de la corde RDS .... u,
le rapport du frottement à la preffion .... n.

Nous avons ici cinq inconnues à déterminer , favoir x, y, z, u, n.

1°. On a , comme il eft évident, (A) $x + y = p$; (B) $z + u = r$.

2°. La preffion totale fur l'effieu de la poulie OCM, étant ici $2P + p$, il eft clair (319) qu'on aura, (C) $bx = n(2P + p)a$. De même, on aura, (D) $mz = n(2R + r)l$.

3°. On aura, en vertu de l'hypothèfe que nous avons adoptée fur la roideur des cordes, $y : u ::$

$$\frac{(2P+p)c}{b} : \frac{(2R+r)h}{m} \; ; \text{ d'où l'on tire,} \ldots\ldots\ldots$$

(E) $\; bh(2R+r)y = cm(2P+p)u.$

Comparant ensemble les cinq équations (A), (B), (C), (D), (E), suivant les règles ordinaires de l'Algébre, on trouvera :

$$x = \frac{a[(2R+r)bhp - (2P+p)cmr]}{b.(2R+r).(ah-cl)},$$

$$y = \frac{c[(2P+p)amr - (2R+r)blp]}{b.(2R+r).(ah-cl)},$$

$$z = \frac{l[(2R+r)bhp - (2P+p)cmr]}{m.(2P+p).(ah-cl)},$$

$$u = \frac{h[(2P+p)amr - (2R+r)blp]}{m(2P+p).(ah-cl)},$$

$$n = \frac{(2R+r)bhp - (2P+p)cmr}{(2P+p).(2R+r).(ah-cl)}.$$

338. Il est bon de lever, au sujet de ces formules, une difficulté analytique qui pourroit embarrasser quelques Lecteurs.

Lorsque les raïons des essieux sont entr'eux comme ceux des cordes, ou qu'on a $ah = cl$, les dénominateurs des fractions proposées deviennent zero, parce qu'on a $ah - cl = 0$; d'où il paroît s'ensuivre que les valeurs de x, y, z, u, n, sont infinies. Mais il faut considérer que dans ces mêmes fractions, les numérateurs deviennent zero dans la même hypothèse. En effet, les équations (C), (D), (E), donnent, $x : z :: am \, (2P+p) : bl \, (2R+r)$; $y : u :: cm \, (2P+p) : bh \, (2R+r).$

Mettant pour l sa valeur $\dfrac{ah}{c}$ dans la première de ces deux proportions, on aura, $x : z :: cm \, (2P+p) : bh \, (2R+r).$ Donc, $x : z :: y : u$, & $x + y : z + u ::$

$x : z :: y : u$; c'est-à-dire, $p : r :: am(2P+p) :$
$bl(2R+r) :: cm(2P+p) : bh(2R+r)$; d'où
l'on tire, $blp(2R+r) = amr(2P+p)$;
$bhp(2R+r) = cmr(2P+p)$; équations qui
donnent, $amr(2P+p) - blp(2R+r) = 0$;
$bhp(2R+r) - cmr(2P+p) = 0$. Donc les
numérateurs des valeurs de x, y, z, u, n, deviennent
zero, en même-tems que leurs dénominateurs. Donc
alors ces valeurs sont indéterminées. Voici comment
on peut les trouver.

339. On a ici, comme dans l'hypothèse générale, $x + y = p$, $z + u = r$. De plus, à cause de
$ah = cl$, on a, comme on l'a vu, $x : z :: y : u$,
ou $xu = yz$. On a encore $bx = n(2P+p)a$.
Voilà quatre équations entre les cinq inconnues x,
y, z, u, n; & on ne peut pas en former d'autres
qui ne reviennent, dans le fond, à ces quatre-là.
Ainsi, le problême est indéterminé. Mais si l'on
suppose, par exemple, que x soit une certaine partie
donnée de p; c'est-à-dire, si l'on fait $x = \dfrac{p}{t}$, t étant
un nombre positif plus grand que l'unité, on trou-
vera, $y = p - \dfrac{p}{t}$, $z = \dfrac{r}{t}$, $u = r - \dfrac{r}{t}$, $n =$
$\dfrac{bp}{t(2P+p)a}$. On voit qu'il faut se donner l'une des
cinq inconnues, pour pouvoir déterminer les quatre
autres.

340. J'ai fait quelques expériences sur la roideur
des cordes. En voici une que je crois fort exacte, &
qui s'accorde assez bien avec les calculs précédents.

On a suspendu bien à plomb une poulie fort légère qui avoit 10 pouces $6\frac{1}{2}$ lignes de diamètre à
nu. Elle étoit traversée quarrément par un essieu
de buis de 8 lignes de diamètre, & elle tournoit

librement fur les appuis de cet effieu. J'ai pris deux cordes neuves, peu torfes, dont la première avoit 9 lignes de diamètre, la feconde 13 lignes de diamètre; & ayant appliqué fucceffivement ces deux cordes à la poulie, j'ai attaché à chacun des deux bouts de la corde, dans les deux cas, un poids de 100 livres & 12 onces. Cela fait, j'ai trouvé que pour commencer à faire defcendre l'un des poids, ou pour vaincre le frottement & la roideur de la corde, il falloit ajouter un poids de 6 livres, lorfqu'on fe fervoit de la petite corde, & un poids de 7 livres 8 onces, lorfqu'on fe fervoit de la groffe corde.

En fuppofant que l'action d'une corde s'exerce fuivant la direction de fon axe, il eft clair que lorfqu'on fe fert de la petite corde, le diamètre de la poulie propofée doit être cenfé de 11 pouces $3\frac{1}{2}$ lignes, & qu'en fe fervant de la groffe corde, le diamètre de la poulie eft de 11 pouces $7\frac{1}{2}$ lignes. Nous aurons donc ici, $P = R = 100$ livres 12 onces $= 100{,}75$ livres; $p = 6$ livres; $r = 7$ livres 8 onces $= 7{,}5$ livres; $2P + p = 207{,}5$ livres; $2R + r = 209$ livres; $2a = 2l = 8$ lignes; $2b = 135{,}5$ lignes; $2m = 139{,}5$ lignes; $2c = 9$ lignes; $2h = 13$ lignes. Mettons ces valeurs dans les formules générales de l'article 337, nous trouverons, à peu de chofe près:

$$\left.\begin{array}{l} x = 2{,}251 \\ y = 3{,}749 \\ z = 2{,}158 \\ u = 5{,}342 \end{array}\right\} \text{livres.}$$

$$n = 0{,}1837, \text{ nombre abftrait.}$$

D'où l'on voit que pour vaincre le frottement, il faut dans l'un & l'autre cas, un poids d'un peu plus de 2 livres; mais que la roideur de la petite corde eſt équivalente à un poids d'un peu moins de 4 livres, & celle de la groſſe à un poids d'un peu plus de 5 livres. On voit auſſi que le frottement eſt un peu plus que la ſixième partie de la preſſion.

341. JE finis par l'application de nos principes à une *Grue*, propre à élever des pierres ou d'autres fardeaux très-peſants.

Dans cette machine, (Fig. 142) le poids P eſt ſuſpendu à une poulie a embraſſée par une corde dont la partie 1 eſt attachée à un crochet fixe, l'au-tre partie paſſe ſur la poulie b, ſur la poulie c, & va s'entortiller autour du cylindre OF. Une puiſ-ſance Q appliquée à la circonférence de la roue QN eſt au moment de faire monter le corps P, en ſurmontant ſa peſanteur, le frottement & la roi-deur de la corde. Pour ſoutenir la corde dans l'in-tervalle bc, on a mis en d & e deux petits rouleaux qui étant très-mobiles ſur leurs eſſieux, & n'éprou-vant qu'un très-légère preſſion, ne peuvent occa-ſionner qu'un frottement inſenſible, & par conſé-quent négligeable. Je nomme en général,

le raïon de l'eſſieu de chacune des trois poulies égales a, b, c.........................a,

le raïon de chacune des mêmes poulies, en y
comprenant celui de la corde..............b,

le raïon de la corde.....................c,

le raïon des tourillons du cylindre........f,

le raïon du cylindre, en y comprenant celui de
la corde..............................g,

le raïon de la roue.....................k,

l'effort qu'il faut ajouter à la tenſion du cordon
2, pour vaincre tout-à-la-fois le frottement
& la roideur de la corde.................x,

la tenſion totale du même cordon.........X,

Fig. 142

l'effort qu'il faut ajouter à la tenſion du cordon
   3 , pour vaincre tout-à-la-fois-le frottement
   & la roideur de la corde. . . . . y,
la tenſion totale du même cordon. . . . . Y,
l'effort qu'il faut ajouter à la tenſion du cordon
   4 , pour vaincre tout-à-la-fois le frottement
   & la roideur de la corde. . . . . z,
la tenſion totale du même cordon. . . . . . . Z,
le rapport du frottement à la preſſion. . . . . n.

De plus, je ſuppoſe qu'une corde dont le raïon eſt
h, ſous une preſſion connue que je nomme N, en ſe
pliant autour d'une poulie dont le raïon augmenté
de celui de la corde eſt m , ait une roideur égale à un
poids q. Ces quantités h , N , m , q , ſont données par
l'expérience rapportée dans l'article précédent.

Cela poſe, 1°. on voit (321) que la poulie a
étant mobile, & les deux cordons 1 , 2 , étant verticaux , du moins ſenſiblement, le frottement de
l'eſſieu de cette poulie eſt nP. Et comme ce frottement a pour bras de levier le raïon de l'eſſieu,
tandis que la force employée à le vaincre, & appliquée au cordon 2 , a pour bras de levier, le raïon
de la poulie ; il s'enſuit que l'expreſſion de cette

dernière force eſt $\dfrac{nPa}{b}$. De plus, on obſervera

qu'en faiſant cette proportion, $\dfrac{Nh}{m} : q :: \dfrac{Pc}{b} :$

un quatrième terme, ce quatrième terme $\dfrac{qmcP}{bhN}$

exprimeroît (336) la roideur de la corde appliquée à la poulie a, ſi cette poulie étoit fixe. Mais
comme cette poulie eſt mobile, & qu'au moment
où elle eſt un peu ſoulevée par la force appliquée
au cordon 2 , il ſe fait dans la corde un petit mou-

vement angulaire au point i; il paroît que la corde doit faire, à-peu-près, la même difficulté à se plier, que si on l'enveloppoit sur une poulie fixe qui auroit pour raïon le diamètre de la poulie a. Ainsi sa roideur sera représentée, au moins sensiblement, par $\dfrac{q\,m\,c\,P}{2\,b\,h\,N}$. Cette force, jointe au frottement, doit être égale à x; ce qui donne $x = \dfrac{n\,a\,P}{b} + \dfrac{q\,m\,c\,P}{2\,b\,h\,N}$. Donc, à cause de $X = \dfrac{P}{2} + x$, on aura, $X = \dfrac{P}{2} + \dfrac{n\,a\,P}{b} + \dfrac{q\,m\,c\,P}{2\,b\,h\,N}$; ou bien,

$$X = \frac{P}{2} \times \left(1 + \frac{2\,n\,a}{b} + \frac{q\,m\,c}{b\,h\,N} \right).$$

2°. S'il n'y avoit point de frottement ni de roideur de corde à vaincre pour la poulie fixe b, les deux cordons 2 & 3 seroient tendus également, avec une force exprimée par X; & il est évident que ces cordons étant, au moins sensiblement, l'un vertical, l'autre horisontal, il est clair, dis je, qu'en vertu de leurs tensions, il résulteroit aux appuis de l'essieu de cette poulie, une pression exprimée par $X\sqrt{2}$. Mais ici la pression est exprimée, à la rigueur, par $\sqrt{[X^2 + Y^2]}$. Néanmoins, comme Y ne diffère pas beaucoup de X, & qu'en supposant ces deux quantités égales entr'elles, le calcul devient beaucoup plus simple, je prendrai $X\sqrt{2}$, pour la valeur approchée de la pression. Ainsi, dans la poulie fixe b, l'expression du frottement sera $n\,X\sqrt{2}$; & celle de la roideur de la corde sera $\dfrac{q\,m\,c\,X\sqrt{2}}{b\,h\,N}$. Le frottement ayant pour bras de levier le raïon de l'essieu, tandis que la force destinée à le vaincre, & appliquée au cordon 3, a pour bras de levier, le raïon de la poulie, il est clair que la valeur de cette dernière force est $\dfrac{n\,a\,X\sqrt{2}}{b}$.

Joignons-la à la roideur $\dfrac{q\,m\,c\,X\sqrt{2}}{b\,h\,N}$; & nous aurons une somme qui doit être égale à y; ce qui donne, $y = \dfrac{n\,a\,X\sqrt{2}}{b} + \dfrac{q\,m\,c\,X\sqrt{2}}{b\,h\,N}$. Donc, à cause de $Y = X + y$, on aura, $Y = X + \dfrac{n\,a\,X\sqrt{2}}{b} + \dfrac{q\,m\,c\,X\sqrt{2}}{b\,h\,N}$; ou bien, $Y = X \times \left(1 + \dfrac{n\,a\sqrt{2}}{b} + \dfrac{q\,m\,c\sqrt{2}}{b\,h\,N} \right)$.

3°. En raisonnant pour la poulie c, exactement de la même manière que pour la poulie b, on trouvera, $Z = Y \times \left(1 + \dfrac{n\,a\sqrt{2}}{b} + \dfrac{q\,m\,c\sqrt{2}}{b\,h\,N} \right)$.

Maintenant, la puissance Q doit faire équilibre à la tension Z, au frottement des tourillons du cylindre, & à la roideur de la corde qui s'enveloppe autour du cylindre. Supposons que la puissance Q agisse verticalement, de haut en bas; la résistance Z agissant aussi verticalement, mais de bas en haut. Il est évident que la pression des tourillons sera $Z - Q$; & que par conséquent la valeur du frottement, sera $n(Z - Q)$. Ce frottement a pour bras de levier le raïon des tourillons du cylindre; supposons que, pour le vaincre, on employe une force appliquée à l'extrémité du raïon du cylindre; il est clair que cette force sera $\dfrac{n\,f(Z - Q)}{g}$. Quant à la difficulté que la corde doit faire à s'envelopper autour du cylindre, nous observerons, pour la déterminer, que conféquemment à la manière dont nous avons fait entrer ci-deſſus la tenſion d'une corde qui paſſe ſur une poulie, & qui eſt chargée de deux poids, dans l'expreſſion de ſa roideur, nous devons conſidérer ici notre corde comme ſi elle étoit chargée de deux poids, exprimés chacun par Z; d'où il ſuit (336) que la roideur de cette même corde ſera repréſentée par $\dfrac{2\,q\,m\,c\,Z}{g\,h\,N}$. Nous avons donc maintenant trois forces qui agiſſent à l'extrémité du raïon du cylindre; ſavoir, Z, $\dfrac{n f(Z-Q)}{g}$, $\dfrac{2\,q\,m\,c\,Z}{g\,h\,N}$. Ces trois forces doivent faire équilibre à la puiſſance Q qui agit à l'extrémité du raïon de la roue. Donc on aura (234), $Q \times k = Z \times g + \dfrac{n f(Z-Q)}{g} \times g + \dfrac{Z\,2\,q\,m\,c}{g\,h\,N} \times g$; d'où l'on tire $Q = \dfrac{Z}{k+nf} \times \left(g + nf + \dfrac{2\,q\,m\,c}{h\,N}\right)$. Comme tout eſt connu ou déterminable dans le ſecond membre, on connoîtra auſſi Q.

<h3 style="text-align:center">E X E M P L E.</h3>

Suppoſons le fardeau $P = 10000$ livres; le raïon de l'eſſieu de chaque poulie $= 9$ lignes; le raïon de chaque poulie, en y comprenant celui de la corde, $= 9$ pouces; le raïon de la corde $= 15$ lignes; le raïon des tourillons du cylindre $= 9$ lignes; le raïon du cylindre, en y comprenant celui de la corde, $= 6$ pouces; le raïon de la roue $= 6$ pieds. De plus, prenons pour hypothèſes, que le frottement ſoit $\frac{1}{5}$ de la preſſion; & qu'une corde de 9 lignes de diamètre, ſous une preſſion de 208 livres, en ſe pliant

autour d'une poulie de 11 pouces 3 ½ lignes de diamètre, ait une roideur équivalente à un poids de
4 livres, en nombre rond ; ce qui est conforme, à peu
de chose près, à l'expérience de l'article 340. On
aura donc, $P = 10000$ livres ; $a = 9$ lignes ; $b = 9$
pouces ; $c = 15$ lignes ; $f = 9$ lignes ; $g = 6$ pouces ;
$k = 6$ pieds ; $n = \frac{1}{5}$; $h = 4,5$ lignes ; $m = 67,75$ lignes ;
$N = 208$ livres ; $q = 4$ livres. D'après ces données,
on trouvera (en ne poussant le calcul des parties
décimales que jusqu'aux millièmes), $\dfrac{mq}{hN} = \dfrac{271}{936}$;

$$\frac{2na}{b} + \frac{cmq}{bhN} = 0{,}073 ; \quad \frac{na\sqrt{2}}{b} + \frac{cmq\sqrt{2}}{bhN} = 0{,}071 ; \quad \frac{g}{k+f} = 0{,}072 ; \quad \frac{nf + \frac{2cmq}{hN}}{k+fn} = 0{,}012 ;$$

d'où il suit qu'on aura, à peu de chose près, $X =$
5365 livres; $Z = 5745,916$; $Z = 6153,875$; $Q =$
516,926.

Ainsi la puissance Q, nécessaire pour commencer
à mettre le poids P en mouvement, sera de près de
517 livres. Sans le frottement & la roideur de la
corde, la puissance ne seroit que d'environ 417 livres,
comme on peut le trouver directement (200 & 223);
ou, comme on peut le conclure des formules précédentes, en supposant que dans les valeurs de X, Y,
Z, Q, on a $n = 0$, $q = 0$. On voit que le frottement & la roideur de la corde augmentent la puissance d'une quantité considérable. Il est donc essentiel de ne pas négliger ces deux résistances, si l'on
veut déterminer l'effet d'une machine avec une certaine précision.

On peut remarquer que dans les poulies b & c la
corde n'embrasse pas tout-à-fait un demi-cercle ; ce

jui diminue un peu fa roideur. Mais auffi nous avons négligé quelque chofe dans l'eſtimation des preſſions que fouffrent les appuis des eſſieux de ces poulies; d'où réſulte une eſpèce de compenſation. Ainſi les calculs précédents ne doivent pas s'éloigner beaucoup de la vérité, du moins dans les hypothèſes fur le frottement & fur la roideur de la corde, qui en font les éléments.

AVERTISSEMENT.

DEPUIS que j'ai écrit ce Chapitre, M. Coulomb, aujourd'hui membre de l'Académie des Sciences, a fait une fuite nombreuſe d'expériences en grand fur cette matière. Il en a donné le détail, & il y a appliqué la théorie, dans fa piéce qui a remporté le prix double de l'Académie, en 1781, & qui mérite toute l'attention des Méchaniciens.

Fin de la première Partie.

SECONDE PARTIE.

ÉLÉMENTS DE DYNAMIQUE.

LIVRE PREMIER.

DU MOUVEMENT CONSIDÉRÉ EN LUI-MEME.

CHAPITRE PREMIER.

Principes généraux du Mouvement

342. SUIVANT la notion générale que nous avons donnée (9) du mouvement, un corps se meut lorsqu'il passe d'un endroit de l'espace dans un autre endroit. Si dans ce passage, sa marche est toujours la même, ou qu'en tems égaux, il parcoure des espaces égaux, on dit que son mouvement est *uniforme*. Mais si, par quelque cause que ce soit, la vitesse du mobile vient à augmenter ou à diminuer, le mouvement s'appelle *mouvement accéléré*, ou *retardé* ; & en général, *mouvement varié*.

343. LE mouvement, quelle que soit sa nature, peut être *rectiligne* ou *curviligne*. Il est rectiligne lorsque le mobile suit toujours la même ligne droite

& curviligne, lorſque le mobile change de direction, & décrit une courbe, ou une ſuite de lignes droites qui forment entr'elles des angles.

344. TOUT corps eſt indifférent par lui-même pour le repos & pour le mouvement. Car lorſqu'un corps demeure en repos, il exiſte continuellement dans un même lieu ; & lorſqu'il eſt en mouvement, il exiſte ſucceſſivement dans une ſuite de lieux A, B, C, D, &c. Or l'exiſtence *continuée* dans un même lieu, ou l'exiſtence *ſucceſſive* dans pluſieurs lieux, ſont deux modifications que le corps reçoit également, ſans qu'il arrive aucun changement à ſa nature : autrement, il faudroit dire que ce n'eſt pas la même choſe pour un corps d'occuper, à chaque inſtant, un lieu ou un autre dans l'eſpace ; ce qui eſt abſurde.

345. IL ſuit de cette indifférence que ſi un corps eſt en repos, ou en mouvement, il perſévérera dans cet état, juſqu'à ce qu'une cauſe extérieure l'en retire.

Cette loi eſt confirmée par l'expérience. Les corps ne paſſent du repos au mouvement, que lorſqu'ils ſont rencontrés par d'autres corps, ou que des agents quelconques les forcent de quitter leurs places. Un boulet de canon, lancé par l'exploſion de la poudre, ne perd ſon mouvement que par la réſiſtance de l'air qui s'oppoſe continuellement à ſon paſſage, & par la peſanteur qui le ramène & l'attache à la terre. Les planètes & les comètes, qui ſont de plus grandes maſſes, & qui ſe meuvent dans des eſpaces moins réſiſtants, conſervent plus long-tems leurs mouvements progreſſifs & circulaires. En général, plus le nombre des obſtacles contraires au mouvement d'un corps diminue, plus le mouvement dure long-tems ; en ſorte que ſi la réſiſtance des obſtacles

R

devenoit abſolument nulle, le mouvement ſe per-
pétueroit par lui-même à l'infini.

346. DE la même indifférence, il ſuit encore
que tout corps doit oppoſer à ſon changement d'état,
ſoit de repos, ſoit de mouvement, une réſiſtance
toujours proportionnelle à ſa maſſe; réſiſtance qu'on
appelle *force d'inertie*, du mot latin *inertia*, pour
ſignifier que le corps eſt comme pareſſeux dans ſon
état.

En effet, puiſqu'un corps ne peut changer d'état
s'il n'y eſt excité par un agent extérieur, & qu'il
enlève néceſſairement à cet agent autant de force
qu'il en reçoit, il doit réſiſter à ſon changement
d'état, avec une force qu'on peut regarder comme
égale & contraire à celle qui eſt perdue par l'agent.
Or, il n'y a pas de raiſon pour qu'une telle réſiſtance exiſte plutôt dans une molécule du corps
que dans l'autre. Donc elle doit être commune à
toutes les molécules. Ainſi l'inertie totale eſt la
ſomme de toutes les inerties particulières; & par
conſéquent elle eſt proportionnelle à la maſſe entière
du corps.

On a cru pendant long-tems, dans les Ecoles,
que l'inertie étoit un effet de la peſanteur des corps;
mais cela eſt une erreur manifeſte. Qu'on meuve
un corps ſur un plan horiſontal très-poli: l'effet de
la peſanteur eſt détruit, & néanmoins on éprouve
une réſiſtance, qui eſt d'autant plus grande que le
corps contient plus de matière. Une balle, ſuſpen-
due par un fil, ne quittera ſon à-plomb qu'en vertu
d'une force extérieure qui l'en retirera, & qu'on
trouvera toujours proportionnèlle à la maſſe, ou à
la quantité de matière de la balle. Veut-on une
expérience encore plus déciſive? Suppoſons un corps
qui tombe librement par ſa peſanteur; ſi on le preſſe

avec la main pour accélérer fa chûte, on éprouve de la réfiſtance. Or cette réfiſtance ne peut pas être attribuée à la pefanteur, puiſque l'effort de la pefanteur s'ajoute à celui de la main, loin de lui être contraire. On ne peut pas attribuer non plus cette réfiſtance à l'air ; car l'air ne retarde la chûte du corps que d'une manière infenfible, au commencement du mouvement, fur-tout quand ce corps, comme une balle de plomb ou d'or, a beaucoup de maſſe relativement à fon volume. Ainſi l'inertie eſt une propriété des corps, qui leur eſt eſſentielle, & qui eſt abſolument indépendante de leur pefanteur. L'effet de la pefanteur peut être anéanti ou fufpendu dans pluſieurs cas ; il l'eſt, dans les corps qui ſe meuvent fur des plans horiſontaux, ou qui flottent fur un fluide, &c. Mais il n'eſt jamais poſſible de dépouiller un corps de fon inertie. De quelque manière qu'on veuille changer l'état de repos ou de mouvement du corps, on a toujours à vaincre cette même inertie, qui ſe fait fentir dans toutes fortes de fens, & qui ſuit conſtamment le rapport de la maſſe.

347. On voit par-là que ſi un corps a reçu une impulſion quelconque, & qu'il ne rencontre aucun obſtacle dans fon chemin, il ſe mouvra fans fin uniformément fuivant la ligne droite, qui eſt la direction de la force par laquelle il a été mis en mouvement. Car, en vertu de fon inertie, il doit prendre le chemin qu'on lui prefcrit, fans pouvoir, par lui-même, accélérer ou retarder fon mouvement, ni en changer la direction. Ainſi les corps en mouvement affectent eſſentiellement la direction rectiligne ; & ils ne s'en écartent jamais que lorſqu'ils rencontrent des obſtacles, ou qu'ils éprouvent l'action de nouvelles forces qui les obligent d'abandonner cette direction.

348. Un mouvement qui eſt produit par une force *unique*, & qui eſt par conſéquent toujours rectiligne, comme nous venons de l'expliquer, s'appelle *mouvement ſimple*. Tel eſt celui que reçoit une boule d'une autre boule qui la vient choquer.

On appelle *mouvement compoſé*, un mouvement qui réſulte de l'action ſimultanée de pluſieurs forces ſur un mobile. Tel eſt le mouvement d'une bombe, en tant qu'il eſt produit ou altéré par la force impulſive de la poudre, par la peſanteur propre de là bombe, & par la réſiſtance de l'air.

349. Quels que ſoient le nombre, les quantités & les directions des forces qui agiſſent ſur un corps, le mouvement qu'elles lui impriment, peut toujours être regardé comme ſimple, à chaque inſtant. Car, ou toutes les forces agiſſent ſuivant la même ligne droite, ou leurs directions forment des angles.

Dans le premier cas, ſi toutes les forces agiſſent dans le même ſens, elles produiſent le même effet que produiroit une force *unique*, égale à leur ſomme. Et ſi elles agiſſent en ſens contraires, elles produiſent le même effet que produiroit une force *unique*, égale à leur différence.

Dans le ſecond cas, l'effet réſultant de toutes les forces peut être également conſidéré comme produit par une force unique. Car, ſoit d'abord un corps *A* Fig. 143. (Fig. 143) pouſſé par les deux forces *P* & *Q*, dont les directions forment un angle, & capables de lui faire parcourir, dans le même tems, les eſpaces *AB*, *AC*; ce corps parcourra la diagonale *AD* (32), de la même manière que s'il étoit pouſſé par une force unique, repréſentée par *AD*, tandis que les puiſſances *P* & *Q* ſont repréſentées par *AB* & *AC*. Qu'une troiſième force agiſſe ſur le mobile : en combinant cette force avec la force AD, comme on a combiné enfemble les forces AB, AC, on trouvera que le corps fera mu de la même manière que s'il étoit pouffé par une force unique, repréfentée par la diagonale d'un fecond parallélogramme. Ainfi de fuite. Le mouvement du corps pourra donc être confidéré, à chaque inftant, comme produit par une force unique, qui eft la réfultante de toutes les forces qui agiffent en ce même inftant fur le corps; réfultante qu'on déterminera par l'art. 40.

Je fuppofe, comme on voit, qu'à chaque inftant toutes les forces concourent en un même point, ou que le corps fur lequel elles agiffent n'a qu'une étendue infiniment petite, & peut être confidéré comme un point. Si le corps avoit une grandeur fenfible, & que toutes les forces ne fuffent pas appliquées au même point de fa maffe, il pourroit être confidéré comme le fyftéme de plufieurs petits corps, follicités au mouvement par différentes forces; & ces corps élémentaires prendroient différents mouvements que nous enfeignerons à déterminer, dans le fecond Livre. Ici il s'agit feulement du mouvement d'un corps fimple & regardé comme un point mobile.

350. Qu'un corps décrive, en vertu de telles forces qu'on voudra, une courbe AMD (Fig. 144), **Fig. 144.** fi nous imaginons que cette courbe foit divifée en une infinité de parties Mm, mn, nq, &c, égales ou inégales : chacune de ces parties pourra être regardée comme une petite ligne droite, décrite en vertu d'une force unique, qui eft la réfultante de toutes les forces qui agiffent, en cet inftant, fur le mobile. En effet, fuppofons, par exemple, qu'à chaque point de la courbe, le mobile foit pouffé par deux forces, l'une parallèle, l'autre perpendi-

culaire à l'axe *A B*. Que les lignes infiniment petites *Mr*, *Ms*, repréfentent les efpaces que ces deux
forces tendent à faire parcourir, féparement, en un
même inftant : le mobile décrira, par l'action fimul-
tanée de ces deux forces, la petite diagonale *Mm* du
parallélogramme *Mrm s*. De même, le mobile étant
parvenu en *m*, fi les deux forces qui le pouffent,
tendent à lui faire parcourir les petits efpaces *mu*,
mt, en un même inftant ; il décrira, par le concours de ces deux forces, la petite diagonale *mn* ;
ainfi de fuite. D'où l'on voit que le mobile parcourt
le petit efpace *Mm*, comme s'il étoit pouffé par une
force unique, repréfentée par *Mm* ; qu'il parcourt
le petit efpace *mn*, comme s'il étoit pouffé par une
force unique, repréfentée par *m n* ; &c.

Ainfi, en général, tout mouvement peut être regardé comme compofé de mouvements rectilignes,
& comme produit, à chaque inftant, par une force
unique, qui eft la réfultante de toutes les forces auxquelles le mobile eft réellement foumis. Nous allons
donc nous occuper feulement des mouvements rectilignes ; & on fe fouviendra que la même théorie eft applicable à chaque élément du mouvement curviligne.

CHAPITRE II.

Du Mouvement uniforme.

351. IL y a cinq chofes à confidérer dans tout
mouvement : l'efpace que le mobile parcourt, la
durée du mouvement, la viteffe, la maffe du corps,
& la force qui produit le mouvement. Ces quanti-

tés ne font pas des êtres abfolus ; elles font toujours relatives à d'autres, de même nature, qui fervent d'unités. Ainfi la fcience des propriétés générales du mouvement, confifte à comparer les circonftances d'un mouvement, à celles d'un autre mouvement, regardées comme connues. Nous allons commencer par comparer enfemble les mouvements uniformes, parce que ces fortes de mouvements font les plus fimples de tous, & qu'on y rapporte tous les autres.

Il n'exifte peut-être pas de mouvement, qui foit uniforme à la rigueur ; car il y a toujours dans la nature une foule d'agents qui tendent à altérer un mouvement quelconque. Par exemple, une horloge, quelque parfaite qu'on la fuppofe, n'a jamais une marche rigoureufement égale & uniforme. La réfiftance de l'air, le frottement, les inégalités de l'engrenage, &c, font autant de caufes qui altérent la régularité du mouvement. Mais nous demandons qu'on admette ici, au moins par voie d'hypothéfe, l'exiftence du mouvement parfaitement uniforme.

Proposition I. Théorême.

352. *Les efpaces parcourus par deux corps qui fe meuvent uniformément, font entr'eux comme les produits de leurs viteffes par les tems des mouvements.*

Soient refpectivement E & e les efpaces parcourus par nos deux mobiles, V & u leurs viteffes, T & t les tems des mouvements. On aura (13), $V = \dfrac{E}{T}$, $u = \dfrac{e}{t}$; & par conféquent $V : u :: \dfrac{E}{T} : \dfrac{e}{t}$. D'où l'on tire, $E : e :: VT : ut$.

Corollaire.

353. La proportion précédente donne l'équa-

tion, ou la formule, (A) $Eut = eVT$; d'où l'on tirera toutes les relations qui peuvent exister entre les quantités que cette formule contient.

Par exemple, *si les vitesses sont égales, les espaces parcourus seront comme les tems.* Car, en divisant les deux membres de la formule par les quantités égales V & u, on a $Et = eT$, & par conséquent $E : e :: T : t$.

Si les espaces parcourus sont comme les cubes des tems, les vitesses seront comme les quarrés des tems. Car (*Hyp.*), $E : e :: T^3 : t^3$, & par conséquent $Et^3 = eT^3$. Divisant les deux membres de la formule par ces quantités égales, on aura $\dfrac{u}{t^2} = \dfrac{V}{T^2}$, & par conséquent $V : u :: T^2 : t^2$.

On trouvera de même d'autres Théorêmes pareils.

PROPOSITION II. THÉORÊME.

354. *Dans deux mouvements uniformes, les forces motrices sont en général comme les produits des masses par les vitesses.*

La force motrice étant la cause qui produit le mouvement, elle doit être proportionnelle à la *quantité* de mouvement. Or la quantité de mouvement est le produit de la masse par la vitesse; car il y a d'autant plus de mouvement, qu'il y a plus de parties qui se meuvent, & qu'elles se meuvent plus vîte, en sorte que la quantité totale de mouvement est en raison composée du nombre de molécules, ou de la masse entière du corps, & de la vitesse commune à toutes les molécules. Donc, si l'on nomme F & f les forces motrices de deux corps M & m, qui se meuvent uniformément avec les vitesses V & u; on aura, $F : f :: MV : mu$.

COROLLAIRE.

355. CETTE proportion donne la formule, (B) $Fmu = fMV$, qui sert à démontrer plusieurs Théorêmes en particulier.

Par exemple, *si les masses sont en raison inverse des vitesses, les forces seront égales.* Car (*Hyp.*), $M : m :: u : V$, & par conséquent $mu = MV$. Divisant les deux membres de la formule par ces quantités égales, on aura $F = f$.

Si les masses sont entr'elles comme les nombres 6 & 5, & les vitesses comme les nombres 17 & 11; les forces seront comme les nombres 102 & 55. Car, mettant dans la formule, 6 pour M, 5 pour m, 17 pour V, 11 pour u : on aura $F \times 5 \times 11 = f \times 6 \times 17$, & par conséquent $F : f :: 102 : 55$.

PROPOSITION III. THÉORÈME.

356. *DANS deux mouvements uniformes, les forces motrices multipliées par les tems, sont en général comme les produits des masses par les espaces parcourus.*

Si l'on divise membre à membre, la formule (B), par la formule (A), on aura $\dfrac{Fm}{Et} = \dfrac{fM}{eT}$; d'où l'on tire, $FT : ft :: ME : me$.

COROLLAIRE.

357. DE-LA suit la formule, (C) $FTme = ftME$, dont on fera des usages semblables à ceux qu'on a faits des précédentes.

Par exemple, *lorsque les masses sont en raison réciproque des espaces, les forces sont en raison réciproque des tems.* Car (*Hyp.*) $M : m :: e : E$, & par conféquent $me = ME$. Divifant les deux membres de la formule par ces deux quantités égales, on aura $FT = ft$; & par conféquent $F : f :: t : T$.

Si les maffes font égales, & que les quarrés des tems foient comme les cubes des efpaces, les forces feront en raifon réciproque des racines quarrées des efpaces. Car (*Hyp.*), $m = M$, & $T^2 : t^2 :: E^3 : e^3$, ou $T : t :: E\sqrt{E} : e\sqrt{e}$. Ainfi on aura $mTe\sqrt{e} = MtE\sqrt{E}$. Divifant les deux membres de la formule par ces quantités égales, on aura $\dfrac{F}{\sqrt{e}} = \dfrac{f}{\sqrt{E}}$, & par conféquent $F : f :: \sqrt{e} : \sqrt{E}$.

CHAPITRE III.

Du mouvement uniformément accé- léré, ou retardé, en général.

---

358. **N**ous avons établi (347) qu'abftraction faite de tout obftacle & de toute force étrangère, un corps une fois mis en mouvement, continueroit fans fin à fe mouvoir uniformément. Ainfi le mouvement ne peut devenir accéléré, ou retardé, d'un inftant à l'autre, que par l'intervention d'une nouvelle force, conftante ou variable, qui agiffe fans ceffe fur le mobile, dans le fens de fon mouvement, ou dans le fens contraire.

359. **Cette** force toujours agiffante, s'appelle *force accélératrice,* ou *force retardatrice.* Chaque degré de viteffe qu'elle produit, ou qu'elle détruit, à chaque inftant, eft infiniment petit. Car, en un tems

fini, qui eſt la ſomme d'une infinité d'inſtants, la
viteſſe entière, qui eſt produite par la force accélératrice, ou détruite par la force retardatrice, & qui
eſt la ſomme de tous les degrés de viteſſe, produits
ou détruits, d'un inſtant à l'autre, eſt une quantité
finie, qui a par conféquent pour éléments des parties
infiniment petites.

360. Par-la, on comprend la diſtinction qu'il
faut mettre entre la force d'un corps qui ſe meut
d'un mouvement actuel & fini, & la force accélératrice, ou retardatrice. La première, qui exprime
l'action dont le corps eſt capable, & qu'on peut
appeller *force de percuſſion*, eſt infinie par rapport à
la ſeconde, qui eſt une ſimple *preſſion*. On peut
regarder la force de percuſſion, comme la ſomme
d'une infinité de preſſions accumulées pendant un
tems fini. Ainſi, par exemple, ſi un corps tombe
par ſa peſanteur de 45 pieds de haut, la force qu'il
aura au dernier inſtant de ſa chûte, ou le produit
de ſa maſſe par ſa viteſſe finale, ſera la ſomme de
tous les coups que la peſanteur lui aura donnés,
pendant chacun des inſtants qui compoſent, par leur
aſſemblage, le tems total de la chûte.

D'après cette diſtinction, on explique pourquoi
un médiocre coup de marteau fait enfoncer un clou,
tandis qu'un poids conſidérable, privé de mouvement, & agiſſant ſeulement par ſa peſanteur ſur la
tête du clou, ne produit aucun enfoncement ſenſible. Le coup de marteau eſt une force finie, qui
s'évalue par le produit d'une maſſe finie par une
viteſſe finie; au lieu que le poids, deſtitué de mouvement local, eſt une force infiniment petite, qui
s'évalue par le produit d'une maſſe finie, par une
viteſſe infiniment petite.

361. La force accélératrice (il en eſt de même

de la force retardatrice), peut être, ou *absolue*, ou *simple*. La force accélératrice qui met en mouvement une masse finie proposée, s'appelle *force accélératrice absolue* : le rapport de la force accélératrice absolue à la masse, ou, ce qui revient au même, la force accélératrice qui meut l'*unité de masse*, s'appelle *force accélératrice simple*. D'où l'on voit que la force accélératrice absolue est le produit de la force accélératrice simple par la masse du corps. Ainsi, lorsqu'un corps tombe par sa pesanteur, le poids absolu de ce corps, ou la force qui accélère, à chaque instant, toute sa masse, de haut en bas, est sa force accélératrice absolue ; & le poids particulier de chacune des molécules élémentaires égales dont on peut imaginer qu'il est composé, est sa force accélératrice simple, qu'on appelle ordinairement *pesanteur* ou *gravité* ; en sorte que le poids absolu du corps est le produit de la pesanteur, ou de la gravité par sa masse.

Tous les Géométres admettent cette division des forces accélératrices. Lorsque, pour abréger, ils se servent de cette expression, *force accélératrice*, sans ajouter le mot *absolue*, ni le mot *simple*, ils entendent la force accélératrice simple, à moins que le sens du discours ne fasse voir qu'il s'agit de la force accélératrice absolue.

362. COMME les forces accélératrices, ou retardatrices, peuvent varier suivant une infinité de différentes loix, il y a aussi une infinité de différentes espèces de mouvements accélérés ou retardés. On ne peut pas traiter en général la théorie de ces mouvements, sans le secours des calculs différentiel & intégral. Mais les principes établis, soit dans ce Traité, soit dans ceux qui le précédent, suffisent pour les mouvements uniformément accélérés ou

etardés, dont il va être queſtion. Je ſuppoſerai toujours que ces mouvements ſont rectilignes, & ſoumis ſeulement à l'action des forces que nous conſidérons, ſans éprouver la réſiſtance d'aucun obſtacle.

363. On appelle mouvement *uniformément* accéléré, ou retardé, un mouvement qui a cette proriété, que ſi on imagine le tems partagé en une infinité d'inſtants égaux entr'eux, la viteſſe augmente, ou diminue, pendant chaque inſtant, d'une quanté toujours égale. Et comme une telle augmentation, ou diminution, ne peut être que l'effet d'une force accélératrice ou retardatrice, il s'enſuit que dans ces ſortes de mouvements, la force accélératrice, ou retardatrice, eſt toujours conſtante, ou qu'elle donne, pendant chacun des inſtants égaux du tems, des coups égaux au mobile.

Pour éviter la confuſion & les longueurs, nous allons conſidérer ſeulement le mouvement uniformément accéléré; mais ce que nous en dirons s'apliquera, dans un ordre renverſé, au mouvement uniformément retardé.

364. On voit, par la notion du mouvement uniformément accéléré, que la viteſſe finale d'un mobile, qui ſe meut ainſi, eſt toujours proportionnelle au tems écoulé depuis le commencement du mouvement. Car, en vertu de ſon inertie, le corps conſerve la viteſſe qu'il a acquiſe; & en vertu de la force accélératrice conſtante, qui le pourſuit ſans ceſſe, il acquiert pendant tous les inſtants égaux & ſucceſſifs du tems, des degrés égaux de viteſſe. Ainſi chaque viteſſe finale eſt proportionnelle au nombre des inſtants du tems écoulé depuis le commencement du mouvement, puiſque cette viteſſe n'eſt autre choſe que la ſomme des degrés de viteſſe acquis &

conſervés depuis le premier inſtant où la viteſſ
commence, juſqu'à l'inſtant qui répond à la viteſſ
finale que l'on conſidère.

PROPOSITION I. THÉORÊME.

365. Si deux corps ſe meuvent de mouvemen
uniformément accélérés , les eſpaces qu'ils parcou
ront , ſeront entr'eux comme les moitiés des pro
duits de leurs viteſſes finales par les tems des mou
vements , ou comme ces produits entiers.

Repréſentons le tems du mouvement de l'un de
corps , par le côté AB du triangle rectangle AB
(Fig. 145) , & ſa viteſſe finale par l'autre côté BC
Imaginons que le tems AB , ſoit partagé en une infi
nité d'inſtants AD , DF , FH , &c ; & menons , pa
rallèlement à BC , les droites DE , FG , HK , &c
ces lignes exprimeront reſpectivement les viteſſe
qui répondent à la fin des tems AD , AF , AH , &c
comptés tous depuis le point A , origine du tems &
des viteſſes ; car les viteſſes finales ſont comme le
tems (364) ; & on a (Géom. 129) , $AB : AD$
$AF : AH : \&c :: BC : DE : FG : HK : \&c.$ D'o
il ſuit que BC étant la viteſſe qui répond à la fi
du tems AB , les droites DE , FG , HK , &c, ex
priment les viteſſes qui répondent à la fin des tem
AD , AF , AH , &c.

Cela poſé , conſidérons deux viteſſes LM , ON
qui répondent , l'une au commencement , l'autre
la fin d'un inſtant quelconque LO ; & menons MR
parallèle à AB. Il eſt clair que les deux viteſſe
LM , ON , qui ne différent l'une de l'autre que d
la quantité RN infiniment petite par rapport à cha
cune d'elles , peuvent être regardées comme égales
& que le trapèze $LMNO$ peut être regardé comme
égal au rectangle $LMRO$. Or , lorſque la viteſſe

demeure la même, ou que le mouvement eſt uniforme, les eſpaces parcourus ſont comme les produits des viteſſes multipliées par les tems (352).
Ainſi le petit eſpace élémentaire, parcouru pendant
l'inſtant LO, ſera proportionnel à $LM \times LO$, c'eſt-
à-dire au rectangle $LMRO$, ou au trapèze $LMNO$.
On prouvera de même que tout autre eſpace élémentaire parcouru eſt proportionnel au trapèze élémentaire correſpondant. Donc la ſomme de tous
les eſpaces élémentaires, ou l'eſpace total parcouru
pendant le tems AB, eſt proportionnel à la ſomme
des trapèzes élémentaires du triangle ABC, ou à
l'aire $\dfrac{BC \times AB}{2}$, ou à la moitié du produit de la
viteſſe finale par le tems.

Semblablement, ſi l'on repréſente le tems du
mouvement de l'autre corps, par le côté ab du
triangle rectangle abc (Fig. 146), & ſa viteſſe finale par le côté bc : l'eſpace total, parcouru par ce
corps, ſera proportionnel à $\dfrac{bc \times ab}{2}$, ou à la moitié du produit de ſa viteſſe finale par le tems de ſon
mouvement.

Fig. 146.

Donc, en nommant reſpectivement, E & e les
eſpaces parcourus par les deux mobiles, V & u
leurs viteſſes finales, T & t les tems de leurs mouvements ; on aura, $E : e :: \dfrac{VT}{2} : \dfrac{ut}{2} :: VT : ut$.

C O R O L L A I R E.

366. De-la ſuit la formule (A), $Eut = eVT$.

P R O P O S I T I O N II. T H É O R Ê M E.

367. *LES produits des forces accélératrices abſo-*
lues, qui animent nos deux mobiles, multipliées par

les tems de leurs applications, font entr'eux comme les produits des maffes par les viteffes finales.

La force accélératrice abfolue, qui anime l'un ou l'autre corps, lui donne autant de coups égaux, qu'il y a d'inftants égaux dans la durée du mouvement de ce corps ; & la fomme de tous ces coups eft la caufe de la quantité finale de mouvement, ou du produit de la maffe par la viteffe finale. Donc, fi l'on nomme P & π les forces accélératrices abfolues des deux mobiles, M & m leurs maffes, V & u leurs viteffes finales, T & t les tems de leurs mouvements ; on aura, $PT:\pi t :: MV:mu$.

COROLLAIRE.

368. DE-LA fuit la formule (B), $PTmu = \pi t MV$.

PROPOSITION III. THÉORÊME.

369. *LES forces accélératrices abfolues, multipliées par les quarrés des tems, font comme les produits des maffes par les efpaces parcourus.*

En divifant, membre à membre, la formule (B) par la formule (A), on aura $\dfrac{PTm}{Et} = \dfrac{\pi t M}{eT}$. D'où l'on tire, $PTT:\pi tt::ME:me$.

COROLLAIRE.

370. DE-LA fuit la formule (C), $PTTme = \pi tt ME$.

sPROPOSITION IV. THÉORÊME.

371. *LES forces accélératrices abfolues, multipliées par les efpaces parcourus, font comme les produits des maffes par les quarrés des viteffes finales.*
En

En divifant les deux membres de la formule (B), par ceux de la formule (A), pris en croix, on aura

$$\frac{P m u}{e V} = \frac{\pi M V}{E u}.$$

D'où l'on tire, $P E : \pi e :: M V V : m u u.$

C O R O L L A I R E.

372. De-là fuit la formule (D), $P E m u u = \pi e M V V$.

R E M A R Q U E   I.

373. Dans les formules (B), (C), (D), les lettres P & π repréfentent, comme nous l'avons dit expreffément, les forces accélératrices abfolues des deux mobiles. Soient F & f les forces accélératrices fimples ; en forte qu'on ait (361), $P = F M$, $\pi = f m$. Subftituons ces valeurs de P & de π dans les formules que nous venons de citer ; & nous aurons, en divifant tout par $M m$, les trois formules, (E) $F T u = f t V$; (F) $F T T e = f t t E$; (G) $F E u u = f e V V.$

R E M A R Q U E   I I.

374. Ces différentes formules fervent à comparer les circonftances de deux mouvements uniformément accélérés, & par conféquent à déterminer tout ce qui eft relatif à l'un, lorfqu'on connoît tout ce qui eft relatif à l'autre. On en pourra faire des applications analogues à celles qu'on a faites, dans le Chapitre précédent, des formules du mouvement uniforme. Nous traiterons, d'après ces principes, dans le Chapitre fuivant, du mouvement des corps graves, qui tombent librement, ou qui gliffent fur des plans inclinés. Le fecond Livre offrira plufieurs autres exemples de mouvements uniformément accélérés.

S

CHAPITRE IV.

Application des principes précédents au mouvement des graves, qui tombent librement, ou qui glissent sur des plans inclinés.

378. IL est évident d'abord que le mouvement des corps, qui tombent librement par la pesanteur, est accéléré; car plus un grave tombe de haut, plus le coup qu'il donne est grand; ce qui ne peut venir que d'une augmentation de vitesse, puisque la masse est constante. Mais quel est le rapport que suit cette augmentation? Galilée supposa qu'elle étoit constante, ou que le mouvement des graves étoit uniformément accéléré; & l'expérience ayant confirmé cette hypothèse, elle est devenue une vérité, & une loi fondamentale dans la théorie de la chûte des corps graves.

On doit observer cependant que le mouvement des graves n'est uniformément accéléré, ou, ce qui en est la cause, que la pesanteur n'est une force accélératrice constante, que pour des chûtes d'une hauteur médiocre. Car, comme nous l'avons déja remarqué (88), la pesanteur est variable, à la rigueur, & proportionnelle au quarré inverse de la distance au centre de la terre. Mais, lorsque la hauteur dont un corps tombe, est peu sensible par rapport au raïon de la terre, on peut supposer que la peſanteur eſt conſtante ; & c'eſt ce que nous ferons ici, & dans la ſuite de ce Traité.

379. En conſidérant ainſi le mouvement des corps graves, comme uniformément accéléré, la théorie générale & les formules que nous avons établies dans le Chapitre précédent, s'appliquent d'elles-mêmes au mouvement dont il s'agit. Il y a plus : une circonſtance particulière à ce mouvement ſimplifie les réſultats généraux que nous avons trouvés. Je m'explique.

380. Quelle que ſoit la cauſe de la peſanteur, cette force pénètre toute la maſſe des corps ; elle agit également ſur toutes les molécules égales de matière ; & le poids total d'un corps eſt proportionnel au nombre de molécules de matière qui compoſent ſa maſſe totale. Car, ſuivant l'expérience, deux corps de maſſes très-inégales, une balle de plomb, & une plume, tombent également vîte dans le vuide, par exemple, ſous le récipient de la machine pneumatique, après qu'on en a pompé l'air. D'où il ſuit que les poids des corps, c'eſt-à-dire, les forces accélératrices abſolues, qui les font deſcendre, ſuivent la raiſon des maſſes. Car il eſt évident que pour mouvoir, avec la même viteſſe, deux maſſes qui ſont exprimées, par exemple, par les nombres 100 & 1, il faut que la première force ſoit centuple de la ſeconde, puiſque la maſſe 100 peut être décompoſée en 100 maſſes qui ſont chacune 1, & qui demandent chacune, pour être mue, une force 1.

381. En conſéquence, ſi on a deux corps M & m, dont les poids abſolus ſoient P & π ; on aura la proportion, $P : \pi :: M : m$; ce qui donne $Pm = \pi M$. Par conſéquent, les trois formules (B), (C), (D), des articles 368, 370, 372, deviendront, en diviſant les deux membres, par ces quantités égales,

Il nous reste à expliquer le moyen de comparer le mouvement uniformément accéléré avec le mouvement uniforme.

PROPOSITION V. THÉORÊME.

375. *Si un corps, après s'être mu d'un mouvement uniformément accéléré, pendant un certain tems, vient à se mouvoir d'un mouvement uniforme, pendant le même tems, avec une vitesse égale à celle qu'il a au dernier instant du mouvement uniformément accéléré, il parcourra un espace double de celui qu'il a parcouru par ce même mouvement.*

On a vu (365) qu'en représentant le tems d'un mouvement uniformément accéléré par le côté AB du triangle rectangle ABC (Fig. 145), la vitesse finale du mobile par le côté BC : l'espace parcouru est représenté par l'aire du triangle ABC. Or, si durant le même tems AB, le mobile se meut d'un mouvement uniforme, avec une vitesse égale à BC, l'espace qu'il parcourra sera représenté par l'aire du rectangle $ABCV$, double du triangle ABC, puisque dans ce dernier mouvement, à chaque élément du tems répond constamment une vitesse égale à BC, & que dans le mouvement uniforme l'espace parcouru est comme le produit de la vitesse par le tems. Donc, &c.

Fig. 145.

COROLLAIRE.

376. On voit par-là que tout mouvement uniformément accéléré peut être comparé avec un mouvement uniforme quelconque. Car, en vertu de l'article précédent, nous savons comparer un mouvement uniformément accéléré avec un mouvement uniforme, dont la vitesse constante est égale à la

viteſſe finale du premier ; &, ſuivant les principes établis pour les mouvements uniformes, nous ſavons comparer enſemble deux mouvements uniformes quelconques.

Finiſſons par une propoſition ſur les mouvements uniformément retardés, laquelle eſt d'un fréquent uſage.

PROPOSITION VI. THÉORÊME.

377. *Si un corps, après s'être mu d'un mouvement uniformément accéléré, eſt repouſſé en ſens contraire avec une viteſſe initiale, égale à celle qu'il a au dernier inſtant du premier mouvement, & qu'il éprouve l'action d'une force retardatrice égale à celle qui l'accéléroit pendant ce même mouvement ; il retournera, durant le même tems, au point d'où il étoit parti, & alors, il aura perdu toute ſa viteſſe.*

. Cela eſt évident par ſoi-même, puiſque, dans le ſecond mouvement, la force retardatrice doit enlever ſucceſſivement au corps les mêmes degrés de viteſſe qui lui avoient été communiqués par la force accélératrice, dans le premier mouvement.

Ainſi, en ſuppoſant (ce qui eſt vrai, comme nous le verrons tout-à-l'heure) que le mouvement des corps qui tombent par la peſanteur ſoit uniformément accéléré ; ſi un corps, après être tombé d'une certaine hauteur, remonte verticalement, ſans éprouver d'autre réſiſtance que celle de la peſanteur qui agit conſtamment de haut en bas, il remontera à la hauteur dont il étoit deſcendu.

CHAPITRE IV.

Application des principes précédents au mouvement des graves, qui tombent librement, ou qui glissent sur des plans inclinés.

378. IL est évident d'abord que le mouvement des corps, qui tombent librement par la pesanteur, est accéléré ; car plus un grave tombe de haut, plus le coup qu'il donne est grand ; ce qui ne peut venir que d'une augmentation de vitesse, puisque la masse est constante. Mais quel est le rapport que suit cette augmentation ? Galilée supposa qu'elle étoit constante, ou que le mouvement des graves étoit uniformément accéléré ; & l'expérience ayant confirmé cette hypothèse, elle est devenue une vérité, & une loi fondamentale dans la théorie de la chûte des corps graves.

On doit observer cependant que le mouvement des graves n'est uniformément accéléré, ou, ce qui en est la cause, que la pesanteur n'est une force accélératrice constante, que pour des chûtes d'une hauteur médiocre. Car, comme nous l'avons déja remarqué (88), la pesanteur est variable, à la rigueur, & proportionnelle au quarré inverse de la distance au centre de la terre. Mais, lorsque la hauteur dont un corps tombe, est peu sensible par rapport au raïon de la terre, on peut supposer que la péfanteur eft conftante ; & c'eft ce que nous ferons ici , & dans la fuite de ce Traité.

379. En confidérant ainfi le mouvement des corps graves , comme uniformément accéléré , la théorie générale & les formules que nous avons établies dans le Chapitre précédent, s'appliquent d'elles-mêmes au mouvement dont il s'agit. Il y a plus : une circonftance particulière à ce mouvement fimplifie les réfultats généraux que nous avons trouvés. Je m'explique.

380. Quelle que foit la caufe de la péfanteur , cette force pénètre toute la maffe des corps ; elle agit également fur toutes les molécules égales de matière ; & le poids total d'un corps eft proportionnel au nombre de molécules de matière qui compofent fa maffe totale. Car, fuivant l'expérience, deux corps de maffes très-inégales , une balle de plomb, & une plume , tombent également vîte dans le vuide , par exemple , fous le récipient de la machine pneumatique, après qu'on en a pompé l'air. D'où il fuit que les poids des corps, c'eft-à-dire, les forces accélératrices abfolues, qui les font defcendre, fuivent la raifon des maffes. Car il eft évident que pour mouvoir , avec la même viteffe , deux maffes qui font exprimées , par exemple , par les nombres 100 & 1 , il faut que la première force foit centuple de la feconde , puifque la maffe 100 peut être décompofée en 100 maffes qui font chacune 1, & qui demandent chacune, pour être mue, une force 1.

381. En conféquence, fi on a deux corps M & m, dont les poids abfolus foient P & π ; on aura la proportion, $P : \pi :: M : m$; ce qui donne $Pm = \pi M$. Par conféquent , les trois formules (B) , (C) , (D) , des articles 368 , 370 , 372 , deviendront , en divifant les deux membres , par ces quantités égales,

(H) $Tu = tV$; (I) $T\,Te = ttE$; (K) $Euu = eVV$.

La première nous apprend que *les vitesses finales,
de deux corps qui tombent, (ou d'un même corps après
différents tems), sont comme les tems.*

La seconde, que *les espaces parcourus sont comme
les quarrés des tems.*

La troisième, qui est une suite des deux autres,
que *les espaces parcourus sont comme les quarrés des
vitesses finales.*

On doit se souvenir que conséquemment à la
théorie générale du Chapitre précédent, les vitesses
commencent ici avec les tems, ou qu'aux commen-
cements des tems, les corps n'ont aucune vitesse
acquise précédemment.

Ces formules représentent en général le mouvement des corps graves, tel qu'il se passeroit dans le
vuide, & abstraction faite de la résistance de l'air.

382. On voit par la formule (I), que lorsqu'on
connoîtra l'espace qu'un corps grave parcourt pendant un tems donné, on connoîtra aussi l'espace
que ce corps, ou tout autre grave parcourt, pendant
un tems aussi donné. Or l'expérience apprend que
tout corps grave parcourt, à très-peu-près, 15 pieds
1 pouce, pendant la première seconde de sa chûte.
Si donc on veut connoître, par exemple, combien
de pieds un corps grave parcourra pendant 7 secondes : on fera cette proportion $(1'')^2 : (7'')^2 ::$
$15^{pi.}\ 1^{po.}$: l'espace inconnu x; ou bien $1 : 49 ::$
$15^{pi.}\ 1^{po.}$: $x = 739$ pieds 1 pouce.

383. Il suit de la même formule que si l'on partage le tems de la chûte d'un grave en parties égales ; les espaces parcourus, pendant chacune de ces
parties séparément, seront entr'eux comme la suite
des nombres impairs 1, 3, 5, 7, 9, &c. Car, en
représentant la suite des tems, à compter toujours

depuis zero , par la suite des nombres naturels ,

1, 2, 3, 4, 5, 6, 7, 8, 9, &c;

la suite des espaces parcourus, à compter aussi depuis zero , est représentée par la suite des quarrés,

1, 4, 9, 16, 25, 36, 49, 64, 81 , &c.

Ainsi, 1 est l'espace parcouru pendant la première partie du tems ; 4 est l'espace parcouru pendant les deux premières parties du tems ; 9 est l'espace parcouru pendant les trois premières parties du tems ; &c. Donc, pour avoir l'espace parcouru, pendant la seconde partie du tems, seule, il faut retrancher 1 de 4, ce qui donne 3 pour cet espace ; pour avoir l'espace parcouru pendant la troisième partie du tems, seule, il faut retrancher 4 de 9, ce qui donne 5 pour cet espace ; &c. D'où l'on voit que les espaces parcourus, pendant chacun des intervalles égaux du tems, en particulier, sont représentés par les termes de la suite, 1, 3, 5, 7, 9, 11, 13, 15, 17, &c.

384. Nous comparerons le mouvement des corps qui tombent par la pesanteur , avec le mouvement uniforme, au moyen du problême suivant.

Je suppose qu'un mobile se meuve uniformément, & parcoure un espace E, dans un tems t. Il s'agit de déterminer la hauteur h, dont il devroit tomber, par sa pesanteur, pour acquérir la vitesse avec laquelle il se meut ?

Nommons a la hauteur *connue* dont tombe un corps grave pendant le tems *connu* θ. On voit (381, Form. K), que la vitesse finale de ce corps sera représentée par $\sqrt{a}$, & que s'il tomboit de la hauteur h , sa vitesse finale seroit représentée par $\sqrt{h}$. D'un autre côté (375), si le même corps vient à se mouvoir uniformément, pendant le tems θ, avec la vitesse $\sqrt{a}$, il parcourra un espace $= 2a$. Et comme, par hypothèse, le mobile du problème parcourt uniformément l'espace E, pendant le tems t, avec une vitesse qui doit être représentée par $\sqrt{h}$; & que, dans les mouvemens uniformes, les espaces parcourus sont comme les produits des vitesses par les tems (352): il s'ensuit qu'on aura la proportion, $2a : E :: \theta \sqrt{a} : t \sqrt{h}$: d'où l'on tire $h = \dfrac{E^2}{4a} \times \dfrac{\theta^2}{t^2}$.

Dans cette formule, les deux quantités a & θ sont données, & toujours constantes: mais les trois autres, E, t, h, peuvent varier; & on voit que deux d'entr'elles étant données, on connoîtra la troisième.

Supposons, par exemple, que notre mobile parcoure uniformément 100 pieds en 3 secondes; en sorte qu'on ait $E = 100$ pieds, $t = 3$ secondes. En admettant que les corps graves parcourent 15 pieds pendant la première seconde de leur chûte; on aura $a = 15$ pieds, $\theta = 1$ seconde. Substituons toutes ces valeurs dans l'expression de h; nous trouverons $h = 18\frac{14}{27}$ pieds. Ainsi, pour qu'un corps acquiere par sa pesanteur une vitesse capable de lui faire parcourir uniformément 100 pieds en 3 secondes, il faut qu'il tombe de $18\frac{14}{27}$ pieds de hauteur.

385. On trouve, par la même méthode, la hauteur à laquelle remontera un corps grave, lancé verticalement avec une vitesse capable de lui faire parcourir uniformément un espace donné dans un tems donné. Car (377) un corps grave, lancé verticalement de bas en haut, avec une vitesse égale à celle qu'il auroit acquise en tombant d'une certaine hauteur, doit remonter à cette hauteur.

386. Le problême précédent est d'un fréquent usage dans la Méchanique & dans l'Hydrodynami-

que. Car on y compare très-souvent les mouvements de toute espèce à celui d'un corps qui tomberoit par sa pesanteur, parce que ce dernier mouvement nous est extrêmement familier, comme étant sans cesse sous nos yeux. Ainsi, au lieu de représenter la vitesse d'un certain mouvement, par l'espace que le mobile parcourroit en un tems donné, on la désigne par la racine de la hauteur dont un corps grave auroit dû tomber pour l'acquérir. En ce sens, on dit que la hauteur dont on vient de parler, est *la hauteur dûe* à la vitesse proposée.

387. Je joins ici deux petites Tables, dont on a souvent besoin dans la pratique. La première contient la suite des tems, depuis 1 seconde jusques à 60, & les espaces que parcourt un corps grave, par sa chûte, pendant ces tems, en comptant toujours les tems & les espaces depuis zero. La construction de cette Table est fondée sur la formule (I) de l'article 381.

La seconde contient les mêmes tems que la première, & les espaces qui seroient parcourus uniformément, en 1 seconde, avec une vitesse égale à celle qui auroit été acquise par le corps grave, pendant chaque tems correspondant, à compter toujours depuis zero. Ces espaces se déterminent, en doublant les espaces contenus dans la première Table, & divisant ce double par le nombre de secondes correspondantes. La construction de cette Table est une suite évidente de l'article 375.

TABLE I.

TEMS des chûtes.	ESPACES parcourus.		TEMS des chûtes.	ESPACES parcourus.	
Secondes.	Pieds.	Pouc.	Secondes.	Pieds.	Pou.
0	0				
1	15	1	31	14495	1
2	60	4	32	15445	4
3	135	9	33	16425	9
4	241	4	34	17436	4
5	377	1	35	18477	1
6	543	0	36	19548	0
7	739	1	37	20649	1
8	965	4	38	21780	4
9	1221	9	39	22941	9
10	1508	4	40	24133	4
11	1825	1	41	25355	1
12	2172	0	42	26607	0
13	2549	1	43	27889	1
14	2956	4	44	29201	4
15	3393	9	45	30543	9
16	3861	4	46	31916	4
17	4359	1	47	33319	1
18	4887	0	48	34752	0
19	5445	1	49	36215	1
20	6033	4	50	37708	4
21	6651	9	51	39231	9
22	7300	4	52	40785	4
23	7979	1	53	42369	1
24	8688	0	54	43983	0
25	9427	1	55	45626	1
26	10196	4	56	47301	4
27	10995	9	57	49005	9
28	11825	4	58	50740	4
29	12685	1	59	52505	1
30	13575	0	60	54300	0

TABLE II.

Tems employés par un grave à acquérir chaque vitesse.	Espaces parcourus uniformém en une seconde en vertu de la vitesse acquise.		Tems employés par un grave à acquérir chaque vitesse.	Espaces parcourus uniformém. en une seconde, en vertu de la vitesse acquise.	
Secondes.	Pieds.	Pou.	Secondes.	Pieds.	Pou.
0	0	0			
1	30	2	31	935	2
2	60	4	32	96	4
3	90	6	33	995	6
4	120	8	34	1025	8
5	150	10	35	1055	10
6	181	0	36	1086	0
7	211	2	37	1116	2
8	241	4	38	1146	4
9	271	6	39	1176	6
10	301	8	40	1206	8
11	331	10	41	1236	10
12	362	0	42	1267	0
13	392	2	43	1297	2
14	422	4	44	1327	4
15	452	6	45	1357	6
16	482	8	46	1387	8
17	512	10	47	1417	10
18	543	0	48	1448	0
19	573	2	49	1478	2
20	603	4	50	1508	4
21	633	6	51	1538	6
22	663	8	52	1568	8
23	693	10	53	1598	10
24	724	0	54	1629	0
25	754	2	55	1659	2
26	784	4	56	1689	4
27	814	6	57	1719	6
28	844	8	58	1749	8
29	874	10	59	1779	10
30	905	0	60	1810	0

388. Je passe au mouvement des corps qui glissent sur des plans inclinés.

Fig. 147.

Soit un corps A (Fig. 147) qui descende le long d'un plan incliné. Représentons son poids, ou sa pesanteur absolue, par la verticale AN; & décomposons cette force en deux autres AM, AO, l'une perpendiculaire, l'autre parallèle au plan incliné BD. La première est détruite; & il ne reste que la seconde AO, pour faire glisser le corps. Je fais abstraction du frottement, & de toute autre résistance. En nommant p la pesanteur absolue du corps, F sa pesanteur *relative*, c'est-à-dire, la force qui le pousse parallèlement à BD; on aura $F = p \times \dfrac{AO}{AN}$. Or, à cause des triangles semblables AON, BCD, on a $\dfrac{AO}{AN} = \dfrac{BC}{BD}$; donc $F = p \times \dfrac{BC}{BD}$. Par où l'on voit que la pesanteur relative est à la pesanteur absolue, comme la hauteur du plan incliné est à sa longueur.

389. La même équation fait voir que le mouvement des corps qui glissent sur des plans inclinés, est uniformément accéléré. Car, puisque tout est constant dans l'expression de F, en quelqu'endroit du plan incliné que le mobile se trouve, la force F est une force accélératrice constante, qui produit en tems égaux des degrés égaux de vitesse. Ainsi la théorie du Chapitre précédent s'applique aux mouvements des corps qui glissent sur des plans inclinés.

390. Si on veut comparer le mouvement d'un corps qui glisse sur un plan incliné, au mouvement d'un corps qui tomberoit librement par la pesanteur; le problême pourra se résoudre directement par le moyen des formules du Chapitre précédent.

mais, pour abréger, nous en déduirons la solution, comme corollaire, des formules que nous
allons donner pour comparer ensemble les mouvements des corps qui glissent sur deux plans inclinés
différents.

391. Soient donc deux plans inclinés comme
on voudra, parcourus par deux mobiles ; & nommons respectivement,

les longueurs des plans inclinés, ou les
  espaces parcourus.................... E & e,
les hauteurs de ces plans.............. H & h,
les tems des mouvements............... T & t,
les masses des corps.................. M & m,
leurs pesanteurs relatives............ F & f,
leurs vitesses finales............... V & u.

Cela posé, 1°. la formule (A) de l'article 366,
a lieu ici, sans aucun changement.

2°. Les forces accélératrices absolues, que nous
avons nommées P & π (367), sont ici F & f. De
plus, en nommant p & π les pesanteurs absolues de
nos deux corps, on a (388), $F = \dfrac{pH}{E}$, $f = \dfrac{\pi h}{e}$.
Substituons, pour P & π, ces valeurs dans les formules (B), (C), (D), du Chapitre précédent : nous
aurons $pHTmue = \pi h t M V E$; $pHTTmee =
\pi h t t M E E$; $pHmuu = \pi h M V V$.

Or (381), on a, $p : \pi :: M : m$, ou bien $pm = \pi M$.
Par conséquent, en divisant ces trois formules, par
ces quantités égales, nous aurons, (L) $HTeu =
h t E V$; (M) $HTTee = h t t E E$; (N) $Huu =
h V V$.

Ces formules représentent, de la manière la plus
simple qu'il est possible, toutes les propriétés rela-

tives des mouvements de deux corps qui gliffent
fur deux plans inclinés.

392. PARMI les Théorêmes qu'on peut déduire
de ces mêmes formules, la formule (N) fourni
celui-ci qui eft général. *Quelles que puiffent être les
longueurs de deux plans inclinés, les viteffes finales
qu'auront les deux mobiles, après les avoir parcourus
feront toujours entr'elles comme les racines quarrées
des hauteurs des mêmes plans.* Si donc les deux plans
ont la même hauteur, les viteffes finales feront égales, quelque différentes que puiffent être leurs longueurs. On comprend qu'il s'agit toujours des viteffes dans les fens des efpaces parcourus.

Faifons quelques applications particulières de ces
formules.

E X E M P L E I.

393. *TROUVER le rapport des tems employé
à parcourir deux plans également inclinés ?*

Puifque les deux plans font également inclinés
les deux triangles rectangles, qui ont pour côtés les
longueurs, les hauteurs & les bafes de ces plans
font femblables; & on a par conféquent $E : e :: H : h$
ou $eH = Eh$. Divifant les deux membres de la formule (M) par ces quantités égales, on aura $TTe = ttE$
D'où l'on tire $T : t :: \sqrt{E} : \sqrt{e} :: \sqrt{H} : \sqrt{h}$
Ainfi, les tems font comme les racines des longueurs
ou des hauteurs des plans inclinés.

E X E M P L E I I.

394. *TROUVER le rapport des tems employés à
parcourir les cordes d'un cercle vertical, menées des
extrémités d'un diamètre vertical ?*

Soit BR le diamètre vertical du cercle propofé

Fig. 148); & foient BD, BK, deux cordes
quelconques menées de l'extrémité B de ce diamè-
re ; DQ, KP, les ordonnées correfpondantes. Il
eft clair qu'on peut regarder BD & BK comme
deux plans inclinés, dont BQ & BP font les
hauteurs.

$$\text{fuppofons}\begin{cases} BD\ldots\ldots\ldots\ldots\ldots\ldots\ldots = E, \\ BQ\ldots\ldots\ldots\ldots\ldots\ldots\ldots = H, \\ BK\ldots\ldots\ldots\ldots\ldots\ldots\ldots = e, \\ BP\ldots\ldots\ldots\ldots\ldots\ldots\ldots = h. \end{cases}$$

On aura (Géom. 169) $EE : ee :: H : h$, ou
$eH = EEh$. Divifant les deux membres de la formule (M), par ces quantités égales, on aura $TT = tt$,
& $T = t$. Ainfi les tems employés à parcourir les
cordes BD, BK, font égaux entr'eux.

On prouveroit de même que le tems employé à
parcourir la corde quelconque NR, menée de l'extrémité inférieure du diamètre BR, eft égal au tems
employé à parcourir toute autre corde BD, ou BK.
Ainfi, on doit conclure que toutes les cordes d'un
cercle vertical, tirées des extrémités d'un diamètre
vertical, font parcourues en tems égaux. Je n'ai pas
befoin d'ajouter que le diamètre vertical eft compté
lui-même au nombre des cordes qui partent de fes
extrémités.

REMARQUE.

395. La même proprieté du cercle peut fe démontrer par le principe fuivant, qui fert en général
de bafe à la détermination des mouvements *fyn-
chrones*, c'eft-à-dire des mouvements qui fe font
en tems égaux.

Ce principe eft que *fi les forces motrices abfolues
de deux corps font comme les produits des maffes par*

les espaces parcourus, les tems des mouvements sont égaux.

Dans les mouvements uniformes, cette proposition se démontre par la formule (C) de l'article 357; & dans les mouvements uniformément accélérés, elle se démontre par la formule (C) de l'article 370. Elle est d'ailleurs évidente par elle-même; car, supposons, par exemple, l'une des masses $= 1$, l'espace qu'elle parcourt $= 3$, la seconde masse $= 4$, l'espace qu'elle parcourt $= 6$: il est clair que les forces étant représentées par les produits 1×3 & 4×6, les espaces seront parcourus en tems égaux. Car nous pouvons regarder la seconde masse comme décomposée en quatre masses dont chacune vaut 1, & la force qui lui est appliquée, comme décomposée en quatre forces, dont chacune doit faire parcourir à la masse 1 un espace 6. Or, en comparant cette force avec celle qui fait parcourir à la masse 1 l'espace 3, on voit que les tems des mouvements doivent être égaux, puisque les deux forces dont il s'agit sont proportionnelles aux espaces qu'elles doivent faire parcourir à la même masse, & que si l'un des espaces est double de l'autre, aussi la force qui le fait parcourir est double de l'autre force.

Cela posé, soit un corps M qui parcourt la corde BD, tandis qu'un autre corps m parcourt la corde BK; & nommons p & ϖ leurs pesanteurs absolues, F & f leurs pesanteurs relatives. En considérant les deux cordes BD, BK, comme partagées en un même nombre infini d'éléments, & les tems des mouvements comme partagés en un même nombre infini d'instants correspondants chacun à chacun des éléments des espaces BD, BK; on aura sans cesse pendant les durées des deux mouvements, $F =$
$$p \times$$

$$p \times \frac{BQ}{BD} = p \times \frac{BD}{BR}, f = \pi \times \frac{BP}{BK} = \pi \times \frac{BK}{BR},$$

& par conséquent $F : f :: p \times \dfrac{BD}{BR} : \pi \times \dfrac{BK}{BR} ::$

$p \times BD : \pi \times BK$. Or (381), $p : \pi :: M : m$. Donc, $F : f :: M \times BD : m \times BK$. Ainsi, deux éléments correspondants des cordes BD, BK, seront parcourus en tems égaux; & par conséquent les cordes entières seront elles-mêmes parcourues en tems égaux.

Il en sera de même pour toutes les autres cordes tirées des extrémités du diamètre vertical BR.

Exemple III.

396. *Trouver le rapport des tems employés à parcourir les cordes* BD, BK, *menées du sommet d'une parabole* (Fig. 149.), *dont l'axe* BQ *est* Fig. 149. *vertical?*

Prolongez l'axe QB de la quantité BA, égale au paramètre de la parabole; & menez les ordonnées DQ, KP. En nommant,

$$
\begin{aligned}
AB &\dots\dots\dots\dots\dots\dots\dots\dots\dots a,\\
BD &\dots\dots\dots\dots\dots\dots\dots\dots\dots E,\\
BQ &\dots\dots\dots\dots\dots\dots\dots\dots\dots H,\\
BK &\dots\dots\dots\dots\dots\dots\dots\dots\dots e,\\
BP &\dots\dots\dots\dots\dots\dots\dots\dots\dots h;
\end{aligned}
$$

les propriétés de la parabole & des triangles rectangles BQD, BPK, donneront, $(DQ)^2 = a \times H$, $(KP)^2 = a \times h$, $EE = HH + aH$, $ee = hh + ah$. Donc, $EE : ee :: HH + aH : hh + ah$. Or, par la formule (M), on a $EE : ee :: HTT : htt$. Donc, $HTT : htt :: HH + aH : hh + ah$; ce qui donne (en divisant les antécédents par H, & les conséquents par h), $TT : tt :: H + a : h + a$; & par

T

conséquent $T : t : : \sqrt{[H+a]} : \sqrt{[h+a]} : : \sqrt{AQ} : \sqrt{AP}$. Ainsi, les tems employés à parcourir les cordes d'une parabole, menées du sommet de l'axe qu'on suppose vertical, sont entr'eux comme les racines quarrées des sommes des abscisses & du paramètre.

REMARQUE.

397. La même chose peut se démontrer par le moyen de l'article 394 ou 395.

Soient toujours AB le paramètre de la parabole ; DQ, KP, les ordonnées menées des extrémités des cordes BD, BK. Par le sommet B, menez l'horisontale BM ; ensuite sur AQ, AP, comme diamètres, décrivez les demi-cercles AMQ, AOP, qui rencontrent BM aux points M & O. Tirez les droites MD, OK. Il est clair qu'on aura $MB = DQ$, $OB = KP$; car (Géom. 170), $(MB)^2 = AB \times BQ$, $(OB)^2 = AB \times BP$, valeurs qui sont les mêmes que donne la propriété de la parabole, pour $(DQ)^2$, $(KP)^2$. Ainsi les deux quadrilatères $BQDM$, $BPKO$, sont des rectangles. Si, dans ces rectangles, on tire les diagonales MQ, OP ; il est évident que ces diagonales seront parcourues dans les mêmes tems que les diagonales BD, BK, puisqu'elles leur sont égales, & qu'elles sont également inclinées à l'horison. Or le tems employé à parcourir MQ est égal au tems employé à parcourir le diamètre AQ, & le tems employé à parcourir OP est égal au tems employé à parcourir AP. Donc (en désignant les tems par la lettre initiale T, mise au-devant des espaces parcourus), on aura $T . BD : T . BK : : T . AQ : T . AP$. Or (381, for. I.), $T . AQ : T . AP : : \sqrt{AQ} : \sqrt{AP}$. Donc $T . BD : T . BK : : \sqrt{AQ} : \sqrt{AP}$.

Je ne pousserai pas plus loin le détail de ces applications. Finissons par expliquer la manière de comparer en général le mouvement sur un plan incliné, au mouvement d'un grave qui tombe librement.

398. Rien n'est plus simple que ce problême. Car, pour le résoudre, on n'a qu'à supposer dans les formules (L), (M), (N), que l'un des plans inclinés fait un angle infiniment petit avec sa hauteur, ou que la longueur & la hauteur sont égales. Soit donc, par exemple, $e = h$; tout le reste demeurant le même. Les trois formules dont il s'agit, deviendront, (O) $HTu = tEV$; (P) $HTTe = tt EE$; (Q) $Huu = eVV$.

Dans ces nouvelles formules, les lettres capitales se rapportent au mouvement sur un plan incliné; & les petites lettres au mouvement vertical.

Veut-on, par exemple, déterminer le rapport du tems qu'employeroit un corps à parcourir un plan incliné qui auroit 500 pieds de longueur, & qui feroit avec l'horifon un angle de 30 degrés, au tems qu'un corps mettroit à tomber verticalement de 400 pieds de hauteur ? On observera qu'alors $H = \dfrac{E}{2}$, & que la formule (P) donne

$$TT : tt :: \frac{EE}{H} : e :: 2E : e :: 1000 : 400 :: 10 :$$

$4 :: 5 : 2$. Donc $T : t :: \sqrt{5} : \sqrt{2}$. Ainsi, le tems employé à parcourir le plan incliné proposé est au tems de la chûte verticale de 400 pieds, dans le rapport de $\sqrt{5}$ à $\sqrt{2}$.

CHAPITRE V.

Du mouvement des centres de gravité.

399. Lorsque plufieurs corps qui compofent un même fyflême fe meuvent: ou le centre de gravité de tout le fyflême fe meut, ou il demeure en repos. L'état de ce point a plufieurs propriétés qui méritent par elles-mêmes d'être examinées, & qui s'appliquent d'ailleurs à des problêmes utiles.

SECTION I.

Propriétés générales du mouvement des centres de gravité.

400. Rappellons-nous d'abord ici que le centre de gravité du fyflême de deux poids, ou de deux corps foumis à l'action de leurs pefanteurs qu'on peut regarder comme des forces parallèles, eft placé (50, 89, 90) fur la droite qui joint leurs centres de gravité particuliers, à des diftances de ces points, qui font réciproquement proportionnelles aux poids ou aux maffes des corps dont il s'agit.

En partant de ce principe, on détermine le centre de gravité du fyflême d'un nombre quelconque de corps, comme on a déterminé (50) la pofition du centré d'un nombre quelconque de forces parallèles.

Fig. 150.   401. On dit que deux corps M & N (Fig. 150) décrivent *femblablement* les droites MQ, NS, lorfque ces lignes & leurs parties correspondantes sont parcourues en tems proportionnels ; c'est-à-dire, si l'on a $MQ : NS :: MP : NR :: PQ : RS$, & que les tems employés à parcourir les lignes entières MQ, NS soient entr'eux comme les tems employés à parcourir les parties correspondantes MP & NR, ou PQ & RS des deux mêmes lignes.

Par où l'on voit que si les tems employés à parcourir les lignes entières MQ & NS sont égaux, les tems employés à parcourir leurs parties correspondantes MP & NR, PQ & RS, seront aussi égaux.

Il est clair que tous les mouvements uniformes sont semblables ; car en désignant le tems employé à parcourir une ligne par la lettre initiale T mise au-devant de cette ligne, on a dans ces mouvements, $MQ : MP :: T. MQ : T. MP$; & $NS : NR :: T. NS : T. NR$. Donc, si on a, $MQ : MP :: NS : NR$, on aura $T. MQ : T. MP :: T. NS : T. NR$. D'où il suit que les droites entières MQ, NS, & leurs parties homologues MP, NR, seront parcourues de la même manière. Mais dans ce qui suit, nous envisageons les mouvements semblables sous un point de vue plus général ; ces mouvements peuvent être uniformes ou variés suivant une loi quelconque, pourvu qu'ils soient astreints à la condition énoncée ci-dessus, laquelle est le caractère de leur similitude. Ensuite on fixera dans chaque cas particulier la signification des mots *semblablement* ou *mouvements semblables*, par rapport à l'espèce particulière de mouvements qu'on aura en vue.

J'avertis qu'en parlant des espaces parcourus par des corps, je supposerai, pour abréger le discours, ou que chaque corps est assez petit pour pouvoir être censé concentré en un seul & même point, qu'il est par conséquent permis de prendre pour son centre de gravité ; ou que ces espaces sont réellement ceux que parcourent les centres de gravité des corps, quelle que soit la grandeur de ces corps.

Proposition I. Lemme.

Fig. 151 & 152.

402. *Si dans un quadrilatère quelconque* ABCD *(Fig. 151 & 152), dont les quatre côtés peuvent être situés ou non situés dans un même plan, on divise les côtés opposés, ou les deux diagonales & deux côtés opposés, de manière que l'on ait les deux proportions quelconques,*

$$AF : FB :: DH : HC,$$
$$AE : ED :: HG : GC;$$

qu'ensuite on tire les droites FH, EG : *ces lignes se couperont en un point* O, *& on aura ces deux suites de proportionnelles,*

$$EO : OG :: AF : FB :: DH : HC,$$
$$FO : OH :: AE : ED :: BG : GC.$$

1°. Menez & prolongez indéfiniment les droites BD, FE, GH. Les deux droites BD, FE sont situées dans le même plan ABD, & par conséquent elles se rencontreront en un point ; de même les deux droites BD, GH se rencontreront, comme étant situées dans le même plan CBD.

Par le point D, menez parallèlement à AB, la droite DI qui rencontre FE au point I ; & parallèlement à BC, la droite DL qui rencontre GH au point L. Les triangles semblables AEF, DEI donnent $AE : ED :: AF : DI = \dfrac{AF \times ED}{AE}$.

De même, à cause des triangles semblables CHG, DHL, on a $DL = \dfrac{CG \times DH}{CH}$. Donc $DI : DL ::$

$$\dfrac{AF \times ED}{AE} : \dfrac{CG \times DH}{CH} :: \dfrac{AF \times CH}{DH} : \dfrac{CG \times AE}{ED} ::$$

$FB : BG$, parce qu'en vertu de l'hypothèse, $FB =$ $\dfrac{AF \times CH}{DH}$, & $BG = \dfrac{CG \times AE}{ED}$. D'où l'on voit (Géom. 135) que les trois lignes BD, FI, GL iront concourir en un même point K ; & cela, quand même les droites AD, BC ne seroient pas dans un même plan. Donc les quatre lignes FK, GK, EG, FH sont dans un même plan ; & par conséquent les deux lignes EG, FH se coupent en quelque point O.

2°. Ayant tiré la droite indéfinie FGM, menez CM parallèle à AB ; & du point H, tirez aux points I, M, les droites HI, HM qui sont dans un même plan, lequel contient la droite CD, & les parallèles CM, DI. Les triangles semblables CGM, BGF, l'hypothèse & les triangles semblables DEI, AEF, donnent cette suite de rapports égaux, $CM : BF ::$ $CG : GB :: DE : AE :: DI : AF$. Ainsi, $CM :$ $BF :: DI : AF$, ou *alternando* $CM : DI :: BF :$ $AF :: CH : HD$. Donc les deux triangles CHM, DHI sont semblables, puisque les angles C & D sont égaux comme formés par des côtés parallèles chacun à chacun, & que ces angles sont compris entre côtés proportionnels. Donc les trois points M, H, I, sont placés sur une seule & même ligne droite.

Les triangles semblables CGM, BGF, l'hypothèse & les triangles semblables DEI, AEF donnent cette suite de rapports égaux, $GM : GF :: CG : GB ::$ $DE : AE :: EI : EF$. D'où il suit (Géom. 134) que les droites IM, EG sont parallèles.

Maintenant, les parallèles EG, IM, les triangles semblables DHI, CHM, & l'hypothèse donnent $EO : OG :: IH : HM :: DH : HC :: AF : FB$. Ainsi, on aura $EO : OG :: AF : FB :: DH : HC$.

T iv

3°. On aura par des confidérations femblables,
$FO : OH :: FE : EI :: AE : ED :: BG : GC.$

PROPOSITION II. THÉORÊME.

403. *Si deux corps* A & B (Fig. 153 & 154) *décrivent femblablement & en même tems les droites* AD, BC, *fituées ou non fituées dans un même plan, & que le centre de gravité de leur fyftême fe meuve; ce centre aura un mouvement femblable à ceux des corps* A & B.

Ayant mené les droites AB, CD, divifez ces lignes aux points F, H, de manière que l'on ait $B : A :: AF : FB :: DH : HC$; le point F fera le centre de gravité du fyftême des deux corps au moment qu'ils commencent à parcourir les deux droites AD, BC, & le point H fera le centre de gravité du fyftême, au moment où ils acheveront de parcourir les mêmes lignes. Ainfi, il faut démontrer que fi l'on tire la droite FH, le centre de gravité du fyftême fera continuellement fur cette ligne, & qu'il la décrira avec un mouvement femblable à ceux des corps A & B.

Divifez les droites AD, BC, aux points indéterminés E & G, de manière qu'on ait $AE : ED :: BG : GC$; & menez la droite EG. Les deux corps, ayant des mouvements femblables, arriveront en même tems aux deux points E & G. Or, à caufe des deux proportions $AF : FB :: DH : HC$, & $AE : ED :: BG : GC$, les droites FH, EG fe coupent au point O, & on a les deux fuites de proportionnelles,

$$EO : OG :: AF : FB :: DH : HC :: B : A;$$
$$FO : OH :: AE : ED :: BG : GC.$$

D'où il fuit que le centre de gravité du fyftême arrive en O, lorfque les corps arrivent en E & G; & que ce centre fe meut d'un mouvement femblable à ceux des mêmes corps.

Corollaire I.

404. En regardant les deux corps A & B comme réunis au centre de gravité de leur fyftême, & ne formant qu'un feul & même corps qui décrit la droite FH; fi l'on combine ce corps avec un autre qui fe meuve de la même manière, on verra, par la démonftration précédente, que le centre de gravité du nouveau fyftême fe mouvra d'un mouvement femblable à ceux des corps dont ce fyftême eft compofé. La même chofe fe démontrera, en allant de proche en proche, pour un fyftême compofé de quatre corps, de cinq corps, & en général d'un nombre quelconque de corps.

Ainfi on peut dire en général que fi dans un fyftême compofé d'un nombre quelconque de corps, tous les corps fe meuvent femblablement & en même tems, le centre de gravité de tout le fyftême fe mouvra de la même manière.

Corollaire II.

405. Si les droites AD, BC décrites par les deux corps A & B, font dans un même plan, la droite FH décrite par le centre de gravité de leur fyftême, fera auffi dans ce même plan; & fi l'on a un troifième corps qui fe meûve comme les deux premiers & dans le même plan qu'eux, le centre de gravité du fyftême des trois corps fe mouvra auffi femblablement, & dans le même plan. Ainfi de fuite, pour un fyftême compofé d'un nombre quelconque de corps qui fe mouvroient tous femblablement, en même tems, & dans un même plan.

Corollaire III.

406. Supposons que les droites AD, BC

Fig. 155 & 156. (Fig. 155 & 156), décrites par les deux corps proposés A & B, soient parallèles & par conféquent dans un même plan. Les droites BA, CD, qui font fituées dans ce plan, étant prolongées s'il eft néceffaire, fe rencontreront en un point S; & puifqu'on a $B : A :: AF : FB :: DH : HC$, on aura *componendo* $AF : AF + FB$, ou $AB :: DH : DH + HC$, ou DC; & *alternando*, $AF : DH :: AB : DC$. Or, à caufe des parallèles AD, BC, on a $AB : DC :: SA : SD :: SB : SC$. Donc $AF : DH :: SA : SD :: SB : SC$; & par conféquent les droites AD, BC, FH font parallèles.

Il en fera de même en général pour un nombre quelconque de corps. Si tous ces corps décrivent femblablement & en même tems des droites parallèles, qui peuvent d'ailleurs être ou n'être pas toutes dans un même plan, le centre de gravité de leur fyftême décrira femblablement & en même tems une droite parallèle aux chemins parcourus par tous les corps.

COROLLAIRE IV.

Fig. 157 & 158. 407. SOIENT deux corps A & B (Fig. 157 & 158) qui décrivent femblablement & en même tems les côtés homologues & parallèles chacun à chacun, de deux polygones femblables $ADEP$, $BCGM$. Il eft clair, par ce qui précède, que le centre de gravité F de leur fyftême décrira femblablement & en même tems les côtés FH, HN, NO, d'un polygone, lefquels feront parallèles refpectivement aux droites AD & BC, DE & CG, EP & GM. Or, puifque les deux polygones $ADEP$, $BCGM$ font femblables, & qu'on a par conféquent $AD : BC :: DE : CG :: EP : GM$; il s'enfuit (Géom. 135) que toutes les lignes AB, DC, EG, PM iront concourir en un même point S. Donc les trois polygones $ADEP$, $BCGM$, $FHNO$ font compofés d'un même nombre de triangles femblables SAD, SBC, SFH, &c. Donc ces trois polygones font femblables. Ainfi le centre de gravité du fyftême décrit le contour d'un polygone femblable à ceux que décrivent les corps A & B.

Qu'un troifième corps I décrive le contour d'un polygone $IRVT$ femblable à ceux dont on vient de parler : il eft clair, toujours par les mêmes principes, que le centre de gravité du fyftême des trois corps A, B, I, décrira le contour d'un polygone femblable aux précédents. Ainfi de fuite pour un nombre quelconque de corps.

COROLLAIRE V.

408. Si l'on imagine que les côtés des polygones de l'article précédent deviennent infiniment petits, mais que leur nombre augmente à l'infini ; alors tous ces polygones deviendront des courbes femblables dont les parties infiniment petites & correfpondantes feront parallèles chacune à chacune. Ainfi, lorfque plufieurs corps parcourent femblablement & en même tems les contours de courbes femblables & compofées d'éléments correfpondants, parallèles chacun à chacun, le centre de gravité du fyftême décrit de la même manière une courbe femblable aux précédentes, & qui leur eft parallèle élément à élément.

REMARQUE.

409. On a fait attention fans doute dans l'énoncé du Théorême de l'article 403, à ces paroles : *& que le centre de gravité de leur fyftême fe meuve.* Cette reftriction a été mife, parce qu'il peut fe faire que le centre de gravité demeure immobile.

Fig. 159.

En effet, suppofons deux corps A & B (Fig. 159) qui décrivent femblablement, en même tems & en fens contraires, les droites AD, BC, qui leur foient réciproquement proportionnelles, en forte qu'on ait $A:B::BC:AD$; le centre de gravité demeurera en repos. Car fi l'on tire les droites AB, CD qui fe coupent en F, & que par le point F on mène la droite EFK, qui rencontre AD & BC aux poiuts E & K, on aura cette fuite de proportionnelles, $A:B::BC:AD::BF:AF::CF:DF::BK:AE::KC:ED$. D'où il fuit que le point F eft le centre de gravité du fyftême au commencement & à la fin du mouvement, & lorfque les deux corps font arrivés aux points correfpondants E & K de leurs chemins. Donc le centre de gravité ne change pas de place.

En regardant maintenant le corps A comme le fyftême de plufieurs corps qui vont dans un fens, & le corps B comme le fyftême de plufieurs corps qui vont dans le fens oppofé; nous pouvons conclure en général que fi un fyftême eft compofé d'un nombre quelconque de corps qui vont en partie dans un fens en partie dans le fens oppofé, & que les centres de gravité des deux parties du fyftême décrivent femblablement & en même tems des droites parallèles, réciproquement proportionnelles aux fommes de corps qui compofent ces deux parties, le centre de gravité du fyftême général demeurera en repos.

Il réfulte donc, de tout ce qui précéde, que lorfque plufieurs corps fe meuvent femblablement, & en même tems, ou le centre de gravité de leur fyftême fe meut, & alors il fe meut de la même manière que tous les corps; ou bien il demeure en repos.

PROPOSITION III. THÉORÊME.

Fig. 155 & 156.

410. *Si deux corps* A & B (Fig. 155 & 156)

décrivent semblablement & en même tems les droites parallèles AD, BC, & qu'en conséquence le centre de gravité de leur syflême décrive FH: on aura

$$(B+A) \times FH = B \times BC + A \times AD \text{(Fig. 155)},$$
$$(B+A) \times FH = B \times BC - A \times AD \text{(Fig. 156)}.$$

C'eft-à-dire que le produit de la fomme des deux corps, par le chemin que décrit leur centre de gravité, eft égal à la fomme ou à la différence des produits des deux corps multipliés chacun par le chemin qu'il décrit, felon que les deux corps vont dans le même fens ou en fens contraires.

Les trois droites BC, AD, FH font parallèles (406); & en menant les droites BFA, CHD qui fe rencontrent en S, on a cette fuite de proportionnelles, $FH : BC : AD :: SF : SB : SA$, ou bien, (en multipliant antécédents & conféquents par les trois quantités $(B+A)$, B, A), $(B+A) \times FH : B \times BC : A \times AD :: (B+A) \times SF : B \times SB : A \times SA$. Or, à caufe de $SF = SB - FB$, & de $SF = FA \pm SA$, on aura $B \times SF = B \times SB - B \times FB$, & $A \times SF = A \times FA \pm A \times AS$. Ajoutant enfemble ces deux équations, on aura $(B+A) \times SF = B \times SB - B \times FB + A \times FA \pm A \times AS$. Or, puifque le point F eft le centre de gravité du fyflême des deux corps, lorfqu'ils font en A & B, on a $B : A :: FA : FB$, & par conféquent $B \times FB = A \times FA$. Donc la dernière équation fe réduit à $(B+A) \times SF = B \times SB \pm A \times SA$. Donc on aura auffi, $B+A) \times FH = B \times BC \pm A \times AD$.

On remarquera, au fujet de l'équation $(B+A) \times FH = B \times BC - A \times AD$, relative à la Figure 156, que fi le centre de gravité F, au premier inftant, tomboit au-deffus du point S, au lieu de tomber au-deffous, & que par conféquent ce centre, au lieu

d'aller de droite à gauche, alloit de gauche à droite,
on auroit $(A + B) \times HF = A \times AD - B \times BC$.

COROLLAIRE I.

411. Qu'on ait un nombre quelconque de corps
qui décrivent semblablement & en même tems des
lignes parallèles : le centre de gravité du fyftême
décrira auffi femblablement & en même-tems une ligne parallèle. Cela pofé, fi tous les corps vont dans
le même fens, la fomme de tous ces corps, multipliée par le chemin que décrit le centre de gravité
de leur fyftême, fera égale à la fomme des produits
de tous les corps multipliés chacun par le chemin
qu'il décrit. Et fi les corps vont en partie dans un
fens, en partie dans le fens contraire, la fomme de
tous les corps, multipliée par le chemin que décrit
le centre de gravité du fyftême, fera égale à la différence qu'il y aura entre la fomme des produits des
corps qui vont d'un côté, multipliés chacun par le
chemin qu'il décrit, & la fomme des produits des
corps qui vont dans le fens oppofé, multipliés auffi
chacun par le chemin qu'il décrit.

Tout cela eft évident, en réduifant d'abord deux
corps à un corps unique réuni au centre de gravité
de leur fyftême ; puis combinant ce corps avec un
troifième, & réduifant de même ces deux corps, ou
les trois premiers corps du fyftême total à un corps
unique que l'on combinera avec un quatrième corps;
ainfi de fuite.

COROLLAIRE II.

412. Supposons que les mouvements femblables,
dont il eft queftion (410), foient uniformes. Alors
les droites AD, BC, FH, décrites uniformément &
en tems égaux par les corps A, B; & leur centre de

avité exprimeront (13) leurs viteſſes ; & les pro-
its $A \times AD$, $B \times BC$, $(B + A) \times FH$ expriment (354) leurs quantités de mouvement. Donc,
uiſqu'on a $(B + A) \times FH = B \times BC \pm A \times AD$,

$$FH = \frac{B \times BC \pm A \times AD}{B + A} ;$$

on peut dire que la
antité de mouvement du ſyſtême de deux corps qui
écrivent uniformément & en tems égaux des lignes
arallèles eſt égale à la ſomme ou à la différence des
antités particulières de mouvements des deux mo-
les ; & que la viteſſe du centre de gravité du ſyſ-
me eſt égale à la ſomme ou à la différence des quan-
és de mouvements des deux mobiles , diviſée par
ſomme de ces mobiles.
La même choſe a lieu pour un nombre quel-
onque de corps.

Corollaire III.

413. Lorsque pluſieurs corps décrivent ſembla-
lement & en même tems les côtés homologues &
arallèles de polygones ſemblables , & que par con-
quent le centre de gravité de leur ſyſtême décrit
uſſi ſemblablement & en même tems les côtés ho-
ologues & parallèles d'un polygone qui ſera ſem-
able aux précédents , la ſomme de tous les corps ,
ultipliée par le contour du polygone que décrit le
ntre de gravité du ſyſtême , ſera égale à la ſomme
es produits de tous les corps multipliés chacun par
contour du polygone qu'il décrit , ou à la différen-
qu'il y aura entre la ſomme des produits des corps
ui vont d'un côté , multipliés chacun par le chemin
u'il décrit , & la ſomme des produits des corps qui
ont du côté oppoſé , multipliés auſſi chacun par le
emin qu'il décrit.
Cela ſe démontre en ajoutant enſemble ſucceſ-

fivement toutes les équations que donnent (411) l
côtés homologues des polygones.

Si ces polygones font décrits uniformément & (
même tems, le contour de chacun d'eux pourra r
préfenter la viteffe du corps qui le décrit ; & on a
pliquera ici le réfultat de l'article précédent.

COROLLAIRE IV.

414. LORSQUE les polygones dont on vient (
parler ont une infinité de côtés infiniment petits,
deviennent par conféquent des courbes femblable
l'article précédent a également lieu dans toute f
étendue, & il ne faut qu'y fubftituer le mot *cour*
au mot *polygone*.

COROLLAIRE V.

415. PARMI les applications qu'on peut faire (
la théorie précédente à la pratique, en voici u
qui a pour objet la détermination de la *por*
moyenne des terres dans les deblais & les rembla

Fig. 160. Soit (Fig. 160) un creux DEF qui doive êt
rempli au moyen de la terre provenant de l'éminen
ABC; en forte que AF répréfentant la ligne (
niveau, les deux efpaces DEF, ABC foient égau
Suppofons que les Terraffiers qui viennent prend
dans leurs brouettes la terre au pied de l'éminen
pour la porter & la verfer dans la cavité qu'il fa
remplir, marchent fuivant des lignes de niveau, (
parallèles à la droite AF. Je cherche les centr
de gravité G & K de l'éminence & du creux, &
mène les verticales GH, KI. Alors la partie HI (
l'horifontale, comprife entre les deux verticales, r
préfente la *portée moyenne* des terres.

Car fi on décompofe l'éminence & le creux en i
même nombre de parties correfpondantes chacune
chacun

chacune, en forte que chaque partie de l'éminence doive venir occuper une partie du creux: la fomme des produits des parties de terre, multipliées chacune par le chemin qu'elle décrit, fera égale au produit de l'éminence entière par le chemin que décrit fon centre de gravité. Or, puifque toutes les parties de terre font tranfportées fuivant des lignes parallèles à *HI*, & que les centres de gravité de l'éminence & du creux, répondent verticalement aux points *H* & *I*; il eft clair que *HI* repréfente l'efpace parcouru par le centre de gravité de l'éminence. Donc cette même ligne *HI* exprime la portée moyenne des terres, c'eft-à-dire, une portée qui eft telle, que fi toute la maffe de l'éminence étant réunie au point *H*, il falloit la tranfporter au point *I*.

Si les Terraffiers ne marchoient pas en lignes droites, mais qu'ils décriviffent, toujours horifontalement, les côtés homologues & parallèles de polygones femblables ou de courbes femblables, on détermineroit le polygone *moyen* ou la courbe *moyenne* décrite par le centre de gravité de toute la maffe à tranfporter, en traçant du point *H* au point *I* un polygone ou une courbe femblable à chacun des chemins que parcourent les Terraffiers.

On trouveroit encore par les mêmes principes la portée moyenne des terres, s'il falloit combler plufieurs creux, au moyen d'une éminence ou de plufieurs éminences.

SECTION II.

Ufages du mouvement des centres de gravité pour la méfure de l'étendue.

416. Il y a des furfaces ou des folides que l'on peut confidérer comme engendrés par le mouvement d'une ligne ou d'un plan. Alors ces étendues peuvent être déterminées par la théorie du mouvement des centres de gravité; & ce moyen eft quelquefois plus fimple & plus commode que ceux où l'on employeroit feulement la Géométrie pure. C'eft de quoi le toifé des voûtes offre plufieurs exemples. Il eft donc à propos d'expliquer ici l'ufage du mouvement des centres de gravité pour la mefure de l'étendue. Commençons par une obfervation préliminaire & effentielle.

417. Une ligne ou une furface qui fe meut parallèlement à elle-même, foit de toute autre manière, pourvu que ce ne foit pas dans le fens de fa longueur ou de fon plan, engendre une furface ou un folide. Mais l'étendue fuperficielle ou folide, ainfi engendrée, ne doit être attribuée à tout le mouvement de la ligne ou de la furface génératrice, que dans le cas où les parties de cette ligne ou de cette furface font perpendiculaires chacune à chacun des chemins qu'elles parcourent. En effet, foit la droite *AB* (Fig. 161) qui en fe mouvant parallèlement à elle-même le long de la directrice inclinée *AD*, engendre le parallélogramme *ABCD*. On fe tromperoit fi l'on regardoit l'aire de ce parallélogramme comme le produit de la droite génératrice *AB* par fa viteffe, c'eft-à-dire, par la droite *AD* qui peut repréfenter le chemin que parcourt chacun des points

Fig. 161.

de AB. Ainsi il faut décomposer la vitesse AD en deux autres AH, AE, l'une parallèle, l'autre perpendiculaire à AB. Alors il est clair qu'en vertu de la vitesse AH la droite AB n'engendre pas de surface, puisqu'elle ne fait par-là que s'allonger dans le sens AB; mais que la surface engendrée l'est seulement en vertu de la vitesse AE, puisqu'en effet l'aire du parallélogramme $ABCD$, est égale à celle du rectangle $ABFE$. On raisonnera de même pour toutes les autres espèces d'étendues produites par le mouvement.

418. Supposons donc qu'une ligne ou une surface se meuve de manière qu'à chaque instant chacune de ses parties soit perpendiculaire à l'espace qu'elle parcourt. Imaginons que cette étendue génératrice soit décomposée en une infinité d'éléments qui ayent toutes leurs dimensions infiniment petites : chaque élément engendrera une petite surface ou un petit solide que l'on pourra regarder comme le produit de l'élément générateur par le chemin que parcourt l'un de ses points, ou par le chemin que parcourt son centre de gravité, puisque tous les points d'un même élément peuvent être censés parcourir des chemins égaux. La somme de ces petites surfaces ou de ces petits solides ainsi engendrés, composera la surface totale ou le solide total qu'on veut déterminer. Or, si l'on regarde les éléments générateurs comme de petits corps qui vont tous dans le même sens, la somme dont on vient de parler sera égale (411, 412, 413) au produit de la ligne ou de la surface génératrice, multipliée par le chemin que décrit son centre de gravité. Ainsi concluons que *l'étendue superficielle ou solide, engendrée par le mouvement d'une ligne ou d'un plan dont les élémens sont perpendiculaires à chaque instant aux espaces qu'ils*

parcourent dans le même fens, est égale au produit de cette ligne ou de ce plan, par le chemin que décrit fon centre de gravité. Tel est le fameux Théorême que le P. Guldin, Jéfuite, donna en 1635 dans fon livre *De Centro Gravitatis.* En voici quelques ap-plications.

EXEMPLE I.

Fig. 162.

419. *TROUVER la furface d'un triangle* ABC (Fig. 162)?

Du fommet C, foit abaiffée fur la bafe AB la perpendiculaire CD. Imaginons que la bafe AD du triangle rectangle partiel ADC foit divifée en une infinité de petites lignes élémentaires égales Am, mn, np, &c, détachées les unes des autres, qui fe meuvent parallèlement à DC, avec des viteffes inégales, de manière que leurs centres de gravité arrivent en même tems fur la droite AC. Il eft clair que le milieu ou centre de gravité H de AD parcourra une droite HK égale à la moitié de la hauteur DC, puifque les triangles femblables AHK, ADC, donnent, $AH : AD :: HK : DC$. Or l'aire du triangle ADC étant la fomme des furfaces engendrées par les éléments Am, mn, np, &c, & cette fomme étant égale au produit de la ligne génératrice entière AD par le chemin que décrit fon centre de gravité ; il s'enfuit que l'aire

$$ADC = AD \times HK = \frac{AD \times DC}{2},$$

qui eft la moitié du produit de la bafe par la hauteur. On démontrera de même que la furface du fécond triangle rectangle partiel BDC eft la moitié du produit de fa bafe & de fa hauteur. Ainfi le triangle propofé ABC eft également la moitié du produit de fa bafe par fa hauteur ; réfultat conforme à ce qu'on fait déja par la Géométrie.

Exemple II.

420. *Trouver la solidité d'une pyramide*
SABCDE (Fig. 163)?

Soit abaiffée du fommet S la perpendiculaire SO
fur la bafe. Par cette ligne SO, & par les arrêtes
SA, SB, SC, &c, de la pyramide, foient menés
les plans SOA, SOB, SOC, &c, qui partagent la pyramide propofée en pyramides triangulaires $SOAB$,
$SOBC$, &c. Confidérons l'une $SOAB$ de ces dernières pyramides. Ayant mené par la droite SO &
par le point F milieu de AB, le plan SOF qui coupe
le plan OAB fuivant OF, prenons fur cette ligne
OF le point K tel que l'on ait $OK=\frac{1}{3}OF$, pour avoir
(105) le centre de gravité du triangle OAB; enfuite
menons parallèlement à OS la droite KH, qui rencontre SF en H. Cela pofé, imaginons que la bafe
OAB de la pyramide triangulaite $SOAB$ foit partagée en une infinité de petites furfaces qui fe meuvent
parallèlement à OS, de manière que leurs centres
de gravité arrivent en même tems fur la face triangulaire SAB. Ces petites furfaces engendreront le
folide de la pyramide $SOAB$. Et comme le centre
de gravité K de la bafe OAB décrit la droite KH
qui eft évidemment le tiers de OS, à caufe des triangles femblables FKH, FOS; il s'enfuit que la pyramide $SOAB$, qui eft égale à $OAB \times KH$, aura

pour expreffion $\dfrac{OAB \times OS}{3}$, c'eft-à dire, le tiers

du produit de fa bafe par fa hauteur. La même chofe
ayant lieu pour les autres pyramides triangulaires qui
compofent la pyramide propofée, nous conclurons
que cette pyramide eft le tiers du produit de fa bafe
par fa hauteur, ce qu'on fait encore par la Géométrie.

V iij

EXEMPLE III.

421. *TROUVER le folide d'une demi-fphère, ou d'un dôme en plein cintre produit par la révolution du* quart de cercle ABMC (Fig. 164) *autour de fon raïon* AC?

Fig. 164.

Si l'on imagine que l'aire génératrice $ABMC$ foit partagée en une infinité de petites furfaces, il eſt clair que chacune de ces furfaces élémentaires décrivant une circonférence de cercle, qui lui eſt continuellement perpendiculaire, le folide cherché fera égal au produit de l'aire $ABMC$ par la circonférence que décrit fon centre de gravité. Or le centre de gravité F du quart de cercle $ABMC$ eſt placé (111) fur le raïon AM qui le divife en deux parties égales, de manière que tirant la corde BC, on a

$$AF = \frac{2\,BC \times AM}{3\,BMC} = \frac{4\,CN \times AC}{3\,BMC} \; ; \; \text{\& par con-}$$

féquent fi l'on mène FH perpendiculaire à AC, on aura $HF = \dfrac{4(CN)^2}{3\,BMC}$, à caufe des triangles femblables ANC, AHF qui donnent, $AC:CN::AF:FH$. Donc le folide cherché, qui eſt égal à $ABMC \times$ *circ.* FH, aura pour expreſſion $ABMC \times \pi \times \dfrac{4(CN)^2}{3\,BMC}$, en nommant π le rapport de la circonférence au raïon. Mais l'aire du fecteur $ABMC = \dfrac{BMC \times AC}{2}$, \& le triangle rectangle ifofcèle ANC donne $4(CN)^2 = 2(AC)^2$. Ainfi l'expreſſion précédente devient $\dfrac{\pi}{2} \times AC \times \dfrac{2(AC)^2}{3}$, ou $\left(\dfrac{\pi}{2} \times (AB)^2\right) \times \frac{2}{3} AC$, c'eſt-à-lire, le produit de la bafe du dôme par les deux tiers de fa hauteur, comme on l'a trouvé dans la Géométrie.

Exemple IV.

422. *Trouver la solidité d'un dôme surbaissé ou surmonté, produit par la révolution du quart d'ellipse ABD (Fig. 165) autour de son demi-petit axe A D* Fig. 165, *ou de son demi grand axe AB?*

Du point *A* comme centre, avec le raïon *AB*, soit décrit le quart de cercle *ABC* correspondant au quart d'ellipse proposé. En menant au demi-axe *AB* commun au quart d'ellipse & au quart de cercle les ordonnées correspondantes *PN*, *PM*; on aura (*Ap. de l'Alg. à la Géom.* 83.), $PN : PM :: AD : AB$; c'est-à-dire, que chaque ordonnée du quart d'ellipse est à l'ordonnée correspondante du quart de cercle, dans le rapport constant du demi-axe non commun *AD* au demi-axe commun *AB*. Donc (*Arith.* 211) la somme de toutes les *PN*, ou l'aire entière *ABD*, est à la somme de toutes les *PM*, ou à l'aire entière *ABC*, dans le même rapport; ou $ABD : ABC :: AD : AB$.

Les centres de gravité des ordonnées *PN*, *PM*, sont placés à leurs milieux x & z ; & si par ces points on mène à *AD* les perpendiculaires xy, zt, les produits $PN \times xy$, $PM \times zt$, qui représentent les moments des droites *PN*, *PM* par rapport à *AD*, feront entr'eux dans le rapport de *PN* à *PM*, ou de *AD* à *AB*, parce que $xy = zt$. Donc la somme de tous les produits $PN \times xy$, ou le moment du quart d'ellipse *ABD*, par rapport à *AD*, est à la somme de tous les produits $PM \times zt$, ou au moment du quart de cercle *ABC*, par rapport à la même droite *AD*, comme *AD* est à *AB*. Divisant cette proportion, terme à terme, par la proportion, $ABD : ABC :: AD : AB$, & désignant la somme des $PN \times xy$ par $\int . PN \times xy$, & la somme des $PM \times zt$ par $\int . PM \times zt$;

on aura $\dfrac{\int . PN \times xy}{ABD} : \dfrac{\int . PM \times zt}{ABC} :: 1 : 1$, & par

conséquent $\dfrac{\int . PN \times xy}{ABD} = \dfrac{\int . PM \times zt}{ABC}$. Or (96),

la première fraction est la distance KL du centre de gravité K du quart d'ellipse ABD à la droite AD, & la seconde est la distance FH du centre de gravité F du quart de cercle ABC à la même ligne. Donc, puisque ces deux distances sont égales, les deux centres de gravité K & F sont placés sur une même droite FKG perpendiculaire à AB.

Maintenant, le quart d'ellipse ABD, en tournant autour de AD, engendre un solide qui a pour expression $ABD \times circ. KL$, ou bien $ABD \times circ. FH$. Substituons pour ABD sa valeur $ABC \times \dfrac{AD}{AB}$, ou $\dfrac{BMC \times AB}{2} \times \dfrac{AD}{AB}$, ou $\dfrac{BMC \times AD}{2}$, & pour $circ. FH$ sa valeur $\dfrac{\pi \times 2 (AB)^2}{3 \, BMC}$ (421), l'expression de notre solide deviendra $\dfrac{AD}{2} \times \dfrac{\pi \times 2 (AB)^2}{3}$, ou bien $\left(\dfrac{\pi}{2} \times (AB)^2 \right) \times \dfrac{2}{3} AD$. D'où l'on voit que la solidité du dôme surbaissé, produit par la révolution du quart d'ellipse ABD autour de son demi-axe AD, est égale au produit du cercle qui lui sert de base par les deux tiers de sa montée.

On trouvera semblablement la solidité du dôme surmonté.

Fin du Livre premier de la seconde Partie.

LIVRE SECOND.

DE LA COMMUNICATION DES MOUVEMENTS.

423. SI plusieurs corps agissent les uns sur les autres, soit en se frappant, soit en se tirant ou se poussant, par des fils, des leviers interposés, soit de toute autre manière qu'on voudra imaginer ; ils ne prennent pas, dans un instant proposé, les mêmes mouvements qu'ils prendroient si, au commencement de cet instant, chacun d'eux devenoit libre, & n'éprouvoit aucune réaction de la part des autres. Car chaque corps, en vertu de son inertie particulière, ténd à conserver en ligne droite le mouvement qu'il a reçu ; & comme ce mouvement est contrarié par ceux des autres corps, tous ces mouvements doivent se troubler & s'altérer réciproquement les uns les autres, tant pour les quantités que pour les directions. Les mouvements perdus par certains corps sont gagnés par les autres, ou en totalité si le systême est d'ailleurs parfaitement libre & n'éprouve la résistance d'aucun obstacle étranger & fixe, ou seulement en partie s'il se trouve dans le systême de tels obstacles ; car ces obstacles, lorsqu'ils ont lieu, influent sur les quantités & les directions des mouvements. Mais dans tous les cas, on aura le vrai mouvement de chaque corps, pour un instant donné, en déterminant convenablement, pour cet instant, les conditions de l'équilibre entre les mouvements perdus & les mouvements ga-

gnés. C'est ce que nous allons faire voir dans les Chapitres suivants, par la solution d'un certain nombre de Problêmes choisis, qui se rapportent aux différentes manières dont les corps peuvent agir réciproquement les uns sur les autres.

424. Nous avons vu (354) que la force d'un corps en mouvement, ou la quantité de mouvement qui est l'effet de cette force, s'estime en général par le produit de la masse & de la vitesse du mobile. Ainsi la quantité de mouvement perdu par un corps, ou la mesure de la force capable d'opérer cette perte, est le produit de la masse du mobile par la vitesse perdue ; car on doit mesurer de la même manière les forces qui détruisent le mouvement & celles qui le produisent, puisqu'il faut évidemment employer autant de force pour détruire un certain mouvement qu'il en a fallu employer pour le produire. De même, la quantité de mouvement gagné par un corps, ou la mesure de la force qui opère ce gain, est le produit de la masse du corps par la vitesse gagnée.

CHAPITRE PREMIER.

Du Choc des Corps.

425. On distingue en général trois espèces de corps, les corps *durs*, les corps *élastiques*, & les corps *mous*.

Un corps est dur, & sa dureté est parfaite, lorsqu'il est d'une roideur inflexible, & qu'il ne s'applatit aucunement par la compression.

Un corps eſt élaſtique, & ſon élaſticité eſt par-
ite, lorſqu'il s'applatit par la compreſſion, & qu'il
reprend enſuite ſa première figure, lorſque cette
ompreſſion vient à ceſſer.

Un corps eſt mol, & ſa molleſſe eſt parfaite, lorſ-
u'il s'applatit par la compreſſion & qu'il reſte, lorſ-
u'elle ceſſe, dans l'état auquel elle l'a réduit.

Il n'exiſte ni dureté, ni élaſticité, ni moleſſe par-
ites; tous les corps participent plus ou moins de
es trois qualités. Mais il eſt permis d'admettre, par
oie d'hypothèſe, l'exiſtence de corps parfaitement
urs, ou élaſtiques, ou mous, ſauf à rectifier, ſui-
ant l'exigence des cas, les réſultats qu'on aura tirés
e cette hypothèſe.

Nous donnerons d'abord les loix du choc des
orps durs, en ſuppoſant que leur dureté eſt par-
ite; enſuite nous en concluroñs celle du choc des
orps élaſtiques, ſoit que l'élaſticité ſoit parfaite ou
on. Les corps parfaitement mous peuvent ſe rap-
orter aux corps élaſtiques, en ſuppoſant que l'élaſ-
cité eſt infiniment petite; nous verrons que les loix
u choc des corps parfaitement mous ſont les mêmes
ue celles du choc des corps parfaitement durs.

426. Avant que d'entamer cette matière, nous
bſerverons qu'il eſt indifférent, quant à l'effet de la
ercuſſion, que les corps ſe meuvent ſur un plan
oriſontal ou ſur tout autre plan; car (360) la force
e la percuſſion étant infinie par rapport à chaque
ction iſolée & inſtantanée de la peſanteur, qui eſt
ne ſimple préſſion, il eſt clair que les effets réſul-
ants du choc mutuel des corps ſont les mêmes, ſoit
ue la peſanteur agiſſe ou non. Tous les changements
ue la peſanteur pourroit produire dans les viteſſes
es corps ſeroient ou antérieurs ou poſtérieurs à
eux qui ſont produits par la percuſſion. Néanmoins

pour que l'efprit ne foit pas diftrait de l'effet que n[o]
devons confidérer ici, nous imaginerons que les co[
fe meuvent uniformément fur des plans horizonta[
parfaitement polis qui détruifent par conféqu[e]
l'effet de la pefanteur, & qui n'occafionnent auc[
frottement. De plus, nous fuppoferons que les co[
font fphériques & homogènes ; car il n'eft queft[
dans ce Chapitre que du fimple mouvement progr[
fif du centre de gravité, & nullement des mou[
ments de rotation autour de ce point.

SECTION I.

Du Choc direct des corps.

PROPOSITION I. PROBLÊME.

Fig. 166.

427. *LE corps dur* A *(Fig. 166) allant choq[*
le corps dur B *qui fuit directement devant lui avec[*
moindre viteffe : trouver la viteffe des deux corps a[
le choc ?

1°. La matière étant impénétrable, il eft clair [
lorfque le corps *A* aura atteint le corps *B* placé [
fa route, il agira fur lui & le pouffera jufqu'à ce q[
ayent tous deux la même viteffe. Alors cette acti[
qui s'exerce dans un tems très-court, ceffera en[
rement ; & les deux corps continueront à marc[
de compagnie avec la même viteffe, comme s'il[
compofoient qu'une feule & même maffe, puifq[
n'y a point de reffort qui puiffe les obliger à fe[
parer.

2°. En vertu de leurs inerties particulières, les [d]
corps *A* & *B* réfiftent au changement que le c[
tend à produire dans leurs états refpectifs ; & c[
réfiftance eft telle que la quantité de mouvem[

perdu par le corps choquant A est nécessairement
égale à la quantité de mouvement gagné par le corps
choqué B. Or, si l'on nomme V la vitesse de A avant
le choc, u la vitesse de B aussi avant le choc, x la
vitesse commune des deux corps après le choc, il
est visible qu'en vertu du choc la vitesse perdue par
A est $V - x$, & la vitesse gagnée par B est $x - u$.
Ainsi on aura l'équation $A(V - x) = B(x - u)$;
d'où l'on tire $x = \dfrac{AV + Bu}{A + B}$. La vitesse commune des deux corps après le choc est donc égale à
la somme des quantités de mouvements avant le
choc, divisée par la somme des corps.

COROLLAIRE I.

428. En mettant pour x sa valeur dans l'expression $V - x$ de la vitesse perdue par le corps A, &
dans celle $x - u$ de la vitesse gagnée par le corps B,
on trouvera $V - x = \dfrac{B(V - u)}{A + B}$, & $x - u = $
$\dfrac{A(V - u)}{A + B}$. Par où l'on voit que la vitesse perdue
par le corps choquant est égale au produit du corps
choqué par la différence des vitesses avant le choc,
divisé par la somme des corps ; & que la vitesse gagnée par le corps choqué est égale au produit du
corps choquant par la différence des vitesses avant
le choc, divisé par la somme des corps.

Les valeurs générales des vitesses x, $V - x$, $x - u$
sont susceptibles d'une infinité d'applications particulières, selon les relations qui existeront entre les
quantités A, B, V, u. Supposons, par exemple,
que le corps B soit en repos au moment du choc,
& que le corps A soit double du corps B : on fera

$u = 0$, $B = \dfrac{A}{2}$, & alors on trouvera $x = \frac{2}{3} V$

$V - x = \frac{1}{3} V$, $x - u = \frac{2}{3} V$. Nos Lecteurs s'exerceront d'eux-mêmes à d'autres applications.

COROLLAIRE II.

429. Avant le choc, la vitesse du centre de gravité des deux corps A & B est $\dfrac{AV + Bu}{A + B}$, & la quantité de mouvement du fystême de ces corps est $AV + Bu$ (412). Or nous avons ici en général $x = \dfrac{AV + Bu}{A + B}$ & $(A + B) x = AV + Bu$. Ainsi la vitesse du centre de gravité, & la quantité de mouvement du fystême des deux corps font les mêmes après le choc qu'avant le choc.

PROPOSITION II. PROBLÊME.

430. *Supposons maintenant que les deux corps viennent à la rencontre l'un de l'autre* (Fig. 167) *on demande leur vitesse après le choc?*

Fig. 167.

Il est clair que celui des deux corps A & B, qui a la plus grande force ou la plus grande quantité de mouvement (& que j'appelle *corps choquant*) obligera l'autre à rebroufser chemin, & qu'après le choc ils marcheront de compagnie avec la même vitesse comme s'ils ne faifoient qu'une feule & même maffe. Soit A le corps choquant, B le corps choqué; & foient nommées V & u refpectivement les vitesses de A & B avant le choc. On pourroit déterminer la vitesse commune des deux corps après le choc, en faifant fuivant l'Algébre u négative dans l'expreffion de x qu'on a trouvée (427); mais voici la folution directe du problême.

La quantité de mouvement que perd le corps choquant A, eſt toujours égale à la quantité de mouvement que le corps choqué B gagne dans le ſens du mouvement du premier corps. Or nommant x la viteſſe commune des deux corps après le choc, il eſt viſible d'abord que $V - x$ eſt la viteſſe perdue par le corps A. D'un autre côté, $u + x$ eſt la viteſſe gagnée par le corps B dans le ſens de V. Car 1°. ce corps doit gagner dans le ſens de V une viteſſe qui détruiſe la viteſſe contraire u avec laquelle il vient à la rencontre de A. 2°. Il gagne encore dans le même ſens la viteſſe x avec laquelle il ſe meut après le choc. Ainſi, eu égard à tout, il gagne la viteſſe $(u + x)$. On aura donc l'équation $A(V - x) = B(u + x)$, laquelle donne $x = \dfrac{AV - Bu}{A + B}$; d'où l'on voit que la viteſſe commune des deux corps après le choc eſt égale à la différence des quantités de mouvements avant le choc, diviſée par la ſomme des corps.

C o r o l l a i r e I.

431. Mettons pour x ſa valeur dans l'expreſſion $V - x$ de la viteſſe perdue par A, & dans celle $u + x$ de la viteſſe gagnée par B dans le ſens de V ; nous trouverons, $V - x = \dfrac{B(V + u)}{A + B}$, & $u + x = \dfrac{A(V + u)}{A + B}$.

On fera de ces formules les mêmes applications qu'on a indiquées (428) pour celles du premier cas.

C o r o l l a i r e I I.

432. Avant le choc, la viteſſe du centre de

gravité des deux corps, dans le sens de A, est

$$\frac{AV - Bu}{A + B},$$ & la quantité de mouvement du sys-

tême dans le même sens, est $AV - Bu$ (410, 412)

Or nous avons ici, $x = \dfrac{AV - Bu}{A + B}$, $(A + B)x =$

$AV - Bu$. Donc la vitesse du centre de gravité, &
la quantité de mouvement du systême sont les mêmes
après le choc qu'avant le choc, dans le sens du corps
choquant.

PROPOSITION III. PROBLÊME.

433. *Un corps élastique allant choquer un autre
corps élastique qui fuit devant lui, ou qui vient
le rencontrer : déterminer les vitesses des deux corps
après le choc ?*

Imaginons que les deux corps proposés A & B
(Fig. 168) soient privés de leur élasticité, & que
pour en tenir lieu on mette entr'eux un ressort AC
qui se comprime lorsque les corps se frappent, &
qui se détend ensuite lorsque l'action d'un corps sur
l'autre cesse tout-à-fait. Soit ACB l'état naturel de
ce ressort, c'est-à-dire l'extension qu'il prend lorsqu'il
est libre, & que rien ne le comprime ; & supposons
qu'en vertu de la percussion il se réduise à l'espace
aCb. Si les deux corps sont parfaitement élastiques,
ou que le ressort fictif interposé soit parfait, ce ressort
reviendra à son premier état, lorsque la percussion
cessera ; & s'il n'est pas parfait, il prendra un autre
état DCE. Je suppose, pour donner toute la généralité possible au problême, que le ressort revient
à la situation indéterminée DCE. Dans le cas où le
ressort reviendroit à son état primitif ACB, la force
élastique seroit égale à la force qui a produit la percussion

Fig. 168.

cuſſion. Mais dans le cas préſent, la première force n'eſt qu'une certaine partie de la ſeconde. Soit en général $\frac{p}{1}$ le rapport de l'élaſticité à la percuſſion. Le nombre p ſera $=0$, lorſque les corps ſeront parfaitement durs ou mous; & p ſera $=1$, lorſque les corps ſeront parfaitement élaſtiques. Toutes les valeurs de p ſont donc compriſes entre les limites 0 & 1.

Cela poſé, j'obſerve qu'au moment où les corps s'atteignent, ils agiſſent l'un ſur l'autre exactement de la même manière que s'ils étoient parfaitement durs. Pendant qu'ils ſe preſſent, le reſſort ſe tend, & la percuſſion ne finit que lorſqu'ils ont tous deux la même viteſſe dans le même ſens. Alors l'élaſticité entre en exercice & produit un nouveau changement dans les viteſſes des deux corps. Ce double effet, de la percuſſion & de l'élaſticité, s'opère dans un tems très-court; mais quelque court qu'il ſoit, on y peut diſtinguer deux parties, l'une relative à la percuſſion & pendant laquelle le reſſort ſe comprime, l'autre relative à l'élaſticité & pendant laquelle le reſſort ſe détend.

Soit A le corps choquant, c'eſt-à-dire, celui des deux corps qui a la plus grande viteſſe lorſqu'ils vont dans le même ſens avant le choc, ou la plus grande quantité de mouvement lorſqu'ils vont en ſens contraires; B, le corps choqué; V, la viteſſe de A avant le choc dans le ſens MN; u, la viteſſe de B dans le ſens MN, ou dans le ſens oppoſé NM. Il eſt clair qu'après le choc la viteſſe de A dans le ſens MN ſera la viteſſe V moins la viteſſe perdue par ce corps; & que la viteſſe de B, auſſi dans le ſens MN, ſera la viteſſe qu'il aura gagnée dans ce ſens, plus ou moins ſa viteſſe primitive. Or 1°. en vertu de la

X

percuſſion, le corps A perd une viteſſe exprimée par $\dfrac{B(V \mp u)}{A+B}$ (428, 431); & en vertu du reſſort qui en ſe détendant le repouſſe dans le ſens AM, il perd une nouvelle viteſſe qui doit être exprimée par $\dfrac{p.B(V \mp u)}{A+B}$, puiſque la percuſſion & l'élaſticité étant entr'elles dans le rapport de 1 à p, doivent produire ſur un même corps des effets qui ſoient entr'eux dans le même rapport. Ainſi, en tout, le corps A fait une perte de viteſſe, exprimée par $\dfrac{B(V \mp u)}{A+B} + \dfrac{p.B(V \mp u)}{A+B}$, ou par $\dfrac{(1+p)B(V \mp u)}{A+B}$. Donc la viteſſe de A après le choc, dans le ſens MN, ſera repréſentée par $V - \dfrac{(1+p)B(V \mp u)}{A+B}$.

2°. En vertu de la percuſſion, le corps B gagne dans le ſens MN une viteſſe exprimée par $\dfrac{A(V \mp u)}{A+B}$ (428, 431); & en vertu du reſſort qui en ſe détendant le pouſſe encore dans le ſens MN, il doit gagner une nouvelle viteſſe exprimée par $\dfrac{p.A(V \mp u)}{A+B}$, en raiſonnant à cet égard comme pour le corps A. Ainſi, en tout, le corps B gagne, dans le ſens MN, une viteſſe exprimée par $\dfrac{A(V \mp u)}{A+B} + \dfrac{p.A(V \mp u)}{A+B}$, ou par $\dfrac{(1+p).A(V \mp u)}{A+B}$. Donc la viteſſe du corps B, après le choc, dans le ſens MN, ſera repréſentée par $\dfrac{(1+p).A(V \mp u)}{A+B} \pm u$.

REMARQUE.

434. Ces formules font fufceptibles d'une infinité d'applications. Mais il faut remarquer dans ces applications,

1°. Que le corps choqué B marchera toujours après le choc dans le fens du corps choquant A ; ce qui eft d'abord évident pour le cas où les deux corps vont dans le même fens avant le choc, & ce qui a lieu auffi lorfque les corps viennent à la rencontre l'un de l'autre, parce qu'alors nous avons pris pour le corps choquant A celui qui a la plus grande quantité de mouvement; d'où il réfulte que ce corps A doit obliger l'autre B à rebrouffer chemin, pendant la partie du tems, relative à la percuffion ; & qu'enfuite le reffort, s'il y en a, pouffe encore le corps B dans le même fens.

2°. Que le corps choquant A peut revenir fur fes pas après le choc. Ce cas aura lieu, lorfqu'on trouvera pour l'expreffion de la viteffe de ce corps après le choc, une quantité négative.

COROLLAIRE I.

435. Supposons $p = 0$, ou que le reffort fictif ayant été réduit, par la percuffion, à l'état $a\,Cb$, y demeure ; ce qui eft le cas des corps parfaitement mous. Alors on trouve, comme pour les corps parfaitement durs, que les deux corps A & B ont, après le choc, une même viteffe exprimée par

$$\frac{A\,V \pm B\,u}{A + B}.$$

COROLLAIRE II.

436. Soit $p = 1$; ce qui eft le cas des corps parfaitement élaftiques ; la viteffe de A, après le

choc, eſt $V - \dfrac{2B(V \mp u)}{A+B}$, & celle de B eſt

$\dfrac{2A(V \mp u)}{A+B} \pm u$.

COROLLAIRE III.

437. Sɪ l'on multiplie les corps A & B chacun par l'expreſſion générale de ſa viteſſe après le choc, & qu'on ajoute enſemble les deux produits ; on aura, pour ſomme, $AV - \dfrac{(p+1)AB(V \mp u)}{A+B} +$

$\dfrac{(1+p)AB(V \mp u)}{A+B} \pm Bu$, expreſſion qui ſe réduit à $AV \pm Bu$. D'où il réſulte qu'après le choc la quantité de mouvement du ſyſtême & la viteſſe du centre de gravité, dans le ſens du corps choquant, ſont les mêmes qu'avant le choc. Car ſi l'on nomme X la viteſſe du centre de gravité avant le choc, Z ſa viteſſe après le choc, on a les équations $(A+B)X = AV \pm Bu$, $X = \dfrac{AV \pm Bu}{A+B}$, $(A+B)Z = AV \pm Bu$, $Z = \dfrac{AV \pm Bu}{A+B}$.

COROLLAIRE IV.

438. Qu'on multiplie chaque corps A & B par le quarré de ſa viteſſe générale après le choc, & qu'on ajoute enſemble ces deux produits ; on aura, pour ſomme, $A\left(V - \dfrac{(1+p)B(V \mp u)}{A+B}\right)^2 +$

$B\left(\dfrac{(1+p)A(V \mp u)}{A+B} \pm u\right)^2$, expreſſion qui ſe réduit à $AV^2 + Bu^2 - \dfrac{(1-p^2)AB(V \mp u)^2}{A+B}$, D'où l'on voit que ſi $p = 1$, la ſomme des produits des corps par les quarrés de leurs viteſſes eſt la même après le choc qu'avant le choc. C'eſt ce qu'on appelle la *conſervation des forces vives*, parce qu'on entend par la *force vive* d'un corps le produit de ce corps par le quarré de ſa viteſſe. Mais ſi p n'eſt pas $= 1$, il y a, en vertu du choc, une perte de forces vives, exprimée par $\dfrac{(1 - p^2) A B (V \mp u)^2}{A + B}$.

Ainſi dans le choc des corps parfaitement élaſtiques, la conſervation des forces vives a lieu en ſon entier ; mais dans le choc des corps imparfaitement élaſtiques, il ſe fait une perte de forces vives, qui eſt d'autant plus grande que ces corps approchent davantage d'être parfaitement durs ou parfaitement mous.

COROLLAIRE V.

439. LE nombre p, qui exprime le rapport de l'élaſticité à la percuſſion, peut être déterminé dans chaque cas par une expérience immédiate. Car il ne faut pour cela qu'égaler l'expreſſion générale de la viteſſe de l'un des corps après le choc, à la viteſſe que prend réellement ce corps, & tirer de cette équation la valeur de p.

Suppoſons, par exemple, que les corps A & B ſoient égaux, & que B ſoit en repos à l'inſtant du choc. En faiſant $B = A$, $u = 0$, dans les formules qu'on a trouvées pour les viteſſes après le choc, la viteſſe du corps A deviendra $V - \dfrac{(1 + p) V}{2}$, & celle du corps B deviendra $\dfrac{(1 + p) V}{2}$. Soient a & b les viteſſes qu'ont réellement, ſuivant l'expérience, ces deux corps après le choc ; on aura les équations

X iij

$$a = V - \frac{(1+p)V}{2}, \quad b = \frac{(1+p)V}{2}, \quad \text{lefquelles}$$

donnent $p = 1 - \dfrac{2a}{V}$, $p = \dfrac{2b}{V} - 1$. Ainfi on connoîtra, par le moyen de l'une ou de l'autre de ces deux dernières équations, la valeur de p.

COROLLAIRE VI.

440. SOIENT (Fig. 169) une fuite de corps A, B, C, D, &c, en progreſſion géométrique décroiſ-fante, dont la raifon eſt q; que le corps A, feul en mouvement au premier inſtant, aille choquer B; que B mis ainſi en mouvement choque C; que de même C choque D; ainſi de fuite, de manière que le mouvement fe propage du premier corps au der-nier. La viteſſe de celui-ci fe trouve facilement par les formules précédentes.

En effet, ſi dans l'expreſſion générale qu'on a trou-vée (433) pour la viteſſe de B après le choc, on fait, conformément à la préfente fuppoſition, $u = 0$, $B = \dfrac{A}{q}$; cette viteſſe deviendra $V \times \dfrac{(1+p)q}{1+q}$. Comparant le corps C avec le corps B, comme on a comparé le corps B avec le corps A, on trouvera que la viteſſe de C après le choc eſt . . . . $\left(V \times \dfrac{(1+p)q}{1+q}\right) \times \dfrac{(1+p)q}{1+q}$, c'eſt-à-dire $V \times \dfrac{(1+p)^2 q^2}{(1+q)^2}$; femblablement la viteſſe de $D = V \times \dfrac{(1+p)^3 q^3}{(1+q)^3}$; celle de $E = V \times \dfrac{(1+p)^4 q^4}{(1+q)^4}$; & en général, ſi l'on nomme n le nombre des corps, z la viteſſe du dernier, on aura $z = V \times \dfrac{(1+p)^{n-1} q^{n-1}}{(1+q)^{n-1}}$.

Soient, par exemple, $q=2$, $n=10$, & $p=0$, ce qui est le cas des corps parfaitement durs ou mous : on trouvera $z=V\times\frac{512}{19683}$.

Soient encore $q=2$, $n=10$, mais supposons $p=1$, ce qui est le cas des corps parfaitement élastiques : on trouvera $z=V\times\frac{262144}{19683}$.

SECTION II.

Du Choc indirect des corps.

441. Cette matiere est fort riche ; mais je me bornerai à quelques problêmes qui mettront suffisamment le Lecteur sur la voie de ces recherches. Je supposerai, pour abréger encore, que les corps dont il va être question font parfaitement durs ou parfaitement élastiques.

Proposition I. Lemme.

442. *Si un corps sphérique & dur* A (Fig. 170) Fig. 170. *va choquer obliquement un corps sphérique & dur* B *en repos, la vitesse du corps* A, *après le choc, sera à la vitesse du corps* B, *comme le sinus total est au cosinus de l'angle que feront entr'elles les directions des deux vitesses.*

Soit IAF la direction du corps A avant le choc. Il est clair que la percussion se fait à l'instant que la distance AB des centres des deux corps est égale à la somme de leurs raïons. On voit encore que AB sera la direction du corps B après le choc. Soit AZ la direction du corps A aussi après le choc ; & supposons que pendant la durée instantanée de la percussion les deux corps parcourent les espaces infiniment petits Aa, Bb. Soit tirée la droite ab : on aura $ab = AB$, puisque les deux corps se touchent en parcourant Aa, Bb. Du point b comme centre soit décrit, avec le raïon bA, l'arc infiniment petit Am, entre les côtés bA, bam de l'angle infiniment petit Abm. En retranchant membre à membre l'équation $BA = ba$, de l'équation $bA = bm$, on aura $Bb = am$. Cela posé, le petit triangle amA qu'on peut considérer comme un triangle rectiligne rectangle en m, donne cette proportion où je nomme R le sinus total, $Aa : am$ ou $Bb :: R :$ sin. $aAm :: R :$ cos. BAZ. Or Aa & Bb sont les vitesses des deux corps à l'instant où finit le choc, & par conséquent aussi leurs vitesses après le choc. Ainsi la vitesse du corps A après le choc est à la vitesse du corps B, comme le sinus total est au cosinus de l'angle que font entr'elles les directions des deux vitesses.

PROPOSITION II. PROBLÊME.

Fig. 171. 443. *Le corps dur* A (Fig. 171) *allant choquer obliquement le corps dur* B *en repos : trouver les vitesses de ces deux corps après le choc ?*

Supposons qu'à l'instant du choc on joigne les centres A & B des deux corps par la droite AB, cette ligne sera la direction de la vitesse du corps B après le choc. Représentons par AM la quantité de cette même vitesse. Soient AF la vitesse du corps A avant le choc, AE sa vitesse après le choc. Ayant construit le parallélogramme $AEFH$, on remarquera que la vitesse primitive AF peut être décomposée en deux autres AE, AH. Ainsi le corps choquant est dans le même cas que si étant arrivé en A, il étoit animé des deux vitesses AE, AH. Or il prend réellement la vitesse AE; donc AH est la vitesse qu'il perd, & c'est en vertu de cette vitesse toute entière qu'il pousse le corps B. Donc AH tombe sur la direction AB; & on a l'équation fondamentale

$$(\text{A}) \quad A \times AH = B \times AM.$$

Supposons
$\begin{cases}
\text{la vitesse donnée } AF\ldots\ldots\ldots = V \\
\text{le sinus total}\ldots\ldots\ldots\ldots\ldots = \mathrm{I} \\
\text{le sinus de l'angle donné } BAP. = a \\
\text{son cosinus}\ldots\ldots\ldots\ldots\ldots\ldots = b \\
\text{la vitesse inconnue } AE\ldots\ldots = x \\
\text{le sinus de l'angle inconnu } FAE. = y \\
\text{son cosinus}\ldots\ldots\ldots\ldots\ldots\ldots = z.
\end{cases}$

L'angle BAE étant égal à la somme des deux angles BAF, FAE, on aura (Géom. 379), sin. BAE ou sin. $AEF = az + by$; cos. $BAE = bz - ay$. Le triangle AEF donne sin. AFE ou sin. BAF (a) : sin. FAE (y) :: AE (x) : EF ou $AH = \dfrac{xy}{a}$. D'un autre côté, on a (442) $AM = AE \times$ cos. $BAE = x\,(bz - ay)$. Mettant ces valeurs de AH & de AM dans l'équation (A), on aura $\dfrac{Axy}{a} = Bx\,(bz - ay)$, ou bien $Ay = Babz - Baay$, ou bien $(A + Ba^2)\,y = Babz$, ou bien en mettant pour z sa valeur $\sqrt{(\mathrm{I} - yy)}$, quarrant chaque membre & dégageant y),$\ldots\ldots\ldots$

$$y = \frac{Bab}{\sqrt{[(A + Ba^2)^2 + B^2 a^2 b^2]}}.$$

Mettant cette valeur de y dans l'équation $z = \sqrt{(\mathrm{I} - yy)}$, on aura

$$z = \frac{A + Ba^2}{\sqrt{[(A + Ba^2)^2 + B^2 a^2 b^2]}}.$$

Le triangle AEF donne encore sin. AFE ou sin. BAF (a) : sin. AEF $(az + by)$ :: AE (x) : AF (V), & par conséquent $x = \dfrac{aV}{az + by}$. Mettant dans cette équation pour y & z leurs valeurs, on

trouvera (en obfervant que $a^2 + b^2 = 1$), $x =$
$$\frac{V \sqrt{[(A + B a^2)^2 + B^2 a^2 b^2]}}{A + B}.$$

Connoiffant, au moyen des valeurs de y, z, x
la direction & la quantité de la viteffe AE du corp
choquant après le choc, on connoîtra auffi la viteff
AM du corps choqué, puifque $AM = AE$
cof. BAE. L'expreffion de cette viteffe en ligr
fe trouve tout de fuite, en abaiffant du point E
perpendiculaire EM fur AB; car alors $AM =$
$AE \times$ cof. BAE.

PROPOSITION III. PROBLÊME.

444. LE *corps élaſtique* A *allant choquer obl*
quement le corps élaſtique B *en repos : trouver l*
viteſſes des deux corps après le choc?

Je cherche d'abord les viteffes AE, AM, comn
fi les deux corps étoient durs.

On voit par l'article 433 que dans le choc dire
des corps parfaitement élaſtiques, la viteffe perd
par le corps choquant & la viteffe gagnée par le cor
choqué font l'une & l'autre doubles de ce qu'ell
auroient été, s'il n'y avoit point eu de reffort. l
même chofe eft vraie dans le choc indirect des cor
élaſtiques, en fuppofant, comme nous faifons, que l
corps font parfaitement homogènes dans toutes leu
parties, & que par conféquent leurs reſſorts, apr
avoir été comprimés, fe détendent en toutes fort
de fens, avec la même force, & fuivant la mêr
direction qu'ils ont été comprimés.

Sur ce principe, il eft clair que fi ayant prolon
FE de manière qu'on ait $Fe = 2 FE$, on tire Ae,
qu'on double AM; les lignes Ae, $2 AM$ exprim
ront ici les viteffes des deux corps après le cho

uifque les lignes FE, AM expriment refpective-
ient la vitefle perdue par le corps A & la vitefle
ignée par le corps B, dans le cas où ces deux
orps font parfaitement durs.

Proposition IV. Problême.

445. *Le corps dur* A (Fig. 172) *allant choquer*   Fig. 172.
la-fois obliquement un nombre quelconque de corps
urs B, C, D, *en repos : on demande les vitefjes de*
us ces corps après le choc ?

Il n'y a que quatre corps dans la Figure ; mais
a procéderoit de même pour un plus grand nombre.
Qu'on joigne à l'inflant du choc le centre du
orps A avec les centres des corps B, C, D, par les
oites AB, AC, AD : il eft évident que ces lignes
ront les directions des vitefles des corps B, C, D,
orès le choc. Soient AF la vitefle du corps A avant
choc, AE fa vitefle après le choc, FAE l'angle
rmé par les directions AF, AE ; foit tirée FE &
it achevé le parallélogramme $AHFE$. Il eft clair
ie AH eft la vitefle perdue par le corps A. Soient
M, AP, AS les vitefles des corps B, C, D ;
décompofons les vitefles AH, AM, AP, AS,
iacune en deux autres AL, AG; AN, AO; AQ,
R; AT, AV, dont les premières foient dirigées fui-
int AF, & les autres foient perpendiculaires à AF.
Cela pofé, le corps choquant arrivé en A eft dans
même cas que s'il étoit animé des vitefles AE,
L, AG. Or il prend réellement la vitefle AE.
onc, en vertu des vitefles AL, AG, il agit fur
s corps B, C, D ; & la quantité de mouvement
u'il perd dans le fens AL eft $A \times AL$; celle qu'il
erd dans le fens AG eft $A \times AG$. D'un autre côté,
s corps B, C, D qui reçoivent réellement, en vertu

du choc, les viteſſes AM, AP, AS, ſont dans
même cas que ſi B recevoit les deux viteſſes $A N$
AO; C, les deux viteſſes AQ, AR; D, les de
viteſſes AT, AV. Donc en regardant les trois cor
comme ne formant qu'un même ſyſtême, on v
(412) que la quantité de mouvement de ce ſyſtê
dans le ſens AL eſt $B \times AN + C \times AQ + D \times A$
& que ſa quantité de mouvement dans le ſens AG
$B \times AO - C \times AR - D \times AV$. Egalons ces quanti
de mouvements gagnés par les corps choqués à cel
que le corps A perd dans les mêmes ſens, & no
aurons les deux équations fondamentales :

(A) $A \times AL = B \times AN + C \times AQ + D \times A$

(B) $A \times AG = B \times AO - C \times AR - D \times A$

Nommons
$\begin{cases}
\text{ſinus total} \dots \dots \dots \dots \dots \dots \\
\text{ſin. } BAF \dots \dots \dots \dots \dots \dots \\
\text{coſ. } BAF \dots \dots \dots \dots \dots \dots \\
\text{ſin. } CAF \dots \dots \dots \dots \dots \dots \\
\text{coſ. } CAF \dots \dots \dots \dots \dots \dots \\
\text{ſin. } DAF \dots \dots \dots \dots \dots \dots \\
\text{coſ. } DAF \dots \dots \dots \dots \dots \dots \\
\text{la viteſſe } AF \dots \dots \dots \dots \dots \\
\text{ſin. } FAE \dots \dots \dots \dots \dots \dots \\
\text{coſ. } FAE \dots \dots \dots \dots \dots \dots \\
\text{la viteſſe } AE \dots \dots \dots \dots \dots
\end{cases}$

Parmi ces quantités, il n'y a que x, y, z d'i
connues.

Soit abaiſſée EK perpendiculaire ſur AF;
aura EK ou $AG = \dfrac{AE \times \text{ſin.} FAE}{\text{ſin. tot.}} = xy$, AK
xz, KF ou $AL = V - xz$.

L'angle BAE, étant la ſomme des deux ang
BAF, FAE; l'angle CAE la différence des de
angles CAF, FAE; l'angle DAE, la différence d

ux angles DAF, FAE : on aura (Géom. 379),

f. $BAE = bz - ay$; cof. $CAE = dz + cy$;

f. $DAE = fz + ey$. Mais (442), $AM = AE \times$

f. BAE, $AP = AE \times$ cof. CAE, $AS = AE \times$

f. DAE. Donc $AM = x(bz - ay)$, $AP =$

$d z + cy)$, $AS = x(fz + ey)$. De plus on a évi

mment $AN = AM \times$ cof. $BAF = bx(bz - ay)$,

$O = AM \times$ fin. $BAF = ax(bz - ay)$; $AQ =$

$P \times$ cof. $CAF = dx(dz + cy)$, $AR = AP \times$

. $CAF = cx(dz + cy)$; $AT = AS \times$ cof. $DAF =$

$(fz + ey)$; $AV = AS \times$ fin. $DAF = ex(fz +$

). Par conféquent les deux équations (A) & (B)

traduiront ainfi :

$$AV - Axz = \begin{cases} Bbx(bz - ay) + Cdx(dz + cy) \\ + Dfx(fz + ey), \end{cases}$$

$$Axy = \begin{cases} Bax(bz - ay) - Ccx(dz + cy) - \\ Dex(fz + ey). \end{cases}$$

L'équation (D) donne (en divifant tout par x, tranfpofant), $y(A + Ba^2 + Cc^2 + De^2) = Bab - Ccd - Def)$. Mettant dans cette équation pour z fa valeur $\sqrt{(1 - yy)}$, ou pour y fa valeur $\sqrt{(1 - zz)}$, quarrant chaque membre, & gageant y ou z, on trouvera :

$$\frac{Bab - Ccd - Def}{\sqrt{[(A + Ba^2 + Cc^2 + De^2)^2 + (Bba - Ccd - Def)^2]}}$$

$$\frac{A + Ba^2 + Cc^2 + De^2}{\sqrt{[(A + Ba^2 + Cc^2 + De.)^2 + (Bba - Ccd - Def)^2]}}$$

L'équation (C) donne

$$\frac{AV}{z(A + Bb^2 + Cd^2 + Df^2) - y(Bab - Ccd - Def)}$$

onc, en mettant pour z & y leurs valeurs,

$$\frac{AV\sqrt{[(A + Ba^2 + Cc^2 + De^2)^2 - (Bab - Ccd - Def)^2]}}{(A + Ba^2 + Cc^2 + De^2) \times (A + Bb^2 + Cd^2 + Df^2) - (Bab - Ccd - Def)^2}$$

Ainſi on connoît de direction & de grande
viteſſe du corps choquant après le choc. On
noîtra donc auſſi les viteſſes AM, AP, AS des c
choqués B, C, D, puiſque tout eſt maintenant co
dans les expreſſions $AE \times$ coſ.BAE, $AE \times$ coſ.C
$AE \times$ coſ.DAE, de ces viteſſes.

PROPOSITION V. PROBLÊME.

446. L_E corps élaſtique A allant choquer à-la
obliquement les corps élaſtiques B, C, D en re
trouver les viteſſes de tous ces corps après le c.

Ayant déterminé, par le problême précédent
viteſſes des corps propoſés comme s'ils étoient
faitement durs ; je prolonge FE, de manière q
ait $FEe = 2FE$, & je tire Ae. Alors la viteſ
corps choquant après le choc eſt Ae, & les vit
des corps B, C, D ſont $2AM$, $2AP$, $2AS$,
pectivement.

SCHOLIE.

447. L_{ES} problêmes précédents ne ſeroient
plus difficiles à réſoudre, ſi les corps choqués B
D, au lieu d'être en repos comme nous l'avons
poſé, avoient des mouvements quelconques, de
nière cependant qu'il ſuſſent tous frappés en m
tems par le corps A. On trouvera dans tous les
que lorſque les corps ſont parfaitement élaſtiques
forces vives ſe conſervent en leur entier, de m
que dans le choc direct. Nous ne pouvons pas r
étendre davantage ſur ce ſujet.

CHAPITRE II.

Du Mouvement d'un corps libre quelconque poussé suivant une direction qui ne passe pas par son centre de gravité.

28. Qu'un corps sphérique & homogène soit frappé par un autre corps suivant une direction quelconque, il ne prendra qu'un simple mouvement progressif, sans tourner sur lui-même ; car si l'on décompose la force de la percussion en deux autres, une tangente, l'autre perpendiculaire au corps choqué, à l'endroit du contact, on verra que la première ne produit aucun effet, & que la seconde qui est dirigée vers le centre pousse simplement ce point, sans faire tourner le corps. Mais il y a une infinité de corps qui ne sont pas sphériques ; & il peut arriver de plusieurs manières que la force imprimée utilement à un corps, soit qu'elle provienne d'une percussion immédiate, soit d'une traction quelconque, ne passe pas par son centre de gravité. Si même un corps sphérique est tiré par un fil attaché à sa surface, suivant une direction qui passe hors de son centre, ou s'il est soumis à une attraction qui pénètre sa masse, & qui laisse son centre de côté, il se rapportera au cas dont je viens de parler. Or lorsqu'une masse de figure quelconque est poussée suivant une direction qui ne passe pas par son centre de gravité, il est

évident que toutes ſes parties ne doivent pas pàrc
rir des eſpaces égaux & parallèles, mais que celles
ſont en-delà du centre de gravité, par rapport :
force motrice, doivent aller moins vîte que les aut
D'où il eſt aiſé de voir en général que le mou
ment abſolu du corps eſt compoſé d'un mouvem
de tranſlation, & d'un ou pluſieurs mouvements
rotation autour du centre de gravité. Voici le p
cipe d'après lequel tous ces mouvements peuv
être déterminés.

PROPOSITION I. THÉORÊME.

449. *LORSQU'UN corps eſt pouſſé ſuivant une
reĉion qui ne paſſe pas par ſon centre de gravi
1°. Ce centre eſt mu de la même manière que s'il
trouvoit ſur la direĉion de la force imprimée. 2°.
corps tourne, du moins au premier inſtant, comm
le centre de gravité étoit fixe, autour d'un axe m
par ce centre, perpendiculairement au plan paſſ.
par ce même point & par la direĉion de la force.*

Fig. 173.

Soit un corps de figure quelconque (Fig. 17
pouſſé par une force F dont la direĉion FK pa
hors de ſon centre de gravité G. Par ce point,
par la droite FK, ſoit mené le plan MRD qui
viſe le corps en deux parties; & ſoit tiré l'axe G
perpendiculaire à ce plan. Je prends FA pour :
préſenter la force F; & ayant diviſé cette ligne F
en deux également au point B, ſur FB comme d
gonale, je conſtruis le parallélogramme $FNBO$ do
le côté FN paſſe par le centre de gravité G,
dont le côté FO eſt perpendiculaire à FB. La moi
FB de la force FA peut ſe décompoſer en de
autres forces FN, FO. Soit prolongée FG de m
nière que $GT = FG$, & ſoit priſe $TQ = FN$. Im
gino

ginons que la force FN est appliquée au point T de la direction, & qu'elle est représentée par TQ ; ensuite soit décomposée cette force en deux autres TP, TZ, l'une perpendiculaire, l'autre parallèle à KGS.

Cela posé, il est clair que le corps est mu de la même manière que si au lieu d'être animé de la force primitive FA, il étoit animé des quatre forces BA, FO, TP, TZ. Or, 1°. les deux forces BA, TP étant parallèles, égales, & passant à égales distances du centre de gravité, comme il est évident, elles ont pour résultante (45) une force GE qui passe par le centre de gravité G, qui leur est parallèle, & qui est égale à leur somme, puisqu'elles agissent dans le même sens. De plus, puisque $BA + TP = FA$, on aura aussi $GE = FA$. D'où il suit que le centre de gravité G est mu exactement de la même manière que s'il se trouvoit sur la direction de la force proposée FA.

2°. Les deux forces FO, TZ sont évidemment égales, parallèles, & passent à égales distances du centre de gravité G suivant des directions opposées ; donc elles ne peuvent faire avancer ce centre ni suivant GK, ni suivant GS, ni suivant aucune autre direction. Donc en vertu de ces deux forces le centre de gravité G doit demeurer immobile. Mais d'un autre côté ces deux mêmes forces ne se détruisent pas, puisqu'elles ne sont pas directement opposées. Donc tout l'effet qu'elles peuvent produire est de faire tourner, du moins au premier instant, le corps dans le même sens autour de l'axe GV ; en agissant perpendiculairement aux extrémités des bras de levier GH, GI. Donc si du point G comme centre, avec le raïon GH, ou GI on décrit un cercle, on pourra imaginer, relativement au mou-

Y

vement de rotation, que la force TZ, au lieu d'agir suivant ITZ, à l'extrêmité du raïon GI, agit suivant HFO, à l'extrêmité du raïon GH. Alors le moment de la force qui fait tourner le corps dans le sens $HhIi$ est $(FO + TZ) \times GH$, ou $2FO \times FK$, ou $2BN \times FK$. Or, à cause des triangles semblables FKG, FBN, on a $BN \times FK = FB \times GK$, & par conséquent $2BN \times FK = 2FB \times GK = FA \times GK$, qui est l'expression du moment de la force proposée FA par rapport à l'axe GV. Donc le corps tendra à tourner autour de cet axe, de la même manière que si le centre de gravité étoit fixe.

REMARQUE.

450. Soit que le plan MRD partage ou non le corps en deux parties égales & semblables, le mouvement du centre de gravité est toujours le même. Mais le mouvement de rotation instantanée autour de l'axe GV ne se perpétue que dans le premier cas ; car lorsque les deux parties du corps ne sont pas égales & semblables, les forces centrifuges en vertu desquelles les molécules du corps tendent à s'écarter de l'axe GV, ne se font pas équilibre ; l'axe GV s'incline d'un côté ou d'autre, & le corps pirouette en différents sens autour de son centre de gravité. Tous ces mouvements peuvent être soumis au calcul par les principes précédents ; mais l'analyse des équations auxquelles ils conduisent ne peut pas trouver place dans cet Ouvrage. Je suppose donc dans ce qui suit que le plan perpendiculaire à l'axe de rotation partage le corps en deux parties égales & semblables, & alors le mouvement de rotation demeure toujours le même comme le mouvement de translation du centre de gravité ; ou si cette condition n'a pas lieu, je ne considère le mouvement de

rotation autour de l'axe proposé, que pour le premier inftant.

Proposition II. Problême.

451. *Le corps parfaitement dur* A (Fig. 174) Fig. 174.
allant choquer perpendiculairement le corps parfaite-
ment dur G *en repos, fuivant la direction* AK *qui*
paffe hors du centre de gravité G *de ce dernier : trouver*
les viteffes des deux corps après le choc ?

Suppofons que fans la rencontre du corps G le
corps A eût parcouru librement en un inftant l'efpace infiniment petit Aa; mais qu'à caufe de la
réaction du corps G, il ne parcoure que Ab. De plus
fuppofons que le centre de gravité G du corps choqué parcoure l'efpace infiniment petit Gg parallèle à
AK, & qu'en même tems ce corps décrive autour
de l'axe GV tranfporté en gu l'angle infiniment petit
hgi. Soit menée du centre de gravité G du corps
choqué la droite GK perpendiculaire à la direction
du corps choquant, & qui fera en même tems perpendiculaire à l'axe GV. Cela pofé, il eft clair
d'abord que le mouvement perdu par le corps A eft
$A \times ba$, & que le mouvement de tranflation gagné
par le corps G eft $G \times Gg$. Ainfi on aura par la première partie du Théorême précédent & par l'article
427, (A), $A \times ba = G \times Gg$.

Regardons, ainfi qu'il eft permis par la feconde
partie du Théorême précédent, le point G comme
immobile. Le moment du mouvement perdu ou de
la force perdue par le corps A, relativement à l'axe
GV, eft $A \times ba \times GK$. Ce moment doit être égal
au moment du mouvement gagné ou de la force
gagnée par le corps G, relativement au même axe,
parce que la feconde des forces dont il s'agit, réfifte

au mouvement de rotation que la première tend à produire, & qu'il doit y avoir équilibre entre ces deux efforts contraires. Or si l'on considère une molécule élementaire quelconque m du corps G, placée à telle distance qu'on voudra de l'axe GV ou gu, & qu'on suppose que cette molécule décrive avec le raïon gm le petit arc my, tandis qu'un point donné h décrit avec le raïon donné gh le petit arc hi, il est évident qu'en prenant hi pour représenter la vitesse de rotation du point h, la vitesse my de la molécule m aura pour expression $gm \times \dfrac{hi}{gh}$. Ainsi le mouvement gagné par la molécule m est $m \times gm \times \dfrac{hi}{gh}$, & le moment de ce mouvement, relativement à l'axe gu, est $m \times gm \times \dfrac{hi}{gh} \times gm$, ou $m \times (gm)^2 \times \dfrac{hi}{gh}$, expression par laquelle on voit que pour avoir le moment du mouvement gagné par chaque molécule, il faut multiplier chaque molécule par le quarré de sa distance à l'axe de rotation, ensuite multiplier le produit par la fraction $\dfrac{hi}{hg}$, qui est toujours la même en quelqu'endroit qu'on prenne la molécule. Donc, puisqu'il y a autant de ces moments particuliers qu'il y a de molécules dans la masse G, & que le moment total du mouvement gagné par la masse G, autour de l'axe GV ou gu, est égal à la somme des moments des mouvements gagnés par toutes les molécules; il s'ensuit que si l'on nomme S la somme des produits des molécules par les quarrés de leurs distances à l'axe proposé, le moment du mouvement gagné par le corps autour de cet axe, aura pour valeur $S \times \dfrac{hi}{gh}$. Nous aurons donc cette feconde équation, (B) $A \times ba \times GK = S \times \dfrac{hi}{hg}$.

Nommons $\begin{cases} \text{la ligne connue } GK \ldots \ldots \ldots \ldots a, \\ \text{la vitesse } Aa \text{ du corps } A \text{ avant le} \\ \quad \text{choc}, \ldots \ldots \ldots \ldots \ldots \ldots \ldots V, \\ \text{sa vitesse } Ab, \text{ après le choc}, \ldots x, \\ \text{la vitesse } Gg \text{ du centre de gravité } G, u, \\ \text{le raïon donné } gh, \ldots \ldots \ldots \ldots r, \\ \text{la vitesse } hi \text{ de rotation du point } h, . z. \end{cases}$

Les deux équations (A) & (B) se traduiront ainsi,
$$A(V - x) = Gu ; \quad A(V - x)a = \dfrac{Sz}{r} , \text{ou}$$
$$A(V - x)ar = Sz.$$

Dans ces deux équations on a trois inconnues, favoir x, u, z. Mais il faut faire attention que pendant la durée du choc, le corps A demeure toujours contigu au corps G ; que par conféquent si l'on mène gk parallèle à GK, & que kn foit le petit arc décrit par le point k tandis que le point h décrit hi, on a $Ab = Kn$; d'où il réfulte qu'à caufe de $kn = \dfrac{az}{r}$, on aura cette troifième équation,
$$(E) \quad x = u + \dfrac{az}{r}.$$

Comparant enfemble ces équations, & dégageant les inconnues, on trouvera $x = \dfrac{AV(S + a^2 G)}{(A + G)S + a^2 AG}$;
$$u = \dfrac{AV.S}{(A + G)S + a^2 AG} ; \quad z = \dfrac{AV.arG}{(A + G)S + a^2 AG}.$$

Ainfi on connoît la vitesse du corps A après le choc, la vitesse de tranflation du corps G, & la vitesse de rotation du point donné h ; & par conféquent auffi celle de tout autre point.

COROLLAIRE I.

452. LES deux mouvements que le corps G a reçus ainsi à-la-fois sont ensuite indépendants l'un de l'autre ; de telle manière que l'un peut être anéanti sans que l'autre le soit, du moins en totalité. En effet, si l'on suppose que le centre de gravité G vienne à rencontrer dans son chemin une résistance qui ait, au moins, pour valeur Gu, cette résistance détruira le mouvement de translation du corps G, mais elle ne produira aucun changement dans le mouvement de rotation. Et si l'on suppose que le corps G porte un levier GT fixe & sans pesanteur, qui soit rencontré perpendiculairement par une résistance ou force T, dirigée suivant TZ, & telle que l'on ait

$$T \times GT = S \times \frac{z}{r} = Gu \times a,$$

le mouvement de rotation sera détruit ; mais le mouvement de translation subsistera, du moins en partie ; ce mouvement sera toujours dirigé dans le sens Gg, le point T étant supposé placé à la gauche de K ; mais il n'aura plus pour valeur que $Gu - T$; & la vitesse du centre de gravité G deviendra $\dfrac{Gu - T}{G}$, ou $u - \dfrac{T}{G}$. La force T doit être évaluée par le produit d'une masse & d'une vitesse ; elle est de même nature que le mouvement perdu $A(V - x)$ par le corps A dans le premier choc.

On explique par-là certains mouvements qu'on observe dans les boulets de canons. On voit souvent de ces boulets, qui après avoir perdu en apparence toute leur vitesse, se raniment subitement & font encore plusieurs bonds qui peuvent être très-dangereux. Pour rendre raison de ce phénomène, il faut considérer qu'un boulet au sortir du canon n'a pas feulement un mouvement de tranſlation, mais que foit en vertu du frottement contre la paroi inférieure de l'ame du canon, ou des inégalités dans les impulſions des grains de poudre, ou de quelqu'autre cauſe phyſique, il a reçu encore un mouvement de rotation. Or il peut arriver que lorſque le boulet eſt tombé, ſon mouvement de tranſlation primitive ſoit éteint, mais que le mouvement de rotation ſubſiſte encore. Alors le boulet peut tourner ſur lui-même, autour d'un axe vertical, & ſa viteſſe peut être telle qu'il paroiſſe immobile : mais, ſi par quelque cauſe, comme par la réſiſtance d'une pierre, l'axe de rotation s'incline & devient horiſontal, le mouvement de rotation produira néceſſairement un nouveau mouvement de tranſlation ; mouvement, à la vérité, beaucoup moindre que celui du boulet au ſortir du canon, mais capable néanmoins de produire des effets très-ſenſibles, à raiſon de la grande maſſe du mobile.

Corollaire II.

453. Si on veut que la viteſſe du point donné h ſoit à celle u du centre de gravité du corps G, dans la raiſon donnée de q à n ; on aura par nos formules générales, $q : n :: G\,ar : S$. Or puiſque cette proportion ne renferme ni A, ni V, il s'enſuit que quelle que puiſſe être la quantité de mouvement du corps choquant A, il y aura toujours le même rapport entre le mouvement de tranſlation du centre de gravité du corps G, & le mouvement de rotation d'un point donné du corps, pourvu ſeulement que la direction du corps choquant paſſe toujours à la même diſtance a du centre de gravité G.

Cette théorie ſert à expliquer par une même cauſe, dans le ſyſtême Newtonien, le mouvement de tranſlation des planètes autour du ſoleil, & leurs mouvements de rotation autour de leurs axes. Car fuppofons que le corps G foit une planète regardée comme fphérique ; que le point h foit à fa furface, ou que r en foit le raïon ; on connoît, par les obfervations aftronomiques, la raifon de z à u, c'eft-à-dire $\frac{q}{n}$. Donc puifqu'on a $q : n :: G\,ar : S$, & par conféquent $a = \frac{Sq}{nGr}$; on voit que fi une planète eft mife en mouvement par une force dont la direction paffe à la diftance $\frac{Sq}{nGr}$ de fon centre, cette planète prendra les deux mouvements qu'on lui a attribués. Cette idée ingénieufe eft due à M. Jean Bernoulli.

SCHOLIE.

454. Lorsqu'on voudra appliquer les formules précédentes à des exemples particuliers, la détermination de la quantité S eft la feule opération qui puiffe avoir quelque difficulté ; cette opération s'exécute par les regles que la Géométrie prefcrit pour le toifé de l'étendue. Ordinairement elle demande le fecours du calcul intégral. Mais quelque méthode qu'on employe pour y parvenir, il faut obferver que le toifé géométrique ne donne que des mefures relatives au volume & non à la maffe du corps. Ainfi lorfqu'on aura trouvé S par la Géométrie, il faudra multiplier cette quantité par la denfité du corps, laquelle eft toujours relative à celle d'un autre corps, comme nous l'avons déja dit (100), & qu'on pourra prendre ici comparativement à celle du corps choquant A.

EXEMPLE.

455. *SUPPOSONS que le corps* G *foit une baguette*

MN (Fig. 175) *fort mince & uniforme dans sa* Fig. 175. *grosseur.*

La baguette étant fort mince, chaque tranche Yy perpendiculaire à sa longueur, aura ou du moins pourra être censée avoir tous ses points à égales distances de l'axe GV. Soit la surface de chacune de ces tranches $= cc$, la demi longueur GM ou GN de la baguette $= h$; supposons de plus que la densité du corps choquant étant exprimée par 1, celle de la baguette soit exprimée par p.

Cela posé, puisque le produit de chaque tranche par le quarré de sa distance au centre de gravité G de la baguette est exprimé par $Yy \times (Go)^2$; & que tous ces produits croissent évidemment depuis le point G jusqu'au point M, comme les éléments d'une pyramide dont la base seroit proportionnelle à $Yy \times (GM)^2$, & la hauteur à GM : il s'ensuit que la somme des produits de toutes les particules de la demi-baguette GM par les quarrés de leurs distances au point G, sera exprimée par $Yy \times (GM)^2 \times \dfrac{GM}{3} = \dfrac{cch^3}{3}$. Le même raisonnement & la même conclusion ont lieu pour l'autre demi-baguette GN. Par conséquent nous aurons ici $S = p \times \dfrac{2c^2h^3}{3}$. Substituant cette valeur de S dans les formules générales de l'article 451; mettant aussi pour G sa valeur qui est ici $2pc^2h$; on trouvera,

$$x = \frac{AV(h^2 + 3a^2)}{(A + 2pc^2h).h^2 + 3a^2.A}$$

$$u = \frac{AV.h^2}{(A + 2pc^2h).h^2 + 3a^2.A}$$

$$z = \frac{3AV.ar}{(A + 2pc^2h).h^2 + 3a^2.A}$$

PROPOSITION III. PROBLÊME.

456. *DÉTERMINER le mouvement d'un cerc[le]*
Fig. 176. *homogène (Fig. 176) qui descend par sa pesanteur [le]*
long d'un plan incliné A B , & qui éprouve un frot-
tement proportionnel à la pression ?

Représentons la pesanteur absolue du cercle par [la]
verticale GP , & décomposons cette force en de[ux]
autres GZ , GQ , l'une perpendiculaire, l'autre p[a-]
rallèle au plan incliné AB. La force GQ fait de[s-]
cendre le corps, & la force GZ exprime sa pressi[on]
sur le plan incliné AB. Le frottement supposé pr[o-]
portionnel à la pression, est une certaine partie [de]
GZ ; il doit être regardé comme une force dirig[ée]
suivant BA, tangentiellement à la circonférence [du]
cercle. Ainsi le cercle est soumis à l'action de de[ux]
forces, dont l'une GQ, qui passe par son cent[re]
de gravité, ne peut lui imprimer qu'un simple mo[u-]
-vement progressif, l'autre qui est le frottement, te[nd]
à rallentir son mouvement progressif, & en mê[me]
tems à faire tourner le corps autour de son cen[tre]
de gravité. On voit que le frottement fait ici la mê[me]
fonction que le corps A dans le problême de l'artic[le]
451.

$$\left\{\begin{array}{l}
\text{le raïon du cercle} \dots \dots \dots \dots \\
\text{le rapport de la circonférence au dia-} \\
\quad \text{mètre} \dots \dots \dots \dots \dots \\
\text{le sinus total} \dots \dots \dots \dots \\
\text{l'angle } BAC, \text{ ou l'arc qui, décrit avec le} \\
\quad \text{raïon 1, est la mesure de cet angle} \dots \\
\text{la gravité, c'est-à-dire l'espace que cette} \\
\quad \text{force fait parcourir à un corps dans} \\
\quad \text{un instant} \dots \dots \dots \dots \\
\text{le rapport du frottement à la pression,} \\
\text{la densité du cercle} \dots \dots \dots
\end{array}\right.$$

Soient

L'aire ou le volume du cercle ayant, comme on fait πr^2 pour valeur, sa masse sera représentée par la même quantité, parce que la masse est le produit du volume par la densité (6); & son poids sera représenté par $\pi g r^2$, parce que le poids est le produit de la masse par la gravité (361). De plus on aura Force $GQ = g . \pi r^2 \cos . m$, Force $GZ = g . \pi r^2 \sin . m$, Frottement $= g . n \pi r^2 \sin . m$. Ainsi la force qui pousse effectivement le corps dans le sens GQ, ou l'excès de la force GQ sur le frottement, sera $g . (\pi r^2 \cos . m - n \pi r^2 \sin . m)$. Divisant cette force par πr^2, on aura $g (\cos . m - n \sin . m)$ pour l'expression de la force accélératrice simple du cercle proposé. Cette force étant à la gravité g dans le rapport constant de $\cos . m - n \sin . m$ à 1, on voit que le cercle descendra d'un mouvement uniformément accéléré, & qu'on aura tout ce qui est relatif à ce mouvement, par le moyen des formules de l'art. 373. Voilà pour le mouvement progressif ou de translation.

Du point G, comme centre, avec les deux raïons infiniment peu différents GE, Ge soient décrits deux cercles concentriques. La somme des produits des particules, comprises dans la couronne $EDFfed$, par les quarrés de leurs distances au centre G, sera représentée par $2 \pi \times Ee \times (GE)^3$. Or si l'on imagine que le raïon GH soit divisé en une infinité de parties égales dont chacune peut être exprimée par Ee, il est évident que les produits élémentaires $2\pi \times Ee \times (GE)^3$ composeront une suite infinie dont le nombre des termes est exprimé par GH, & qui sont entr'eux comme les termes de la suite infinie des cubes $1 , 8 , 27 , 64$, &c. Donc, puisque la somme de cette dernière suite est représentée en général (Alg. 295) par

$$\frac{N^4 + 2 N^3 + N^2}{4},$$ en nommant N le nombre des

termes ; que dans le cas de $N = \infty$, cette somme devient $\dfrac{N^4}{4}$; il s'enfuit que la somme des produits $2\pi \times E e \times (GE)^3$ eft $\dfrac{2\pi \times (GH)^4}{4}$ ou $\dfrac{\pi . r^4}{2}$.

Maintenant, fi l'on nomme z la viteffe inftantanée de rotation d'un point de la circonférence HRM on trouvera comme dans l'article 451 , $g . n \pi r$ $(\text{fin. } m) \times r = \dfrac{\pi . r^4}{2} \times \dfrac{z}{r}$, & par conféquent $z = g \times 2n$ fin. m. Par où l'on voit que la viteffe de rotation s'accélérera uniformément. Ainfi, en regardant z comme une force accélératrice fimple , qui eft à la gravité naturelle g, dans le rapport conftant de $2n$ fin. m à 1, on déterminera tout ce qui eft relatif au mouvement de rotation , par le moyen de l'article 373 déja cité.

COROLLAIRE.

457. Supposons que le mouvement de rotation de la circonférence foit égal au mouvement progreffif du centre : on aura alors l'équation $g \times 2n$. fin. $m = g$ (cof. $m - n$ fin. m), de laquelle on tire $n = \dfrac{\text{cof. } m}{3 \text{ fin. } m}$. Ainfi le nombre n qui exprime le rapport du frottement à la preffion ne peut pas être donné *à priori*, mais il fe détermine par les conditions du problême.

CHAPITRE III.

Du mouvement des pendules simples ou composés ; du centre de percussion.

458. ON appelle *pendule simple* un petit poids P (Fig. 177) suspendu par un fil ou par une verge de masse insensible, qui oscille librement autour d'un point fixe C.

Un *pendule composé* est l'assemblage de plusieurs corps liés solidement entr'eux, & qui oscillent autour d'un point ou d'un axe fixe. Lorsque les verges par lesquelles les corps sont attachés les uns aux autres ont des pesanteurs sensibles, il faut regarder ces poids comme faisant partie du sys-tême.

Chaque allée d'un pendule depuis un point quel-conque P, jusqu'au point p' où le pendule cesse de monter pour redescendre, s'appelle une *oscilla-tion*. On donne le même nom au retour depuis le point p' jusqu'au point P.

On sent que les oscillations d'un pendule composé ne doivent pas être de même durée que seroient celles d'un des poids élémentaires qui le composent, si ce poids étoit isolé, parce que tous ces poids se troublent dans leurs mouvements par l'action & la réaction qu'ils exercent les uns sur les autres. Mais on peut toujours assigner la longueur d'un pendule simple qui fasse ses oscillations dans le même tems

que le pendule compofé. Cette longueur tient u[n]
certain milieu entre les diftances de tous les poid[s]
qui forment le pendule compofé, jufqu'au poin[t]
de fufpenfion. Nous donnerons ce problême, aprè[s]
avoir expliqué les propriétés fondamentales des pendules fimples.

PROPOSITION I. THÉORÊME.

459. *Un pendule* P *animé par la feule pefanteu[r]
étant arrivé du point* P *au point* A *fitué dans* l[a]
verticale, montera de l'autre côté & décrira dans l[e]
même tems l'arc Ap' *égal à l'arc* AP.

En effet, le pendule arrivé en *A* doit monter e[n]
vertu des degrés de viteffe que la pefanteur lui [a]
imprimés lorfqu'il defcendoit; & comme cette for[ce]
continue d'agir fur lui dans le même fens, penda[nt]
qu'il monte, elle doit lui enlever alors fucceffiveme[nt]
tous les degrés de viteffe qu'elle lui avoit donn[é]
pendant qu'il defcendoit. Ainfi le pendule montera [à]
la même hauteur dont il eft defcendu, & il décri[ra]
l'arc *Ap'* dans le même tems qu'il a décrit l'arc *P*[A].

PROPOSITION II. THÉORÊME.

460. *Les ofcillations d'un pendule fimple, qui d[é]
crit de très-petits arcs de cercle, font fenfibleme[nt]
ifochrones entr'elles, c'eft-à-dire de même dur[ée].*

Suppofons que le pendule *P* partant fucceffiv[e]
ment des points *P* & *p*, où il eft en repos au pr[e]
mier inftant, décrive les arcs *Pp'*, *pϖ*; je dis qu[il]
décrira ces arcs ou leurs moitiés *PA*, *pn*, dans [le]
même tems. Car fi on repréfente le poids du pendu[le]
par les petites verticales égales *PN*, *pn*, & qu'on d[é]
compofe ces forces chacune en deux autres *P*C

M, po, pm, dont les unes PO, po soient dirigées suivant le raïon, & les autres PM, pm soient tangentes à l'arc; il est clair que les premières sont détruites par la résistance du fil, & que le pendule est mû seulement en vertu des forces PM, pm. Or, puisque les arcs PA, pA sont très-petits, les triangles PCA, pCA peuvent passer pour rectilignes; & comme ces triangles sont semblables chacun à chacun des triangles PNM, pnm, on aura $PM = PN \times \dfrac{PA}{CA}$, $pm = pn \times \dfrac{pA}{CA}$. Donc $PM : pm ::$ $PN \times \dfrac{PA}{CA} : pn \times \dfrac{pA}{CA} :: PN \times PA : pn \times pA :: PA : pA$, à cause de $pn = PN$. Ainsi les forces PM, pm, qui poussent le pendule sont proportionnelles aux espaces qui doivent être parcourus. La même proportion a lieu, quelles que soient les situations du poids sur les arcs PA, pA. Imaginons que ces arcs soient partagés en un même nombre infini d'éléments correspondants chacun à chacun; il est clair que les forces qui font parcourir au même corps deux éléments correspondants seront proportionnelles à ces éléments; donc (395) ces deux mêmes éléments sont parcourus en tems égaux, & par conséquent les espaces PA, pA sont aussi parcourus en tems égaux, de même que les arcs entiers PA, pA.

<h2>Proposition III. Théorême.</h2>

461. *Les durées des oscillations de deux pendules simples de longueurs différentes sont entr'elles comme les racines quarrées de ces longueurs.*

Il est clair que la proposition sera démontrée en général, si l'on fait voir seulement qu'elle est vraie

lorfque les petits arcs décrits par les deux pendul[es]
font femblables entr'eux , puifque les ofcillations d[e]
chaque pendule en particulier font ifochrones , que[l]
que puiffent être les arcs décrits, pourvu qu'ils foie[nt]
toujours fort petits.

Fig. 177 & 178.

Soient donc (Fig. 177 & 178), PA, QM l[es]
petits arcs femblables décrits par les deux pendul[es]
P & Q jufqu'aux verticales CA, EM. Nommo[ns]
F & f refpectivement les forces qui pouffent les de[ux]
corps P & Q , tangentiellement aux arcs qu'ils dé[-]
crivent. Il eft clair, par l'article précédent , qu'[on]
aura la proportion , $F : f :: P \times \dfrac{PA}{CA} : Q \times \dfrac{QM}{EM}$, l[a-]
quelle devient $F : f :: P : Q$, à caufe des arcs fe[m-]
blables, PA, QM, qui donnent $\dfrac{PA}{CA} = \dfrac{QM}{EM}$. Ai[nfi]
les forces F & f font proportionnelles aux poids d[es]
deux corps. Concevons que les efpaces PA, Q[M]
foient partagés en un même nombre infini d'élémen[s]
correfpondants chacun à chacun. On pourra regard[er]
deux éléments correfpondants comme deux pla[ns]
inclinés femblables qui feroient parcourus fuivant [la]
même loi que deux plans inclinés ordinaires auffi fe[m-]
blables , puifque les forces qui font parcourir n[os]
deux éléments font entr'elles dans la même raif[on]
que feroient les deux forces deftinées à faire pa[r-]
courir les deux derniers plans inclinés. Donc (39[.])
les tems employés à parcourir ces deux mêmes él[é-]
ments font entr'eux, comme les racines quarrées [de]
leurs longueurs, ou comme les racines quarrées d[es]
raïons CA, EM ; par conféquent les tems employ[és]
à parcourir les arcs PA, QM, & les tems employ[és]
à parcourir les arcs PAp', QMq qui répondent [à]
des ofcillations entières, font auffi entr'eux dans [le]
même rapport.

COROLLAI[RE]

Corollaire.

462. On voit par-là que lorfqu'on connoîtra la durée d'une ofcillation d'un pendule fimple de longueur donnée, on connoîtra par une fimple proportion la durée d'une ofcillation d'un autre pendule dont la longueur fera donnée, ou la longueur de ce pendule, lorfque la durée de l'une de fes ofcillations fera donnée. Or l'expérience apprend qu'un pendule fimple, qui a 3 pieds 8½ lignes de longueur depuis le point de fufpenfion jufqu'au centre de la balle fait une ofcillation en 1 feconde, ou en 2 demi-fecondes. Voici d'après cette expérience une table qui marque les longueurs que les pendules doivent avoir pour que chacune de leurs ofcillations fimples dure un certain nombre de demi-fecondes, depuis 1 jufqu'à 32. On pourra pouffer plus loin cette Table, fi on le juge à propos.

Durées des ofcillations.	Longueurs des pendules.			Durées des ofcillations.	Longueurs des pendules.		
Demi-fecon.	Pieds.	pou.	lig.	Demi-fecon.	Pieds.	pou.	lig.
1	0	9	2 ⅛	13	129	4	0
2	3	0	8 ½	14	149	11	0
3	6	10	7	15	172	3	0
4	12	2	10	16	195	9	0
5	19	1	5	17	221	0	0
6	27	6	4	18	247	9	0
7	37	5	9	19	276	1	0
8	48	11	4	20	305	11	0
9	61	11	4	21	337	3	0
10	76	5	9	22	370	2	0
11	92	6	6	23	404	7	0
12	110	1	4	24	440	5	0

Durées des oscillations.	Longueurs des pendules.			Durées des oscillations.	Longueurs des pendules.		
Demi-secon.	Pieds	pou.	lig.	Demi-secon.	Pieds	pou.	lig.
25	477	11	0	29	643	2	0
26	517	0	0	30	689	1	0
27	557	5	0	31	734	11	0
28	599	7	0	32	783	1	0

PROPOSITION IV. PROBLÊME.

Fig. 178
& 179.

463. *DÉTERMINER la longueur* EQ (Fig. 178) *d'un pendule simple, qui fasse ses oscillations dans le même tems qu'un pendule composé, c'est-à-dire, qu'un système de corps* A, B, C (Fig. 179), *liés entr'eux par des verges inflexibles sans pesanteur, ou attachés solidement à un plan matériel sans pesanteur & sans inertie, qui oscille autour du point fixe* O?

Considérons d'abord chacun des corps A, B, C, comme s'il étoit seul; & décomposons sa pesanteur en deux forces, l'une dirigée suivant la verge à laquelle il est appliqué, l'autre perpendiculaire à la même verge. Il est clair que les forces de la première espèce sont détruites par la résistance du point O; & que celles de la seconde, que je représente par Aa, Bb, Cc, sont les seules qui feroient osciller les corps. Je mène la verticale OK, & je nomme g la gravité, c'est-à-dire, l'espace que la pesanteur feroit parcourir en un instant à un corps tombant librement; 1, le sinus total; m, le sinus de l'angle AOK; n, le sinus de l'angle BOK; q, le sinus de l'angle COK. Les forces Aa, Bb, Cc étant supposées de même nature que la gravité

g, on aura $Aa = g \times \dfrac{m}{1} = gm$; $Bb = gn$, $Cc = gq$.

Maintenant, comme les corps A, B, C, forment un même fystême, & qu'ainfi aucun d'eux ne peut fe mouvoir fans agir fur les autres, foit pour accélérer, foit pour retarder leurs mouvements, il y a néceffairement équilibre eutre les mouvements perdus d'une part, & les mouvements gagnés d'autre part. Je fuppofe que le corps A, qui auroit parcouru Aa, s'il avoit été feul, parcoure fimplement Ag, à caufe de la réaction des autres corps; que le corps B, au lieu de parcourir Bb, parcoure Bh; que le corps C, au lieu de parcourir Cc, parcoure Ci. On voit que $A \times ga$ eft la quantité de mouvement perdue par le corps A; que $B \times bh$ eft la quantité de mouvement gagnée par B; que $C \times ci$ eft la quantité de mouvement gagnée par C. Or ces quantités de mouvement doivent être regardées comme des forces qui fe font équilibre, en agiffant aux extrêmités des bras de levier OA, OB, OC. Par conféquent on a l'équation (M), $A \times ga \times OA = B \times bh \times OB + C \times ci \times OC$.

Les corps A, B, C, confervant toujours entr'eux la même pofition, les arcs Ag, Bh, Ci font évidemment femblables; donc, fi l'on fuppofe $OA = a$, $OB = b$, $OC = c$, $Ag = f$: on aura $Bh = \dfrac{fb}{a}$; $Ci = \dfrac{fc}{a}$; $ga = gm - f$; $bh = \dfrac{fb}{a} - gn$; $ci = \dfrac{fc}{a} - gq$. Subftituant pour ga, bh, ci, OA, OB, OC, leurs valeurs dans l'équation (M), elle deviendra $A(gm - f)a = B\left(\dfrac{fb}{a} - gn\right)b + $

Z ij

$$C\left(\frac{fc}{a} - gq\right)c;$$ d'où l'on tire facilement,

$$f = \frac{g(mAa^2 + nBab + qCac)}{Aa^2 + Bb^2 + Cc^2}.$$

Soit H le centre de gravité du fystême ; & des points A, B, C, H, menons perpendiculairement à OK, les droites AV, BE, CK, HD : on aura, par la propriété du centre de gravité, $A \times AV + B \times BE + C \times CK = (A+B+C) \times HD$. Mais $AV = ma$, $BE = nb$, $CK = qc$, $HD = rh$, en nommant h la droite OH, r le finus de l'angle HOK ; donc $Ama + Bnb + Cqc = (A+B+C)rh$, & par conféquent $f = gr \times \dfrac{ah(A+B+C)}{Aa^2 + Bb^2 + Cc^2}$.

Nous voyons par cette expreffion de la force accélératrice fimple f du corps A, que fi l'on fait l'angle QEM du pendule fimple (Fig. 178), égal à l'angle HOK du pendule compofé (Fig. 179) ; nous voyons, dis-je, qu'en décompofant les arcs femblables décrits par les points Q & A, en un même nombre d'éléments correfpondants chacun à chacun, deux éléments correfpondants feront parcourus en tems égaux, & par conféquent les arcs entiers feront auffi parcourus en tems égaux, fi la force accélératrice fimple du point Q, qui eft gr, & celle du point A, qui eft f, font entr'elles comme les arcs, ou comme les raïons EQ, OA. La durée égale de mouvements, ou le *fynchronifme* du pendule fimple & du pendule compofé eft donc fondé fur la proportion, $gr : \dfrac{grah(A+B+C)}{Aa^2 + Bb^2 + Cc^2} : : EQ : a$; ce qui donne $EQ = \dfrac{Aa^2 + Bb^2 + Cc^2}{(A+B+C)h}$.

Ainfi, *pour avoir l'expreffion de la longueur du*

*pendule simple qui fait ses oscillations dans le même
tems que le pendule composé, il faut multiplier chaque
corps du pendule composé, par le quarré de sa distance
à l'axe de rotation; ajouter ensemble tous ces produits; & diviser la somme par le produit de la somme
de tous les corps multipliée par la distance du centre
de gravité du systême à l'axe de rotation.*

On observera que les deux angles QEM, HOK,
doivent être fort petits, si l'on veut que non seulement les oscillations correspondantes, ou de même
amplitude, des deux pendules, soient de même
durée, mais encore que les oscillations soient, au
moins sensiblement, de même durée, quoique les
amplitudes soient différentes.

Nous observerons encore que si les verges ou les
liens qui retiennent les corps du systême avoient
de la pesanteur ou de l'inertie, on pourroit les décomposer en une infinité de petits corps, qu'on
regarderoit comme formant un même systême auquel on appliqueroit la régle précédente, qui est
absolument générale, quel que soit le nombre de
corps élémentaires du pendule composé.

COROLLAIRE.

464. Si l'on porte la longueur EQ (Fig. 178),
de O en t (Fig. 179), le point t sera ce qu'on appelle *le centre d'oscillation* du pendule composé. Ce
point peut être regardé comme chargé de tous les
corps qui composent le systême; & il fait ses oscillations de la même manière & dans le même tems
que le pendule simple dont EQ ou Ot est la longueur.

On doit remarquer que le point t est différent du
centre de gravité H; & que $Ot > OH$, ce qu'on
démontrera, en comparant l'expression de Ot avec
celle de OH.

Fig. 178
& 179.

Z iij

PROPOSITION V. PROBLÊME.

465. *DÉTERMINER le centre de percuffion d'un fyftême de corps liés entr'eux par des verges inflexibles fans pefanteur, qui ofcille autour d'un axe fixe?*

Fig. 180.

On appelle *centre de percuffion*, un point dans lequel la maffe d'un fyftême de corps *A*, *B*, *C* (Fig. 180) (qu'il faut regarder comme attachés folidement, à des diftances invariables les uns des autres, fur un plan matériel fans pefanteur & fans inertie, mobile autour de l'axe *O*), étant fuppofée réunie, & agiffant perpendiculairement à l'extrémité d'un levier égal à la diftance de ce point à l'axe *O*, donneroit le plus grand coup poffible à un obftacle qu'on lui oppoferoit.

Il eft d'abord évident que le centre de percuffion eft placé dans la direction de la réfultante des mouvements de rotation de tous les corps *A*, *B*, *C*. Ainfi il s'agit de trouver la pofition & la quantité de cette réfultante.

Les corps *A*, *B*, *C*, étant forcés de fe mouvoir tous à-la-fois, par une caufe quelconque, prennent des viteffes proportionnelles à leurs diftances *AO*, *BO*, *CO*, à l'axe de rotation. Par conféquent leurs quantités de mouvements, ou les forces qui les animent, peuvent être exprimées refpectivement par les produits $A \times AO$, $B \times BO$, $C \times CO$; & ces forces agiffent fuivant les droites *AN*, *BN*, *CN*, perpendiculaires aux diftances *QA*, *OB*, *OC*. Soit *N* le point de concours de *AN* & de *BN*; je mène la droite *ON*, fur laquelle comme diamètre, je décris une dêmi-circonférence de cercle, qui paffera par les points *A* & *B*, puifque les angles OAN, OBN, font droits. Le point N étant néceffairement un de ceux par où paffe la direction de la réfultante des deux forces $A \times AO$, $B \times BO$, je fuppofe que ZN foit cette direction; du point Z où elle coupe la demi-circonférence $OABN$, au point O, je mène la droite ZO qui rencontre en H la droite AB qui joint les deux corps A & B. Cela pofé, on voit (39) que les deux forces $A \times AO$, $B \times BO$ font entr'elles comme les finus des angles BNZ, ANZ, ou des angles BOZ, AOZ: on aura donc, $A \times AO : B \times BO :: fin. BOZ :$ fin. AOZ. Or, fi des points A & B on abaiffe fur OZ les perpendiculaires AR, BS, & qu'on nomme 1 le finus total, on a fin. $BOZ = \dfrac{BS}{BO}$,

fin. $AOZ = \dfrac{AR}{OA}$; donc on aura, $A \times AO :$

$B \times BO :: \dfrac{BS}{BO} : \dfrac{AR}{AO}$, ou bien (à caufe des triangles femblables BHS, AHR), $A \times AO :$

$B \times BO :: \dfrac{BH}{BO} : \dfrac{AH}{OA}$; ce qui donne $A \times AH =$

$B \times BH$, & fait voir que le point H eft le centre de gravité des deux corps A & B. La réfultante des deux forces $A \times AO$, $B \times BO$, eft donc perpendiculaire à la droite OHZ menée par le point O, & par le centre de gravité du fyftême particulier des deux corps A & B. De plus, en nommant Z cette réfultante, on a (39), $Z : B \times BO ::$ fin. $ANB :$ fin. $ANZ ::$ fin. $AOB :$ fin. AOZ, ou bien (en abaiffant des points B & H les perpendiculaires BX, BV fur OA prolongée) $::$

$\dfrac{BX}{BO} : \dfrac{HV}{OH}$, ou bien (à caufe des triangles fem-

blables BAX, HAV) $:: \dfrac{AB}{BO} : \dfrac{AH}{HO}$, ou bien
(à cause que le point H est le centre de gravité des
deux corps A & B) $:: \dfrac{A+B}{BO} : \dfrac{B}{OH}$; d'où l'on
tire, en concluant du premier rapport au dernier,
$Z = (A+B) \times OH$. Connoissant Z, on trouvera
OZ, en observant que si l'on considère les moments par rapport au point O, le moment de la
résultante Z doit être égal à la somme des moments de ses deux forces composantes $A \times AO$,
$B \times BO$, ce qui donne $(A+B) \times OH \times OZ =$
$(A \times AO) \times AO + (B \times BO) \times BO$; & par conséquent $OZ = \dfrac{A \times (AO)^2 + B \times (BO)^2}{(A+B) \times HO}$. Voilà donc
d'abord la formule pour déterminer le centre Z
de percussion du systême des deux corps A & B.

Soit N' le point de concours de la force Z, &
de la force $C \times CO$ du corps C; ce point est nécessairement placé dans la direction de la résultante
de ces deux forces, direction que je suppose être
$Z'N'$. Je mène la droite ON' sur laquelle comme
diamètre je décris une demi-circonférence de cercle
qui passera par les points Z & C, puisque les angles
OZN', OCN' sont droits. Ayant tiré la droite
CH; du point Z' où $Z'N'$ rencontre la demi-circonférence $OZCN'$, je mène au point O la droite
$Z'O$ qui rencontre CH en H'. Cela posé, on aura,
$Z : C \times CO :: \text{sin.} \, CN'Z' : \text{sin.} \, ZN'Z' :: \text{sin.} \, COZ' :$
$\text{sin.} \, ZOZ'$, ou bien (en abaissant des points C &
H les perpendiculaires CS', HR', sur OZ') $::$
$\dfrac{CS'}{CO} : \dfrac{HR'}{OH} :: \dfrac{CH'}{CO} : \dfrac{HH'}{OH}$; ce qui donne,
en concluant du premier rapport au dernier,

$$\frac{Z \times HH'}{OH} = C \times CH, \text{ ou } (A+B) \times HH' =$$

$C \times CH'$, & ce qui fait voir que le point H' eſt le centre de gravité du ſyſtême des trois corps A, B, C. Ainſi la réſultante des deux forces Z & $C \times CO$, ou des trois forces $A \times AO$, $B \times BO$, $C \times CO$, eſt perpendiculaire à la droite OZ' menée par le point O, & par le centre de gravité H' du ſyſtême des trois corps A, B, C. Soit nommée Z' cette même réſultante : on aura, $Z' : C \times CO :: $ſin. $ZN'C :$ ſin. $ZN'Z' ::$ ſin. $ZOC :$ ſin. ZOZ', ou bien (en abaiſſant des points C & H' les perpendiculaires CX', $H'V'$, ſur OZ' prolongée$) :: \dfrac{CX'}{CO} : \dfrac{H'V'}{OH'}$,

ou bien (à cauſe des triangles ſemblables HCX', $HH'V') :: \dfrac{CH}{CO} : \dfrac{HH'}{OH'}$, ou bien (à cauſe que le point H' eſt le centre de gravité du ſyſtême des trois corps A, B, $C) :: \dfrac{A+B+C}{CO} : \dfrac{C}{OH'}$; donc, en concluant du premier rapport au dernier, $Z' = OH' \times (A+B+C)$. Connoiſſant Z', on connoîtra OZ', par la conſidération que le moment de la réſultante Z', relativement au point O, doit être égal à la ſomme des moments des trois forces compoſantes $A \times AO$, $B \times BO$, $C \times CO$, relativement au même point ; conſidération qui donne $(A+B+C) \times OH' \times Z'O = (A \times AO) \times AO + (B \times BO) \times BO + (C \times CO) \times CO$; & par conſé-quent $Z'O = \dfrac{A \times (AO)^2 + B \times (BO)^2 + C \times (CO)^2}{(A+B+C) \times OH'}$.

Il eſt clair que la même méthode eſt applicable à un ſyſtême compoſé de tant de corps qu'on voudra, & qu'on trouvera toujours des réſultats ana-

logues aux précédents ; en forte qu'on peut conclure en général, 1°. que *le centre de percuffion
d'un fyftéme quelconque de corps eft placé fur la
droite menée par le centre de rotation, & par le centré
de gravité du fyftéme.* 2°. Que *la diftance du centre de
percuffion au centre de rotation, eft égale au quotient
qui réfulte en divifant la fomme des produits des
corps multipliés chacun par le quarré de fa diftance
à l'axe de rotation, par la fomme de tous les corps
multipliée par la diftance du centre de gravité du
fyftéme à l'axe de rotation.*

On voit que le centre de percuffion & le centre
d'ofcillation fe confondent, puifqu'ils font placés
à la même diftance de l'axe de rotation. On auroit
pu les détermier par la même méthode ; mais,
pour varier les ufages des principes de la Méchanique, j'ai cru devoir les chercher chacun par des
méthodes particulières.

CHAPITRE IV.

Solutions de divers Problêmes de Dynamique.

466. LES Problêmes que je raffemble ici fous
un même titre, font la plupart indépendants les uns
des autres. Mon objet eft de continuer à exercer le
Lecteur, par des exemples variés, à la détermination
des mouvements que les corps d'un fyftéme font forcés de prendre par leurs oppofitions mutuelles. Ces
nouveaux Problêmes, joints à ceux qui précédent,

'eront connoître de plus en plus comment on doit
'y prendre pour traiter les queſtions de Dynamique.
A meſure qu'on avancera, les principes acquerront
n nouveau jour, & on verra que toutes les difficultés
tachées à ces recherches ne peuvent jamais dépen-
dre que de la Géométrie ou de l'analyſe.

PROPOSITION I. PROBLÊME.

467. *Un corps* A (Fig. 181) *ſans peſanteur, ou*   Fig. 181.
ont la peſanteur eſt ſoutenue ſoit par un fluide, ou
ar une table horiſontale, ou de toute autre manière,
tant attaché fixement en A *au levier* ACF *parfaite-*
ment mobile autour du point ou pivot fixe C : *trou-*
er la viteſſe qu'une force conſtante, appliquée perpen-
diculairement en F *au levier, imprimera à ce corps*
n un tems donné ?

Ayant nommé F la force qui tend à faire tourner
e levier, Q la maſſe à mouvoir (en comprenant dans
ette maſſe celle du levier, s'il eſt néceſſaire); il eſt
vident que le moment de la force F, qui eſt $F \times CF$,
doit être égal au moment du mouvement gagné par
a maſſe Q autour de l'axe C. Or ſi l'on ſuppoſe
ue dans un inſtant le levier paſſe de la ſituation
CA dans la ſituation fCa, en ſorte qu'un point quel-
onque A du corps propoſé décrive le petit arc Aa;
& que raiſonnant ici comme on a fait dans l'article
51 pour trouver le moment du mouvement gagné
ar le corps G autour de l'axe GV (Fig. 174), on
omme S* la ſomme des produits des molécules du

---

* La quantité S ſe détermine géométriquement comme on l'a
diqué (454); mais dans la pratique, on peut ſe contenter de
artager la maſſe Q en pluſieurs parties aſſez petites pour qu'elles
uiſſent être regardées ſenſiblement comme des points; de

corps Q par les quarrés de leurs distances à l'axe C:
il est clair que le moment du mouvement gagné
par le corps Q autour de l'axe C sera exprimé par
$S \times \dfrac{Aa}{CA}$. Ainsi on aura l'équation, $F \times CF =$
$S \times \dfrac{Aa}{CA}$, ou bien $Aa = \dfrac{F \times CF \times CA}{S}$.

Maintenant, supposons que la force F soit égale
à un poids dont la masse $= N$, & nommons g la
gravité naturelle : on aura $F = gN$, car tout poids
est égal au produit de sa masse par la pesanteur (361)
De plus, en supposant que le petit espace Aa ait
été parcouru dans un instant égal à celui que la gravité g employe à faire parcourir à un corps qui tombe
librement, un petit espace qu'on peut exprimer par
la même lettre g ; il est évident que Aa pourra être
regardé aussi comme l'expression de la force accélératrice qui anime le point A (373, For. F). Donc
si l'on fait cette force accélératrice $= f$, $CA = a$
$CF = c$, on aura $f = \dfrac{gNac}{S}$. Par où l'on voit que
le mouvement du point A est uniformément accéléré, puisque la force accélératrice f est à la gravité
naturelle g dans le rapport constant de Nac à S, &
que par conséquent cette même force f est constante.
On voit encore par la formule (F) de l'article 373,
que si l'on multiplie les espaces déterminés dans les
deux Tables de l'article 387, par la fraction $\dfrac{NaC}{S}$
les produits seront les espaces parcourus par le point
A suivant les conditions énoncées pour les deux tables dont il s'agit.

---

multiplier ensuite chacune d'elles par le quarré de sa distance
à l'axe C ; & enfin d'ajouter ensemble tous ces produits.

PROPOSITION II. PROBLÊME.

468. *SUPPOSONS maintenant* (Fig. 182) *que la*   Fig. 182.
maſſe Q *à mouvoir ſoit livrée à l'action de la peſan-*
teur de manière que le levier FCA *tourne dans un*
plan vertical, autour de l'axe fixe C: *on demande*
la viteſſe que la force F, *toujours appliquée per-*
pendiculairement en F, *communiquera à tout le*
ſyſtême ?

Soit A le centre de gravité de toute la maſſe Q à
mouvoir. Par le point fixe C & par le point A, ſoit
imaginée la ligne FCA faiſant avec la verticale CO
l'angle quelconque ACO. Qu'on prenne la verticale
AN pour repréſenter le poids abſolu du corps Q ;
& ſoit décompoſée cette force en deux autres, l'une
AR dirigée ſuivant CA, l'autre AM perpendiculaire
à CA. Il eſt évident que la première force AR eſt
détruite par la réſiſtance du point C, & que la ſeconde AM eſt la ſeule qui tende à faire tourner le
levier & à le rapprocher de la verticale CO. Suppoſons que dans un inſtant le levier paſſe de la ſituation FCA dans la ſituation fCa, en ſorte que le
point A décrive le petit arc Aa. Cela poſé, imaginons que la force F eſt partagée en deux autres
X & Y, dont la première X feroit ſans ceſſe équilibre à la force AM, & dont la ſeconde Y eſt employée à mouvoir autour du point fixe C la maſſe Q
conſidérée comme non peſante. Il eſt clair qu'on aura
d'abord l'équation, (A), $X. CF = AM. CA$.

De plus, en nommant S la ſomme des produits
des molécules du corps Q par les quarrés de leurs
diſtances à l'axe C, on aura par l'article précédent
(B), $Y. CF = S \times \dfrac{Aa}{CA}$.

$$\text{Soient}\begin{cases}\text{la gravité naturelle}\dots\dots\dots\dots\dots g,\\ \text{la force accélératrice } Aa \text{ du point}\\ \quad A\dots\dots\dots\dots\dots\dots\dots\dots\dots\dots\dots f,\\ \text{la force motrice } F, \text{ égale à un poids}\\ \quad \text{connu, dont la masse est } N,\dots gN,\\ CA\dots\dots\dots\dots\dots\dots\dots\dots\dots\dots a,\\ CF\dots\dots\dots\dots\dots\dots\dots\dots\dots\dots c,\\ \text{le sinus total,}\dots\dots\dots\dots\dots\dots\dots 1,\\ \text{le sinus de l'angle } ACO\dots\dots\dots q.\end{cases}$$

On voit sans peine que la force $AM = gQ \times \dfrac{q}{1} = qgQ$. Par conséquent les deux équations (A) & (B) deviendront $c.X = qgQa$; $c.Y = \dfrac{Sf}{a}$.

D'où l'on tire $X + Y = \dfrac{qgQa}{c} + \dfrac{Sf}{ca}$. Mais $X + Y = gN$. Donc $gN = \dfrac{qgQa}{c} + \dfrac{Sf}{ca}$, & $f = \dfrac{g(caN - qaaQ)}{S}$. Telle est l'expression de la force accélératrice f du point A. Comme le numérateur de cette fraction renferme le sinus q de l'angle ACO qui varie à mesure que le levier tourne, on voit qu'en supposant toutes les autres quantités constantes, la force accélératrice f n'est pas constante, & que par conséquent le mouvement de rotation du levier n'est pas uniformément accéléré.

REMARQUE.

469. Si au lieu de la force F il y a en F un poids quelconque attaché fixement au levier, de manière que tout le système tourne librement sur le point C, & que tout étant d'ailleurs le même que dans l'article précédent, on nomme de plus H la masse du

nouveau poids, S' la somme des produits des particules de H par les quarrés de leurs diftances au
point C, n^* le finus de l'angle que la droite FC,
tirée du centre de gravité de H au point C, fait
avec la verticale : on trouvera en un moment par
la même méthode, $f = \dfrac{g.(a n c H - q a^2 Q)}{S + S'}$, d'où
il eft aifé de juger en quel fens tournera le levier,
fuivant la relation qu'on fuppofera entre les quantités H, Q, a, c, n, q.

De-là on peut tirer facilement une nouvelle folution très-fimple du problême des centres d'ofcillation ou de percuffion.

PROPOSITION III. PROBLÊME.

470. *DEUX corps inégaux* P *&* Q *(Fig. 183)* Fig. 183.
étant attachés aux extrêmités d'une corde P R Q *non
pefante, qui paffe fur une poulie fufpendue fixement
& mobile fur fon effieu : on demande la viteffe avec
laquelle le plus grand* P *defcendra, & fera monter
le plus petit* Q ?

Il eft vifible que ce problême peut fe réfoudre par
une méthode analogue à celle que j'ai employée dans
les deux articles précédents ; favoir, en décompofant
le poids moteur P en deux autres, dont l'un faffe
fimplement équilibre au poids Q, & dont l'autre foit
employé à mouvoir la maffe totale $P + Q$ du fyf-
têne, confidérée comme non pefante. Mais voici un
autre ufage un peu plus direct du principe de la

---

* Je prends une nouvelle lettre n pour exprimer le finus de
l'angle dont il s'agit, parce qu'il peut fe faire que les points
A, C, F, ne foient pas en ligne droite, & que par conféquent
n diffère de q.

communication des mouvements. La même chose doit s'entendre pour les problêmes suivants, *mutatis mutandis.*

Suppofons que les deux corps P & Q, s'ils avoient été libres, euffent parcouru en un inftant, par leur pefanteur naturelle, les efpaces égaux PN, QK ; mais qu'à caufe de l'action & de la réaction qu'ils exercent l'un fur l'autre, P parcoure PM en defcendant & Q parcoure $QH = PM$ en montant. Il eft évident que MN fera la viteffe perdue par le corps P dans l'inftant propofé, & que KH fera la viteffe gagnée par le corps Q en montant, pendant le même inftant. Or il doit y avoir égalité entre le mouvement perdu par le corps P & le mouvement gagné par le corps Q ; ainfi on aura l'équation $P \times MN = Q \times KH$.

Les petits efpaces PN, PM ou QH, parcourus en vertu de la gravité naturelle, & en vertu de la force accélératrice qui anime maintenant chacun des points des maffes P & Q, peuvent être regardés comme les expreffions mêmes de ces forces. Ainfi, en nommant g la gravité PN, f la force actuelle PM ou QH ; l'équation précédente deviendra $P(g - f) = Q(g + f)$; d'où l'on tire $f = \dfrac{g(Q - Q)}{P + Q}$.

Cette équation fait voir que la force accélératrice fimple de chacun des deux corps propofés eft à la gravité naturelle g, dans le rapport conftant de $(P - Q)$ à $(P + Q)$. D'où il réfulte que les mouvements des deux corps propofés font uniformément accélérés, & qu'en multipliant les efpaces déterminés dans les deux tables de l'article 387, par la fraction $\dfrac{P - Q}{P + Q}$, les produits feront les efpaces parcourus par le corps P en defcendant, & par le corps Q en montant,

montant, fuivant les conditions des tems énoncées dans l'article cité.

Remarque.

471. Un agent appliqué à une machine, par exemple, un homme, un cheval, n'exerce pas toujours contr'elle toute la force dont il eſt capable. Il peut en conſerver une partie qui ſert alors à ſon propre mouvement, tandis que l'autre partie eſt employée à mouvoir la machine. Notre grand poids P peut repréſenter toute la force abſolue de l'agent, & le poids Q la réſiſtance de la machine ou le fardeau qu'il faut élever. Alors la dépenſe de force que fait l'agent pour élever le fardeau malgré ſa peſanteur, eſt exprimée par $P(g-f)$ ou $\dfrac{2gPQ^*}{P+Q}$; & ce qui reſte de force au même agent eſt exprimé par Pf ou $\dfrac{gP(P-Q)}{P+Q}$.

Corollaire I.

472. Il eſt évident que la partie CP de la corde eſt tendue avec une force exprimée par $P(g-f)$ ou $\dfrac{2gPQ}{P+Q}$, & que la partie BQ eſt tendue avec une force exprimée par $Q(g+f)$ ou $\dfrac{2gPQ}{P+Q}$. Ces deux forces égales produiſent ſur les appuis de la poulie une preſſion verticale égale à leur ſomme,

---

* Ces ſortes d'expreſſions $\dfrac{gPQ}{P+Q}$, $\dfrac{gP(P-Q)}{P+Q}$, gP, repréſentent des poids; car la lettre g repréſente la peſanteur, & les lettres P, Q des maſſes; or le poids eſt le produit de la maſſe par la peſanteur; donc, &c.

& qui est par conséquent représentée par $\dfrac{4g\,PQ}{P+Q}$.
Ainsi on connoît la résistance dont la corde doit être capable, & la charge que soutient l'appui qui porte la poulie.

On peut remarquer au sujet de cette charge, qu'elle est moindre que la somme des deux poids P & Q; au lieu que dans le simple état d'équilibre elle est toujours égale à la somme des poids, ou au double de l'un d'eux.

COROLLAIRE II.

473. Nommons V la vitesse finale d'un corps grave qui tombe librement par un certain espace; u la vitesse finale de chacun de nos deux corps par le même espace : en appliquant ici la formule (G) de l'article 373, & faisant $e = E$, on aura $VV : uu ::$
$g : f :: g : \dfrac{g(P-Q)}{P+Q} :: P+Q : P-Q$. D'où l'on tire, $P.u^2 + Q.u^2 = P.V^2 - Q.V^2$; c'est-à-dire que la somme des produits des deux corps par les quarrés de leurs vitesses forcées, est égale à la différence entre la somme des produits des corps par les quarrés des vitesses qu'ils auroient acquises par leurs pesanteurs, s'ils s'étoient mûs librement. Je dis la *différence*, parce que nos deux corps vont en sens contraires, ou que l'un monte pendant que l'autre descend.

Cette égalité est la conservation des forces vives. On trouve en général que les forces vives se conservent dans les mouvements qui résultent d'un choc immédiat, pourvu que les corps soient parfaitement élastiques, ou de l'action de corps qui se tirent par des fils, des leviers, ou de toute autre manière. Nous avons vu un exemple du premier genre, dans le

choc direct des corps parfaitement élastiques (438).
Le problême précédent offre un autre exemple de la
même loi pour les corps soumis à des forces accélératrices. Nous nous dispenserons de la faire remarquer dans les autres problêmes où elle peut avoir
également lieu, parce qu'elle n'est au fond qu'une
conséquence secondaire du principe général de la
communication des mouvements ; conséquence que
les Lecteurs pourront tirer eux-mêmes dans chaque
cas particulier.

PROPOSITION IV. PROBLÊME.

474. *TOUT étant d'ailleurs le même que dans le
problême précédent, on demande qu'on ait égard de
plus à l'inertie de la poulie?*

Puisque la poulie est suspendue fixement par son
centre, elle n'a par elle-même aucune tendance à
tourner plutôt à droite qu'à gauche, & elle tournera
toujours dans le sens du poids prépondérant P. De
plus, il est clair que le moment du mouvement perdu
par le corps P, autour du centre de la poulie, doit
être égal à la somme des moments des mouvements
gagnés par le corps Q & par la masse de la poulie,
autour du même point. Or si l'on nomme g la gravité naturelle, f la force accélératrice simple de chacun des points des masses P & Q, b le raïon de la
poulie, S la somme des produits des molécules de
la poulie par les quarrés de leurs distances au centre :
il est visible que le moment du mouvement perdu
par le corps P est $P(g-f)b$; que le moment du
mouvement gagné par le corps Q est $Q(g+f)b$; &
que le moment du mouvement gagné par la poulie
est $S \times \dfrac{f}{b}$, puisque tous les points de la circonfé-

rence tournent avec la même viteſſe que deſcend le corps P ou que monte le corps Q. Ainſi on aura l'équation $P(g-f)b = Q(g+f)b + \dfrac{Sf}{b}$; d'où l'on tire, $f = \dfrac{g(Pbb - Qbb)}{Pbb + Qbb + S}$.

La force accélératrice f eſt donc à la gravité g, dans le rapport conſtant de $(Pbb - Qbb)$ à $(Pbb + Qbb + S)$; & par conſéquent on connoîtra par les tables de l'article 387 les eſpaces que les corps P & Q parcourent en un tems donné.

C O R O L L A I R E.

475. Les deux cordons CP, BQ ſont viſiblement tendus avec la même force; & comme la tenſion de CP eſt toujours égale au mouvement perdu par le corps P, c'eſt-à-dire à $P(g-f)$, il s'enſuit qu'en mettant pour f ſa valeur, chacune des deux tenſions propoſées ſera repréſentée par la quantité $\dfrac{gP(2Qbb + S)}{Pbb + Qbb + S}$. Ces deux forces égales produi-ſent ſur le centre, ou ſur les appuis de la poulie, une preſſion repréſentée par $\dfrac{2gP(2Qbb + S)}{Pbb + Qbb + S}$.

A cette preſſion il faut ajouter le poids de la poulie, pour avoir l'effort total que ſupporte l'eſſieu.

R E M A R Q U E I.

476. Si on vouloit déterminer directement la tenſion de BQ, on conſidéreroit que cette force eſt égale à la ſomme du mouvement gagné par le corps Q, & du mouvement gagné par la maſſe de la poulie, dans le ſens QB. Car la machine ſe meut exacte-ment de la même manière que ſi à la place de la

masse de la poulie on attachoit fixement en un point quelconque de BQ une masse non pesante qui opposât au mouvement la même résistance qu'oppose la masse de la poulie. Or dans ce second cas la tension de BQ est égale au mouvement gagné par le corps Q, plus au mouvement gagné par la nouvelle masse, en sorte que si l'on nomme R cette même masse, on aura la tension de $BQ = Q(g+f) + Rf$. Mais puisque la masse R & la masse de la poulie opposent la même résistance au mouvement autour du centre, on a $R \times f \times b = S \times \dfrac{f}{b}$, ou bien $R = \dfrac{S}{bb}$. Donc la tension de $BQ = Q(g+f) + \dfrac{Sf}{bb} = \dfrac{g P(2 Q b^2 + S)}{P b^2 + Q b^2 + S}$.

Il est à propos de faire attention à cette remarque, pour évaluer sans peine les tensions des cordons, lorsque les forces qui les tendent n'ont pas les mêmes bras de levier par rapport au centre du mouvement. Ici tous les points de la masse de la poulie n'ont pas les mêmes bras de levier relativement au centre de cette même poulie.

REMARQUE II.

477. Nous avons regardé la corde comme non pesante. S'il falloit avoir égard à sa pesanteur, on trouveroit, toujours par la même méthode, l'expression de la force accélératrice du corps P ou Q, pour un instant quelconque : mais alors cette force seroit variable d'un instant à l'autre, & on ne pourroit déterminer la vitesse de chaque mobile, après un tems donné, qu'à l'aide des formules générales du mouvement varié qui supposent la connoissance du calcul intégral. Je me contente donc d'indiquer

ce problême aux Lecteurs verfés dans ce calcul. Propofons-nous une autre queftion immédiatement réfoluble par ce qui précède.

Je fuppofe que la corde foit non-pefante, ou que fi elle eft pefante, elle le foit affez peu en comparaifon des poids qui y font attachés, pour qu'au moins dans un tems court, les poids P & Q, dans lefquels je comprens maintenant les pefanteurs des parties de corde qui les foutiennent, puiffent être regardés comme des quantités conftantes. Il s'agit de déterminer la force accélératrice du corps P ou Q, en ayant égard non-feulement à l'inertie de la poulie, comme dans le problême précédent, mais encore au frottement & à la roideur de la corde.

Nommons g la gravité naturelle; f la force accélératrice du corps P ou Q; a le raïon de l'effieu de la poulie; b le raïon de cette poulie, en y comprenant celui de la corde; S la fomme des produits des molécules de la poulie par les quarrés de leurs diftances au centre; n le rapport du frottement à la preffion; c le raïon de la corde; & fuppofons qu'une corde dont le raïon eft h, fous une preffion connue N, en fe pliant autour d'un rouleau dont le raïon augmenté de celui de la corde eft m, ait une roideur égale à un poids connu q.

Cela pofé, il eft clair que le moment du mouvement perdu par le corps P, autour du centre de la poulie, doit être égal à la fomme faite du moment du mouvement gagné par le corps Q, du moment du mouvement gagné par la poulie, du moment du frottement, & du moment de la roideur de la corde, par rapport au même centre. Or,

1°. Le mouvement perdu par le corps $P =$ $P(g-f)$; & le moment de ce mouvement $=$ $P(g-f)b$.

2°. Le mouvement gagné par le corps $Q = Q(g+f)$; & le moment de ce mouvement $= Q(g+f)b$.

3°. Le moment du mouvement gagné par la poulie $= \dfrac{Sf}{b}$.

4°. Puisque chaque cordon CP, BQ est évidemment toujours tendu avec une force égale au mouvement perdu par le corps P, c'est-à-dire à $P(g-f)$, & que par conséquent la pression de l'essieu sur la surface de son moyeu est $2P(g-f)$; il s'ensuit que le frottement, supposé proportionnel à la pression, sera exprimé par $2nP(g-f)$, & que le moment de cette force par rapport au centre sera $2nP(g-f)a$.

5°. La roideur de la corde aura pour valeur $\dfrac{2qmcP(g-f)}{Nbh}$ (336 & 337), & le moment de cette force sera représenté par $\dfrac{2qmcP(g-f)b}{Nbh}$, ou par $\dfrac{2qmcP(g-f)}{Nh}$. Par conséquent on aura l'équation $P(g-f)b = Q(g+f)b + \dfrac{Sf}{b} + 2nP(g-f)a + \dfrac{2qmcP(g-f)}{Nh}$. D'où l'on tire, (en faisant, pour abréger, $\dfrac{qm}{Nh} = r$),

$$f = \frac{g(Pbb - Qbb - 2nabP - 2rbcP)}{Pbb + Qbb + S - 2nabP - 2rbcP}.$$

Le rapport de la force accélératrice f à la gravité g étant donné par le moyen de cette équation, on aura aussi le rapport des espaces parcourus par nos deux corps aux efpaces parcourus librement en vertu de la pefanteur.

La tenfion de chaque cordon fe détermine en fubftituant pour f fa valeur, dans l'expreffion $P (g—f)$.

On fera entrer d'une manière analogue la confidération du frottement & de la roideur des cordes,
dans les autres problêmes de ce genre. Je me contente d'en avertir; dans les problêmes fuivants, je
fais abftraction de ces deux réfiftances.

PROPOSITION V. PROBLÊME.

Fig. 184.   478. *SUPPOSONS* (Fig. 184) *que le corps* P
*defcendant verticalement par fa pefanteur entraîne
après lui le corps* Q *le long du plan incliné* DB, *à
l'aide d'une corde non pefante qui paffe fur une poulie
fixée au fommet* B *du plan incliné, & dont la partie*
OQ *eft parallèle à* BD : *on demande la viteffe des
deux corps, en ayant égard à l'inertie de la poulie ?*

Soient BC & CD la hauteur & la bafe du plan
incliné BD. Suppofons que fi les deux corps P &
Q euffent été libres, en un inftant P eût parcouru
la verticale PN par fa pefanteur naturelle, & Q eût
parcouru QK par fa pefanteur relative; mais qu'à
caufe de leur mouvement forcé, P parcoure PM,
& Q parcoure QH. Nommons g la gravité naturelle
PN; f la force accélératrice fimple du corps P ou
Q; b le raïon de la poulie; h la hauteur BC du plan
incliné; l fa longueur; S la fomme des produits des
molécules de la poulie par les quarrés de leurs diftances au centre A. On aura $MN = g—f$, $QK =$
$\frac{gh}{l}$, $KH = f + \frac{gh}{l}$; le mouvement perdu par
le corps $P = P \times MN = P (g—f)$, & le mo-
ment de ce mouvement par rapport au centre de la

poulie $= P(g-f)b$; le mouvement gagné par le corps $Q = Q \times KH = Q\left(f + \dfrac{gh}{l}\right)$, & le moment de ce mouvement $= Q\left(g + \dfrac{gh}{l}\right)b$; enfin le moment du mouvement gagné par la poulie $= \dfrac{Sf}{b}$. Et comme le moment du mouvement perdu par le corps P doit être égal à la somme des moments des mouvements gagnés par le corps Q & par la poulie, on aura $P(g-f)b = Q\left(f + \dfrac{gh}{l}\right)b + \dfrac{Sf}{b}$; d'où l'on tire $f = \dfrac{g\left(Pbb - Qbb\dfrac{h}{l}\right)}{Pbb + Qbb + S}$: équation qui donne la relation de la force f à la gravité g, & qui fait voir que cette relation est constante.

C O R O L L A I R E.

479. Les deux cordons ZP, OQ sont tendus chacun avec une force représentée par $P(g-f) = \dfrac{gP\left(Qbb + Qbb\dfrac{h}{l} + S\right)}{Pbb + Qbb + S}$. Mais la tension du cordon ZP est dirigée parallèlement à BC, & celle du cordon OQ, parallèlement à BD. Pour déterminer la pression que ces deux forces produisent sur le centre A de la poulie, qu'on les représente par les droites AE, AG égales entr'elles & parallèles respectivement à BC & à BD. La pression demandée sera représentée par la diagonale AF. Soit m l'angle GAE; l'expression analytique de AF sera évidemment $\dfrac{gP\left(Qbb + Qbb.\dfrac{h}{l} + S\right)}{Pbb + Qbb + S} \times \dfrac{\sin. m}{\sin. \frac{1}{2}m}$.

A l'égard de la preſſion contre le plan incliné BD, elle eſt toujours $g\,Q \times \dfrac{CD}{BD}$, la même que s'il n'y avoit pas de mouvement.

PROPOSITION VI. PROBLÊME.

Fig. 185.

480. *DEUX corps* P *&* Q (Fig. 185) *étant attachés aux extrêmités de deux cordes qui ſe roulent ſur deux poulies ou roues concentriques, mais de raïons différents ; & ſuppoſant que* P *deſcende & faſſe monter* Q *: on demande les viteſſes des deux corps, en ayant égard à l'inertie des roues ?*

Comme les deux roues BVE, XDC, quoiqu'enfilées par un même axe, peuvent n'être pas dans un même plan, & avoir chacun leurs maſſes particulières, nous déſignerons par les deux lettres S & s la ſomme des produits des molécules de chaque maſſe par les quarrés de leurs diſtances à l'axe. Lorſque la petite roue fera partie de la grande, on ne tiendra pas compte de s, puiſque cette quantité ſera alors compriſe dans S.

Je ſuppoſe que les deux corps P & Q, s'ils avoient été libres, euſſent parcouru en un inſtant en vertu de leur peſanteur naturelle, les eſpaces égaux PN, QK ; mais qu'à cauſe de leur mouvement forcé, P parcoure PM en deſcendant, & Q parcoure QH en montant. Soient menés les raïons AB, AC des deux roues. Nommons g la gravité naturelle PN ou QK ; p la force accélératrice ſimple du corps P ; q la force accélératrice ſimple du corps Q ; a le raïon CA de la petite roue ; b le raïon AB de la grande roue. On aura $MN = g - p$, $KH = g + q$; le mouvement perdu par le corps $P = P \times MN = P(g - p)$, & le moment de ce mouvement $=$

$Pg(-p)b$; le mouvement gagné par le corps $Q = Q \times KH = Q(g+q)$, & le moment de ce mouvement $= Q(g+q)a$; le moment du mouvement gagné par la roue $BVE = S \times \dfrac{p}{b}$; le moment du mouvement gagné par la roue $XDC = s \times \dfrac{q}{a}$. Or le moment du mouvement perdu par le corps P doit être égal à la fomme des moments de tous les mouvement gagnés. Ainfi on aura l'équation

$$P(g-p)b = Q(g+q)a + \frac{Sp}{b} + \frac{sq}{a}.$$

D'où l'on tire (en obfervant que $p:q::b:a$, & par conféquent $pa = qb$), $p = \dfrac{g(Pbb - Qab)}{Pbb + Qaa + S + s}$;

$q = \dfrac{g(Pab - Qaa)}{Pbb + Qaa + S + s}$. On a donc les rapports des deux forces accélératrices p & q à la gravité g ; & par conféquent on connoîtra auffi les efpaces parcourus par nos deux corps dans un tems donné.

<h3 align="center">C O R O L L A I R E.</h3>

481. Le cordon BP eft tendu avec une force égale au mouvement perdu par le corps P, & qui eft par conféquent exprimée par $P(g-p) = \dfrac{gP(Qaa + Qab + S + s)}{Pbb + Qaa + S + s}$.

La tenfion du cordon CQ fe détermine ainfi par la méthode de l'article 476. Imaginons une maffe R, non pefante, attachée fixement en un point du cordon CQ, & oppofant par fon inertie la même réfiftance au mouvement de la machine, que lui oppofent les deux roues, auffi par leurs inerties. Il eft clair que la tenfion du cordon CQ fera égale à la somme de mouvements gagnés par les corps Q & R; elle sera donc exprimée par $Q(g+q)+Rq$. Or, puisque la masse R, animée de la vitesse q, feroit équilibre aux inerties des roues, on a $R \times q \times a$

$$= S \times \frac{p}{b} + s \times \frac{q}{a} = \frac{Sq}{a} + \frac{sq}{a}, \quad \& \text{ par}$$

conféquent $R = \dfrac{S+s}{aa}$. Donc la tension du

cordon CQ eft $Q(g+q) + \dfrac{(S+s)q}{aa} =$

$$\frac{gP[Qa^2b+Qab^2+b(S+s)]}{a(Pb^2+Qa^2+S+s)}, \text{ en mettant pour}$$

q fa valeur & réduifant.

Les tenfions des deux cordons BP, CQ produifent fur l'axe A commun aux deux roues une preffion verticale, égale à leur fomme, & qui a par conféquent pour expreffion $\dfrac{gP(Qaa+Qab+S+s)}{Pbb+Qaa+S+s} +$

$$\frac{gP[Qa^2b+Qab^2+b(S+s)]}{a(Pbb+Qaa+S+s)}.$$

Si on veut avoir l'effort total que fupporte l'axe, il faut ajouter le poids des roues à la preffion que nous venons de trouver.

PROPOSITION VII. PROBLÊME.

Fig. 186.

482. *SOIT un corps* P (Fig. 186) *partagé en deux parties égales & femblables par le plan* R F H, *& fuppofons que ce corps foit traverfé perpendiculairement par un effieu cylindrique* CBD *dont l'axe paffe par fon centre de gravité* P, *& autour duquel s'enveloppe le fil* ECDB *attaché fixement en* E: *on demande la viteffe avec laquelle le poids propofé defcendra, lorfqu'après avoir mis la partie* EC *du*

fil dans une situation verticale, on l'abandonnera à lui-même ?

Puisque la partie EC du fil est verticale au premier instant, il s'enfuit que ce même fil réagira suivant la direction CE parallèle à celle de la pesanteur, & fera tourner le corps autour de l'axe de l'essieu. Donc (449) le centre de gravité du corps descendra toujours suivant une ligne verticale, & la partie EC du fil demeurera aussi toujours verticale. De plus, si l'on mène les horisontales AE, EP, il est évident qu'à cause de $AE=PC$, la vitesse avec laquelle le point C tournera, sera la même que la vitesse verticale du centre de gravité P.

Cela posé, soient PN l'espace que le centre de gravité P auroit parcouru en un instant par la pesanteur, si le corps étoit tombé librement ; PM l'espace que ce même point P parcourt à cause de la réaction du fil. Nommons g la gravité naturelle PN ; f la force accélératrice PM, ou la force de rotation du point C ; a le raïon PC ; P la masse du corps proposé ; S la somme des produits des molécules de ce corps par les quarrés de leurs distances à l'axe P. Le mouvement perdu par le corps P sera exprimé par $P(g-f)$. Ce mouvement tend le fil ; & comme la tension du fil est la même dans le sens EC & dans le sens CE, nous pouvons concevoir que la force $P(g-f)$ réagit dans le sens CE & qu'elle produit en conséquence le mouvement de rotation du corps autour de son centre de gravité. Donc le moment de $P(g-f)$, par rapport au centre P, est égal au moment du mouvement de rotation, autour du même centre. Ainsi on aura l'équation

$$P(g-f)a=\frac{Sf}{a} \; ; \text{ d'où l'on tire } f=\frac{gPaa}{Paa+S},$$

382   MÉCHANIQUE,

équation qui donne le rapport de la force accélératrice f à la gravité g, & qui fait voir que le centre de
gravité en defcendant, & le point C en tournant ont
des mouvements uniformément accélérés.

COROLLAIRE.

483. LA tenfion du fil EC qui eft égale au mouvement perdu par le corps P, a pour expreffion
$P(g-f)$ ou $\dfrac{g\,P.S}{P\,aa+S}$.

Par exemple, fi le corps propofé fe réduit au cercle CBD, on trouvera en évaluant la quantité S,
comme on l'a enfeigné (456), & faifant les autres
réductions, $f=\frac{2}{3}g$; & la tenfion du fil $=\dfrac{g.k\,a^2}{6}$,
en nommant k le rapport de la circonférence du
cercle à fon raïon.

PROPOSITION VIII. PROBLÊME.

484. *TOUT étant d'ailleurs le même que dans le*
problême précédent, fuppofons (Fig. 187) que le fil,
au lieu d'être arrété en E, *paffe fur une poulie fixe* V,
& même, s'il eft néceffaire, fur une feconde poulie Z
de renvoi; & qu'un corps pefant Q *foit attaché à fon*
extrêmité Q: *on demande les expreffions des forces*
accélératrices des deux corps Q *&* P?

Soient les petits efpaces égaux QK, PN ceux
que les deux corps auroient parcourus en un inftant
par leur pefanteur naturelle; QH, PM les efpaces
qu'ils parcourent réellement par leur mouvement
forcé. Nommons g la gravité naturelle QK ou PN;
q la force accélératrice QH; p la force accélératrice PM; f la force de rotation du point C; a le
raïon PC; S la fomme des produits des molécules

du corps P par les quarrés de leurs diſtances à l'axe P.

Cela poſé, 1°. le mouvement perdu par le corps Q, qui peut être cenſé dirigé ſuivant CE, agit ſur le centre de gravité P du corps P, de la même manière que ſi le fil paſſoit par ce point (449). Ainſi il eſt évident qu'on aura, $Q \times HK = P \times MN$, ou bien (A) $Q(g-q) = P(g-p)$.

2°. Le moment de la tenſion du fil CE, ou du mouvement perdu par le corps Q, relativement au centre P, doit être égale au moment du mouvement gagné par le corps P en tournant autour du même point P. Ainſi on aura l'équation (B) $Q(g-q)a = \dfrac{Sf}{a}$.

3°. On remarquera que ſi le centre P étoit fixe, on auroit $f = q$; mais, puiſque le point C deſcend de la quantité p dans le tems que le point Q deſcend de la quantité q, il eſt clair qu'on aura (C) $f = q + p$.

Comparant enſemble les trois équations (A), (B), (C), & dégageant les trois inconnues, on trouvera,
$$q = \frac{g.[P.Qaa - (P-Q).S]}{P.Qaa + (Q+P).S};$$
$$p = \frac{g.[P.Qaa + (P-Q).S]}{P.Qaa + (Q+P).S};$$
$$f = \frac{2gP.Qaa}{P.Qaa + (Q+P).S}.$$

On voit que tous les mouvements, progreſſifs ou de rotation, ſont uniformément accélérés.

Corollaire I.

485. Ces formules font connoître tout ce qui peut arriver aux mouvements des deux corps proposés. Si l'on a $(P-Q)S = P.Qaa$, ou bien $p = \dfrac{P.S}{Paa + S}$, on aura $q = 0$. Alors le corps Q

ne montera ni ne defcendra. Ce corps ferà par rap-port au corps P la même fonction que faifoit le point fixe E dans le problême précédent ; & on aura

$$g Q = P(g - p) = \frac{g^4 P . S}{P a a + S}.$$

Si l'on a $(P - Q)S > P . Q a a$, ou $Q < \frac{P . S}{P a a + S}$, le corps Q montera, au lieu de defcendre comme on l'a fuppofé, parce qu'alors la valeur de q devient négative.

Si l'on a $Q . S > P . Q a a + P . S$, ou $Q > \dfrac{S . P}{S - P a a}$, le poids P montera, au lieu de defcendre comme on l'a fuppofé, parce qu'alors la valeur de P eft négative.

Corollaire II.

486. Le fil $CEVZXQ$ eft également tendu dans tous fes points, & fa tenfion eft égale au mouvement perdu par le corps Q ; elle a par conféquent pour expreffion $Q(g - q)$, ou $\dfrac{2 g . Q . P . S}{P . Q a a + (Q + P)S}$.

Si on veut connoître la preffion que fupportera le centre de chaque poulie, on verra, comme dans l'article 479, que fi l'on nomme m l'angle que forment enfemble deux cordons tangents à l'une des poulies, la preffion du centre de cette poulie fera exprimée par $\dfrac{2 g . Q . P . S}{P . Q a^2 + (Q + P)S} \times \dfrac{\text{fin. } m}{\text{fin. } \frac{1}{2} m}$.

Proposition IX. Lemme.

487. *Si l'on a (Fig. 188) un fyftême quelconque de corpufcules* A, B, C, *&c, folidement liés entr'eux d'une maniere quelconque, & fitués ou non fitués dans*

un

un même plan ; je dis que la somme des produits de tous ces corpuscules par les quarrés de leurs distances à un axe quelconque H qui ne passe pas par le centre de gravité du systême, est égale à la somme des produits des mêmes corpuscules par les quarrés de leurs distances à un axe passant par le centre de gravité & parallèle au premier, plus au produit de la somme des corpuscules multipliée par le quarré de la distance des deux axes.

Que les corps proposés soient situés ou non dans un même plan, nous pouvons concevoir que tout le systême est projetté orthogonalement sur un même plan perpendiculaire à l'axe H; car les lignes que nous avons besoin de considérer conserveront dans cette projection leurs grandeurs réelles & leurs positions respectives. Je suppose donc que les corps A, B, C, &c, soient situés dans un même plan perpendiculaire à l'axe proposé H; d'où il résulte que cet axe est représenté par un point. Que le point G représente un axe passant par le centre de gravité du systême, & parallèle à l'axe H: il est question de démontrer que si l'on mène les droites AH, BH, CH, &c, AG, BG, CG, &c, on aura $A \times (AH)^2 + B \times (BH)^2 + C \times (CH)^2 + \&c = A \times (AG)^2 + B \times (BG)^2 + C \times (CG)^2 + \&c + (A + B + C + \&c) \times (GH)^2$.

Prolongez la droite GH; & des points A, B, C, &c, abaissez sur GH & sur son prolongement les perpendiculaires AN, BE, CM, &c. Le triangle AGH donne (Géom. 189) $(AH)^2 = (AG)^2 + (GH)^2 - 2\, GH \times GN$, & par conséquent $A \times (AH)^2 = A \times (AG)^2 + A \times (GH)^2 - A \times 2\, GH \times GN$.

Le triangle obtusangle BGH donne (Géom. 186)

$(BH)^2 = (BG)^2 + (GH)^2 + 2GH \times GE$, & par conséquent $B \times (BH)^2 = B \times (BG)^2 + B \times (GH)^2 + B \times 2GH \times GE$.

Le triangle CGH donne (Géom. 189) $(CH)^2 = (CG)^2 + (GH)^2 - 2GH \times GM$, & par conséquent $C \times (CH)^2 = C \times (CG)^2 + C \times (GH)^2 - C \times 2GH \times GM$.

Ainsi de suite, s'il y avoit un plus grand nombre de corps. Par conséquent on aura (A) $A \times (AH)^2 + B \times (BH)^2 + C \times (CH)^2 + \&c = A \times (AG)^2 + B \times (BG^2)^2 + C \times (CG)^2 + A \times (GH)^2 + B \times (GH)^2 + C \times (GH)^2 - A \times 2GH \times GN + B \times 2GH \times GE - C \times 2GH \times GM + \&c$. Or le point G étant le centre de gravité du système, on a (96) $B \times EG = A \times NG + C \times MG$; & par conséquent on aura $B \times 2GH \times GE = A \times 2GH \times GN + C \times 2GH \times GM$, ou bien $B \times 2GH \times GE - A \times 2GH \times GN - C \times 2GH \times GM = 0$. Ainsi l'équation (A) se réduit à celle-ci, $A \times (AH)^2 + B \times (BH)^2 + C \times (CH)^2 + \&c = A \times (AG)^2 + B \times (BG)^2 + C \times (CH)^2 + \&c + (A + B + C + \&c) \times (GH)^2$.

COROLLAIRE.

488. Il est clair que cette démonstration s'applique à un corps de grandeur quelconque, puisqu'il est permis de regarder ce corps comme le système d'une infinité de corpuscules A, B, C, &c. On peut donc poser ce principe général: *la somme des produits des particules d'un corps quelconque par les quarrés de leurs distances à un axe qui ne passe pas par le centre de gravité, est égale à la somme des produits des mêmes particules par les quarrés de leurs distances à un axe passant par le centre de gravité & parallèle au premier, plus au produit de la masse entière du corps multipliée par le quarré de la distance des deux axes.*

Proposition X. Problême.

489. *Supposons* (Fig. 189) *un corps placé sur une table horisontale, ou flottant sur un fluide, & représenté par la droite* AB *qui passe par son centre de gravité : il s'agit de trouver une courbe* MKM' *(qu'il faut regarder comme une petite verge inflexible, liée inébranlablement au corps) telle que plaçant & fixant sur sa circonférence de petits corps égaux, l'angle de rotation que produit autour du centre de gravité de tout le système une force* F *qui frappe ou pousse perpendiculairement* AB *, demeure toujours le même ?*

On voit (449) que la force F imprimera à la verge deux mouvements, l'un de translation parallèle à sa direction, l'autre de rotation autour du centre de gravité. Le premier mouvement sera toujours le même, quelles que puissent être les places des petits corps qu'on veut ajouter au corps proposé : mais toutes ces places ne sont pas indifférentes relativement au mouvement de rotation, & il s'agit de trouver la courbe qui en est *le lieu géométrique*, suivant les conditions du problême. Or il est clair d'abord que la courbe cherchée $M K M'$ doit être divisée en deux parties égales & semblables par la droite AB, & qu'en la formant il faudra, à chaque opération, placer de part & d'autre de AB deux corps égaux dans les deux points symmétriques M & M', ou ce qui revient au même, partager un petit corps donné en deux parties égales, & placer ces deux parties aux points M & M' respectivement. Soit pris le point fixe K pour l'origine de la courbe ; & soient $K P$, $P M$ ou $P M'$ les coordonnées pour le point M ou M'. Soient G le centre de gravité du corps avant l'addition des deux nouveaux corps égaux aux points M & M' ; g le centre de gravité après l'addition de ces deux corps ; bxc l'angle de rotation du corps AB.

Nommons
- la distance FG de la force F au centre de gravité primitif G...a,
- GK.........................c,
- la masse du corps AB, avant l'addition des deux nouveaux corps...P,
- chacun des deux nouveaux corps..p,
- la somme des produits des particules de P par les quarrés de leurs distances au centre de gravité primitif.....................S ;
- la somme des produits des particules du systême $(P+2p)$ par les quarrés de leurs distances au nouveau centre de gravité g.....Z,
- l'angle de rotation bxc pour le raïon 1....................u,
- KP.........................x,
- PM.........................y.

On aura, par la propriété du centre de gravité,
$$Gg=\frac{2p(c-x)}{P+2p}\,;\ \text{donc}\ Fg=a+\frac{2p(c-x)}{P+2p}.$$
Le triangle rectangle GPM donne $(GM)^2$ ou $(GM')^2=yy+(c-x)^2$. Donc la somme des produits des particules de tout le systême $P+2p$, par les quarrés de leurs distances au centre de gravité primitif G, aura pour expression $S+2p[yy+(c-x)^2]$. Mais, puisque le point g est le centre de gravité actuel, il est clair qu'on a, par l'article précédent, $S+2p[yy+(c-x)^2]=Z+(P+2p)\times(Gg)^2=$

$Z + \dfrac{4p^2(c-x)^2}{P+2p}$; ce qui donne $Z = S +$

$\dfrac{2Pp(yy+(c-x)^2)+4p^2y^2}{P+2p}$. Or le moment de

la force F, par rapport au centre de gravité g, doit être égal au moment du mouvement gagné par le syftême $P+2p$ autour du même point. Ainfi on aura

$F \times Fg = \dfrac{Z \times u}{1}$, ou bien $F\left(a+\dfrac{2p(c-x)}{P+2p}\right) =$

$u\left(S+\dfrac{2Pp(yy+(c-x)^2)+4p^2y^2}{P+2p}\right)$; & par

conféquent . . . .

$$u = \frac{F[a(P+2p)+2p(c-x)]}{S(P+2p)+2Pp(c-x)^2+(2Pp+4p^2)y^2}.$$

Or, fuivant les conditions du problême, l'angle u doit être toujours le même, quels que foient les deux points de la courbe où l'on place fymmétriquement les deux nouveaux corps ; il fera donc le même pour les deux points M & M', que fi on plaçoit les deux nouveaux corps au point K regardé comme double, où l'on a $x=0$, $y=0$, & par conféquent

$u = \dfrac{F(a(P+2p)+2pc)}{S(P+2p)+2Ppc^2}$. Egalant donc entr'elles

les deux valeurs de u, & divifant chaque membre par F, on aura . . . .

$$\frac{a(P+2p)+2p(c-x)}{S(P+2p)+2Pp(c-x)^2+(2Pp+4p^2)y^2} =$$
$$\frac{a(P+2p)+2pc}{S(P+2p)+2Ppc^2}$$; d'où l'on tire (en faifant pour

abréger $P+2p=q$),

$$\frac{q}{P}y^2 = \left(\frac{2acPq+2Ppc^2-Sq}{P(aq+2pc)}\right)x-xx;$$

équation d'une ellipfe dont l'axe des x a pour valeur

$$\frac{2\,ac\,P\,q + 2\,P\,p\,c^2 - S\,q}{P\,(\,aq + 2pc\,)}$$, & pour paramètre, . . .

$$\frac{2\,ac\,P\,q + 2\,P\,p\,c^2 - S\,q}{q\,(\,aq + 2pc\,)}$$. Cette ellipse diffère peu d'un cercle, parce que p étant fort petit en comparaison de P, il s'en faut peu qu'on n'ait $\frac{q}{P} = 1$.

Ce problême est utile dans l'arrimage des vaisseaux, lorsque pour diminuer les mouvements de roulis ou de tangage, ou pour remplir quelqu'autre objet, on a besoin de transposer certains poids d'une place à l'autre, & qu'on ne veut pas néanmoins que ce changement en fasse naître aucun dans le mouvement de rotation que produit l'action du gouvernail. J'ai traité amplement cette matière dans mes deux pièces qui ont partagé les prix de l'Académie pour les années 1761 & 1765.

CHAPITRE V.

Considérations mathématiques & physiques sur les Machines en mouvement.

490. LE choix qu'on fait d'une machine pour produire un certain effet doit être subordonné à la nature de cet effet. S'il est question de remuer un gros poids, de le faire glisser ou rouler sur le terrein, on employe un simple levier; s'il faut tirer de l'eau d'un puits, on y parvient au moyen d'une corde qui soutient le seau, & qui va passer sur une

poulie, &c. Il en eſt de même dans les autres cas. Quelquefois les circonſtances locales ne permettent pas d'employer la machine qui conſidérée en elle-même feroit la plus propre à remplir complettement l'effet qu'on ſe propoſe. Mais du moins, avec une bonne théorie & un peu d'uſage, on trouvera tou-jours la machine qui dans l'état donné des choſes, ſera de la pratique la plus avantageuſe. Il ne s'agit plus que d'apprécier exactement ſon produit.

491. D'après les principes établis dans la pre-mière Partie de cet Ouvrage, on eſt en état de déterminer l'équilibre d'une machine quelconque, ſimple ou compoſée. Ainſi connoiſſant la force qu'on peut appliquer à une machine, on connoîtra la me-ſure de la réſiſtance qui lui fait équilibre ; ou bien réciproquement, connoiſſant la réſiſtance, on con-noîtra la force. J'énonce cette propoſition alterna-tive, parce qu'on ne peut pas toujours deſcendre de la cauſe à l'effet, & qu'on eſt quelquefois obligé de remonter de l'effet à la cauſe.

492. Suppoſons donc qu'on ait calculé l'équilibre d'une machine, c'eſt-à-dire la proportion qui doit ſe trouver entre la puiſſance & la réſiſtance, pour que la machine, actuellement en repos, ſoit prête à prendre du mouvement, ſi l'on vient à augmenter l'une de ces deux forces. Imaginons qu'on augmente la puiſſance : le mouvement naîtra peu-à-peu, & s'accélérera par degrés. Cette accélération durera tant que la puiſſance ſera plus forte que la réſiſtance. Mais ſi par quelque cauſe que ce ſoit la puiſſance vient à diminuer, ou que la puiſſance demeurant la même, la réſiſtance vienne à augmenter, l'accélération di-minuera ; & lorſque la puiſſance & la réſiſtance au-ront les valeurs ſimplement requiſes pour l'équilibre, le mouvement deviendra uniforme ; il demeurera tel

B b iv

en vertu de l'inertie de la matière ; la puiſſance ne fera plus à chaque inſtant que combattre les coups ſans ceſſe renaiſſants de la réſiſtance.

493. Les machines mues par le choc de l'eau offrent un exemple bien ſenſible de la diminution de la force, à meſure que le mouvement s'accélère. Car qu'un fluide aille choquer un corps en repos, il le preſſera de toute ſa force & le choc ſera le plus grand, qu'il eſt poſſible. Maís ſi le corps vient à céder, le choc diminuera peu-à-peu, & lorſque le corps aura acquis enfin la même viteſſe que le fluide, il n'y aura plus de choc. Le mouvement du corps choqué s'accélère donc de moins en moins, & parvient bien-tôt à l'uniformité. Nous examinerons la nature de ce mouvement dans l'Hydrodynamique ; & alors nous déterminerons tout ce qui eſt relatif à l'action des machines mues par le choc ou par le poids de l'eau.

494. Conſidérons ici une machine d'une autre eſpèce ; celle de la Figure 111 ou 112, laquelle eſt mue par un homme qui marche dans un grand tambour, & qui fait monter un poids P au moyen d'une corde qui s'enveloppe ſur un cylindre. En nommant g la gravité ; H, la maſſe de l'homme, & a ſon bras de levier par rapport à l'axe de mouve-ment ; P, la maſſe du poids élevé, & b ſon bras de levier ; S, la ſomme des produits des molécules de la machine, qui ont un mouvement rotatoire, par les quarrés de leurs diſtances à l'axe de rotation : on trouvera, par la méthode de l'article 480, que la force accélératrice de l'homme, pour un inſtant donné, c'eſt-à-dire l'eſpace qu'il ſera capable de parcourir verticalement dans le même tems qu'un corps grave parcourroit l'eſpace g en vertu de la peſanteur naturelle, a pour expreſſion . . . .

Fig. 111 & 112.

$g \times \dfrac{(Haa - Pab)}{Haa + Pbb + S}$. D'où l'on voit que si l'on

a $Ha = Pb$, il y aura équilibre ; mais que si l'on

a $Ha > Pb$, le mouvement s'accélérera.

L'homme entrant dans la roue s'éloigne, dans le sens convenable, de la verticale qui répond à l'axe de la machine : tant que sa distance à cette ligne n'excède pas $\dfrac{Pb}{H}$, il n'engendre point de mouvement ; mais comme il cherche à en produire, il se portera à une distance plus grande que $\dfrac{Pb}{H}$. Or à l'instant qu'il passe la limite $\dfrac{Pb}{H}$, le mouvement commence & s'accélère. Il augmenteroit de plus en plus, si l'homme pouvoit s'éloigner de plus en plus de la verticale proposée, ou même rester constamment en-delà du point d'équilibre. Mais pour cela il faudroit qu'il pût accélérer sa propre marche à raison de l'accélération du plancher mobile qui le soutient. Or il n'a pas une telle faculté ; car s'il prenoit trop de vitesse, il seroit bientôt épuisé de fatigue & absolument hors d'état de continuer sa marche. S'il s'est donc porté d'abord en avant du point d'équilibre, il y revient lorsque la roue a une vitesse compatible avec celle qui lui permet de soutenir le travail qu'on exige de lui ; travail qui dépend de la force naturelle de l'homme & du tems qu'il doit durer. Alors l'homme étant ainsi parvenu à se placer dans la roue au point d'équilibre, ce qui s'exécute toujours dans un tems assez court, il ne fait plus qu'entretenir le mouvement qu'il a produit d'abord par son action en avant du point d'équilibre. Le mouvement se perpétue donc uniformément, puisque l'homme est maintenant en équilibre avec l'effort de la résistance qui se répete

fans ceffe comme l'action de la pefanteur. Du refte je
n'entends pas ici une *uniformité* rigoureufe & abfolue ; car on fent que dans l'état phyfique des chofes,
il n'eft pas poffible que l'homme fe place fans ceffe
exactement dans le point d'équilibre ; il pourra s'en
éloigner alternativement de part & d'autre, ce qui
accélérera ou retardera le mouvement, mais ces variations feront légères, & n'empêcheront pas que le
mouvement ne puiffe être regardé fenfiblement comme uniforme.

Si on veut avoir égard au frottement & à la roideur
de la corde, il faudra diminuer l'effort de l'homme,
de la quantité équivalente à ces deux réfiftances.

Suppofons, pour rendre fenfibles ces obfervations
générales, que par une évaluation exacte ou du moins
approchée des quantités a, b, H, P, S, on trouve
que l'expreffion $\dfrac{Haa - Pab}{Haa + Pbb + S}$, qui repréfente
toujours un nombre abfolu, fe réduife à la fraction
$\frac{1}{400}$. De plus, fuppofons qu'il fe foit écoulé 1 minute
depuis l'inftant que la machine a commencé à fe
mouvoir jufqu'à celui où elle eft parvenue à la viteffe
qu'elle conferve uniformément. Puifque fuivant la
Table II de l'article 387, un corps qui tombe librement par fa pefanteur pendant 1 minute, acquiert
une viteffe capable de lui faire parcourir uniformément 1810 pieds en 1 feconde ; il eft clair que dans
le cas préfent, l'homme, qui a acquis une viteffe
400 fois moindre, fera capable de parcourir uniformément & fuivant la verticale, environ $4\frac{1}{2}$ pied en
1 feconde. Telle fera donc également la viteffe conftante avec laquelle tourne un point de la roue, fitué
à la diftance donnée a du centre. Connoiffant cette
viteffe, on connoîtra la viteffe de la circonférence
de la roue, & celle avec laquelle monte le poids P,

puifque toutes ces viteffes font proportionnelles aux raïons des arcs décrits par les points auxquels elles répondent, & qu'on eft cenfé connoître toutes les dimenfions de la machine.

495. Il en eft à peu près de même dans les machines où la force motrice étant conftante, la réfiftance augmente à mefure que le mouvement s'accélère. L'accélération ne dure qu'un certain tems; & le mouvement devient bientôt uniforme, au moins fenfiblement. Ainfi, par exemple, dans un tournebroche, mu par un poids, l'action de ce poids eft conftamment la même, pendant toute la durée du mouvement; d'où il paroît s'enfuivre que ce mouvement devroit s'accélérer fans ceffe; mais la réfiftance que le poids moteur eft obligé de combattre, augmente dans les premiers inftants : un régulateur garni de palettes qui frappent l'air & qui éprouvent de fa part d'autant plus de réfiftance qu'elles le frappent avec plus de viteffe, réduit en peu de tems le mouvement à l'uniformité. Le poids fait alors équilibre à chaque inftant à l'action combinée de toutes les réfiftances qui s'oppofent à fa defcente.

496. On employe, pour mouvoir les machines, toutes fortes d'agents, la force de l'eau, celle du vent, des refforts, des hommes, des chevaux, des bœufs, &c. Les machines en petit, telles que les montres ou les pendules, font mues ordinairement par des refforts ou par des poids; les machines en grand, comme les moulins, font mues par l'action de l'eau ou du vent, &c. Mais quelqu'agent qu'on mette en œuvre, on doit s'attacher à connoître très-exactement la force dont il eft capable, relativement aux réfiftances qu'il eft obligé de combattre, pour ne pas s'expofer quelquefois au danger de conftruire à grands frais une machine qui ne marchera point,

ou qui produira un effet fort inférieur à celui qu'on
en attendoit.

497. Parmi les agents animaux, on estime que le
travail d'un homme est environ la moitié de celui
d'un âne, la septième partie de celui d'un cheval,
&c. Ainsi toutes les fois que les circonstances le per-
mettront, on doit employer, pour mouvoir une
machine, l'âne, le cheval, préférablement à l'homme.
Mais il y a beaucoup de cas où l'on choisit l'homme,
tant à cause de son intelligence, que pour se procurer des machines plus simples, & conséquemment
moins sujettes au frottement ou aux autres résistances
qui absorbent en pure perte une partie de la force
mouvante. Examinons donc ici en peu de mots
l'action dont un homme est capable. On appliquera
facilement les mêmes principes aux autres animaux.

498. De quelque manière qu'un homme agisse
pour mouvoir une machine, nous pouvons concevoir qu'il éleve un certain poids avec une certaine
vitesse que nous supposons uniforme, car il ne s'agit
pas ici de considérer l'accélération qui a lieu dans
les premiers instants du mouvement. Ainsi l'action
qu'il exerce à chaque instant est le produit du poids
élevé par sa vitesse. D'où il résulte que le travail
total & absolu, pour un tems donné, est en raison
composée du poids élevé, de sa vitesse & du tems;
il peut donc être représenté par un certain nombre
de livres de matière élevées à une hauteur donnée
pendant un tems donné. Reste à déterminer cet effet
par la voye de l'expérience. Or, suivant le célèbre
M. Daniel Bernoulli *, un homme appliqué tous les
jours à un certain travail, & chaque jour pendant

---

* Dans sa pièce *sur le moyen de suppléer en mer à l'action
du vent*, qui remporta le prix de l'Académie en 1753.

uit heures de tems, pourra élever vingt livres à la
hauteur de trois pieds à chaque feconde, ou bien
foixante livres à la hauteur d'un pied ; ce qui fait
728000 livres à la hauteur de 1 pied pendant 8 heures. « J'ai adopté ce réfultat, pourfuit M. Bernoulli,
» fur un grand nombre d'obfervations , & avec
» toute la circonfpection requife : j'ai vu des cas où
» l'homme faifoit trois fois plus d'effet pendant cha-
» que feconde, mais il n'auroit pu foutenir ce travail
» que pendant quelques minutes de fuite. Si on ne
» vouloit impofer aux hommes que quatre heures de
» travail par jour , je crois qu'on pourroit leur don-
» ner la tâche d'élever chacun 120 livres à un pied
» de hauteur à chaque feconde de travail. Cependant
» le partage le plus conforme à la conftitution de
» l'homme eft, à mon avis , celui de huit heures de
» travail par jour » , &c.

499. On trouve dans le cours de Phyfique expérimentale du Docteur Defaguliers, quelques expériences fur la force de l'homme, mais elles ne font
pas toutes également précifes. En voici une qui peut
jetter du jour fur cette matière.

Soit un tour dont la manivelle ait 14 pouces *
de longueur, & dont le cylindre de bois foit groffi
en-deffus par des pièces ajoutées, de manière qu'elles
lui donnent une circonférence égale à celle que décrit
l'extrêmité de la manivelle, ou la main de l'homme

---

* Tom. II, pag. 594. Comme je n'ai pas l'original fous
la main, & que je me fers de la traduction du P. Pezenas,
j'ignore fi on employe ici dans les mefures le pied anglois,
ou le pied françois; fi c'eft le pied anglois, il faudra, pour
ramener les réfultats à notre manière de compter, les diminuer,
à raifon de ce que le pied anglois ne contient qu'environ $11\frac{1}{2}$
pouces du nôtre.

qui y eſt appliquée, & que par conſéquent le poids qu'on éleve au moyen d'une corde qui s'enveloppe ſur le rouleau, monte avec la même viteſſe que tourne la main de l'homme. L'expérience apprend qu'un homme ne peut pas travailler long-tems, s'il lui faut élever 30 livres; mais qu'il peut fort bien élever 25 livres pendant 6 ou 8 heures.

En faiſant faire à la manivelle 30 tours en 1 minute, & conſidérant que le diamètre du cercle décrit par l'homme eſt de 28 pouces, que par conſéquent ſa circonférence eſt d'environ 88 pouces : on verra que l'homme décrit dans 1 minute 30×88 pouces, c'eſt-à-dire 220 pieds. Par conſéquent, ſi le poids élevé eſt de 30 livres, le travail de l'homme ſera 30 livres de matière élevées à 220 pieds de hauteur en 1 minute; ou 30×220 livres, c'eſt-à-dire 6600 livres, élevées à 1 pied de hauteur en 1 minute, & par conſéquent 3168000 livres élevées à 1 pied de hauteur en 8 heures; réſultat qui ſurpaſſe beaucoup celui de M. Bernoulli.

Si tout reſtant d'ailleurs le même, le poids élevé eſt de 25 livres, le travail de l'homme ſera 5500 livres élevées à 1 pied de hauteur en 1 minute, & par conſéquent 2640000 livres élevées à 1 pied de hauteur en 8 heures.

Si le poids élevé eſt de 20 livres, le travail de l'homme ſera 4400 livres élevées à 1 pied de hauteur en 1 minute, & par conſéquent 2112000 livres élevées à 1 pied de hauteur en 8 heures.

Ce dernier réſultat qui ſe rapproche de celui de M. Bernoulli eſt le plus naturel pour un homme d'une force ordinaire. Si le travail devoit être continué pendant pluſieurs jours, il ne faudroit guère compter ſur un effet plus grand que celui qui a été déterminé par M. Bernoulli.

500. Le travail de l'homme, tel que nous venons de l'évaluer, est celui dont il est capable, en supposant qu'il exerce sa force de la manière la plus avantageuse ; car on doit bien remarquer que dans les mouvements que l'homme donne à son corps pour la production d'un effet extérieur, il ne peut pas passer une certaine vitesse, sans que son action diminue ; & que même cette vitesse a des limites assez étroites. Ainsi, par exemple, un homme pourra bien élever un poids de vingt livres avec une vitesse de trois pieds par seconde, & continuer ce travail pendant plusieurs heures ; mais il ne pourroit pas élever un poids de quatre livres avec une vitesse de quinze pieds par seconde, quoique l'effet soit le même dans les deux cas ; car on sent que la seconde vitesse est beaucoup trop grande, relativement à la constitution physique de la machine humaine. Un homme pourra élever dix livres avec une vitesse de six pieds par seconde ; mais il sera plus fatigué que s'il élevoit un poids double avec une vitesse deux fois moindre. On doit donc s'attacher, dans les machines qui doivent être mues par l'action des hommes, à proporionner tellement les bras de levier, que les hommes ne prennent pas une trop grande vitesse, si l'on veut tirer tout le parti possible de leurs forces.

501. M. Bernoulli croit que malgré l'inégalité qui peut se trouver dans les vitesses de l'homme, pourvu néanmoins que cette inégalité demeure dans certaines limites, le travail total & absolu sera toujours le même. Ainsi, selon lui, si un homme peut élever un poids de vingt livres avec trois pieds de vitesse, il pourra élever un poids de soixante livres avec un pied de vitesse, ou trente livres avec deux pieds de vitesse ; ou quinze livres avec quatre pieds de vitesse ; ou même douze livres avec cinq pieds

de vitesse ; & tout cela sans se fatiguer ni plus ni moins. D'où il conclut que tous les hommes d'une constitution égale seront également fatigués après avoir produit des effets égaux, de quelque manière que ces différents hommes ayent été employés. Il présume même que « la constitution des hommes » peut être extrêmement différente, sans que les tra- » vaux journaliers dont ils sont capables pendant un » grand nombre de jours de suite soient considéra- » blement différents. Tel homme charnu & vigou- » reux pourra peut-être faire trois ou quatre fois plus » de travail, qu'un autre décharné & d'une constitu- » tion beaucoup plus foible ne pourra faire dans un » tems égal ; mais si chacun de ces deux hommes, si » différents en vigueur, étoit appliqué pendant un » grand nombre de jours de suite à une même sorte » de travail jusqu'à se fatiguer également, je doute si » leurs effets seroient fort inégaux. » Mais ces idées de M. Bernoulli n'ont pas été adoptées généralement parmi les Méchaniciens ; elles sont combattues dans un excellent Mémoire de M. Coulomb, qui paroîtra parmi ceux de l'Académie.

502. Si on connoissoit exactement la loi suivant laquelle la force de l'homme varie lorsque sa vitesse varie ; on pourroit déterminer, dans chaque machine particulière, la vitesse ou le bras de levier qu'il faut donner à l'homme, pour que l'effet résultant de son travail soit un *maximum*.

Supposons, par exemple, que la force de l'homme diminue en même raison que sa vitesse augmente. Soit F la force absolue que l'homme en repos est capable d'exercer contre un poids, pendant un tems donné, tel que huit heures ; & supposons que lors- qu'il se meut avec la vitesse V, il perde tout l'exercice de cette force. Il est clair que lorsqu'il se mouvra

avec

avec une vitesse u, moindre que V, il perdra une partie de sa force absolue F, exprimée par $\dfrac{F u}{V}$. Par conséquent il n'exercera plus contre la machine qu'une force exprimée par $F - \dfrac{F u}{V}$, ou par $F\left(1 - \dfrac{u}{V}\right)$. Nommons a le bras de levier de cette force; P, le poids élevé, b son bras de levier, U sa vitesse. Le mouvement étant parvenu à l'uniformité, on aura $F\left(1 - \dfrac{u}{V}\right)a = Pb$, ou bien (en observant qu'on a la proportion $a : b :: u : U$, & mettant u pour a, U pour b), $F\left(1 - \dfrac{u}{V}\right)u = PU$.

Or, PU représente l'effet de l'homme pour un tems donné. Donc si l'on veut que cet effet soit un *maximum*, $F\left(1 - \dfrac{u}{V}\right)u$ en sera aussi un; & comme F & V sont des quantités constantes & supposées données, la question se réduit à faire en sorte que la quantité $Vu - uu$ soit un *maximum*. Or, si l'on suppose que V représente le diamètre d'un cercle, u une abscisse prise sur ce diamètre, on verra que $\sqrt{[Vu - uu]}$ représentera l'ordonnée correspondante, & que cette ordonnée ou son quarré deviendra un *maximum*, lorsqu'on aura $u = \dfrac{V}{2}$. La vitesse qu'il faut donner à l'homme doit donc être la moitié de celle qui lui enlève tout l'exercice de sa force. Ainsi, si V est une vitesse de 10 pieds par seconde, u sera une vitesse de 5 pieds par seconde; si V est une vitesse de 8 pieds par seconde, u sera une vitesse de 4 pieds par seconde; &c.

Cc

Subſtituant pour u ſa valeur $\dfrac{V}{2}$ dans l'équation générale $PU = F\left(1 - \dfrac{u}{V}\right)u$, on aura $PU = \dfrac{FV}{4}$, qui eſt l'expreſſion du plus grand effet de la machine.

Je ne donne ces calculs que pour des exemples purement hypothétiques ; car il faut avouer que cette matière a beſoin encore de quelques nouvelles expériences pour être pleinement éclaircie.

F I N.

NOTES
SUR PLUSIEURS ENDROITS.

LE Traité précédent est à la portée de tous les Lecteurs instruits dans l'Arithmétique, l'Algèbre & la Géométrie élémentaire. Les notes suivantes sont destinées à étendre certaines théories, au moyen des Calculs différentiel & intégral, ou à faire quelques applications de la Méchanique à la pratique : recherches qui auroient trop interrompu la chaîne des propositions dont le corps de l'Ouvrage est composé, si on les avoit insérées dans les endroits auxquels elles se rapportent.

NOTE I. STAT. CHAP. II. PAG. 110.

Manière générale de trouver les centres de gravité des lignes, des superficies & des solides, dont la nature est exprimée par une équation.

1. J'AI donné dans le Chapitre cité les principes généraux pour trouver les centres de gravité ; & j'ai appliqué, dans les articles 101, 102, 103, &c, ces principes à quelques figures ou corps géométriques. Ici je me propose de déterminer, au moyen du calcul intégral, les centres de gravité de toutes sortes

de figures ou de corps, lorfque la loi de leur génération eft donnée par une équation.

II. On trouve en général le centre de gravité d'une ligne, d'une fuperficie ou d'un folide, en cherchant, au moyen de l'équation qui en exprime la nature, la diftance de ce point à des lignes ou axes donnés de pofition dans l'efpace ; axes qu'il eft à propos de fuppofer perpendiculaires entr'eux, pour la plus grande fimplicité des réfultats. Soit donc une courbe quelconque AM (Fig. 190) rapportée aux coordonnées perpendiculaires AP, PM. Qu'on mène l'ordonnée pm infiniment voifine de PM. Nous prendrons pour axes de moments les droites AZ, AH, dont la première tombe fur l'abfciffe AP, la feconde lui eft perpendiculaire, ou parallèle à l'ordonnée PM; & nous fuppoferons toujours $AP=x$, $PM=y$, $Pp=dx$, $Rm=dy$, $Mm=ds$, le rapport de la circonférence au raïon $=k$.

III. Problême I. *Trouver le centre de gravité de l'aire* APM *comprife entre l'abfciffe, l'ordonnée & l'arc* AM?

Soit G le point cherché; & menons les perpendiculaires GO, GQ à nos deux axes. Il eft clair que l'aire du trapèze élémentaire $PMmp$ eft exprimée par $y\,dx$; que fon moment par rapport à AZ eft $\frac{y}{2}\,xy\,dx$ ou $\frac{yy\,dx}{2}$; & que fon moment, par rapport à AH eft $xy\,dx$. Ainfi (96) nous aurons $GO \times APM$, ou $GO \times \int y\,dx = \int \frac{yy\,dx}{2}$;

$GQ \times APM$, ou $GQ \times \int y\,dx = \int xy\,dx$. Donc

$$GO = \frac{\int yy\,dx}{2\int y\,dx}, \quad \& \quad GQ = \frac{\int xy\,dx}{\int y\,dx}.$$

D'où l'on voit qu'en exprimant en fonctions d'une

même variable, à l'aide de l'équation de la courbe, les quantités qui sont sous les signes d'intégration ; effectuant les intégrations, soit exactement, soit au moins par approximation, on connoîtra les droites GO, GQ, & par conséquent la position du centre de gravité G.

Par exemple, soit la courbe proposée une parabole dont l'équation est $yy = px$, p étant le paramètre. On aura $dx = \dfrac{2\,y\,dy}{p}$, $\int y\,dx = \int \dfrac{2yy\,dy}{p} = \dfrac{2y^3}{3p}$, $\int \dfrac{yy\,dx}{2} = \int \dfrac{y^3\,dy}{p} = \dfrac{y^4}{4p}$, $\int x\,y\,dx = \int \dfrac{2y^4\,dy}{pp} = \dfrac{2y^5}{5p^2}$. Donc, $GO = \frac{3}{5}y$, & $GQ = \dfrac{3yy}{5p} = \frac{3}{5}x$.

IV. PROBLÊME II. *Trouver le centre de gravité de l'arc quelconque* AM?

L'arc élémentaire Mm est exprimé par ds ou par $\sqrt{(dx^2 + dy^2)}$; son moment par rapport à AZ est $Mm \times MP$, ou $y\sqrt{(dx^2 + dy^2)}$; & son moment par rapport à AH est $Mm \times PA$, ou $x\sqrt{(dx^2 + dy^2)}$. Donc, en supposant que le point G soit le centre de gravité de l'arc fini AM, & menant GO, GQ perpendiculaires aux axes de moments, nous aurons (96) $GO \times AM$, ou $GO \times \int \sqrt{(dx^2 + dy^2)} = \int y\sqrt{(dx^2 + dy^2)}$; $GQ \times AM$, ou $GQ \times \int \sqrt{(dx^2 + dy^2)} = \int x\sqrt{(dx^2 + dy^2)}$. D'où l'on tire $GO = \dfrac{\int y\sqrt{(dx^2 + dy^2)}}{\int \sqrt{(dx^2 + dy^2)}}$, & $GQ = \dfrac{\int x\sqrt{(dx^2 + dy^2)}}{\int \sqrt{(dx^2 + dy^2)}}$.

Soit toujours la courbe une parabole dont l'équation est $yy = px$. En mettant pour x sa valeur

$\frac{yy}{p}$, pour dx^2 fa valeur $\frac{4yy\,dy^2}{pp}$, les valeurs de GO & de GQ deviendront, $GO = \dots\dots$
$\frac{\int y\,dy\sqrt{(pp+4yy)}}{\int dy\sqrt{(pp+4yy)}}$; $GQ = \frac{\int yy\,dy\sqrt{(pp+4yy)}}{\int p\,dy\sqrt{(pp+4yy)}}$.
Refte à effectuer les intégrations indiquées par les fignes $\int$. Or,

1°. L'intégrale de $y\,dy\sqrt{(pp+4yy)}$ eft $\dots$
$\frac{(pp+4yy)^{\frac{3}{2}}}{12} + A$. La conftante A doit être telle que l'intégrale s'évanouiffe, lorfque $y = 0$. Ainfi l'intégrale complette eft $\frac{(pp+4yy)^{\frac{3}{2}} - p^3}{12}$.

2°. Pour intégrer $dy\sqrt{(pp+4yy)}$, on fera $pp+4yy = \zeta\zeta$; ce qui donne $y = \frac{\sqrt{(\zeta\zeta-pp)}}{2}$,
$dy = \frac{\zeta\,d\zeta}{2\sqrt{(\zeta\zeta-pp)}}$, $dy\sqrt{(pp+4yy)} = \frac{\zeta\zeta\,d\zeta}{2\sqrt{(\zeta\zeta-pp)}}$. Mais $d[\zeta\sqrt{(\zeta\zeta-pp)}] = d\zeta\sqrt{(\zeta\zeta-pp)} + \frac{\zeta\zeta\,d\zeta}{\sqrt{(\zeta\zeta-pp)}} = \frac{2\zeta\zeta\,d\zeta}{\sqrt{(\zeta\zeta-pp)}}$
$- \frac{pp\,d\zeta}{\sqrt{(\zeta\zeta-pp)}}$; & par conféquent $\frac{\zeta\zeta\,d\zeta}{2\sqrt{(\zeta\zeta-pp)}}$
$= \frac{d[\zeta\sqrt{(\zeta\zeta-pp)}]}{4} + \frac{pp\,d\zeta}{4\sqrt{(\zeta\zeta-pp)}} = \dots$
$\frac{d[\zeta\sqrt{(\zeta\zeta-pp)}]}{4} + \frac{pp}{4}\left(\frac{d\zeta + \frac{\zeta\,d\zeta}{\sqrt{(\zeta\zeta-pp)}}}{\zeta+\sqrt{(\zeta\zeta-pp)}}\right)$

Donc $\int \frac{\zeta\zeta\,d\zeta}{2\sqrt{(\zeta\zeta-pp)}}$, ou $\int dy\sqrt{(pp+4yy)} = $
$\frac{\zeta\sqrt{(\zeta\zeta-pp)}}{4} + \frac{pp}{4} L.[\zeta+\sqrt{(\zeta\zeta-pp)}] +$

$$A = \frac{y\sqrt{(pp+4yy)}}{2} + \frac{pp}{4}\,\mathrm{L}.\,[\sqrt{(pp+4yy)}$$

$$+2y] + A = \frac{y\sqrt{(pp+4yy)}}{2} + \frac{pp}{4}\times$$

$$\mathrm{L}.\left(\frac{\sqrt{(pp+4yy)}+2y}{p}\right),$$ en déterminant la conſt-

ante A par la condition que l'intégrale s'évanouiſſe, lorſque $y=0$.

3°. Pour intégrer $yy\,dy\sqrt{(pp+4yy)}$, on ob-

ſervera que $d[y(pp+4yy)^{\frac{3}{2}}] = dy(pp+$

$4yy)^{\frac{3}{2}} + 12yy\,dy(pp+4yy)^{\frac{3}{2}} = pp.dy\sqrt{(pp+}$

$4yy) + 16yy\,dy\sqrt{(pp+4yy)}$; & par conſé-

quent $\int yy\,dy\sqrt{(pp+4yy)} = \frac{y(pp+4yy)^{\frac{3}{2}}}{16} -$

$$\frac{pp}{16}\int dy\sqrt{(pp+4yy)} = \frac{y(pp+4yy)^{\frac{3}{2}}}{16} -$$

$$\frac{p^2 y\sqrt{(pp+4yy)}}{32} - \frac{p^4}{64}\,\mathrm{L}.\left(\frac{\sqrt{(pp+4yy)}+2y}{p}\right)$$

$$= \frac{(p^2 y + 8y^3)\sqrt{(pp+4yy)}}{32} - \frac{p^4}{64}\times$$

$$\mathrm{L}.\left(\frac{\sqrt{(pp+4yy)}+2y}{p}\right).$$

Il réſulte de tous ces calculs qu'on aura

$$GO = \frac{(pp+4yy)^{\frac{3}{2}} - p^3}{6y\sqrt{(pp+4yy)} + 3p^2.\mathrm{L}.\left(\frac{\sqrt{(pp+4yy)}+2y}{p}\right)}$$

$$GQ = \frac{2(p^2 y + 8y^3)\sqrt{(pp+4yy)} - p^4\mathrm{L}.\left(\frac{\sqrt{(pp+4yy)}+2y}{p}\right)}{32\,py\sqrt{(pp+4yy)} + 16p^3\,\mathrm{L}.\left(\frac{\sqrt{(pp+4yy)}+2y}{p}\right)}$$

V. PROBLÊME III. *Trouver le centre de gravité de la superficie produite par la révolution de la courbe quelconque* AM *autour de* AP?

Il est clair que le centre de gravité cherché est placé dans l'axe AP. La zone élémentaire décrite par Mm, dont la valeur est $kyds$, peut être censée avoir son centre de gravité placé au point P de l'axe AP; son moment, par rapport au point A, est donc $kxyds$. Ainsi en nommant D la distance du centre de gravité de la superficie décrite par AM, au point A,

on aura $D \times \int kyds = \int kxyds$, & $D = \dfrac{\int xyds}{\int yds}$.

Par exemple, soit AM un arc de cercle dont le raïon $= a$. On aura $y = \sqrt{(2ax - xx)}$, $ds = \dfrac{adx}{\sqrt{(2ax - xx)}}$, $\int yds = ax$, $\int xyds = \dfrac{ax^2}{2}$.

Donc $D = \dfrac{x}{2}$.

Le centre de gravité d'une zone sphérique quelconque est donc au milieu de la flèche.

VI. PROBLÊME IV. *Supposons que l'arc* AM (*Fig.* 191) *au lieu de faire une révolution entière, comme dans l'article précédent, ne fasse que la* $\dfrac{1}{n}$ *partie d'une révolution : trouver le centre de gravité de la superficie* AMM' *qu'il engendrera?*

Qu'on mène suivant l'axe AP le plan $APSN$ qui divise la surface AMM' en deux parties égales & semblables; ce plan contiendra les centres de gravité de toutes les zones élémentaires $MSM'msm$, dont la surface AMM' est composée, & par conséquent aussi le centre de gravité de cette surface elle-même. Soient, dans ce plan, V le centre de gravité de l'arc MSM', G celui de la surface AMM'; & menons

à l'axe AP les perpendiculaires VP, GK. On aura
(96) $AMM' \times GK = \int MSM' \times Mm \times VP$. Or, si

l'on tire la corde MM', & qu'on nomme $\dfrac{m}{1}$ le

rapport *connu* de cette corde au raïon PS ou PM;
on aura (109) $MSM' \times VP = MM' \times PM = $
$m \times (PM)^2$ Donc $AMM' \times GK = m \int Mm \times (PM)^2$

$= m \int yy\, ds$; & $GK = \dfrac{m \int yy\, ds}{AMM'}$.

On connoîtra donc la distance du centre de gravité G à l'axe AP. Reste à trouver la position du point K. Or il est aisé de voir que ce point est le centre de gravité de la superficie qui seroit produite par une révolution entière de l'arc AM autour de AP; car si on imagine que cette superficie est partagée en une infinité de *pans* par des plans menés suivant l'axe AP, & faisant entr'eux des angles égaux, tous ces pans égaux auront leurs centres de gravité placés sur la circonférence d'un cercle perpendiculaire à l'axe AP. Donc le centre de gravité de leur système sera placé dans cet axe. Donc, réciproquement, si par le point K supposé le centre de gravité de la superficie produite par une révolution entière de l'arc AM, on mène un plan circulaire perpendiculaire à AP, il contiendra le centre de gravité d'une partie quelconque AMM' de cette même superficie. Connoissant donc la position du point K par l'article précédent, on a tout ce qu'il faut pour trouver le centre de gravité G de la superficie AMM'.

Par exemple, soit AM un arc de cercle dont le

raïon $= a$. On aura $AMM' = \dfrac{ka.x}{n}$, $\int yy\, ds = $

$\int a\, dx \sqrt{(2ax - xx)}$ qui est l'expression de l'aire du segment APM multiplié par le raïon a. Donc

$$GK = \frac{m.n.APM}{kx};$$ d'un autre côté, on a, par

l'article précédent, $AK = \frac{x}{2}$.

Que APM soit un quart de cercle qui fasse un quart de révolution. On aura $m = \sqrt{2}$, $n = 4$, $x = a$, $APM = \frac{kaa}{8}$. Donc $GK = \frac{a}{\sqrt{2}}$, & $AK = \frac{a}{2}$.

VII. PROBLÊME V. *Trouver le centre de gravité du folide, produit par la révolution de l'aire* APM *(Fig. 190) autour de* AP?

Fig. 190.

Le centre de gravité cherché eſt placé dans l'axe AP. De plus le cylindre élémentaire produit par la révolution du petit trapèze $PMmp$, peut être cenſé avoir ſon centre de gravité placé en P. Or ce cylindre a pour valeur $\frac{ky^2dx}{2}$; ſon moment, par rapport au point A, eſt donc $\frac{kxy^2dx}{2}$. Soit D la diſtance du centre de gravité du ſolide fini, produit par APM, au point A : on aura $D \times \int \frac{ky^2dx}{2} = \int \frac{kxy^2dx}{2}$, & par conſéquent $D = \frac{\int xy^2dx}{\int y^2dx}$.

Par exemple, ſoit APM un ſegment de cercle dont le raïon $= a$. On aura $\int y^2dx = \int dx(2ax - xx) = ax^2 - \frac{x^3}{3}$, $\int xy^2dx = \int x\,dx(2ax - xx) = \frac{2ax^3}{3} - \frac{x^4}{4}$. Donc $D = \frac{8ax - 3x^2}{4(3a - x)}$.

VIII. Problême VI. *Suppofons que le fegment* APM (Fig. 191) *ne faffe que la* $\frac{1}{n}$ *partie d'une* Fig. 191.] *révolution autour de* AP: *trouver le centre de gravité de l'efpèce d'onglet* APMSM'A *qu'il engendrera ?*

Ayant mené fuivant l'axe AP le plan $APSN$ qui partage l'onglet en deux parties égales & femblables, & qui contient par conféquent fon centre de gravité & celui de fes éléments $PMSM'm'smp$; nous fuppoferons que G foit le centre de gravité de l'onglet, V celui du petit prifme $PMSM'm'smp$; & nous menerons à l'axe AP les perpendiculaires VP, GK. De plus nous tirerons la corde MM'; & nous nommerons, comme ci-deffus, m le rapport de cette corde au raïon PM. Cela pofé, on aura (en nommant O l'onglet), $O \times GK =$

$$\int \left(\frac{PM \times MSM'}{2} - \times Pp \times VP \right). \text{ Or } (111), \quad VP =$$

$$\frac{2\,MM' \times PM}{3\,MSM'}; \text{ donc } O \times GK = m \int \frac{(PM)^2 \times Pp}{3};$$

$$\text{ou bien } GK \times \int \frac{kyy\,dx}{2n} = m \int \frac{y^3\,dx}{3}, \text{ \& } GK =$$

$$\frac{2mn}{3} \times \frac{\int y^3\,dx}{\int kyy\,dx}.$$

Quant à la pofition du point K, elle fe détermine par l'article précédent, en confidérant que ce point eft néceffairement le centre de gravité du folide produit par une révolution entière de l'aire APM autour de AP.

Par exemple, foit APM un fegment de cercle dont le raïon $= a$. On aura $\int kyy\,dx = \int k(2ax -$

$$xx)\,dx = kax^2 - \frac{kx^3}{3}; \quad \int y^3\,dx = \int dx(2ax -$$

$$x x)^{\frac{3}{2}} = - \frac{(a - x)(2 a x - x x)^{\frac{3}{2}}}{4} + \frac{3 a a}{4} \times$$

$$\int d x \sqrt{(2 a x - x x)}. \text{ Ainſi } G K = \frac{2 m n}{3} \times$$

$$\frac{9 a a \int d x \sqrt{(2 a x - x x)} - 3 (a - x)(2 a x - x x)^{\frac{3}{2}}}{4 (3 k a x^2 - k x^3)}$$

& par l'article précédent, $A K = \dfrac{8 a x - 3 x^2}{4 (3 a - x)}$.

Que $A P M$ ſoit un quart de cercle qui faſſe un quart de révolution. On aura $m = \sqrt{2}$, $n = 4$, $x = a$, $\int d x \sqrt{(2 a x - x x)} = A P M = \dfrac{k a a}{8}$,

& par conſéquent $G K = \dfrac{3 a}{4 \sqrt{2}}$, $A K = \frac{5}{8} a$.

IX. Les mêmes principes ſervent à déterminer les centres de gravité des ſuperficies ou des ſolides qu'on ne peut pas regarder comme engendrés par la révolution d'une courbe. Mais alors il faut conſidérer les moments par rapport à trois plans donnés de poſition dans l'eſpace, & chercher les diſtances du centre de gravité à chacun de ces plans qu'il convient de ſuppoſer perpendiculaires entr'eux pour parvenir à des réſultats plus ſimples. La méthode eſt à cet égard la même que celle qui a été employée (69) pour trouver la poſition du centre de pluſieurs forces parallèles.

NOTE II. STAT. CHAP. III. PAG. 144.

Manière de trouver la courbure d'une chaînette attachée par ses extrémités à des points mobiles.

I. DANS les articles 172, 173, &c, j'ai regardé les chaînes d'un pont-levis comme des lignes droites. Mais à la rigueur elles s'écartent de la direction rectiligne, & on peut être curieux de connoître la nature de la courbe qu'elles forment réellement. Les différentes solutions qu'on a données jusqu'ici du problême des *chainettes*, supposent que les extrémités de la corde soient attachées à des points fixes. Ici les points d'attache sont mobiles, & prennent la position que demande l'équilibre des forces qui agissent sur la corde.

II. PROBLÊME I. *Déterminer la nature de la courbe* G V E (Fig. 192) *que forme une corde parfaitement flexible, attachée par ses extrémités aux deux points* G & E *de deux leviers* GM, EA, *qui sont mobiles autour des points fixes* K, A, *& qui sont chargés des poids* F, B, T ?

Supposons que tout le système soit parvenu à l'état d'équilibre : il est clair qu'alors les deux points G & E peuvent être regardés comme fixes. Qu'on mène l'axe horifontal K X, & les deux ordonnées infiniment voisines V S, u s, à cet axe. Par les points extrêmes G, E de la courbe, & le point V, soient menées les tangentes G N, E N, V Q, dont les deux premières se rencontrent en N, la première & la

Fig. 192.

troifième en Q; & foient élevées les verticales GO, EX, NP, QR.

$$
\text{Nommons}
\begin{cases}
\text{l'abfciffe } KS\ldots\ldots\ldots\ldots\ldots x,\\
\text{fa différentielle } Ss \text{ ou } Vh\ldots\ldots dx,\\
\text{l'ordonnée } SV\ldots\ldots\ldots\ldots\ldots y,\\
\text{fa différentielle } uh\ldots\ldots\ldots\ldots dy,\\
\text{l'arc funiculaire } GV\ldots\ldots\ldots\ldots s,\\
\text{fa différentielle } Vu\ldots\ldots\ldots\ldots ds,\\
\text{le poids du même arc } GV\ldots Q,\\
\text{la tenfion de la corde fuivant } GQ\ldots f,\\
\text{l'angle } GQR \text{ que fait la direction de}\\
\quad\text{cette force avec la verticale}\ldots\theta,\\
\text{le finus total}\ldots\ldots\ldots\ldots\ldots\ldots 1.
\end{cases}
$$

Cela pofé, il eft clair (137) qu'on aura la proportion, $Q:f::$ fin. $GQV:$ fin. RQV. Or, 1°. l'angle $GQV =$ ang. $GQR +$ ang. $RQV =$ ang. $GQR +$ 180° — ang. Vuh, & par conféquent fin. $GQV =$ fin. GQR cof. (180° — Vuh) + cof. $GQR \times$ fin.(180° — Vuh) = fin.$\theta \times \dfrac{dy}{ds} +$ cof.$\theta \times \dfrac{dx}{ds} =$

$$\frac{dx\,\text{cof.}\,\theta - dy\,\text{fin.}\,\theta}{ds}.$$

2°. L'angle $RQV =$ 180° — ang. Vuh, & fin. $RQV = \dfrac{dx}{ds}$. Nous aurons donc

$$Q:f::\frac{dx\,\text{cof.}\,\theta - dy\,\text{fin.}\,\theta}{ds}:\frac{dx}{ds};$$

& par conféquent $Qdx = f\,dx\,\text{conf.}\,\theta - f\,dy\,\text{fin.}\,\theta.$, équation fondamentale de la courbe cherchée.

III. Corollaire I. Le poids Q eft une quantité variable & dépendante de la pofition du point V. Mais les deux quantités f & θ n'en dépendent point, & doivent être regardées comme conftantes pour tous les points de la courbe. Elles font feulement indéterminées, pour le préfent, & nous verrons ci-deſſous la manière de les déterminer. Confidérons auparavant tout ce qui conſtitue la nature de notre courbe. Il peut arriver que Q ſoit une fonction, ou de x, ou de y, ou de s. Ces trois ſuppoſitions donnent pour GVE une courbe différente.

1°. Soit Q une fonction de x. L'équation fondamentale donnera $dy = \dfrac{dx(f\cos.\theta - Q)}{f\sin.\theta}$, équation ſéparée, & immédiatement intégrable ou conſtructible.

2°. De même, ſi Q eſt une fonction de y, on aura $dx = \dfrac{f\,dy\sin.\theta}{f\cos.\theta - Q}$, équation encore ſéparée.

3°. Soit Q une fonction de s. Mettons pour dx ſa valeur $V[ds^2 - dy^2]$ dans l'équation fondamentale; elle deviendra $f\,dy\sin.\theta = (f\cos.\theta - Q) \times V[ds^2 - dy^2]$; d'où l'on tire,

$$dy = \frac{ds(f\cos.\theta - Q)}{V[f^2\sin.\theta^2 + (f\cos.\theta - Q)^2]};$$

$$dx = \frac{ds(f\sin.\theta)}{V[f^2\sin.\theta^2 + (f\cos.\theta - Q)^2]}.$$

Ainſi on pourra conſtruire la courbe, puiſqu'on aura x & y en fonctions de la même variable s.

IV. COROLLAIRE II. Le cas le plus ordinaire dans la nature ſe rapporte à cette troiſième hypothèſe : c'eſt celui où la corde eſt uniforme dans ſa groſſeur. Alors on peut ſuppoſer $Q = s$, & la nature de la courbe peut s'exprimer par une équation ſéparée entre dx & dy. Car nos deux dernières équations donnent en ce cas, $\dfrac{ds(f\cos.\theta - s)}{dy} = \dfrac{ds(f\sin.\theta)}{dx}$, ou bien, $dx(f\cos.\theta - s) = dy(f\sin.\theta)$.

Différentions chaque membre de cette équation, en prenant dx pour constante : nous aurons $-dx\,ds = ddy\,(f\sin.\theta)$, ou bien $-dx = \dfrac{ddy\,(f\sin.\theta)}{\sqrt{[dx^2+dy^2]}}$, ou bien $-dy\,dx = \dfrac{dy\,ddy\,(f\sin.\theta)}{\sqrt{[dx^2+dy^2]}}$, dont l'intégrale est $A\,dx - y\,dx = f\sin.\theta\sqrt{[dx^2+dy^2]}$; équation d'où l'on tire aisément,

$$dx = \frac{dy\,(f\sin.\theta)}{\sqrt{[(A-y)^2 - f^2\sin.\theta^2]}}.$$

La constante A doit être telle qu'au point G où l'ordonnée GO est censée donnée, le sinus de l'angle Vuh, qui est toujours $\dfrac{dx}{ds}$, devienne $=\sin.\theta$. Or, à cause de $ds = \sqrt{[dx^2+dy^2]} = \sqrt{[dy^2 + \dfrac{dy^2(f\sin.\theta)^2}{(A-y)^2 - f^2\sin.\theta^2}]} = \dfrac{dy.(A-y)}{\sqrt{[(A-y)^2 - f^2\sin.\theta^2]}}$, on a généralement $\dfrac{dx}{ds} = \dfrac{f\sin.\theta}{A-y}$. Donc, en faisant $y = GO = q$, quantité supposée donnée, & $\dfrac{dx}{ds} = \sin.\theta$, on aura, $\sin.\theta = \dfrac{f\sin.\theta}{A-q}$, & par conséquent $A = q + f$. Ainsi l'équation différentielle de la courbe est, $dx = \dfrac{dy\,(f\sin.\theta)}{\sqrt{[(f+q-y)^2 - f^2\sin.\theta^2]}}$, dont l'intégrale est $x = C - f\sin.\theta\, L.(f+q-y+\sqrt{[(f+q-y)^2 - f^2\sin.\theta^2]})$.

La constante C doit être telle que $y = GO$, donne $x = KO = \pi$, quantité supposée donnée; de sorte que $x = \pi + f\sin.\theta\, L.(f + f\cos.\theta) - f\sin.\theta \times L.(f+q-y+\sqrt{[(f+q-y)^2 - f\sin.\theta^2]})$, équation finie de la courbe,

V. **Problême II.** *Déterminer la relation de toutes les quantités qui constituent l'équilibre, en continuant de regarder la corde comme uniformément pesante?*

On raisonnera semblablement dans les autres suppositions.

Nous avons déjà mené par le point K, donné de position, l'horifontale KX; menons de même par le point A, aussi donné de position, l'horizontale CAZ; abaissons la verticale KC, & prolongeons la verticale XE jusqu'en Z. Des points K & A, tirons les perpendiculaires Kd, Ab sur les tangentes extrêmes NG, NE de la courbe. Conservons toutes les dénominations précédentes, & de plus

$$
\text{Soient}
\begin{cases}
KG \dots\dots\dots\dots\dots\dots\dots\dots\dots\dots a, \\
AE \dots\dots\dots\dots\dots\dots\dots\dots\dots\dots b, \\
KI \dots\dots\dots\dots\dots\dots\dots\dots\dots\dots c, \\
KL \dots\dots\dots\dots\dots\dots\dots\dots\dots\dots g, \\
AH \dots\dots\dots\dots\dots\dots\dots\dots\dots\dots h, \\
KC \dots\dots\dots\dots\dots\dots\dots\dots\dots\dots m, \\
AC \dots\dots\dots\dots\dots\dots\dots\dots\dots\dots n, \\
\text{la longueur entière de la corde } GVE . p, \\
\text{l'angle } GKO \dots\dots\dots\dots\dots\dots\dots z, \\
\text{l'angle } ZAE \dots\dots\dots\dots\dots\dots\dots u.
\end{cases}
$$

Il est clair que conféquemment à ces suppositions, on aura

$$
\begin{aligned}
GO \text{ ou } q \dots\dots\dots\dots\dots\dots &= a \sin. z, \\
KO \text{ ou } \pi \dots\dots\dots\dots\dots\dots &= a \cos. z, \\
EZ \dots\dots\dots\dots\dots\dots\dots &= b \sin. u, \\
AZ \dots\dots\dots\dots\dots\dots\dots &= b \cos. u, \\
CZ \text{ ou } KX \dots\dots\dots\dots &= n + b \cos. u, \\
EX \dots\dots\dots\dots\dots\dots\dots &= m - b \sin. u, \\
Kg \dots\dots\dots\dots\dots\dots\dots &= c \cos. z, \\
Ke \dots\dots\dots\dots\dots\dots\dots &= g \cos. z.
\end{aligned}
$$

$$A\,t \ldots\ldots\ldots\ldots\ldots\ldots\ldots\ldots\ldots = h\text{ cof. }u\}$$

$$K\,d \ldots\ldots\ldots\ldots\ldots\ldots = a\text{ cof. }(\zeta+\theta).$$

Cela pofé, 1°. les forces appliquées au levie GKM étant en équilibre, on aura, comme dans l'article 171, $B\times K\,e = f\times K\,d + F\times K\,g$, c'eft-à-dire, (A), $Bg\text{ cof. }\zeta = fa\text{ cof. }(\zeta+\theta) + Fc\text{ cof. }\zeta$, première équation.

2°. Repréfentons par φ la tenfion de la corde fuivant EN. L'équilibre du levier AE donnera, $T\times At = \varphi\times Ab$, ou bien $Th\text{ cof. }u = \varphi\times AE\times\text{ fin. }AEb$.

Or (137), $\varphi = \dfrac{f\times\text{ fin. }GNP}{\text{fin. }ENP} = \dfrac{f\text{ fin. }\theta}{\text{fin. }NEX}$; & à caufe que l'angle $AEb = 180° -$ ang. $NEX -$ ang. AEZ, on aura fin. $AEb = $ fin. NEX cof. $AEZ +$ cof. NEX. fin. AEZ. Donc $\varphi\times AE\times$ fin. $AEb = $

$$\text{\textit{b}}f\text{ fin. }\theta\left(\text{cof. }AEZ + \text{fin. }AEZ\cdot\dfrac{\text{cof. }NEX}{\text{fin. }NEX}\right).$$

Or l'équation fondamentale (art. II.) donne ici en général, $\dfrac{dy}{dx} = \dfrac{f\text{cof. }\theta - s}{f\text{fin. }\theta}$; & il eft évident que $\dfrac{dy}{dx} = \dfrac{\text{cof. }NEX}{\text{fin. }NEX}$, lorfque $s = p$. On aura donc $\varphi\times AE\times$ fin. $AEb = bf\text{fin. }\theta\left(\text{fin. }u + \text{cof. }u\times\right.$

$$\left.\dfrac{(f\text{cof. }\theta - p)}{f\text{fin. }\theta}\right) = bf\text{ fin. }\theta\text{ fin. }u + bf\text{ cof. }\theta\text{ cof. }u -$$

$bp\text{ cof. }u = bf\text{cof. }(\theta - u) - bp\text{ cof. }u$. Mettant cette valeur dans l'équation $Th\text{ cof. }u = \varphi\times AE\times$ fin. AEb, elle deviendra (B), $Th\text{cof. }u = bf\text{ cof. }(\theta - u) - bp\text{ cof. }u$, feconde équation.

3°. L'équation fondamentale donne encore $s = $

$$\dfrac{f\,dx\text{ cof }\theta - f\,dy\text{ fin. }\theta}{dx} = f\text{ cof. }\theta - f\text{ fin. }\theta\cdot\dfrac{dy}{dx}, \text{ ou}$$

en (en mettant pour $\frac{dy}{dx}$ sa valeur. . . . . . .)

$$\frac{\sqrt{[(f + a \sin. z - y)^2 - f^2 \sin. \theta^2]}}{f \sin. \theta} \quad (IV) \Big), \; s =$$

cos. $\theta - \sqrt{[(f + a \sin. z - y)^2 - f^2 \sin. \theta^2]}$. Donc, en faisant $s = p$, $y = EX = m - b \sin. u$, on aura (C), $p = f \cos. \theta - \sqrt{[(f + a \sin. z - m + b \sin. u)^2 - f^2 \sin. \theta^2]}$, troisième équation.

4°. Enfin reprenons l'équation $x = \pi + f \sin. \theta$. $(f + f \cos. \theta) - f \sin. \theta . L. (f + q - y + \sqrt{[(f + a - y)^2 - f^2 \sin. \theta^2]})$, ou bien $x = a \cos. z + f \sin. \theta . L. (f + f \cos. \theta) - f \sin. \theta L. (f + a \sin. z - y + \sqrt{[(f + a \sin. z - y)^2 - f^2 \sin. \theta^2]})$, trouvée (art. IV); & considérons qu'à l'abscisse $KX = CZ = n + b \cos. u$, répond l'ordonnée $EX = m - b \sin. u$. Par-là nous formerons cette quatrième équation, (D), $n + b \cos. u = a \cos. z + f \sin. \theta . L. (f + f \cos. \theta) - f \sin. \theta . L. (f + a \sin. z - m + b \sin. u + \sqrt{[(f + a \sin. z - m + b \sin. u)^2 - f^2 \sin. \theta^2]})$.

Les quatre équations (A), (B), (C), (D) renferment toutes les quantités qui concernent l'équilibre de la corde avec les leviers mobiles aux extrémités desquels elle est attachée.

On doit remarquer que dans ces équations les poids B, F, T sont censés exprimés par des lignes qui leur sont proportionnelles; de même que le poids de la corde y est exprimé par la ligne p égale à la longueur entière de cette corde.

VI. Des différentes quantités qui entrent dans les équations proposées, celles qui sont relatives aux positions *données* des points K, A, & aux longueurs aussi *données* des lignes KG, KI, KL, AE, AH, sont donnés. Il y en a seulement huit; savoir, f, θ, z, u, B, F, T, p, qui peuvent être indéterminées, & si on en connoît quatre, on parviendra à

connoître les quatre autres, par la réfolution de
équations précédentes. Ce qui donne lieu à différens
problêmes. Si l'on regarde z, u, f, θ, comme les
quatre inconnues, c'eft-à-dire, fi tout le refte étant
donné, il s'agit de déterminer les pofitions des deux
leviers, la quantité & la direction de la tenfion de
la corde au point G: les calculs, quoique dépendans
de l'analyfe ordinaire, feront intraitables. Il en éft
de même dans d'autres cas. Il y a des queftions qui
donnent des réfultats affez fimples. Je ne m'étends
pas davantage fur cet fujet, qui n'appartient plus qu'à
l'analyfe.

Le cas particulier où la corde feroit attachée à
des points fixes, eft un corollaire de cette théorie.

Note III. Stat. Chap. III. Pag. 149.

Calcul numérique d'un Pont-levis.

I. LE calcul fuivant eft de feu M. de Filley,
Lieutenant Général des armées du Roi, Directeur des
fortifications à Thionville, qui joignoit à toutes les
connoiffances qui forment un Ingénieur du premier ordre, la pratique la plus confommée.

Ce calcul eft une application de la formule
Fig. 80. $T \times AH + C \times AE + F \times KI = B \times KL$ (Fig. 80),
qui a été démontrée (178). Voici donc l'ufage de
cette formule dans la pratique.

II. Les points H, I, L étant pris dans la direction
du centre de gravité du fyftême des parties qui compofent le tablier, les flèches & la bafcule, on peut
regarder le produit $T \times AH$ comme le moment du

ſyſtême de toutes les parties qui compoſent le tablier, relativement à l'axe de ſes tourillons ; le produit $I' \times KI$, comme le moment du ſyſtême de toutes les parties qui appartiennent aux flèches, par rapport à l'axe des tourillons de la baſcule ; & le produit $B \times KL$, comme le moment des parties de la baſcule, relativement au même axe. On pourra donc, à la place de ces moments, ſubſtituer les ſommes des moments particuliers qui leur ſont égales. Pour faire cette ſubſtitution, nous ſuppoſerons, dans l'exemple qui ſuit, que toutes les parties du tablier ont été déterminées, en conſéquence de ſon emplacement & de la ſolidité qu'on a cru devoir lui donner. Il en eſt de même des flèches & des branches de la baſcule, ainſi que de toutes les ferrures. Il n'y aura donc de variable que les piéces d'aſſemblage de la baſcule ; on leur donnera des dimenſions qui puiſſent ſatisfaire à l'équilibre, & qui ſeront déterminées comme on va le voir.

Nous ne nous attacherons pas dans les calculs ſuivants à une exactitude ſcrupuleuſe, les petites parties qui ſeront négligées ne pouvant être d'aucune conſéquence.

PARTIES QUI COMPOSENT LE TABLIER.

1ʳᵉ Partie.

Le talon,
longueur....1ᵗ. 4ᵖⁱ. 11ᵖᵒ.⎫
groſſeur....9ᵖᵒ. & 9ᵖᵒ.⎭ 2ſol. 0ᵖⁱ. 3ᵖᵒ.
2ſol. 0ᵖⁱ. 3ᵖᵒ. peſent, à raiſon de 21ol.
  par ſolive, ci.................. 429ˡ
Deux frettes dont le talon eſt garni,
  peſant enſemble................ 24
                                   ———
Total du poids de cette 1ʳᵉ partie... 453

Les tourillons étant placés à 3 pouces
de la face intérieure du talon, la diftance du centre de gravité de cette
partie, ou fon bras de levier fera $1^{po.\frac{1}{2}}$
& fon moment $453^{l} \times 1^{po.\frac{1}{2}} = \ldots$ 679

Les tourillons du tablier pefent enf. 720^{l}
4 boulons pour les retenir. 16
Les tourillons de la bafcule. 94
Deux platines appliquées aux faces des
branches de la bafcule pour recevoir lefdits tourillons. 48
4 boulons fervant à les fixer. . . . 23
4 boulons pour les tourillons. . . . 20

Ces parties ayant leurs centres de gravité dans l'axe
des tourillons, n'ont point de moment relativement
à cet axe. On ne donne ici leur poids que pour fervir, fi l'on vouloit, à calculer le frottement.

2ᵉ Partie.

Sept gites chacune de 10^{pieds} 6^{pouces} fans les te-
nons.

longueur enf.. $12^{t.}$ $1^{pi.}6^{po.}$ ⎫ $7^{tol.}0^{pi.}$ $10^{po.}$
grofleur. . . . . 6 & 7 ⎬

Le plancher entre la tête & le talon,
longueur. . . . . . . 1^{t} $4^{pi.}$ $6^{po.}$ ⎫
largeur. . . . . . . 1 4 4 ⎬ $6^{tol.}0^{pi.}$ $2^{po.}$
épaifleur. . . . . . 0 0 2 ⎭

Le plancher de recouvrement,
longueur. . . . . . $2^{t.}$ $0^{pi.}$ $0^{po.}$ ⎫
largeur. . . . . . . 0 2 9 ⎬ $1^{tol.}5^{pi.}$ $0^{po.}$
épaifleur. . . . . . 0 0 2 ⎭

____
15 0 0

pesant ensemble.....................3150^l.

14 goujons d'assemblage........20^l. ⎫
150 clous de 5 pouces pour les
  madriers, ci...............18   ⎬ 762
70 petites barres de rouage.....492
4 barres de recouvrement.......192
32 chevilles ou boulons à clavettes
  pour retenir lesdites barres.....40 ⎭

Total du poids de cette partie..... 3912^l.

Il est clair que le centre de gravité de cette
  partie est au centre de figure du tablier; ainsi son bras de levier sera la
  moitié de la longueur des gites, plus
  6^{po}, ci...................69^{po}.
& son moment..................... 269928.

3e Partie.

la tête,

longueur.........1^t. 4^{pi}. 4^{po}. ⎫ 1 fol. 5 pi. 8 po.
grosseur........9 & 9 ⎭
pesant......................... 407^l.
Deux frettes dont la tête est armée.... 24

  Total du poids de cette partie.... 431

Le centre de gravité de cette partie est
  éloigné de l'axe des tourillons de 136½
  pouces; ainsi son moment sera...... 58831½

4e Partie.

Les gâches à charnière pour recevoir les
  chaînes...................24^l. ⎫
4 boulons à vis & écroux pour les-   ⎬ 40
  dites gâches.................16 ⎭

Le centre de gravité de cette partie étant
d'un pouce environ en-dehors du tablier, son bras de levier sera de 142
pouces, & son moment.   5680

PARTIES QUI COMPOSENT LES FLECHES.

Quoique la diminution des flèches ne commence
qu'à 6po. en avant des tourillons pour des raisons de
solidité, nous les supposerons diminuées dans toute
leur longueur; & nous les considérerons comme composées chacune d'un parallélepipède *a*, de deux
prismes *b*, de deux prismes *c*, & de quatre pyra-
Fig. A. mides *d*, (Pl. XI, Fig. A).

1re *Partie.*

Les parallélepipèdes *a*,
longueur enf. . . . 3t 5pi. 6po. } 4fol. 2pi. 5po.   925N
grosseur. . . . . 9po. & 9po.
Leur centre de gravité est au milieu de
leur longueur; ainsi leur distance à l'axe
des tourillons de la bascule est $70^{po}\cdot\frac{1}{2}$,
& leur moment relativement à cet axe .   65212

2e *Partie.*

Les prismes *b*,
longueur. . . . . . . 1t 5pi. 9po. } 0fol. 4pi. 5po.
largeur enf. 0 0 3
hauteur. 0 0 9

Les prismes *c*,
longueur. . . . . . . 1 5 9 } 0 5 10
largeur enf. 0 0 4
hauteur. 0 0 9
____
Total. 1 4 3
pesant ensemble.   359

La diſtance du centre de gravité de cette
partie étant le tiers de la longueur des
flèches ſera de 47po. & ſon moment
ci.. 16873

3e Partie.

Les pyramides d,

longueur.......ot. opi. 2po. ⎫
largeur enſ....o   1   0   ⎬ oſol. 1pi. 4po.
hauteur.......o   3   11 ⎭
peſant................................   47

La diſtance du centre de gravité de cette
partie à l'axe des tourillons eſt le quart
de la hauteur des pyramides ou de la
longueur des flèches ; elle ſera donc de
35po. $\frac{1}{4}$, & ſon moment........... 1657

4e Partie.

L'armure du bout des flèches pour porter
les chaînes, peſant..................   105

Le bras de levier de cette partie eſt égal
à la longueur des flèches, 141po. ; ainſi
ſon moment ſera..................... 14805

PARTIES QUI COMPOSENT LA BASCULE.

1re Partie.

Les branches de la baſcule,

longueur enſ. 4t. 2pi. opo. ⎫
groſſeur....12 & 13   ⎬ 9ſol. 2pi. 4po.
peſant................................   1972li

Le bras de levier de cette partie eſt égal
à la moitié de la longueur des branches
ou de 78 pouces ; ainſi ſon moment
ſera............................... 153816

2e *Partie.*

Deux arganeaux placés au bout des branches pour recevoir les petites chaînes. 10^l

Deux boulons pour les retenir. . . . 6

Deux frettes pour le bout des branches. 34

Les deux petites chaînes de 9^{pi.} de longueur chacune. 36

86

Le bras de levier de cette partie eſt de 156^{po.}, & ſon moment. 13416

3e *Partie.*

Deux verrouils. 16

4 crampons pour leſdits verrouils. . 12

Deux ſerrures à boſſes. 8

36

Nous ſuppoſerons le bras de levier de cette partie de 120 pouces; ſon moment ſera ci. 4320

4e *Partie.*

Cette partie doit comprendre les pièces d'aſſemblage de la baſcule; mais leurs dimenſions étant encore inconnues, nous appellerons leur poids, Z. Quoique l'on ne place pas toujours ces pièces ſymétriquement autour du centre de figure, relativement à la longueur de la machine, on le ſuppoſera ici pour pouvoir connoître ſans peine le centre de gravité; & l'on aura le bras de levier de cette partie en retranchant 6 pouces de la longueur des branches, & prenant la moitié du reſte; on trouvera pour cette distance, 75^{po}; ainsi le moment sera. $Z \times 75$

LES CHAINES.

Le terme $C \times AE$ de l'équation n'a pas besoin d'être décomposé, puisque l'on connoît ses facteurs. Les chaînes ont chacune 31 mailles de 6 pouces environ de longueur, pesant $1^{l} \frac{3}{7}$; ainsi le poids total sera . . . . . . 108^l. AE est ici de 142 pouces; on aura donc pour $C \times AE$. . . . . 15336.

Si l'on substitue maintenant aux termes de l'équation les quantités qui leur sont égales, telles qu'on vient de les trouver, on aura $T \times AH = 679 + 269928 + 58831 + 5680 = 335118$; $C \times AE = 15336$; $F \times KI = 16873 + 65212 + 1657 + 14805 = 98547$; $B \times KL = 153816 + 13416 + 4320 + Z \times 75 = 171552 + Z \times 75$. Formant ensuite l'équation en employant ces nouveaux termes, on trouvera pour la valeur de Z. . . . . , ... 3700^l

C'est le poids des pièces d'assemblage de la bascule ; on ne peut en faire la distribution qu'en tâtonnant.

Les trois entre-toises,

longueur ens.	4^t	2^{pi}	6^{po}	} 8^{tol}	4^{pi}	8^{po}
grosseur.....	11	&	13			

Les deux potilles,

longueur ens.	1	3	5	} 2	5	5
grosseur.....	11	&	12			

Les quatre guettes,

longueur ens.	3	2	0	} 6	0	8
grosseur.....	11	&	12			

Total. . , ... 17   4   9

pesant ens. . . . . 3736^l

Ce poids total des pièces d'affemblage de la bafcule ne diffère de celui qu'exige l'équilibre que de
36^l; & ces 36^l fe réduifent à 18 environ, en les
fuppofant appliqués au bout de la bafcule. On a fait
en forte que le poids des pièces de la bafcule fût ainfi
un peu plus grand qu'il ne faut pour l'équilibre, afin
qu'en ajoutant à cet excès une petite puiffance, on
furmonte le frottement, & que la machine prenne
du mouvement.

Malgré tout le foin poffible dans la conftruction
d'un pont levis, il arrive au bout d'un certain tems,
qu'il n'exifte plus d'équilibre entre fes parties. La
bafcule ifolée en l'air, expofée de tous côtés à la
pluie, à la neige, au foleil, fe deffèche, s'altère &
perd de fa pefanteur. Il peut arriver à-peu-près la
même chofe au tablier, mais il a des barres de fer qui
ne diminuent point de poids; la pluie, la boue qu'y
amènent les voitures, l'appefantiffent, & alors l'équilibre fe détruit. On y remédie ordinairement par une
pièce de bois mife en furcharge fur la dernière entre-
toife de la bafcule. Cette pratique a deux inconvé-
niens confidérables; le premier, de faire frapper
rudement le tablier contre le tableau de la porte; &
l'autre de donner beaucoup de peine pour faire fortir
la machine de fa pofition verticale. On en verra facilement la caufe en faifant attention qu'à proportion
que le tablier s'approche du tableau, il perd de fon
bras de levier. La bafcule en perd auffi, mais non
pas autant, puifque la furcharge l'alonge fenfiblement: voilà pourquoi la bafcule gagne de la fupériorité fur le tablier; & c'eft cette fupériorité qu'il
faut détruire avant que le poids du tablier n'aide à
lever la bafcule.

Le meilleur moyen de rendre l'équibre à la machine, eft d'employer des madriers E de 2 pouces

d'épaiffeur, difpofés comme on le voit dans la Plan-che *X*, où ils font placés au nombre de quatre ; on en met plus ou moins felon les cas. Ces madriers font amovibles, & on s'en fert dans le befoin. Alors on les accroche par le bout d'en-haut à la première entre-toife, c'eft-à-dire, auprès du point d'appui de la machine ou des tourillons qui la portent, libres & détachés d'ailleurs fur toute leur longueur qui eft celle de la bafcule ; de forte qu'à mefure que le pont-levis s'éleve, & qu'il tire moins fur les flèches, l'effet de ces furcharges diminue auffi en proportion, & lorf-que le pont-levis eft vertical & ne tire plus, les fur-charges ceffent auffi entièrement de pefer fur la baf-cule ; elles recommencent à pefer lorfque le pont-levis recommence à faire fentir fon poids, &c.

On plaçoit autrefois aux deux côtés de la porte, deux corbeaux en demi-cercle dans lefquels tour-noient les tourillons du tablier. Il arrivoit de-là que le tablier étant parvenu à la fituation verticale, l'effort de fa pefanteu: étoit dirigé fur ces appuis & détruit par eux ; le poids de la bafcule étoit éga-lement détruit par les appuis de fes tourillons ; les chaînes n'avoient dès-lors d'action fur les crocnets des fléches qu'en vertu de leur poids ; & il pouvoit arri-ver qu'elles fuffent détachées par quelques fecouffes, d'où s'enfuivoit de très-fâcheufes conféquences. Il réfultoit au moins de cette conftruction un grand inconvénient, dans la difficulté que l'on devoit trou-ver néceffairement pour faire fortir le tablier & la bafcule de leur repos.

On place aujourd'hui les tourillons du tablier fur la face fupérieure de fon talon, à trois pouces du bord intérieur. Il eft aifé de voir que dans cette pofition, lorfque le tablier devient vertical la di-rection de fa pefanteur refte en-dehors d'environ quatre pouces ; en forte qu'elle conferve toujours de l'action fur la bafcule, & que la machine eft toujours prête à prendre du mouvement, lorfque l'on détache les verrouils de la bafcule.

Si les genouillères des chaînes étoient attachées de même fur la tête du pont levis pour l'uniformité, elles ne pourroient en le levant, l'obliger d'entrer dans fon enclave contre les tableaux, fur-tout aux portes voûtées où cet enfoncement eft couvert d'une platte-bande, d'une plinthe, &c ; il faut donc que les chaînes le prennent par-deffous.

Les crochets des cols de cigognes qui portent les chaînes, fe trouvent en-deffous du bout des flèches, & ne peuvent être autrement.

On voit la vérité de ces deux dernières obfervations fur la Figure (Pl. XI) ; car il faudroit que les chaînes priffent la pofition courbe *mon*, au lieu de la pofition *rs*, ce qui ne peut pas arriver.

Enfin, l'on a fuppofé que le quadrilatère (1, 2, 3, 4) étoit un parallélogramme, ce qui n'eft pas beaucoup contraire à la vérité, puifque par fa pofition, la ligne (1, 2) fe trouvant penchée au point 2, d'environ trois pouces, la ligne (4, 3) penche du même côté d'environ cinq pouces, & que ces lignes, à peu-près parallèles, font égales.

Note IV. Dyn. Liv. I. Ch. III. P. 268.

Formules générales du mouvement varié, avec quelques applications.

I. Nous avons observé (362) que la force accélératrice ou retardatrice, pouvant varier suivant une infinité de différentes loix, il y a conséquemment une infinité d'espèces de mouvements variés. Mais nous n'avons pas pu alors traiter cette théorie dans toute sa généralité, & nous nous sommes bornés à l'examen des propriétés du mouvement uniformément accéléré ou retardé. Voici maintenant les formules générales du mouvement varié; celles du mouvement uniformément accéléré ou retardé, n'en sont que des cas particuliers.

II. Rien ne se fait par saut dans la nature. Une quantité qui varie ne passe d'un état à l'autre que par tous les degrés possibles d'augmentation ou de diminution. Tel est l'ordre des variations des quantités géométriques ou algébriques. Les forces accélératrices ou retardatrices, les tems, les espaces, les vitesses, & en général toutes les quantités que la Méchanique considère, sont assujetties au même ordre. Ainsi les relations qui existent entre ces mêmes quantités peuvent être soumises à la Géométrie & au Calcul.

III. Quelle que soit la loi suivant laquelle varie continuellement une force accélératrice ou retardatrice, nous pouvons concevoir que pour un instant quelconque, sa variation se fait au commencement ou à la fin de cet instant; & que par conféquent la force dont il s'agit demeure conftante pendant la durée du même inftant ; de forte que fi l'on imagine que cet inftant foit divifé en une infinité d'éléments égaux, à la fuite de ces éléments égaux répond une fuite de petits coups égaux, donnés par la force accélératrice ou retardatrice. D'où l'on voit que tout mouvement varié peut être regardé comme uniformément accéléré ou retardé, pendant un inftant. Les formules du mouvement uniformément accéléré ou retardé auront donc lieu pour le mouvement varié en général, fi l'on confidère l'efpace parcouru, & le tems employé à le parcourir, comme des quantités infiniment petites. Ainfi nous pourrions établir tout de fuite les formules du mouvement varié, d'après les principes du Chapitre III ; mais je crois devoir préfenter ici directement ces formules.

IV. Soient F la force accélératrice ou retardatrice abfolue qui anime un corps ; m la maffe de ce corps ; s l'efpace qu'il parcourt pendant le tems t ; u fa viteffe à la fin de ce tems. On aura d'abord l'équation $F dt = \pm m du$, le figne $+$ étant pour le cas où la force F eft accélératrice, & le figne $-$, pour le cas où elle eft retardatrice. En effet, puifque la force F eft toujours agiffante, & qu'elle donne une infinité de petits coups au mobile durant chaque inftant, il eft clair que cette force multipliée par la durée de fon application doit être proportionnelle à la petite quantité de mouvement qu'elle produit ou qu'elle détruit ; c'eft-à-dire, au produit de la maffe par l'incrément ou le décrément de la viteffe.

V. L'équation $F dt = \pm m du$ donne $\dfrac{F}{m} dt = \pm du$. Soit $\dfrac{F}{m} = \varphi$; on aura $\varphi dt = \pm du$. Dans cette

cette formule, φ eft la force accélératrice ou retardatrice fimple, ou ce qui revient au même, la force qui preffe la maffe regardée comme l'unité.

VI. La viteffe u ne varie d'un inftant à l'autre que d'une quantité infiniment petite. Ainfi pour un efpace infiniment petit ds, fuppofé parcouru pendant le tems infiniment petit dt, la viteffe peut être cenfée uniforme. Donc, par la nature du mouvement uniforme, on a $u = \dfrac{ds}{dt}$.

VII. De cette équation $u = \dfrac{ds}{dt}$, on tire $dt = \dfrac{ds}{u}$. Mettons cette valeur de dt dans l'équation $\varphi dt = \pm du$; & nous aurons $\dfrac{\varphi ds}{u} = \pm du$, ou $\varphi ds = \pm u\, du$.

VIII. La même équation $u = \dfrac{ds}{dt}$, donne encore $du = \pm \dfrac{dds}{dt}$, en regardant dt comme conftant. Subftituons cette valeur de du dans l'équation $\varphi dt = \pm du$, & nous aurons $\varphi dt = \pm \dfrac{dds}{dt}$, ou $dds = \pm \varphi dt^2$.

IX. Si en différentiant l'équation $u = \dfrac{ds}{dt}$, nous prenons ds pour conftant, nous aurons $du = -\dfrac{ds\, ddt}{dt^2}$; donc $\varphi dt = \mp \dfrac{ds\, ddt}{dt^2}$, & $ds = \mp \dfrac{\varphi dt^3}{ddt}$, ou $ds\, ddt = \mp \varphi dt^3$.

X. Si on vouloit qu'aucune différentielle ne fût

E e

conſtante , on auroit $du = \dfrac{dt\,dds - ds\,ddt}{dt^2}$, &

$\phi\,dt^3 = \pm\,(dt\,dds - ds\,ddt)$.

Telles ſont les formules générales du mouvement varié. On en va montrer l'uſage.

XI. Toutes les queſtions que l'on peut propoſer ſur le mouvement varié, ſont réductibles à deux claſſes. Ou la nature de la ligne que le mobile décrit eſt donnée ; & alors il s'agit ſimplement de trouver les expreſſions de la viteſſe, du tems, &c : ou bien il faut trouver, d'après quelque condition donnée, la nature de la courbe que le mobile décrit, & tout ce qui eſt relatif à ſon mouvement. Commençons par des problêmes du premier genre.

Fig. 193.　XII. Problême I. *Un corps* A (Fig. 193) *deſcendant verticalement par ſa peſanteur vers le centre* C *de la terre ; trouver la viteſſe qu'il aura en un endroit quelconque* P *, & le temps qu'il aura employé à parcourir l'eſpace* AP?

Ici la ligne décrite par le mobile eſt droite ; & en nommant g la gravité ; u la viteſſe en P ; s l'eſpace parcouru AP ; t le tems employé à le parcourir, on aura d'abord (Art. VII) $u\,du = g\,ds$, dont l'intégrale eſt $\dfrac{uu}{2} = gs$; donc $u = \sqrt{2gs}$.

Je n'ajoute point de conſtante, parce que je ſuppoſe qu'en A où s eſt zero, u ſoit auſſi zero.

Pour avoir l'expreſſion du tems, mettons pour u ſa valeur dans l'équation $dt = \dfrac{ds}{u}$, & nous aurons $dt = \dfrac{ds}{\sqrt{2gs}}$, dont l'intégrale eſt $t = \sqrt{\dfrac{2s}{g}}$.

Suivant l'expérience, un corps grave tombe, pendant la première ſeconde, de 15 pieds 1 pouce de hauteur, ou plus exactement de 15,1 pieds. D'où il réfulte (375) qu'il acquiert une viteffe capable de lui faire parcourir uniformément 30, 2 pieds, en une feconde. Faifant donc $g = 30$, 2 pieds, les valeurs de u & de t deviendront, $u = 2 \sqrt{(s \cdot 15^{\mathrm{pi.}}, 1)}$,

$$t = 1'' \times \sqrt{\left(\frac{s}{15^{\mathrm{pi.}}, 1} \right)}.$$ D'où l'on voit que la valeur de u exprime un certain nombre de pieds parcourus uniformément en une feconde; & que celle de t exprime un certain nombre de fecondes.

XIII. Problême II. *Le corps* A *étant attiré vers le centre* C *par une force qui foit à chaque inftant comme une puiffance quelconque* n *de la diftance de ce corps au centre* C : *on demande la viteffe qu'il aura en un endroit quelconque* P , *& le tems employé à parcourir* A P ?

La ligne décrite par le mobile eft encore droite. Soient φ l'attraction fous l'unité de maffe, ou le rapport de l'attraction abfolue exercée fur toute la maffe du corps à cette même maffe ; a, la droite entière AC; s, l'efpace parcouru AP ; u, la viteffe en P; t, le tems employé à parcourir AP. De plus, fuppofons qu'à une diftance donnée b du centre, l'attraction foit égale à la gravité ordinaire g, afin de rapporter le mouvement que nous cherchons, à celui des corps qui tombent librement par la pefan-teur. On aura, par hypothèfe, $\varphi = \dfrac{g(a - s)^n}{b^n}$;

donc $u\,du = \dfrac{g(a - s)^n}{b^n} \cdot ds$, dont l'intégrale eft

$$\frac{uu}{2} = A - \frac{g(a - s)^{n+1}}{(n + 1)\,b^n}.$$ La conflante A doit être telle que $s = 0$, donne $u = 0$. Donc $A =$

$$\frac{g\,a^{n+1}}{(n + 1)\,b^n}, \quad \& \quad u = \sqrt{\left[\frac{2g(a^{n+1} - (a - s)^{n+1})}{(n + 1)\,b^n} \right]}.$$

E e ij

On voit par-là que la vitesse u est à la vitesse qui auroit été acquise en vertu de la gravité g, par le même espace s, & qui auroit $\sqrt{(2gs)}$ pour expression, comme $\sqrt{\left[\dfrac{a^{n+1}-(a-s)^{n+1}}{(n+1)b^n}\right]}$ est à $\sqrt{s}$.

L'expression générale que nous avons trouvée pour u est susceptible d'une infinité d'applications particulières, selon les différentes valeurs qu'on donnera à l'exposant n. Il n'y a qu'un seul cas qui puisse faire quelque difficulté ; c'est celui où l'on auroit $n = -1$; car alors la valeur trouvée pour u n'apprend rien. Mais en remontant à l'équation différentielle $u\,du = \dfrac{g(a-s)^n ds}{b^n}$, on a $u\,du = \dfrac{gb\,ds}{a-s}$, dont l'intégrale est $\dfrac{uu}{2} = A - gb \cdot \mathrm{L}.(a-s) = gb \cdot \mathrm{L}.a - gb \cdot \mathrm{L}.(a-s)$, en déterminant la constante A de manière que $s = 0$ donne $u = 0$. Donc $u = \sqrt{\left[2g.b.\mathrm{L}.\dfrac{a}{a-s}\right]}$.

L'équation différentielle du tems $dt = \dfrac{ds}{u}$, devient, en mettant pour u sa valeur générale, $dt = \dfrac{ds\sqrt{[(n+1)b^n]}}{\sqrt{[2g(a^{n+1}-(a-s)^{n+1})]}}$; d'où l'on tirera la valeur de t, en intégrant, soit exactement, soit au moins par approximation. Si n étoit $= -1$, on mettroit dans l'équation $dt = \dfrac{ds}{u}$, pour u sa valeur relative à ce cas.

Supposons, pour faire quelqu'application de ces formules, que l'attraction soit réciproquement proportionnelle aux quarrés des diſtances au centre C; ce qui eſt l'hypothèſe Newtonienne. Alors on aura $n = -2$; & l'équation différentielle du tems deviendra

(en faiſant $a - s = y$), $dt = \dfrac{\sqrt{a}}{b\sqrt{2g}} \times \dfrac{-y\,dy}{\sqrt{(ay - yy)}}$

$$= \frac{\sqrt{a}}{b\sqrt{2g}} \times \left(\frac{\frac{1}{2}a\,dy - y\,dy}{\sqrt{(ay - yy)}} - \frac{\frac{1}{2}a\,dy}{\sqrt{(ay - yy)}} \right);$$

dont l'intégrale eſt $t = A + \dfrac{\sqrt{a} \cdot \sqrt{(ay - yy)}}{b\sqrt{2g}} -$

$\dfrac{\sqrt{a}}{b\sqrt{2g}} \displaystyle\int \dfrac{\frac{1}{2}a\,dy}{\sqrt{(ay - yy)}}$. Or dans cette expreſſion

la partie $\displaystyle\int \dfrac{\frac{1}{2}a\,dy}{\sqrt{(ay - yy)}}$, eſt un arc de cercle dont a eſt le diamètre, y le ſinus verſe; & comme l'intégrale entière doit s'évanouir, lorſque $y = a$, il s'enſuit que ſi l'on nomme $\dfrac{C}{2}$ la demi-circonfé-rence, toujours pour le diamètre a, on aura $A = \dfrac{C}{2} \times \dfrac{\sqrt{a}}{b\sqrt{2g}}$. Donc le tems par $AP =$

$\dfrac{\sqrt{a}}{b\sqrt{2g}} \left(\dfrac{C}{2} + \sqrt{(ay - yy)} - \displaystyle\int \dfrac{\frac{1}{2}a\,dy}{\sqrt{(ay - yy)}} \right);$

d'où l'on tire, en faiſant $y = 0$, le tems total par $AC = \dfrac{\sqrt{a}}{b\sqrt{2g}} \times \dfrac{C}{2}$.

Qu'on demande, par exemple, dans la même hypothèſe, le tems qu'un boulet de canon mettroit à tomber de la lune juſqu'au centre de la terre, en le ſuppoſant ſoumis uniquement à l'attraction de la terre, réunie à ſon centre? Nous conſidérerons que ſuivant les obſervations aſtronomiques, la diſtance moyenne de la lune à la terre eſt de 60 demi-diamètres de la terre, dont chacun eſt à-peu-près de 3265859 toiſes. Ainſi AC ou $a = 60 \times 3265859$ toiſes $= 195951540$ toiſes ; & la demi-circonfé-rence $\dfrac{C}{2} = 195951540 \times \dfrac{22}{2 \times 7} = 307923848$ toi-ſes, en nombre rond. De plus, puiſque b eſt la diſtance à laquelle l'attraction eſt égale à la gravité ordinaire g, on aura $b =$ au raïon de la terre $= 3265859$ toiſes. Maintenant, pour trouver le tems cherché t, il faudra le comparer au tems que mettroit le boulet de canon à tomber de la lune au centre de la terre, s'il étoit animé continuelle-ment d'une peſanteur conſtante & égale à la gra-vité g. Or, ſi l'on nomme T ce dernier tems, on a

$$T = \sqrt{\frac{2AC}{g}}.$$ Donc $t : T :: \dfrac{\sqrt{a}}{b\sqrt{2g}} \times \dfrac{C}{2} :$

$$\sqrt{\frac{2AC}{g}} :: \frac{C}{2} : 2b;$$ & par conséquent

$$t = T \times \frac{C}{4b} = T \times \frac{307923848}{6531718}.$$ Or $T = 1'' \times \ldots \ldots$

$$\sqrt{\frac{AC}{15 \text{ pieds}}} = 1'' \times \sqrt{78380616} = 8853'',28278,$$

à - peu - près. Donc enfin $t = 8853''$, 28278 $\times \dfrac{307923848}{6531718} = 4^{\text{iours}}\ 20^{\text{heures}}\ 12'\ 36''$ environ.

XIV. PROBLÊME III. *Suppoſons que les tems de la deſcente d'un corps* A *vers le centre* C *ſoient comme une puiſſance quelconque de la diſtance du corps au centre : on demande la loi de la peſanteur ?*

La ligne décrite par le mobile eſt toujours droite. Nommons AC, a ; AP, s ; la peſanteur cherchée, φ ; le tems par AP, t ; l'expoſant de la diſtance du corps au centre n. On aura (Hyp.) $t = \dfrac{\theta (a - s)^n}{k^n}$,

θ étant un tems donné, k une ligne donnée. Donc

en regardant ds comme constant, on aura (Art. IX)

$$\varphi\, dt = -\frac{ds\, ddt}{dt^2}, \text{ ou } \varphi = -\frac{ds\, ddt}{dt^3} =$$

$$\frac{k^{2n}.n(n-1).(a-s)^{n-2}ds^3}{\theta^2.n^3(a-s)^{3n-3}ds^3} = \ldots \ldots \ldots \rceil$$

$$\frac{k^{2n}.(n-1).(a-s)^{1-2n}}{\theta^2.n^2}.$$

D'où l'on voit que la pesanteur sera comme une puissance dont l'exposant est $1 - 2\,n$.

Pour avoir l'expression de la vitesse du corps arrivé en P, on mettra dans l'équation $u\,du = \varphi\,ds$, à la place de φ sa valeur ; & on trouvera la valeur de u, par l'intégration.

XV. *Remarque.* Nous n'avons considéré dans les trois articles précédents que des mouvements rectilignes. Supposons maintenant qu'un corps M (Fig. 194), soumis à l'action de la pesanteur ordinaire, descende le long d'une courbe BMD qu'il faut regarder comme un petit canal que le corps est obligé de suivre. Qu'on mène à volonté la verticale DA qu'on prendra pour l'axe des abscisses. Soit Mm un élément de la courbe ; & soient menées à l'axe DA les ordonnées perpendiculaires PM, pm. Prenons, suivant la direction verticale de la pesanteur du corps, la droite MQ pour représenter cette force ; & décomposons-la en deux autres MZ, MV, l'une perpendiculaire, l'autre tangente à la courbe : il est clair que la force MZ est détruite par la résistance du canal, & que le corps est accéléré le long de Mm, seulement en vertu de la force MV. Soit le point fixe A, pris à volonté sur AD, l'origine des abscisses ; nommons AP, x ; Pp ou Rm, dx ; MP, y ; MR, dy ; Mm, ds ; la gravité, g ; la vitesse suivant Mm, u. On aura Force $MV =$

Fig. 194.

$$g \times \frac{MV}{MQ} = g \times \frac{mR}{Mm} = \frac{g\,dx}{ds}.$$ Donc, en mettant pour φ cette valeur dans l'équation formulaire $u\,du = \varphi\,ds$ de l'article VII, on aura $u\,du = \frac{g\,dx}{ds}.\,ds = g\,dx$. D'où l'on voit que la vitesse s'accélérera le long de l'élément Mm, de la même manière que si le corps tomboit par la petite verticale correspondante Pp. Par conséquent si les deux points B & A sont placés à même hauteur, c'est-à-dire aux extrêmités d'une même ligne horizontale BA, le corps, après avoir parcouru l'espace quelconque BM, aura suivant la direction de l'élément Mm, une vitesse exprimée par $V\,(2gx)$, qui est la même qu'il auroit en P, suivant la direction AP, s'il étoit tombé librement de la hauteur AP; & cela, quelle que puisse être la nature de ia courbe BMD.

Appliquons ce principe général à un exemple.

XVI. PROBLÊME IV. *Soit la courbe* BMD *un arc de cercle qu'on peut regarder comme décrit par un pendule qui oscille autour du centre* C *de ce cercle ; & suppofons qu'il faille trouver le tems* t *employé à parcourir l'arc* BMD ?

Nommons a le raïon CD ; h la hauteur donnée AD ; x l'abfciffe DP qui répond à l'arc DM ; u la vitesse du corps en M. On aura $u = V\,(2g.\,AP)$
$$= V\,[2g(h-x)]; \quad Mm \text{ ou } ds = \frac{a\,dx}{V\,(2ax-xx)};$$
$$\& \; dt = \frac{ds}{u} = \frac{-a\,dx}{V\,(2ax-xx).\,V\,[2g.(h-x)]} =$$
$$\frac{-a}{V\,2g}.\frac{dx}{V\,(hx-xx).\,V\,(2a-x)},$$ différentielle négative, parce que t augmentant, x diminue. Je

réduis le facteur $\dfrac{1}{\sqrt{(2a-x)}}$ en série ; ce qui

donne $dt = \dfrac{-a\,dx}{\sqrt{2g}\cdot\sqrt{(hx-xx)}} \times \Big((2a)^{-\frac{1}{2}} +$

$\dfrac{(2a)^{-\frac{3}{2}}x}{2} + \dfrac{3(2a)^{-\frac{5}{2}}x^2}{8} + \dfrac{5(2a)^{-\frac{7}{2}}x^3}{16} + \&c \Big)$,

ou bien $dt = \dfrac{-\sqrt{a}}{2\sqrt{g}} \cdot \dfrac{dx}{\sqrt{(hx-xx)}} \cdot \Big(1 + \dfrac{x}{4a}$

$+ \dfrac{3x^2}{32 a^2} + \dfrac{5x^3}{128 a^3} + \&c \Big)$. Il ne s'agit plus

pour avoir t, que d'intégrer les différentielles

$$\dfrac{dx}{\sqrt{(hx-xx)}}, \quad \dfrac{x\,dx}{\sqrt{(hx-xx)}}, \quad \dfrac{x^2\,dx}{\sqrt{(hx-xx)}},$$

$$\dfrac{x^3\,dx}{\sqrt{(hx-xx)}}, \quad \&c. \text{ Or,}$$

1°. L'intégrale de $\dfrac{dx}{\sqrt{(hx-xx)}}$, exprime le

rapport d'un arc de cercle qui a h pour diamètre,
x pour finus verfe, au raïon $\dfrac{h}{2}$. Nous défignerons

cette intégrale à l'ordinaire par $\displaystyle\int \dfrac{dx}{\sqrt{(hx-xx)}}$.

2°. On a $d\sqrt{(hx-xx)} = \dfrac{\frac{1}{2}h\,dx - x\,dx}{\sqrt{(hx-xx)}}$;

& par conféquent $\displaystyle\int \dfrac{x\,dx}{\sqrt{(hx-xx)}} = \frac{1}{2}h \int \dfrac{dx}{\sqrt{(hx-xx)}}$
$- \sqrt{(hx-xx)}$.

3°. On a $d[x\sqrt{(hx-xx)}] = dx\sqrt{(hx-xx)}$
$+ \dfrac{\frac{1}{2}hx\,dx - xx\,dx}{\sqrt{(hx-xx)}} = \dfrac{\frac{3}{2}hx\,dx}{\sqrt{(hx-xx)}}$
$- \dfrac{2x^2\,dx}{\sqrt{(hx-xx)}}$; & par conféquent $\displaystyle\int \dfrac{xx\,dx}{\sqrt{(hx-xx)}}$.

$$= \frac{3}{4} h \int \frac{x\, dx}{\sqrt{(hx - xx)}} - \frac{x \sqrt{(hx - xx)}}{2} =$$

$$\frac{3}{2} h^2 \int \frac{dx}{\sqrt{(hx - xx)}} - \frac{3}{4} h \sqrt{(hx - xx)} -$$

$$\frac{x \sqrt{(hx - xx)}}{2}.$$

4°. On a $d[x^3 \sqrt{(hx - xx)}] = 2x\, dx \sqrt{(hx - xx)}$

$$+ \frac{\frac{3}{2} h x^2\, dx - x^3\, dx}{\sqrt{(hx - xx)}} = \frac{\frac{5}{2} h x^2\, dx}{\sqrt{(hx - xx)}}$$

$$- \frac{3 x^3\, dx}{\sqrt{(hx - xx)}}\, ; \ \& \ \text{par conséquent....]}$$

$$\int \frac{x^3\, dx}{\sqrt{(hx - xx)}} = \frac{5}{6} h \int \frac{xx\, dx}{\sqrt{(hx - xx)}} -$$

$$\frac{x^2 \sqrt{(hx - xx)}}{3} = \frac{5}{16} h^3 \int \frac{dx}{\sqrt{(hx - xx)}} -$$

$$\frac{5}{8} h^2 \sqrt{(hx - xx)} - \frac{5 h x \sqrt{(hx - xx)}}{12} =$$

$$\frac{x^2 \sqrt{(hx - xx)}}{3}.$$

Ainsi de fuite, fi on vouloit pouffer plus loin la férie qui doit exprimer la valeur de t.

Maintenant, comme on demande le tems employé à parcourir l'arc entier BMD, nous obferverons que l'expreffion de t doit être telle qu'elle s'évanouiffe, lorfque $x = h$, & qu'elle reçoive fa valeur complette, lorfque $x = 0$. Or, quand $x = h$, on

a $\sqrt{(hx - xx)} = 0$, $\int \frac{dx}{\sqrt{(hx - xx)}} = \frac{\pi}{1}$,

rapport de la circonférence au diamètre ; & quand

$x = 0$, on a $\sqrt{(hx - xx)} = 0$, $\int \frac{dx}{\sqrt{(hx - xx)}}$

$= 0$. D'où il réfulte qu'on aura

$$T.BMD = \frac{\pi\sqrt{a}}{2\sqrt{g}} \cdot \left(1 + \frac{h}{8a} + \frac{9h^2}{256a^2} + \right.$$

$$\left. \frac{25h^3}{2048a^3} + \&c\right).$$

Telle eſt la durée d'une demi-oſcillation, ou du tems employé à parcourir l'arc BMD; & par conſéquent la durée d'une oſcillation entière, ou du tems employé à parcourir l'arc $BMDb$, ſera

$$\frac{\pi\sqrt{a}}{\sqrt{g}} \cdot \left(1 + \frac{h}{8a} + \frac{9h^2}{256a^2} + \frac{25h^3}{2048a^3} + \&c\right).$$

Lorſque les oſcillations ſont fort petites, & que par conſéquent il eſt permis de négliger tous les termes qui contiennent h, elles ſont iſochrones entr'elles; puiſque la durée de chacune d'elles eſt alors

exprimée par $\dfrac{\pi\sqrt{a}}{\sqrt{g}}$, quantité, qui ne contenant

plus h, ſera toujours la même, quelle que ſoit l'amplitude de l'oſcillation, pourvu néanmoins que cette amplitude ſoit toujours fort petite. Ce réſultat s'accorde avec l'article 460.

La même expreſſion $\dfrac{\pi\sqrt{a}}{\sqrt{g}}$, peut ſervir à dé-

terminer la longueur d'un pendule qui fait de petites oſcillations, lorſqu'on connoît la durée de chacune d'elles. Car que cette durée ſoit, par exemple,

d'une ſeconde: on aura $1'' = \dfrac{\pi\sqrt{a}}{\sqrt{g}}$, & par

conſéquent $a = \dfrac{g}{\pi^2}$. Mettant pour g ſa valeur

$30^{\text{pi.}}$, 2, qui eſt l'eſpace qu'un corps grave parcourroit uniformément en 1 ſeconde, en vertu de la viteſſe qu'il auroit acquiſe s'il étoit tombé librement pendant 1 ſeconde; mettant auſſi pour π ſa valeur $\frac{355}{113}$: on trouvera $a = 3$ pieds, $8^{lig.}$, 625. Le pendule qui bat les fecondes doit donc avoir 3 pieds $8\frac{1}{2}$ lignes environ de longueur, comme on l'a dit (462).

Si la longueur a du pendule étoit donnée, que la durée de chaque ofcillation fût de 1 feconde, & qu'il fallût déterminer g; on auroit $g = a\pi^2$, expreffion du double de l'efpace qu'un corps grave parcourt librement en tombant, pendant 1 feconde. Cette manière de déterminer g eft la plus fimple & la plus exacte qu'on puiffe employer dans la pratique.

Je paffe à des problêmes de la feconde claffe dont il a été parlé (art. XI).

XVII. Problême V. *Que la courbe* AMB (Fig. 195) *foit décrite par un mobile* M *lancé d'abord fuivant une direction donnée*, & *attiré continuellement vers un point fixe* C *par une force proportionnelle à une fonction donnée de la droite variable* CM *qu'on appelle* raïon vecteur : *il s'agit de trouver la nature de cette courbe, & tout ce qui eft relatif au mouvement du corps* M?

Soit Mm un élément de la courbe, & dans fon prolongement la petite droite égale mn que le mobile décriroit dans un inftant égal à celui qu'il a employé à parcourir Mm, fi étant arrivé en m, il étoit abandonné à lui-même ; mais fuppofons qu'à caufe de la force centrale qui le pouffe fans ceffe vers le point C, il foit ramené de n en z fuivant la direction nC, de forte que mz foit l'élément confécutif à Mm. Ayant mené les droites CM, Cm, foient abaiffées les petites perpendiculaires Mf, mk fur Cm & Cn. Du point C, foit décrit avec le raïon conftant & donné CQ, l'arc Qqr; & foit abaiffée la perpendiculaire CP fur la tangente mMP.

Enfin par les points m & n foient menées, parallèlement à Mf, & à mC, les droites mu, nu; ce qui donne le triangle mnu parfaitement égal au triangle mMf.

Cela pofé, nommons CQ, 1; le petit arc Qq, dx; CM, r; Mm, ds; CP, p; la viteffe fuivant Mm, u; l'élément du tems, dt; la force centrale, φ, qui eft une fonction donnée de r. On aura

$$qr = dx + ddx; \quad Mf = \frac{rdx}{1} \text{ ou } rdx; \quad fm = dr;$$

$$Cm = CM + d(CM) = r + dr; \quad C_\zeta = Cm + d(Cm) = (r+dr) + d(r+dr) = r + 2dr + ddr;$$

$$\frac{CP \times Mm}{2} = \frac{CM \times Mf}{2}, \text{ ou } pds = rrdx; \quad u =$$

$$\frac{ds}{dt};$$ & par l'article VIII, le petit efpace $n_\zeta =$

φdt^2, dt étant conftant.

Les triangles CMf, nhu qu'on peut regarder comme femblables, donnent $Cf(r) : Mf(rdx) :: nu(dr) : hu = drdx$; & par conféquent $mh = mu - hu = rdx - drdx$. Or, $\dfrac{mh}{Cm} = \dfrac{qr}{Cq}$,

c'eft-à-dire, $\dfrac{rdx - drdx}{r + dr} = \dfrac{dx + ddx}{1}$: on aura

donc $2drdx + rddx = 0$, ou bien $\dfrac{2dr}{r} = -$

$\dfrac{ddx}{dx}$, dont l'intégrale eft $L.r^2 = L.Cdt - L.dx = $

$L.\dfrac{Cdt}{dx}$, C étant une conftante que nous déterminerons toute-à-l'heure. En paffant aux nombres,

on aura $dt = \dfrac{r^2 dx}{C}$; équation qui fait voir en général que le tems eft toujours proportionnel à l'aire du secteur compris entre deux raïons vecteurs & l'arc de la courbe, quelle que puisse être la nature de cette courbe.

Si nous mettons pour dt sa valeur dans l'équation $u = \dfrac{ds}{dt}$, nous aurons $u = \dfrac{C\,ds}{r^2 dx} = \dfrac{C\,ds}{p\,ds} = \dfrac{C}{p}$; d'où l'on voit que la vitesse en un point quelconque M de la courbe, est toujours réciproquement proportionnelle à la perpendiculaire abaissée du centre des forces sur la tangente MP.

Pour déterminer la constante C, supposons qu'au point A, pris pour origine de la courbe, le raïon vecteur $CA = f$, le sinus de l'angle que fait l'élément de la courbe avec $CA = h$, la vitesse initiale ou de projection $= m$: il est clair qu'on aura au point A, $ds = \dfrac{f\,dx}{h}$, $u = \dfrac{f\,dx}{h\,dt} = m$, & par conséquent $\dfrac{dx}{dt} = \dfrac{mh}{f}$. Mais d'un autre côté, l'équation $dt = \dfrac{r^2\,dx}{C}$, donne alors $\dfrac{dx}{dt} = \dfrac{C}{f^2}$. Ainsi on aura $\dfrac{mh}{f} = \dfrac{C}{f^2}$, & par conséquent $C = fhm$. Donc en général $dt = \dfrac{r^2\,dx}{fhm}$, $u = \dfrac{fhm}{p}$.

Les petites droites nu, nh peuvent être regardées comme égales, & les triangles rectangles semblables Cmh, mkh donnent $\therefore Ck : mk : kh = \dfrac{(mk)^2}{Ch} = rdx^2$, en négligeant les infiniment petits des ordres suivants. Donc on aura $Cn = Ch + kh + hn =$

$r + dr + r dx^2 + dr = r + 2 dr + r dx^2$; & par conséquent $nz = Cn - Cz = (r + 2dr + r dx^2) - (r + 2dr + ddr) = r dx^2 - ddr$. Mettant cette valeur de nz dans l'équation $nz = \varphi dt^2$, on aura $r dx^2 - ddr = \varphi dt^2$, ou bien (en mettant pour dx sa valeur $\dfrac{fhm\,dt}{r^2}$), $\dfrac{f^2 h^2 m^2 dt^2}{r^3}$

$- ddr = \varphi dt^2$, ou $\left(\dfrac{f^2 h^2 m^2}{r^3} - \varphi \right) dt^2$

$= ddr$, ou bien, en multipliant tout par dr,

$\left(\dfrac{f^2 h^2 m^2 dr}{r^3} - \varphi dr \right) dt^2 = dr\, ddr$, dont l'in-

tégrale est $\left(A - \dfrac{f^2 h^2 m^2}{2 r^2} - \displaystyle\int \varphi\, dr \right) dt^2 =$

$\dfrac{dr^2}{2}$; ce qui donne. . . . .

$$d t = \frac{r\, dr}{\sqrt{[\, 2 A r^2 - f^2 h^2 m^2 - 2 r^2 \int \varphi\, dr \,]}}.$$

Mettant pour dt sa valeur $\dfrac{r^2 dx}{fhm}$, on aura enfin. . .

$$dx = \frac{fhm\, dr}{r \sqrt{[\, 2 A r^2 - f^2 h^2 m^2 - 2 r^2 \int \varphi\, dr \,]}};$$

équation différentielle de la courbe cherchée AMB, entre l'angle & le raïon vecteur. Cette équation étant séparée, elle s'intégrera ou algébriquement ou par les quadratures, lorsque la fonction φ sera donnée.

La constante A se détermine, en observant qu'on

à toujours $\dfrac{r\, dx}{dr} = \dfrac{fhm}{\sqrt{(\, 2 A r^2 - f^2 h^2 m^2 - 2 r^2 \int \varphi\, dr \,)}}$.

Or au point A où $r = f$, il est clair que $\dfrac{f\, dx}{dr} =$

$\dfrac{h}{\sqrt{(1 - hh)}}$; donc, si l'on suppose en ce même point A, $\int \phi\, dr = N$, quantité donnée, on aura l'équa-

tion $\dfrac{h}{\sqrt{(1 - h'h)}} = \dfrac{f h \cdot m}{\sqrt{(2 A f^2 - f^2 h^2 m^2 - 2 f^2 N)}}$,

de laquelle on tire $A = \dfrac{m^2}{2} + N$.

XVIII. **PROBLÊME VI.** *Trouver la nature de la courbe* AMB (*Fig.* 196) *qui est parcourue dans le moindre tems possible, par un corps soumis à l'action de la pesanteur ordinaire?*

Fig. 196.

Soit la verticale AP l'axe des abscisses, auquel on menera les ordonnées perpendiculaires PM, pm, Qn. Que Mm, mn soient deux éléments consécutifs de la courbe cherchée. La propriété de cette courbe doit être telle que la somme des tems employés à parcourir les éléments Mm, mn, soit un *minimum* ; car si cette somme n'étoit pas un *minimum*, & qu'elle fût plus grande que la somme des tems employés à parcourir les petites droites Mr, rn, qui se terminent aux points M & n, la courbe de la plus vîte descente seroit $AMrnB$, & non pas $AMmnB$, ce qui est contraire à l'hypothèse. De plus, nous pouvons supposer que les points M & r sont placés sur la même droite pm ; & il faudra toujours qu'on ait $T.Mm + T.mn < T.mr + T.rn$.

Nommons g la gravité ; AP, x ; Ap, x' ; Aq, x'' ; PM, y ; pm, y' ; qn, y''. La vitesse du mobile suivant Mm sera $= \sqrt{2gx}$, & sa vitesse suivant mn sera $= \sqrt{2gx'}$ (Art. XII). Donc $T.Mm =$

$$\dfrac{Mm}{\sqrt{2gx}} = \dfrac{\sqrt{[(x' - x)^2 + (y' - y)^2]}}{\sqrt{2gx}}, \quad \& \; T.mr$$

$$= \dfrac{\sqrt{[(x'' - x')^2 + (y'' - y')^2]}}{\sqrt{2gx'}}. \quad \text{Ainsi en omet-}$$

tant dans les dénominateurs le facteur constant & commun

commun $\sqrt{2g}$, on aura $\dfrac{\sqrt{[(x'-x)^2+(y'-y)^2]}}{\sqrt{x}}$

$+\dfrac{\sqrt{[(x''-x')^2+(y''-y')^2]}}{\sqrt{x'}} = minimum.$

Cette quantité doit être différenciée, & sa différentielle égalée à zero, en faisant varier y' seulement, parce qu'en comparant la somme des tems employés à parcourir Mm, mn, avec la somme des tems employés à parcourir mr, rn, on regarde les points M & n comme fixes, & qu'on suppose de plus les points m & r placés sur la droite pm. On aura donc

$$\frac{y'-y}{\sqrt{x}.\sqrt{[(x'-x)^2+(y'-y)^2]}} - \cdots \cdots$$

$$\frac{y''-y'}{\sqrt{x'}.\sqrt{[(x''-x')^2+(y''-y')^2]}} = 0, \text{ ou bien},$$

(en supposant $Mm = ds$, $mn = ds'$, & observant que $y'-y = dy$, $y''-y' = dy'$), $\dfrac{dy}{ds\sqrt{dx}} -$

$\dfrac{dy'}{ds'\sqrt{x'}} = 0$, c'est-à-dire $d\left(\dfrac{dy}{ds\sqrt{x}}\right) = 0$, dont

l'intégrale est $\dfrac{dy}{ds\sqrt{x}} = \dfrac{1}{\sqrt{a}}$, a étant une cons

tante; ce qui donne $dy = \dfrac{x\,dx}{\sqrt{(ax-xx)}}$, équation différentielle d'une cycloïde. L'intégrale de cette équation contiendra une seconde constante b; & il faudra déterminer les deux constantes a & b par la condition que la cycloïde passe par deux points donnés.

Si on veut avoir l'expression du tems employé à parcourir AM, on observera que $dt = \dfrac{ds}{\sqrt{2gx}} =$

$\dfrac{\sqrt{a}}{\sqrt{2g}} \cdot \dfrac{dx}{\sqrt{(ax-xx)}}$, & par conséquent $T.\,AM$

$$= A + \frac{\sqrt{a}}{\sqrt{2g}} \int \frac{dx}{\sqrt{(ax - xx)}} \;,$$ intégrale qui dépend de la quadrature du cercle.

Je finis par un problême sur le mouvement de
corps qui agissent les uns sur les autres.

XIX. PROBLÉME VII. *Soient deux corps* N & M
(Fig. 197) *attachés aux extrémités d'un fil* N M,
& mobiles dans les deux rainures DR, KE *qui se
croisent perpendiculairement, & qui sont posées fixément sur un plan horisontal : l'on suppose qu'on donne
au corps* N *une impulsion quelconque, & l'on demande
les vitesses des deux corps à chaque instant ?*

Je suppose qu'en un instant les deux corps N &
M eussent parcouru les deux droites infiniment petites NT, MV, mais qu'à cause de l'action & de la
réaction qu'ils exercent l'un sur l'autre, le corps N
parcourt NH, infiniment peu différente de NT, &
le corps M parcourt MP, infiniment peu différente
de MV. Il est clair que HT sera la vitesse perdue
par N, & VP la vitesse gagnée par M. Comme
les rainures détruisent une partie du mouvement,
celui qui est perdu par N ne se transmet pas tout
entier à M. Pour déterminer la quantité infiniment
petite de mouvement que ce dernier reçoit, je décompose la vitesse HT en deux autres HY, HS
dont l'une est dirigée suivant le fil, & l'autre est perpendiculaire à la rainure DR. Cette dernière vitesse
étant détruite, il faut que l'autre seule agisse sur
le corps M. Je prends $PZ = HY$, & je construis
sur PZ, comme diagonale, un parallélogramme
$PXZO$, dont le côté PX soit perpendiculaire à la
rainure KE, & dont le côté PO soit dirigé suivant
cette même rainure ; alors il est visible que PO est
la vitesse par laquelle le corps N agit sur le corps
M, & que par conséquent on a l'équation $N \times PO =$

$M \times VP$. Mais les triangles semblables POZ, MAN donnent, $AN:AM::OZ$ ou $HT:PO = \dfrac{HT \times AM}{AN}$;

donc $\dfrac{N \times HT \times AM}{AN} = M \times VP$.

Nommons AM, x ; AN, y ; la verge MN, $a = V(xx + yy)$; l'élément du tems, dt. L'équation précédente se traduira ainsi, $\dfrac{Nx\,ddy}{y} = $

$M\,ddx$, ou bien (en mettant pour $\dfrac{x}{y}$ sa valeur $\dfrac{-dy}{dx}$), $-Nd y\,ddy = Mdx\,ddx$, ou $Nd y\,ddy +$ $Mdx\,ddx = 0$, dont l'intégrale est $Ndy^2 + Mdx^2 = Adt^2$, équation de la conservation des forces vives. Qu'on mette dans cette équation, pour dx^2 sa valeur $\dfrac{y^2\,dy^2}{a^2 - y^2}$, & pour dy^2 sa valeur $\dfrac{x^2\,dx^2}{a^2 - x^2}$; on trouvera ces deux autres équations,

$$dt\sqrt{A} = \begin{cases} \dfrac{dy\,\sqrt{[\,Naa - (N-M)yy\,]}}{\sqrt{(aa - yy)}}, \\[2ex] \dfrac{dx\,\sqrt{[\,Maa + (N-M)xx\,]}}{\sqrt{(aa - xx)}}. \end{cases}$$

Ainsi la relation de t à y & à x sera connue par le moyen des quadratures. Soient V & u les vitesses des deux corps N & M : on aura $V = \dfrac{dy}{dt} =$

$\dfrac{\sqrt{A}.\sqrt{(aa - yy)}}{\sqrt{[\,Naa - (N-M)yy\,]}}$, $u = \dfrac{dx}{dt} = \dots\dots\dots$ $\dfrac{\sqrt{A}.\sqrt{(aa - xx)}}{\sqrt{[\,Maa + (N-M)xx\,]}}$.

Supposons qu'au commencement du mouvement

le corps N foit placé en A & le corps M en K ; & nommons h la viteffe initiale & donnée de N. Il eft clair qu'on aura $h = \dfrac{\sqrt{A}}{\sqrt{N}}$, & par conféquent la conftante $A = Nh^2$.

En examinant les expreffions des viteffes des deux mobiles, on verra que ces deux corps parcourront fans fin les diamètres DR, EK, abftraction faite de tout frottement.

NOTE V. DYN. L. II. CH. III. PAG. 357.

Détermination du centre de percuffion ou d'ofcillation d'une fphère.

I. LA formule générale qu'on a donnée (463 & 465) pour trouver le centre d'ofcillation ou de percuffion d'un fyftème de corps, qui tournent autour d'un point ou axe fixe, s'applique à un corps de grandeur finie, quelle que foit l'efpèce d'éléments dont on imagine que ce corps eft compofé. Dans les corps dont la nature eft exprimée par une équation, le choix des éléments doit être fait avec difcernement, & de manière que le calcul néceffaire pour parvenir au réfultat indiqué par la formule citée, foit le plus fimple qu'il eft poffible. C'eft fur quoi on ne peut pas donner de regles générales. Le Théorême de l'article 487 eft d'un grand ufage pour abréger le calcul. Nos Lecteurs pourront s'exercer à trouver le centre d'ofcillation ou de percuffion d'un triangle, d'un parallélogramme, d'un cercle, d'un cone, &c. Voici la folution du problême pour la fphère,

II. Soit $AMBN$ (Fig. 198) une sphère homo-gène, attachée fixément par son centre O, à une verge CON inflexible & sans pesanteur, qui oscille autour d'un axe horizontal & fixe VCY. Que X soit le centre d'oscillation ou de percussion de cette sphère; on aura (en nommant M la masse de la sphère, Z la somme des produits des molécules de M par les quarrés de leurs distances à l'axe VCY),

$$CX = \frac{Z}{M \times O.C}.$$ Soit nommée S la somme des produits des molécules de M par les quarrés de leurs distances au diamètre AB qui est parallèle à l'axe VCY: on aura (487), $Z = S + M \times (CO)^2$; & par conséquent $CX = \dfrac{S + M \times (CO)^2}{M \times CO}$. Reste à substituer les valeurs de M & de S.

Coupons la sphère par un plan $RQST$ perpendiculaire au diamètre AB; & soit dans ce plan la couronne infiniment étroite $adlfbge$, comprise entre les deux circonférences $adlf$, bge, qui ont pour centre commun le point P. Nommons 1 la densité de la sphère; π, le rapport de la circonférence au diamètre; a, le raïon AO; x, l'abscisse AP; y, l'ordonnée correspondante PR; z, le raïon du cercle $adlf$; b, la droite CO. On aura d'abord $M = \pi a^2 \times \frac{4}{3} a = \dfrac{4 \pi a^3}{3}$. De plus, il est clair que la somme des produits des particules de la couronne $adlfbge$, par les quarrés de leurs distances au point P, est $2 \pi z^3 dz$, dont l'intégrale est $\dfrac{\pi z^4}{2}$. Faisant $z = y$, on aura $\dfrac{\pi y^4}{2}$, pour la somme des produits des particules du cercle $RQST$, par les quarrés de leurs diſtances au point P ou au diamètre AB.

Donc la quantité élémentaire $dS = \dfrac{\pi y^4 . dx}{2}$; &

par conséquent $S = \dfrac{\pi}{2} \int y^4 dx$, en faiſant après

l'intégration $x = 2a$. Or, $yy = 2ax - xx$; donc

$\int y^4 dx = \int (4a^2 x^2 - 4a x^3 - x^4) dx = \dfrac{4 a^2 x^3}{3} -$

$a x^4 + \dfrac{x^5}{5}$; ce qui devient $\dfrac{16 a^5}{15}$, en faiſant

$x = 2a$. On aura donc $S = \dfrac{8 \pi a^5}{15}$. Subſtituant

pour M, S, CO, leurs valeurs, dans l'équation

$CX = \dfrac{S + M \times (CO)^2}{M \times CO}$, & réduiſant, on trouvera

$CX = b + \dfrac{2 a^2}{5 b} = CO + \dfrac{2}{5} \dfrac{(OM)^2}{CO}$. Ainſi on au-

ra le centre d'oſcillation ou de percuſſion X de la
ſphère, en prenant ſur le prolongement de CO une
partie OX qui ſoit les deux cinquièmes de la troiſième proportionnelle à la diſtance CO du centre
de la ſphère à l'axe de rotation, & au raïon de
la ſphère.

F I N.

GRAVITÉS SPÉCIFIQUES

DE DIFFÉRENTES MATIÈRES*.

EAU de pluie..............................1,000
Eau de riviere............................1,009
Eau de puits..............................0,999
Eau distillée.............................0,993
Eau bouillante............................0,963
Eau de mer................................1,030
Eau-forte.................................1,300
Eau-forte double..........................1,341
Eau Régale................................1,234
Urine.....................................1,030
Esprit d'urine............................1,120
Esprit de Nitre rectifié..................1,610
Esprit de Nitre bezoardique...............1,414
Esprit de Nitre, de M. *Geoffroy*.........1,338
Esprit de Nitre commun....................1,315
Esprit de Vitriol.........................1,203
Esprit de Soie............................1,145
Esprit de sel.............................1,130
Le même par huile de Vitriol..............1,154
Esprit de Tartre..........................1,073
Esprit d'Ambre............................1,030
Esprit de Miel............................0,895
Esprit de Vin rectifié....................0,806
Esprit de Vin Ethéré......................0,732
Vinaigre distillé.........................1,030

* Dans cette Table, que j'ai extraite d'un Ouvrage intitulé : *Leçons de Physique expérimentale de M. Côtes, traduites de l'Anglois en François par M. le Monnier, le Médecin*, on prend pour unité le poids d'une certaine mesure d'eau de pluie. Ainsi, en supposant qu'un pied cube d'eau de pluie pese 70 livres, comme cela est vrai effectivement à peu de chose près, on aura le poids d'un pied cube de l'une des Matières comprises dans la Table, en multipliant 70 par le nombre correspondant à cette même Matière.

Vinaigre ordinaire...........................1,017
Sang humain................................1,040
Sérofité du fang humain....................1,030
Sédiment du fang humain...................1,126
Vin d'Orléans..............................0,996
Vin de Pontac..............................0,993
Vin de Bourgogne...........................0,992
Vin de Canarie.............................1,033
Lait de Vache..............................1,030
Lait de Chevre.............................1,030
Laudanum, liq. de *Sydenham*.............1,024
Décoction de Quinquina.....................1,024
Décoction de Gentiane......................1,085
Décoction de Biftorte.............o.........1,073
Décoction d'Arum...........................1,036
Bierre.....................................1,019
Air..0,001
Leffive de Potaffe.........................1,060
Huile de Tartre............................1,550
Huile de Saffafras.........................1,094
Huile de Vitriol...........................1,700
Huile de Canelle...........................1,035
Huile de Geroffle..........................1,034
Huile d'Aneth..............................0,994
Huile d'Hyffope............................0,986
Huile de Sabine............................0,983
Huile de Succin............................0,978
Huile de Cumin.............................0,975
Huile de Menthe............................0,975
Huile de Rue...............................2,975
Huile de Mufcade...........................0,948
Huile de Tanaifie..........................0,946
Huile d'Origan.............................0,940
Huile de Carvi.............................0,940
Huile de Spicnard..........................7,936
Huile de Romarin...........................0,934
Huile de Lin...............................0,932
Huile d'Olive..............................0,913
Huile de Genièvre ou Cade..................0,911
Huile de Lin...............................0,936
Huile de Noix..............................0,934
Huile de Navette...........................0,913

Huile d'Orange	0,888
Huile de Thérébentine	0,871
Huile de Cire	0,831
Baume de Tolu	0,896
Teinture d'Antimoine	0,866
Teinture d'Acier de *Mynsicht*	0,853
Elixir des propriétés avec le Sel volat	0,939
Or fin, ou de Coupelle	19,640
Or d'une Guinée	18,888
Or d'un Ducat	18,261
Or d'un Louis	18,166
Argent fin de Coupelle	11,091
Argent monnoyé	10,535
Cuivre rouge du Japon	9,000
Cuivre de Suéde	8,784
Cuivre jaune, ou Laiton	8,000
Acier trempé	7,850
Fer	7.645
Plomb	11,325
Etaim	7,471
Autre	7,320
Zinc	7,107
Mercure	14,000
Mercure doux	13,382
Mercure doux sublimé trois fois	9,804
Mercure doux sublimé quatre fois	8,170
Régule martial	7,500
Bismuth	9,700
Turbith minéral	8,235
Cinnabre artificiel	8,200
Cinnabre naturel	7,300
Cinnabre d'*Almaden*	6,188
Cinnabre d'Antimoine	6,044
Sublimé corrosif	6,325
Litharge d'or	6,000
Litharge d'argent	6,044
Verre d'Antimoine	5,280
Aimant de Hongrie	5,106
Autre	5,004
Aimant de *Cerpho*	5,245
Pierre calaminaire	5,000
Pierre bleue de Namur	5,000

Antimoine de Hongrie...........................4,700
Antimoine d'Allemagne.........................4,000
Antimoine d'Auvergne.........................4,858
Tutie...........o..............................4,615
Crocus metallorum 4,500
Pierre de Bologne.............................4,496
Grenats de Bohême............................4,360
Pierre Hœmatites.............................4,360
Fauſſe Topaſe................................4,270
Mine d'Antimoine de Poitou..................4,215
Mine de Fer des Pyrénées...................4,171
Grenats de Suéde............................3,970
Mine de Grenats-Marcaſſite.................3,100
Arſenic blanc..............................3,695
Orpiment...................................3,521
Saphir d'Orient............................3,562
Pyrite vitriolique.........................3,512
Ardoiſe bleue..............................3,500
Malachite 3,490
Diamant....................................3,400
Pierre à aiguiſer, de Lorraine.............3,288
Ceruſe.....................................3,156
Verre blanc, ou Cryſtal....................3,150
Calamine d'Iſſy............................3,108
Turquoiſe..................................3,088
Emeril de l'iſle de *Naxos*................3,067
Emeril de Normandie........................3,038
Lapis lazuli, Azur.......................3,054
Peridor....................................3,052
Talc de la Jamaïque........................3,000
Talc de Veniſe.............................2,780
Topaſe.....................................2,712
Amianthe...................................2,913
Opale......................................2,882
Crapaudine.................................2,826
Pierre Hœmatites de *Minorque*.............2,806
Pierre Divine, ou Néphrétique..............2,894
Emeraude...................................2,777
Sucre de Saturne...........................2,745
Bol d'Arménie..............................2,727
Marbre.....................................2,718
Marbre blanc d'*Italie*....................2,703

Marbre noir , d'*Italie*..............................2,704
Pierre Belemnite.....................................2,675
Verre de bouteille...................................2,666
Jade...2,683
Corail rouge...2,689
Corail blanc...2,500
Cryſtal d'Iſlande....................................2,720
Cryſtal de roche.....................................2,650
Pierre à fuſil.......................................2,641
Hyacinthe..2,631
Agathe-Onix.....................................o....2,627
Verre vert commun....................................2,620
Jaſpe..2,610
Caillou d'Egypte.....................................2,578
Agathe d'Angleterre..................................2,512
Pierre Judaïque......................................2,500
Pierre, ou Caillou Ordin.............................2,500
Marne de *Marly*.....................................2,428
Selenite...2,322
Os ſec de Mouton.....................................2,222
Ametiſte...2,211
Sardoine...2,180
Pierre noire d'*Irlande*.............................2,165
Sel de Gayac...2,148
Sel Polychreſte......................................2,148
Sel de Prunelle......................................2,148
Sel gemme..2,148
Sel de Corne de Cerf.................................1,496
Sel Ammoniac...1,453
Sel admirable de Glauber.............................2,246
Tartre Vitriolé......................................2,298
Tartre émétique......................................2,246
Tartre...1,846
Crême de Tartre......................................1,900
Nitre fixé...2,723
Nitre..1,900
Iris...2,136
Terre Savonneuſe.....................................2,094
Terre à pipes de Rouen...............................3,088
Terre de Lemnos......................................2,000
Ecailles d'Huître....................................2,092
Soufre de la Guadeloupe..............................2,077

Soufre de l'Archipel.....................................2,018
Soufre rouge de *Quito*..................................2,908
Soufre vif...2,000
Soufre minéral...1,800
Brique...2,000
Vitriol blanc..1,900
Vitriol d'Angleterre.....................................1,880
Vitriol de Dantzic.......................................1,715
Corne de Cerf..1,875
Corne de Bœuf..1,840
Albâtre..1,872
Yvoire...1,825
Alun...1,718
Borax..1,714
Verd-de-gris...1,714
Calcul humain..1,700
Autre Calcul...1,664
Os de Bœuf...1,656
Bezoard Oriental...1,530
Bezoard Occidental.......................................1,500
Ens de Mars fublimé une fois.............................1,453
——————— fublimé trois fois...............................1,269
Miel...1,450
Gomme Arabique...2,375
Camphre..0,996
Opium..1,363
Noix de Cocos..1,340
Gomme Adragant...1,333
Myrrhe...1,250
Charbon de Terre...1,240
Agate noire..1,238
Réfine de Gayac..1,224
Jayet..1,224
Scammonée..1,200
Poix...1,150
Colle de Poiffon...1,111
Encens...1,071
Santal blanc...1,041
Ambre..1,040
Noix de Galles...1,034
Cire jaune...0,995
Ebene..1,177

Bois Néphrétique........................1,200
Bois d'Aloës...........................1,177
Bois de Gayac.........................1,337
Bois de Bréfil.........................1,030
Branche de Chêne......................0,870
Bois de Hêtre.........................0,854
Lentifque.............................0,849
Santal citrin.........................0,809
Racine de Gentiane....................0,800
Frêne fec.............................0,800
Quinquina.............................0,784
Bois de Sainte-Lucie..................0,773
If....................................0,760
Erable fec............................0,755
Prunier fec...........................0,663
Cedre.................................0,613
Orme..................................0,600
Cyprès................................0,591
Genevrier.............................0,556
(1) Sapin.............................0,550
Laurier...............................0,549
Saffaffras............................0,482
Pin...................................0,430
Liège.................................0,240
Buis..................................1,030
Racine d'Efquine......................1,071

------

(1) On a mis ici les gravités fpécifiques des bois fecs, & non pas des bois verds, car le Docteur *Jurin* a obfervé que la fubftance des bois eft fpécifiquement plus pefante que l'eau, puifqu'ils vont au fond, après qu'on a fait fortir l'air de leurs pores, ou de leurs vaiffeaux aëriens, en les plaçant dans l'eau chaude fous un récipient; ou, fi on n'a pas de machine pneumatique, en les laiffant pendant quelque tems dans l'eau bouillante; il a trouvé auffi quelques calculs humains, auffi pefants que la brique, & même que la plus tendre efpèce de grès. *Tranfactions Philofophiques*, Nº. 369.

Les gravités fpécifiques du fang humain, de fes réfidences fibreufes, & celle du *ferum*, ont été déterminées très-exactement par le même Auteur. *Tranfactions Philofophiques*, Nº. 361.

Les pefanteurs fpécifiques des liqueurs, ont toutes été déterminées lorf-qu'elles avoient le même degré de chaleur, favoir quatre degrés au-deffus de la congélation du Thermomètre de M. de *Réaumur*.

TABLE.

NOTES SUR PLUSIEURS ENDROITS.

Imprimé sous le Privilége accordé à l'Académie Royale des Sciences.

De l'Imprimerie de CHARDON, rue de la Harpe, 1786.

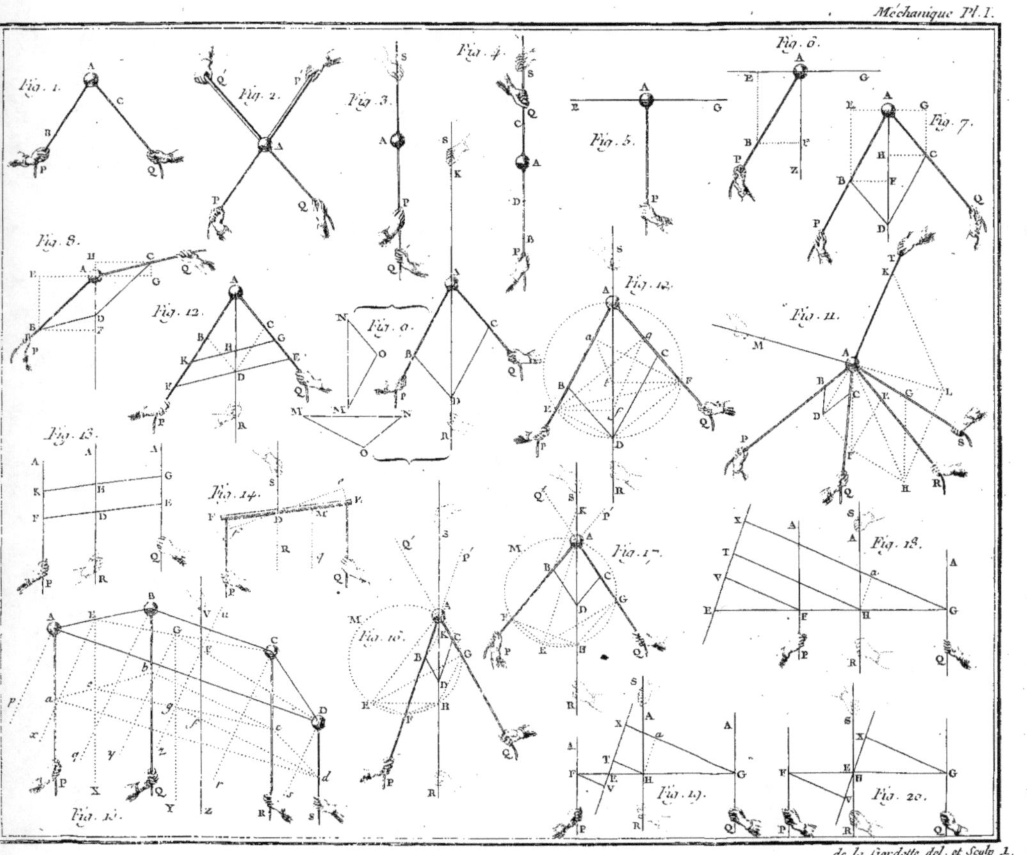
Fig. 1.
Fig. 2.
Fig. 3.
Fig. 4.
Fig. 5.
Fig. 6.
Fig. 7.
Fig. 8.
Fig. 9.
Fig. 10.
Fig. 11.
Fig. 12.
Fig. 13.
Fig. 14.
Fig. 15.
Fig. 16.
Fig. 17.
Fig. 18.
Fig. 19.
Fig. 20.

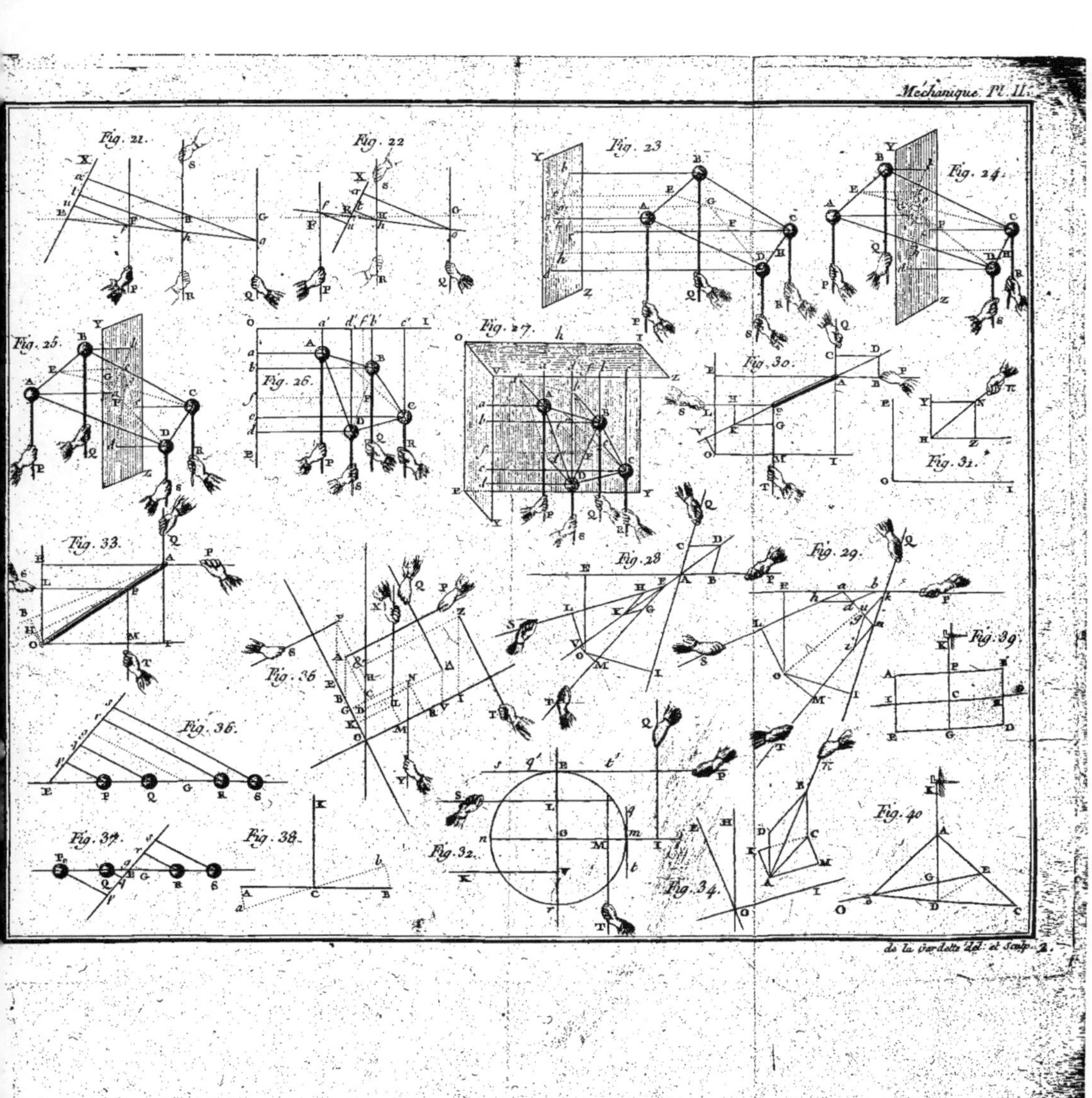
Fig. 21.
Fig. 22
Fig. 23
Fig. 24.
Fig. 25.
Fig. 26.
Fig. 27.
Fig. 30
Fig. 31.
Fig. 33.
Fig. 28
Fig. 29.
Fig. 39
Fig. 36
Fig. 35.
Fig. 37.
Fig. 38.
Fig. 32.
Fig. 34.
Fig. 40.

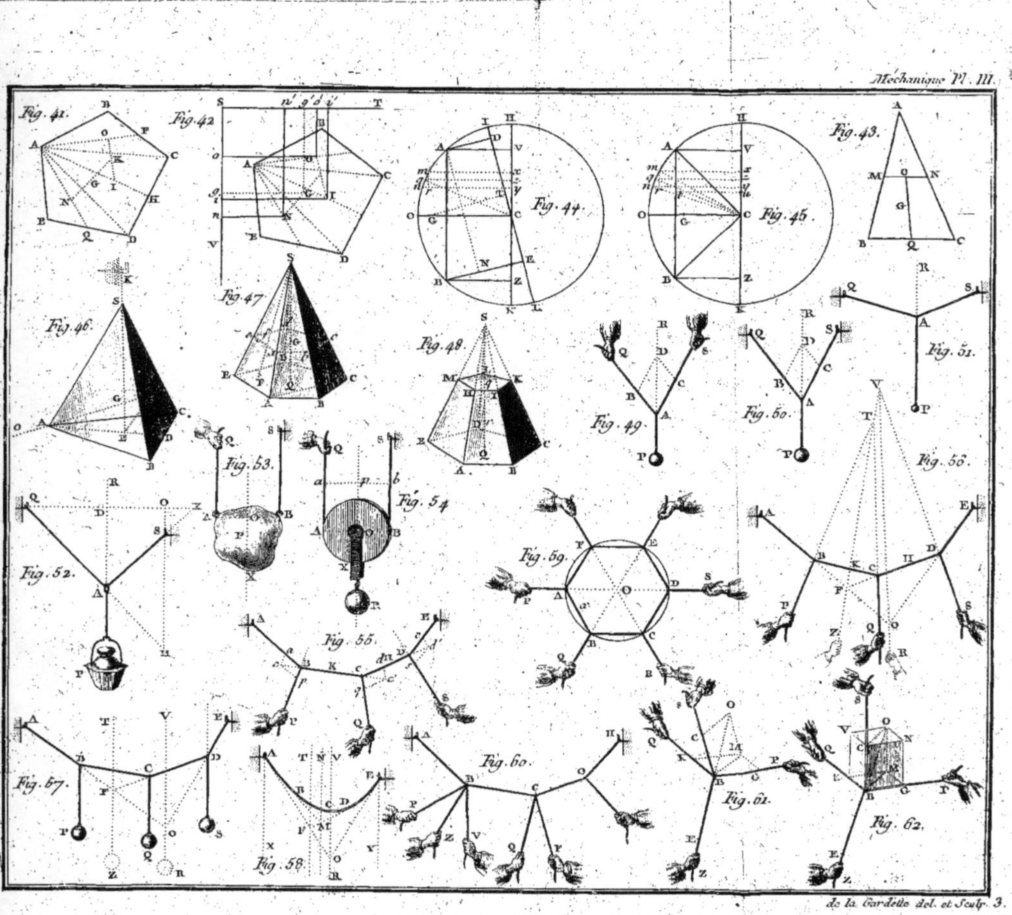

Fig. 41.
Fig. 42.
Fig. 43.
Fig. 44.
Fig. 45.
Fig. 46.
Fig. 47.
Fig. 48.
Fig. 49.
Fig. 50.
Fig. 51.
Fig. 52.
Fig. 53.
Fig. 54.
Fig. 55.
Fig. 56.
Fig. 57.
Fig. 58.
Fig. 59.
Fig. 60.
Fig. 61.
Fig. 62.

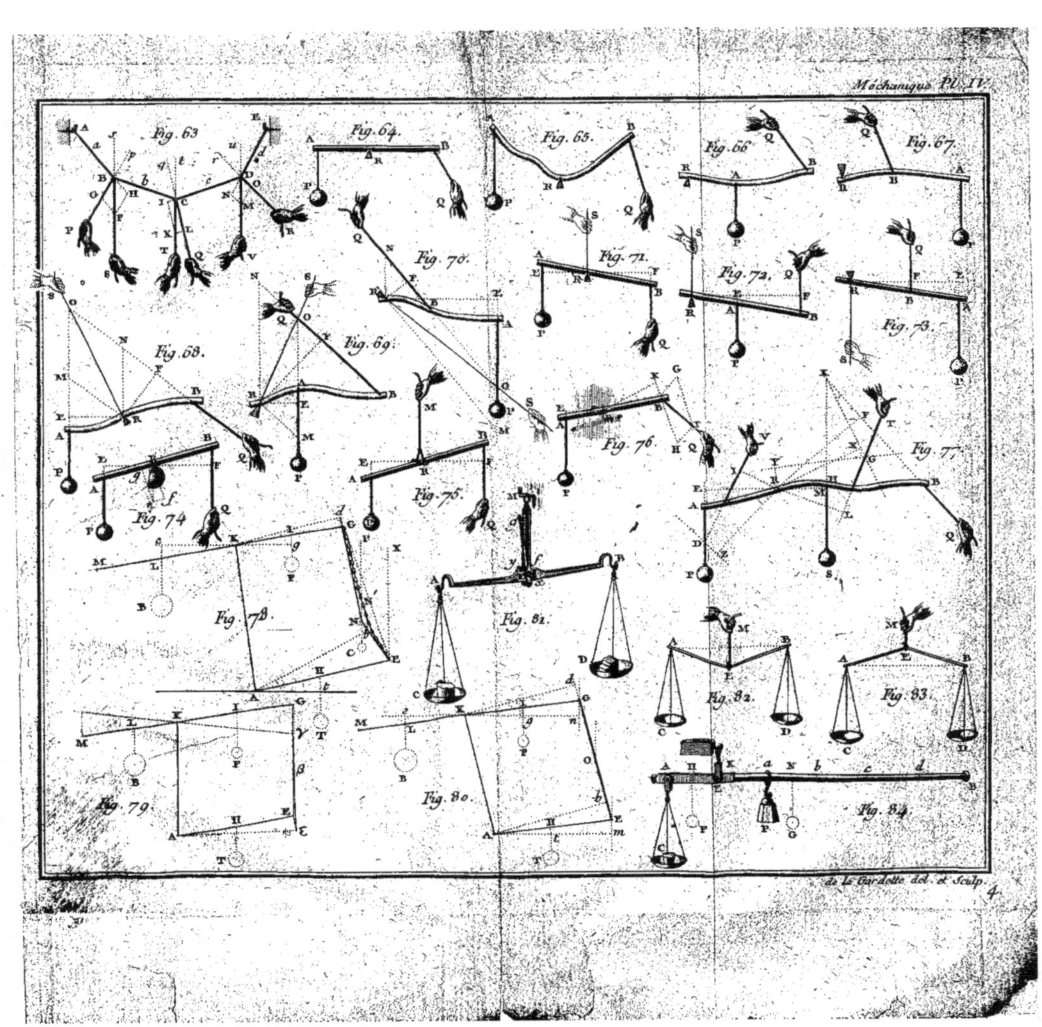

de la Gardette del. et Sculp.

4.

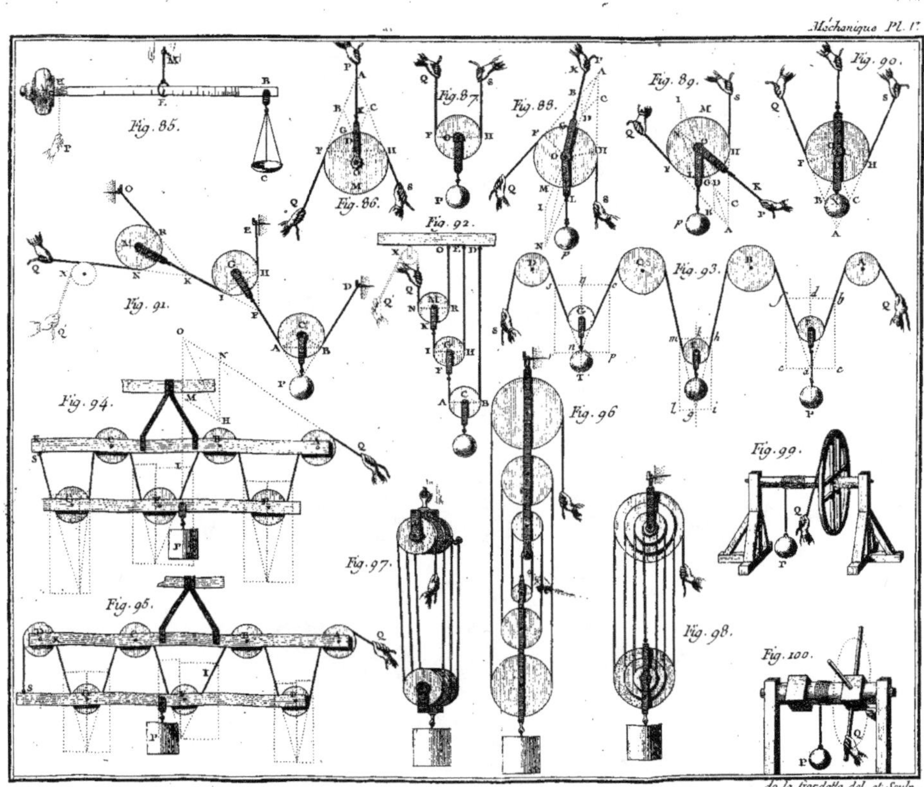

Méchanique Pl. V.
Fig. 85.
Fig. 86.
Fig. 87.
Fig. 88.
Fig. 89.
Fig. 90.
Fig. 91.
Fig. 92.
Fig. 93.
Fig. 94.
Fig. 95.
Fig. 96.
Fig. 97.
Fig. 98.
Fig. 99.
Fig. 100.
de la Gardette del. et Sculp.
5.

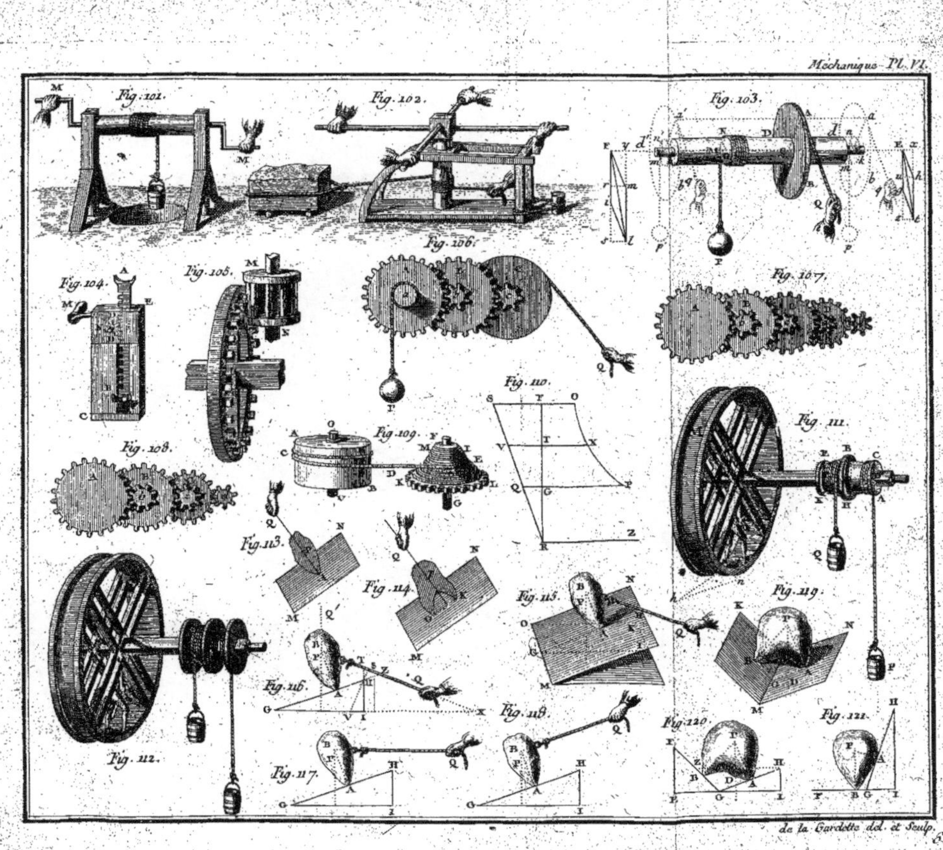

de la Gardette del. et Sculp.

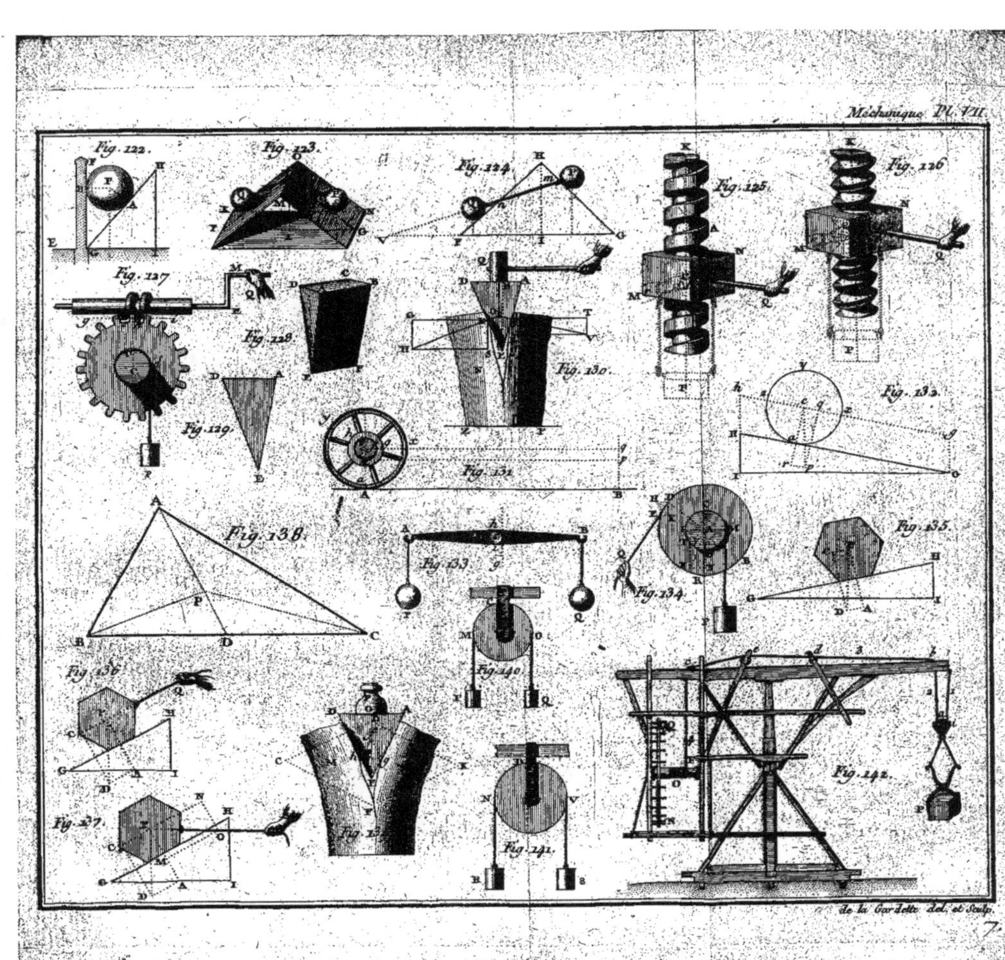

de la Gardette del. et Sculp.

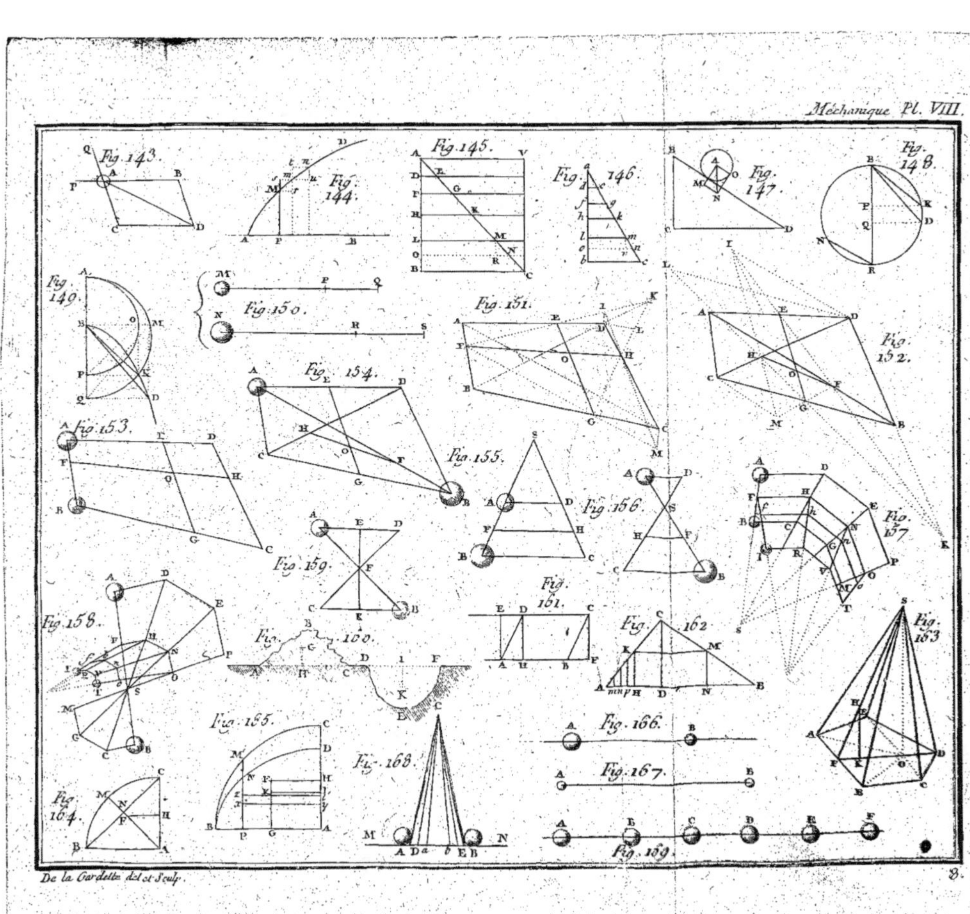

De la Gardette del. et Sculp.

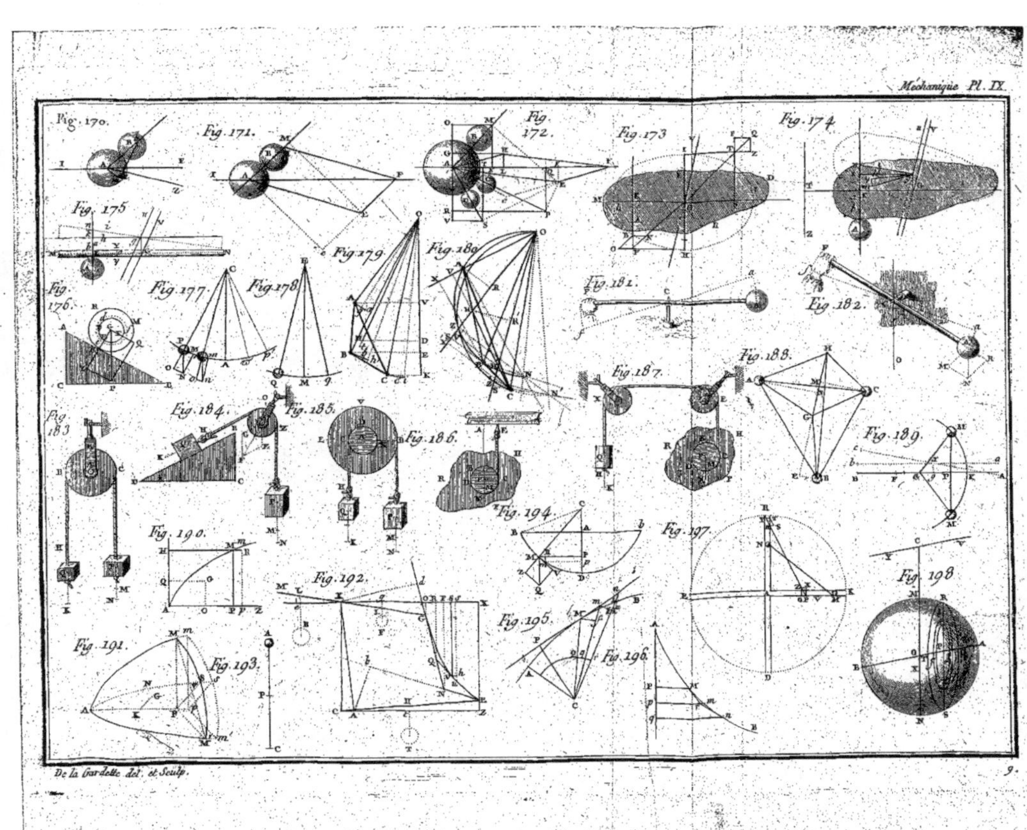

Méchanique Pl. IX.
Fig. 170.
Fig. 171.
Fig. 172.
Fig. 173
Fig. 174
Fig. 175
Fig. 176.
Fig. 177.
Fig. 178.
Fig. 179.
Fig. 180.
Fig. 181.
Fig. 182.
Fig. 183
Fig. 184.
Fig. 185.
Fig. 186.
Fig. 187.
Fig. 188.
Fig. 189.
Fig. 190.
Fig. 191.
Fig. 192.
Fig. 193.
Fig. 194.
Fig. 195.
Fig. 196.
Fig. 197.
Fig. 198.
De la Gardette del. et Sculp.
9.

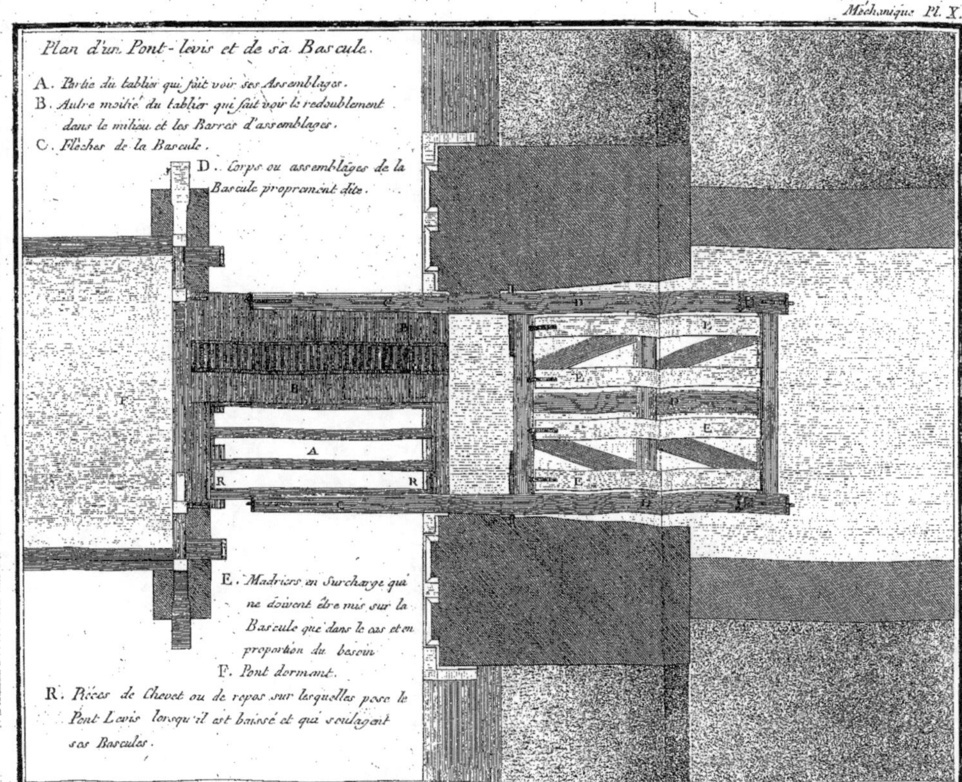
Plan d'un Pont-levis et de sa Bascule.
A. Partie du tablier qui fait voir ses Assemblages.
B. Autre moitié du tablier qui fait voir le redoublement
dans le milieu et les Barres d'assemblages.
C. Flèches de la Bascule.
D. Corps ou assemblages de la
Bascule proprement dite.
E. Madriers en Surcharge qui
ne doivent être mis sur la
Bascule que dans le cas et en
proportion du besoin
F. Pont dormant.
R. Pièces de Chevet ou de repos sur lesquelles pose le
Pont-Levis lorsqu'il est baissé et qui soulagent
ses Bascules.
A B C D E F R

De la Gardette Sculp. Echelle de 1 2 3. Toises. 10.

Méchanique. Pl. XI.
Profil d'un Pont-levis et de sa Bascule.
On a employé dans ce profil les mêmes
lettres que dans le plan pour designer
les mêmes choses.
Profil des Fleches p.rlment à leur longueur.
Fig. A.
De la Gardette Sculp.
Echelle de